全国食品药品监管人员培训规划教材

餐饮服务食品安全部分

食品安全基础知识

SHI PIN AN QUAN JI CHU ZHI SHI

国家食品药品监督管理总局高级研修学院　组织编写

中国医药科技出版社

内 容 提 要

本书基于食品安全风险分析的科学立场，从餐饮服务食品安全监管目标的科学性、监管方法的系统性和监管措施的有效性出发，全面介绍了国内外餐饮服务食品安全相关研究的现状与进展。书中对餐饮服务食品安全监管理念、内容和体系有许多深刻思考和独到见解，对我国食品安全法律法规体系中与餐饮服务食品安全相关的规定和要求有系统的归纳和介绍，对餐饮服务常见污染因素、导致的危害及其监督管理策略措施等有系统的描述，对营养素、食物及其烹调以及不良生活方式与人体健康和食品安全的关系等做了扼要的阐述。本书对餐饮服务食品安全监督管理工作有现实的指导作用，还可供食品相关各领域和学科的生产、科研和管理工作者参阅。

图书在版编目（CIP）数据

食品安全基础知识/国家食品药品监督管理局人事司，国家食品药品监督管理局高级研修学院组织编写．—北京：中国医药科技出版社，2013. 1
全国食品药品监管人员培训规划教材
ISBN 978－7－5067－5732－4

Ⅰ. ①食…　Ⅱ. ①国…②国…　Ⅲ. ①食品安全－技术培训－教材
Ⅳ. ①TS201. 6

中国版本图书馆 CIP 数据核字（2012）第 256899 号

美术编辑　陈君杞
版式设计　郭小平

出版　中国医药科技出版社
地址　北京市海淀区文慧园北路甲 22 号
邮编　100082
电话　发行：010－62227427　邮购：010－62236938
网址　www. cmstp. com
规格　787×1092mm ¹⁄₁₆
印张　17¼
字数　236 千字
版次　2013 年 1 月第 1 版
印次　2015 年 10 月第 4 次印刷
印刷　三河市汇鑫印务有限公司
经销　全国各地新华书店
书号　ISBN 978－7－5067－5732－4
定价　48. 00 元

《食品安全基础知识》编委会

主　编　徐景和　李　蓉

编　者（按姓氏笔画排序）

李　蓉　张守文

徐景和　樊永祥

编者的话

食品药品安全事关公众健康、社会和谐稳定和国家形象，已成为国家治理体系和治理能力建设的重要内容和国家公共安全体系的重要组成部分。食品药品监管事业发展，人才是根本，食品药品监管队伍担当着保护人民健康和生命安全的历史使命。当前和今后一个时期，食品药品监管队伍的建设和发展面临严峻形势：监管队伍的构成多元化，监管人员的知识结构和监管能力不适应监管专业化的需要。同时食品药品经济快速发展，监管压力增大，对监管队伍的应变能力和心理素质提出了更高的要求；高新技术在食品药品领域的广泛应用，监管法律法规标准的不断更新完善，要求监管队伍知识和能力更加复合，执法更加规范。

国家食品药品监督管理总局高度重视监管队伍的能力建设，大力开展对全系统干部的教育培训工作，并把教材建设作为重点工作。按照国家总局总体要求和部署，总局高级研修学院组织相关专家，编写了《食品安全基础知识》培训规划教材。

该教材紧密围绕提升监管人员能力和素质这一主题，在内容上，突出了针对性和实用性；在形式上，力求体例新颖、突出案例分析，着重加强读者思考和解决问题能力的训练，增强可读性，引导建立科学的思想、工作与学习方法。

由于各方面因素，该教材还需在实践中得到检验，不断加以完善、丰富和提高。国家食品药品监督管理总局高级研修学院将继续汲取各方面意见和建议，使这套教材更好地服务于食品药品监管事业发展。

国家食品药品监督管理总局高级研修学院

前言

食品是人类赖以生存和发展的最基本物质基础，餐饮服务食品安全关系到公众的身体健康和生命安全，关系到经济发展和社会和谐，关系到国家和政府的形象。在农畜业生产和食品加工技术飞速发展的今天，人类的食品比以往任何时候都更加丰富。然而，人类的许多疾病也与食品密切相关。近年来，中国餐饮服务食品安全水平有了明显提高。但必须看到，由于农兽药的长期大量使用，食品添加剂的误用或滥用，各种工业和环境污染物的存在，有害元素和各种病原体的污染，新的有害生物多次出现并造成危害，食品新技术和新工艺应用可能带来的负效应，以及食品行业的道德诚信事件频出等，我国食品安全状况不容乐观。

《食品安全法》及其实施条例颁布实施以来，《餐饮服务许可管理办法》、《餐饮服务食品安全监督管理办法》和一系列餐饮服务食品安全监管规章及规范性文件相继颁布施行，我国餐饮服务食品安全监管体系逐渐成熟和完善，监管的重点也由原来的结果监管逐渐过渡到过程监管。我国比以往任何时期都更加需要食品安全监管者、食品生产经营者和消费者更多地掌握食品安全基础知识，贯彻“预防为主、科学管理、明确责任、综合治理”的工作原则，形成维护食品安全的强大合力，同铸食品安全。

食品安全监管的理论和实践，经过漫长的感性认知和个别现象的总结阶段，在近30年内应对许多挑战后得到了长足发展。但至今，我国的食品安全学规划教材尚不多见，对餐饮服务食品安全的风险规律以及这些规律与公众健康、食品行业发展、食品控制战略和食品控制体系间关系等尚无实用教材。国家食品药品监督管理局为配合餐饮服务食品安全监管培训工作，出版了一套规划教材。

本书作为这套教材之一，秉承“全过程控制”的餐饮服务食品安全理念，构建了适应我国有关法律、法规、标准和规范的食品安全基础知识基本框架。在各位编委的努力和配合下，《食品安全基础知识》教材面世了。本书基于食品安全风险分析的科学立场，从餐饮服务食品安全监管目标的科学性、监管方法的系统性和监管措施的有效性出发，全面介绍了国内外餐饮服务食品安全相关研究的现状与进展。书中对餐饮服务食品安全监管理念、内容和体系有许多深刻思考和独到见解，对我国食品安全法律法规体系中与餐饮服务食品安全相关的规定和要求有系统的归纳和介绍，对餐饮服务常见污染因素、导致的危害及其监督管理策略措施等有系统的描述，对营养素、食物及其烹调以及不良生活方式与人体健康和食品安全的关系等做了扼要的阐述。全书贯穿了处理好四个关系的思考，这四个关系是：安全监管与行业和社会发展、行政监管与技术监督、分段监管与全程监管以及过程监管与终产品监管关系。书中许多内容是编写者多年工作和研究的成果，对餐饮服务食品安全监督管理工作有现实的指导作用。本书还可作为食品质量与安全专业、食品科学与工程专业、预防医学专业和各相关专业的教材，也可供食品科学、卫生化学、传染病学、流行病学、寄生虫病学、医学微生物学和公共卫生学以及上述领域生产、科研和管理工作者等参阅。

餐饮服务食品安全基础知识综合性较强，涉及食品科学和技术、食源性病原学、食品化学、食品毒理学、营养与食品卫生学和流行病学等学科，是这些学科在餐饮服务食品安全方面的体现和应用。本教材的编者均在这些领域多年从事相关研究和工作，具有丰富的教研和实践经验，并在各自的工作中取得了卓越的成绩。全书共六章，参与编写的作者有：国家食品药品监督管理局食品安全监管司徐景和司长（第一章），中国疾病预防控制中心李蓉教授（第二章、第三章和第五章的第一节与第二节）、国家食品安全风险评估中心樊永祥研究员（第四章）和黑龙江省食品药品监督管理局张守文副局长（第六章和第五章的第三节）。本教材的出版是各位编者集体智慧的结晶，他们吸纳了国内外许多学者在食品安全科学领域研究的结果并结合了当前我国食品安全形势和主要任务；国家食品药品监督管理局高级研修学院的领导和教研室的各位老师为本教材的编审做了大量组织和服务工作，中国医药科技出版社的编辑们为本教材的出版付出了辛勤的努力，在此一并向他们表示真诚的感谢！

为使本教材具有十分鲜明的现实性、前瞻性、实用性和可读性，成为一部教学与应用、理论与实践相结合的教材和工具书，参加本教材编写的所有作者都付出了艰辛的劳动，但由于涉及领域广泛和编写水平有限，书中难免有不妥和疏漏之处。我们希望广泛征集广大授课教师、学员和其他读者的使用意见，敬请广大同行和读者提出批评和建议，以便我们今后修订、补充和进一步完善这部教材。

编　者

2013 年 1 月

目录

第一章

总　论

学习要点

本章为食品安全基本知识概述。学习本章要了解食品安全与食品卫生、食品质量和食品营养的关系，并掌握食品安全的概念及其价值；了解食品安全的主要内容、食品安全风险的类型及食品安全与政治、经济、社会以及民生的关系，多方位思考食品安全的地位和作用；明确食品安全监管理念的含义、要素及其基本要求，遵循食品安全监管的基本规律和要求；了解食品安全监管体制的演变、类型及其发展趋势，把握食品安全监管体制改革的发展方向；了解食品安全监管机制的含义和类型，努力提升食品安全监管效能。

第一节　食品安全概述

食品安全问题事关民生福祉、经济发展、社会和谐和国家形象，已成为当今国际社会普遍关注的重大社会问题。新世纪以来，我国政府坚持以人为本、执政为民、科学发展的理念，高度重视食品安全工作，采取了一系列重大措施强化食品安全监管，食品安全工作已进入新的发展阶段。

一、食品安全概念

食品安全概念的提出，是时代发展和社会进步的产物。根据我国《食品安全法》第九十九条规定，食品安全是指食品无毒、无害，符合应当有的营养要求，对人体健康不造成任何急性、亚急性或者慢性危害。该规定是我国首次从国家立法层面明确食品安全的含义。

（一）食品安全词源

长期以来，与食品相关的概念主要有食品卫生、食品质量、食品营养和食品安全等。有关这四者之间的关系，国内外相关文献有不同的表述，专家学者间也有不同的认识。一般认为，食品安全的概念成长于食品卫生的概念。

1. 食品卫生

关于食品卫生，《食品工业基本术语》（GB/T 15091－94）2.22 指出：食品卫生，为防止食品在生产、收获、加工、运输、贮藏和销售等各个环节被有害物质（包括物理、化学和微生物等方面）污染，使食品有益于人体健康和质地良好所采取的各种措施。同义词：食品安全。1995 年 10 月 30 日第八届全国人大常委会第十六次会议通过的《食品卫生法》第六条规定：食品应当无毒、无害，符合应当有的营养要求，要有相应的色、香和味等感官性状。该规定通常被理解为食品卫生的概念。

2. 食品质量

关于食品质量，《食品工业基本术语》（GB/T 15091－94）2.18 指出：食品质量，食品满足规定或潜在要求的特征和特性总和。反映食品品质的优劣。

3. 食品营养

关于食品营养，《食品工业基本术语》（GB/T 15091－94）2.23 指出：食品营养，食品中所含的能被人体摄取以维持生命活动的物质及其特性的总和。

4. 食品安全

关于食品安全，2005 年 6 月 1 日国务院办公厅印发的《国家重大食品安全应急预案》第 7.1 条规定：食品安全，是指食品中不应包含有可能损害或威胁人体健康的有毒、有害物质或不安全因素，不可导致消费者急性、慢性中毒或感染疾病，不能产生危及消费者及其后代健康的隐患。2006 年 3 月 1 日，国家质量监督检验检疫总局和国家标准化管理委员会发布的《食品安全管理体系——食品链中各类组织的要求》（GB/T22000－2006/ISO22000：2005）规定：食品安全，是食品在按照预期用途进行制备（或）食用时，不会对消费者造成伤害的概念。2009 年 2 月 28 日第十一届全国人大常委会第七次会议通过的《食品安全法》第九十九条规定：食品安全，指食品无毒、无害，符合应当有的营养要求，对人体健康不造成任何急性、亚急性或者慢性危害。

知识链接与拓展

国际组织对食品卫生和食品安全的定义

世界卫生组织在《加强国家级食品安全性计划》中将食品卫生定义为：“为确保食品安全性和适宜性在食物链的所有阶段必须采取的一切条件和措施”。联合国粮农组织和世界卫生组织在《保障食品的安全和质量：强化国家食品控制体系指南》指出：“食品卫生，是指在食品链所有环节上所采取的确保食品安全和宜食用性的必要条件和措施”。国际食品法典委员会将食品安全定义为：“对食品按照其预定用途进行制作、食用时不会对消费者造成损害的一种担保”。

（二）食品安全概念的定位

从《食品安全法》规定的内容看，食品安全主要包括以下三层内容：一是食品无毒、无害；二是符合应当有的营养要求；三是对人体健康不造成任何急性、亚急性或者慢性危害。在这里，有必要对食品安全的概念进行深入的分析。

1. 绝对性与相对性

从《食品安全法》有关食品安全的概念可以看出，食品安全是个绝对的概念，应当“无毒、无害，符合应当有的营养要求，对人体健康不造成任何急性、亚急性或者慢性危害”。这个定性的要求反映了食品的基本属性。然而，食品安全又是个相对的概念。在食品安全监督执法中，判断每个食品是否安全，往往需要依靠具体的安全标准，而这时的食品安全往往是个定量的要求。食品安全问题不仅与经济发展和科技进步有关，而且与环境保护和社会管理相联，需要理性看待和把握。社会公众对食品安全的要求是绝对的，但由于科学发展和认知能力等诸多条件的限制，食品安全保障是相对的。在任何国家和任何时代，食品不可能是零风险。即便今日被判定为安全的食品，随着认识的提高，将来却未必绝对安全。然而，现代科学技术的发展和管理经验的积累，为食品安全从相对安全逼近绝对安全提供了重要条件。

2. 宏观性与微观性

从社会治理的角度来看，食品安全是个大概念，包容并统揽了食品卫生、食品质量和食品营养等概念。如食品安全专项整治，既包括卫生问题，也包括质量问题，甚至还包括营养问题。而《食品安全法》所确定的食品安全则属于小概念，严格说来，其只包括了食品质量中的部分要素。食品安全是否包括食品营养，《食品安全法》中规定并不一致。在该法有关食品安全的定义中，食品安全包括了食品营养，而在其他相关条款中，食品安全与食品营养则又是并列表述的关系。如该法第二十条规定，食品安全标准包括“对与食品安全、营养有关的标签、标识、说明书的要求”等。所以，应当注意不同语境下“食品安全”的含义。广义的食品安全可以包括食品卫生、食品营养和食品质量等，而狭义的食品安全并不包括食品质量中的全部要素。因为食品安全往往与生存权相关联，是最低要求，具有强制性；而食品质量往往与发展权相关，是层级要求，具有选择性。

3. 静态性与动态性

“食品安全”的语词虽然不变，但“食品安全”的内涵却与时俱进，引领着食品产业发展和食品安全监管的不断进步。如同样为食品安全标准，但不同时期的食品安全标准的技术指标可能有所不同。必须承认，食品安全是个发展的概念，是个历史范畴，其内涵与外延将随着社会的发展和时代的进步不断调整。

4. 传统性与现代性

当今的食品安全问题，有的属于传统问题，如微生物危害、化学性危害和生物性危害；有的属于现代问题，如转基因食品安全和食品安全反恐等。在解决传统食品安全问题的同时，必须密切关注新型食品安全问题。

（三）食品安全概念的价值

长期以来，人们往往采取“内涵外延法”来区分食品安全和食品卫生，这种传统和经典的方法在今天仍具有一定的意义。但随着“大卫生”和“大安全”观的出现，在食品安全与食品卫生的区分上，传统的“内涵外延法”有时就不那么灵验了，“理念提升法”则应运而生。严格说来，食品安全与食品卫生的变化，绝不是事物概念内涵与外延的简单调整，而是治理理念和治理模式的重大变革。食品安全概念的出现，标志着食品安全治理新时代的到来。

1. 全程治理

食品生产经营包括种植、养殖、生产、加工、贮存、运输、销售和消费等诸多环节。传统的食品保障体系基本上是把治理的重点锁定在生产加工环节。那时，人们执迷于先进的检验检测手段可以有效识别食品安全风险，进而妥善解决食品安全问题。然而，各种食源性疾病的持续爆发表明，将食品安全保障完全寄托在检验检测上，是不切实际的幻想。食品生产经营的任何环节存在缺陷，都可能导致整个食品安全保障体系的最终崩溃。在深刻总结经验与教训的基础上，国际社会逐步探索出了保障食品安全的新方法，即食物链控制法，要求食品安全治理竭尽所能地向“两端”延伸，最前端要延伸到农产品的种植和养殖环节，甚至农业投入品的生产和使用环节，最末端要延伸到食品的储藏和制作等消费环节。应当说，在养殖、生产、流通和消费等环节，食品卫生都有很大的运行空间。然而，当这种延伸进入种植环节时，食品卫生已经力不从心，只能让位于食品安全。食品安全比食品卫生具有更广的治理空间。食品安全概念的提出，标志着食品安全全程治理时代的到来。

2. 风险治理

食品安全治理的目标和任务就是预防、控制和减少食品风险，保障公众的身体健康和生命安全。在食品生产经营的全过程，安全与风险对立统一，此消彼长。风险是所有管理科学共同面临的主题。食品安全工作的核心内容就是治理食品风险。应对食品风险就是保障食品安全，而保障食品安全就需应对食品风险。在新时代，食品安全风险广泛，复杂而多变，既有生物性风险，也有化学性风险；既有原发性风险，也有继发性风险；既有技术性风险，也有制度性风险。而且各种风险相互渗透和相互叠加，食品安全监管不断面临新挑战。知己知彼方能百战不殆。从安全与风险的对立统一中辩证地把握食品安全，食品安全治理才更具科学性、针对性和有效性。正因为如此，国际社会才逐步采取风险分析的模式来破解食品安全难题，风险评估、风险管理与风险交流才成为食品安全治理的重要途径和方式。根据食品安全风险的时间与空间分布，食品安全治理形成全面治理与重点治理的格局，分步实施与分类治理的策略。与风险治理相对应的哲学思辨只能是安全治理。食品安全比食品卫生具有更深的治理内涵。食品安全概念的提出，标志着食品安全风险治理时代的到来。

3. 政府治理

从历史的角度来看，各国政府对国民健康的保障经过了无责任到有责任（从道义责任到法律责任）的发展阶段。随着经济全球化和贸易自由化步伐的加快，消费者从来没有像今天这样关注食品生产、流通和消费，日趋要求政府对食品安全和消费者保护承担更多的责任。今天，食品安全已成为各国公共安全乃至国家安全的重要组成部分，成为衡量各国政府执政能力的重要内容。食品安全不仅关系到经济发展和国际贸易，同时也关系到公共安全和国家安全。全球化进程将食品安全融入到公共安全乃至国家安全之中，突显了食品安全的重要地位。食品安全比食品卫生具有更高的地位。食品安全概念的提出，标志着食品安全政府治理时代的到来。

此外，还应看到，食品安全和食品卫生是两个紧密联系、科学扬弃和内在成长的概念。尽管“卫生”的科学内涵应是保卫生命、捍卫生命，但从我国目前的监管实际来看，食品“卫生”监管主要负责“外在”场所环境的监管，而食品“安全”监管不仅负责“外在”场所环境的监管，而且还包括食品“内在”要求的监管。从这个意义上讲，食品安全与食品卫生之间的关系不是否定与排斥的关系，而是成长与进步的关系。食品安全克服了食品卫生成长的困境，对人的保护更全面、更具体和更深刻。

二、食品安全主要内容

从食品安全的概念分析中可以得出如下结论：食品安全既包括结果安全，也包括过程安全；既包括现实安全，也包括未来安全；既包括显性安全，也包括隐性安全。关于食品安全的主要内容，可以从不同角度来划分，如从食物链全过程角度来看，可划分为食品种植养殖安全、食品生产加工安全、食品经营流通安全和餐饮消费安全等。餐饮消费环节食品安全的主要内容与食品生产经营安全密切相关。从食品生产经营要素的角度来看，食品安全的主要内容应包括以下几个方面。

（一）食品原料、食品添加剂和食品相关产品安全

食品原料、食品添加剂和食品相关产品是食品生产经营的对象。食品企业生产经营食品，首先必须保障食品原料、食品添加剂和食品相关产品的安全。食品原料主要包括食用农产品和成品原料等用于食品生产的各种原始物料。食品添加剂是指为改善食品品质和色、香、味以及为防腐、保鲜和加工工艺的需要而加入食品中的人工合成或者天然物质。食品相关产品是指用于食品的包装材料、容器、洗涤剂、消毒剂和用于食品生产经营的工具及设备。食品原料、食品添加剂和食品相关产品都必须符合食品安全标准，且符合相关法定要求。

《食品安全法》规定，餐具、饮具和盛放直接入口食品的容器，使用前应当洗净、消毒，炊具和用具用后应当洗净，保持清洁；贮存、运输和装卸食品的容器、工具和设备应当安全无害，保持清洁，防止食品污染，并符合保证食品安全所需的温度等特殊要求，不得将食品与有毒和有害物品一同运输；直接入口的食品应当有小包装或者使用无毒和清洁的包装材料和餐具；用水应当符合国家规定的生活饮用水卫生标准；使用的洗涤剂和消毒剂应当对人体安全和无害。禁止生产经营下列食品：用非食品原料生产的食品或者添加食品添加剂以外的化学物质和其他可能危害人体健康物质的食品，或者用回收食品作为原料生产的食品；致病性微生物、农药残留、兽药残留、重金属、污染物质以及其他危害人体健康的物质含量超过食品安全限量的食品；营养成分不符合食品安全标准的专供婴幼儿和其他特定人群的主辅食品；腐败变质、油脂酸败、霉变生虫、污秽不洁、混有异物、掺假掺杂或者感官性状异常的食品；病死、毒死或者死因不明的禽、畜、兽、水产动物肉类及其制品；未经动物卫生监督机构检疫或者检疫不合格的肉类，或者未经检验或者检验不合格的肉类制品；被包装材料、容器和运输工具等污染的食品；超过保质期的食品；无标签的预包装食品；国家为防病等特殊需要明令禁止生产经营的食品；以及其他不符合食品安全标准或者要求的食品。使用不安全的食品原料、食品添加剂和食品相关产品生产经营食品，属于违法行为。

（二）人员健康安全

食品生产经营离不开从业人员，而从业人员的健康状况直接关系着食品安全。《食

品安全法》明确规定，食品生产经营者应当建立并执行从业人员健康管理制度。患有痢疾、伤寒和病毒性肝炎等消化道传染病的人员，以及患有活动性肺结核、化脓性或者渗出性皮肤病等有碍食品安全的疾病的人员，不得从事接触直接入口食品的工作。食品生产经营人员每年应当进行健康检查，取得健康证明后方可参加工作。食品生产经营人员应当保持个人卫生，生产经营食品时，应当将手洗净，穿戴清洁的工作衣（帽）。

（三）场所设施安全

食品企业生产经营食品，离不开特定的场所和设施。食品生产经营场所环境必须符合安全标准和要求。《食品安全法》规定，食品生产经营应当具有与生产经营的食品品种和数量相适应的食品原料处理和食品加工、包装及贮存等场所，保持该场所环境整洁，并与有毒、有害场所以及其他污染源保持规定的距离；具有与生产经营的食品品种和数量相适应的生产经营设备或者设施，有相应的消毒、更衣、盥洗、采光、照明、通风、防腐、防尘、防蝇、防鼠、防虫和洗涤以及处理废水、存放垃圾和废弃物的设备或者设施。

（四）生产经营过程安全

食品生产经营过程就是食品生产经营各要素结合的过程。只有食品生产经营过程安全，才能保障食品终产品安全。食品生产经营过程包括许多步骤和程序，如贮存、生产加工、包装、运输和配送等。《食品安全法》对此做出了明确的规定，如食品生产经营应当具有合理的设备布局和工艺流程，防止待加工食品与直接入口食品和原料与成品的交叉污染，避免食品接触有毒物和不洁物；销售无包装的直接入口食品时，应当使用无毒和清洁的售货工具；食品生产者应当依照食品安全标准关于食品添加剂的品种、使用范围和用量的规定使用食品添加剂；不得在食品生产中使用食品添加剂以外的化学物质和其他可能危害人体健康的物质。

（五）食品终产品安全

食品生产经营的最终目的在于满足消费。因此，食品必须无毒、无害，符合应当有的营养要求，对人体健康不造成任何急性、亚急性或者慢性危害。《食品安全法》对食品终产品安全做了明确规定。食品企业生产经营的食品必须符合食品安全标准，且符合食品安全法律规定的相关要求，如食品中致病性微生物、农药残留、兽药残留、重金属、污染物质以及其他危害人体健康的物质含量不得超过食品安全标准限量规定。

（六）食品标签标识安全

根据相关法律规定，食品安全不仅体现在食品终产品本身安全上，还应当体现在食品标签标识等有关宣称上。如预包装食品的包装标签应当标明保质期和贮存条件等，专供婴幼儿和其他特定人群的主辅食品，其标签还应当标明主要营养成分及其含量，食品和食品添加剂的标签和说明书应当清楚并明显，容易辨识，不得含有虚假和夸大的内容，不得涉及疾病预防和治疗功能等。

三、食品安全风险

食品行业是个充满风险的行业。食品安全风险可以按照不同标准进行不同的风险类别划分，与餐饮业密切相关的风险主要包括以下几个方面。

（一）天然性风险和人为性风险

按照风险的形成原因，食品安全风险可以分为天然性风险和人为性风险。前者是指食品及原料在其生长过程中所蓄积的风险，少数植物性和动物性食品本身含有一定的毒素，如食品中的有毒蛋白类（血凝素和酶抑制剂等）、有毒生物碱类（秋水仙碱等）、蕈菌毒素、河豚毒素和藻类毒素等；后者则是由于行为人的行为所引发的风险，如违法犯罪分子使用非食用物质（吊白块、苏丹红、罂粟壳、溴酸钾、敌敌畏、抗生素和孔雀石绿等）加工制作食品等。

（二）原发性风险和继发性风险

按照风险的产生顺序，食品安全风险可分为原发性风险和继发性风险。前者是指基于初始原因而产生的风险，如动植物食品本身蓄积的毒素和生产加工环节产生的原始性风险；后者是指食品本身没有风险，而是由于其他原因产生的风险，如滥用食品添加剂产生的风险和使用不符合标准的包装材料增加的风险等。

（三）技术性风险和道德性风险

按照风险的性质，食品安全风险可以分为技术性风险和道德性风险。前者是由于科学技术的滞后或发展所带来的风险，新资源、新技术和新方法，可能是安全的力量，也可能是风险的因子；后者是指因行为人的诚信缺失和道德沦丧所产生的风险。

（四）生物性、化学性和物理性风险

按照风险的物质类别，食品安全风险可分为生物性、化学性和物理性风险。生物性风险主要是指能引起各种食源性疾病的各类致病微生物，如细菌（副溶血性弧菌、黄金色葡萄球菌、沙门菌、大肠埃希菌、单核细胞增生李斯特菌和肉毒梭状芽孢杆菌等）、病毒（甲肝病毒和诺如病毒等）及寄生虫等。化学性风险主要是指能引起各种食源性疾病的化学物质，如河豚毒素、皂素和抗胰蛋白酶、有机磷农药、瘦肉精和亚硝酸盐等。物理性风险主要是指放射性危害和食品中存在的可能引起人体外伤、窒息或者其他健康问题的各种有害物质，如玻璃、碎骨和金属等。

各种食品安全风险产生的原因和机理不同，预防和应对这些风险因素的方式方法也有所不同。有些需要从技术上着手，有些则需要从管理上解决。

四、食品安全监管现状

（一）监管合力不断增强

目前，我国食品安全监管实行的是分工负责与统一协调相结合的食品安全监管体制。在分工负责基础上，实行分段监管为主和品种监管为辅的监管方式。

在中央层面，国务院卫生行政部门负责食品安全风险评估、食品安全标准制定、

食品检验机构的资质认定条件和检验规范的制定，国务院质量监督、工商行政管理和国家食品药品监督管理部门分别对食品生产、食品流通和餐饮服务活动实施监督管理。食用农产品的农业投入品使用安全监管由农业部门负责。乳制品、转基因食品、生猪屠宰、酒类和食盐由相关部门依据有关法律规定进行监管。

在地方层面，县级以上地方人民政府依照食品安全法和国务院的规定确定本级卫生行政、农业行政、质量监督、工商行政管理和食品药品监督管理部门的食品安全监督管理职责。县级以上地方人民政府统一负责、领导、组织和协调本行政区域的食品安全监督管理工作，建立健全食品安全全程监督管理的工作机制；统一领导和指挥食品安全突发事件应对工作；完善和落实食品安全监督管理责任制，对食品安全监督管理部门进行评议和考核。

为了增强食品安全监管合力，国务院成立了国务院食品安全委员会，负责统一协调食品安全工作，主要职责是分析食品安全形势，研究部署和统筹指导食品安全工作；提出食品安全监管的重大政策措施；督促落实食品安全监管责任。国务院食品安全委员会下设正部级的食品安全委员会办公室，具体负责食品安全委员会的日常工作。各地也在积极成立食品安全委员会及其办公室。食品安全综合协调机制的建立及提升，进一步增强了食品安全监管合力，推动了监管责任的有效落实。

（二）监管制度日趋完善

目前，与食品安全工作相关的法律、法规和规章主要有：《食品安全法》、《农产品质量安全法》、《食品安全法实施条例》、《国务院关于加强食品等产品安全监督管理的特别规定》、《刑法修正案（八）》、《食品添加剂新品种管理办法》、《食品添加剂生产监督管理规定》、《食品安全标准管理办法》、《食品标识管理规定》、《食品生产许可管理办法》、《进出口食品安全管理办法》、《食品流通许可证管理办法》、《流通环节食品安全监督管理办法》、《餐饮服务许可管理办法》和《餐饮服务食品安全监督管理办法》等。食品安全主要法律制度包括：食品安全风险监测制度、食品安全风险评估制度、食品安全标准制度、食品安全信息统一公布制度、食品安全事故组织查处制度、食品生产经营基本准则、食品生产经营许可制度、食品企业食品安全管理制度、食品企业从业人员健康管理制度、食用农产品生产记录制度、农业投入品安全使用制度、食品生产进货查验记录制度、食品出厂检验记录制度、食品经营进货查验记录制度、食品经营贮存定期检查制度、散装食品管理制度、预包装食品管理制度、食品标签说明书制度、食品添加剂管理制度、保健食品管理制度、问题食品召回制度、食品广告制度、食品检验制度、食品进出口管理制度、食品从业人员从业禁止制度、食品安全有奖举报制度和食品侵权民事赔偿制度等。目前，食品安全监管制度体系已经基本确立，食品安全工作的法治化水平有了显著提升。

（三）技术支撑稳步推进

我国《食品安全法》确立了食品安全风险监测制度、食品安全风险评估制度、食品安全检验制度和食品安全标准制度等。截至2011年年底，卫生行政部门在全国设立32个省级、241个地市级和65个县级监测点，开展食品污染物、食品中有害因素和食源性致病菌风险监测，在312家医院开展了食源性疾病主动监测，已获得监测数据401万个。国家食品安全风险评估中心和食品安全风险评估专家委员会已经成立。卫生部已公布食品安全国家标准285项，国家食品安全标准“十二五”规划已经发布。国家持续加大食品安全检验检测投入力度，资源整合力度不断加大。国务院食品安全委员会办公室牵头编制了“十二五”期间国家食品安全监管体系规划，统筹安排提升食品安全监管能力。

（四）综合治理走向深入

近年来，在国务院食品安全委员会办公室的统一协调下，各地区和各有关部门围绕重点品种、重点环节、重点场所和重点时段深入开展食品安全专项整治和食品安全综合治理，严厉打击食品违法添加和滥用食品添加剂，严厉整治“地沟油”、“瘦肉精”和“塑化剂”等问题，开展乳制品、食用油、肉类、酒类、保健食品和调味料等综合治理，取缔和关闭违法违规企业，完善相关制度和标准，专项整治和综合治理不断走向深入。

（五）严惩重罚成为常态

2011年全国人大常委会通过了《刑法修正案（八)》，加大了对食品安全犯罪的处罚力度。当年，各级公安机关共侦破食品安全类犯罪案件5200余起，抓获涉案人员7000余人；各级检察机关共依法从快批捕制售有毒有害食品等犯罪嫌疑人1801人，提起公诉1254人；各级人民法院共审结生产和销售有毒与有害食品、生产和销售不符合卫生（安全）标准的食品等案件333件，刑事处罚416人，其中有286人被判处有期徒刑、无期徒刑或死刑缓期执行。纪检监察机关加大了对失职和渎职人员责任追究力度，因食品安全问题共对3895人进行了责任追究。严惩重处正成为食品安全治理的常态。

（六）总体形势稳中向好

当前，尽管相对于食品产业的高速发展，食品安全水平亟待提高；相对于众多的监管对象，食品安全监管力量亟待加强；相对于从农田到餐桌的完整产业链，食品安全监管各环节的衔接亟待紧密；相对于多发频发的食品安全事件，应对处理机制需进一步健全；相对于日益增多的食品安全违法犯罪行为，防范打击力度亟待加大。但总体看，食品安全形势稳中向好。各级政府对食品安全的重视程度和投入程度明显增强，食品企业的诚信意识和自律意识有所进步，食品安全责任体系不断完善，重点食品检验合格率持续上升，食品安全事故呈下降趋势。

第二节　食品安全地位

食品产业是事关民生福祉的健康产业，是事关经济发展的支柱产业，是事关经济活力的朝阳产业。食品安全问题既是重大的民生问题，也是重大的经济问题；既是重大的社会问题，也是重大的政治问题。研究食品安全问题，需要从民生、经济、社会和政治等多视角进行思考和把握。

一、食品安全与民生

所谓民生，通常是指民众的基本生存状态、基本发展能力和基本权益保护状况。对民生问题可从多角度进行把握。从需求角度看，民生是指与实现人的生存权利有关的全部需求和与实现人的发展权利有关的普遍需求。因此，衣食住行和生老病死等，往往成为基本民生问题。

（一）重大民生问题

食品是维持人类生存和发展最重要的物质基础之一，因此，食品安全问题属于基本民生问题。食品安全问题与人的身体健康和生命安全紧密相联。首先，食品消费属于“健康性”消费，食品消费的目的在于维持人的生存与发展所需的基本营养，事关人的身体健康和生命安全；其次，食品消费属于“永久性”消费，人从出生到死亡，几乎离不开食品，食品消费伴随着生命的全过程，食品成为人生存和发展的必需品；再次，食品消费属于“一次性”消费，某一具体食品为一次性消耗品，只能一次性消费，而不能像有些商品可以重复使用；最后，食品消费属于“及时性”消费，食品往往具有较短的生命周期，保存保藏时间较短。基于上述特点，食品生产经营必须符合健康产品的基本要求：安字为首、严字当头、好字为先。

（二）现实民生问题

随着人们生活从温饱型向小康型和享受型转变，全社会对食品安全问题的关注程度越来越高。食品安全问题已成为公众最关心、最直接和最现实的问题。2010 年 6 月，《小康》杂志社联合清华大学媒介调查实验室，对北京、上海、广州、杭州、深圳、武汉、郑州、长沙、呼和浩特、重庆、成都和西安 12 个城市开展了公众安全感调查。在社会治安、食品安全、交通安全、职业安全、生产安全、财产安全、医疗安全、环境安全、婚姻安全、隐私安全和信息安全等 11 项安全问题中，公众最为担心的问题是食品安全，排列顺序为食品安全 72%、社会治安 67%、医疗安全 55%、交通安全 51% 和环境安全 39%。2011 年，全国消费者协会共受理各类食品投诉 39082 件，较 2010 年的 34789 件，增幅比例达 12.3%，居各类商品和服务投诉量的前四位（服装鞋帽、移动电话、电信、食品和销售）。关注食品安全问题，就是关注人类的生存和发展，就是关注自身的健康与幸福。近年来，全社会对食品安全问题的关注度和参与度有了显著提升。

二、食品安全与政治

食品安全作为公众最关心的问题，也必然成为党和政府最关注的问题。食品安全问题属于人权问题，事关人的生存和发展。《世界人权宣言》第二十五条指出：人人有权享受为维持其本人和家属的健康和福利所需的生活水准，包括食物、衣着、住房、医疗或者必要的社会服务；在遭遇失业、疾病、残废、鳏寡、衰老或在其他不能控制的情况下丧失谋生能力时，有权享受保障。因此，保障食品安全已成为各国政府应当承担的政治责任。

（一）执政能力

在全球化和信息化时代，政府在食品安全方面承担着义不容辞的责任。食品安全状况如何，直接体现着政府的执政能力。如何使食品安全监管能力的提升速度，最大限度地接近公众对食品安全的期望程度，始终是各国政府面临的重大课题。在此方面，发展中国家较发达国家承受着更大的压力。因政治、经济、文化和历史等原因，各国政府在食品安全方面所承担的责任并不完全相同，但总体看来，政府应当承担倡导科学理念、确定发展战略、完善监管体系、健全监管制度、加强基础投入、优化资源配置、提升监管能力和保障公众安康等责任。多年来，我国政府坚持以人为本、执政为民、科学发展，客观面对食品安全现状，大力强化食品安全监管，积极完善监管体制机制，深入开展专项整治和综合治理，严惩重处违法犯罪行为，食品安全监管能力稳步提高，总体形势稳中向好。

（二）国家形象

食品安全状况是衡量国家经济发展和社会进步的重要指标。多年来，有些国际组织和研究机构为分析和评价社会发展或者社会进步设计了各项指标，如人文发展指数（HDI）和国民幸福指数（NHI）等。这些评价指标往往都涉及到食品安全。所以，食品安全问题不仅关系到国际贸易的健康发展，而且也关系到国家形象的良好树立。食品安全问题具有永久性、世界性和阶段性等特征。食品安全问题伴随着人类社会发展的全过程，处于不同发展阶段的国家所面临的食品安全问题有所不同，有效解决食品安全问题需要国际社会积极合作。作为发展中国家，我国在食品安全方面的重视程度前所未有、投入力度前所未有、治理深度前所未有、参与广度前所未有，食品安全水平正在稳步提升。

三、食品安全与经济

食品安全问题属于重大的经济问题，事关市场秩序的规范发展和经济运行的稳定安全。早在2007年国务院《政府工作报告》“整顿规范市场秩序”部分，就曾提出“大力开展食品安全专项整治，保障人民群众食品安全”；在2009年国务院《政府工作报告》“加快转变发展方式，大力推进经济结构战略性调整”部分，提出“在全国开展整顿和规范市场秩序专项行动以及‘质量和安全年’，深入开展食品安全专项整治，健全并严格执行产品质量安全标准。实行严格的市场准入制度、产品质量追溯制度和召回制度”。可见，食品安全问题关系着国民经济的健康发展。

（一）支柱产业地位

食品产业属于事关国民经济发展的支柱产业。从企业数量上看，我国食品产业可谓“千家万户”和“千军万马”，截至2011年年底，全国有食品生产企业约40.8万家，食品流通企业约323万家，餐饮服务单位约243万家；从产业形态上看，食品产业涉及第一产业中的农业、林业、畜牧业和渔业，第二产业中的农副食品加工业、食品制造业和饮料制造业，第三产业中的餐饮业等三个业态；从生产经营上，涉及种植养殖、生产加工、市场流通和餐饮消费等多个环节。在许多国家和地区，食品产业已成为第一产业。2011 年，我国国内生产总值为 47. 2 万亿元。全国规模以上食品企业 31735 家，实现现价食品工业总产值 78078. 32 亿元，同比增长 31. 6%，高出全国工业总产值增速 3. 7 个百分点，占全国工业总产值比重 9. 1%。其中，规模以上食品工业总产值达到 4. 97 万亿元。食品产业作为支柱产业，其发展状况必然会对国民经济的运行有着重大的影响。三鹿牌婴幼儿奶粉事件对中国乳制品产业的巨大影响，充分说明食品产业状况事关国民经济运行。

（二）朝阳产业活力

食品产业是事关经济活力的朝阳产业。所谓朝阳产业，通常被认为是处于成长周期中开创阶段的产业，或者是有巨大市场空间和利润空间的产业。目前，食品工业已成为我国国民经济中增长最快和活力最显著的支柱产业之一，其工业总产值从 2000 年的 0. 9 万亿元发展到 2011 年的 7. 8 万亿元，年均增长 20% 以上。以餐饮消费为例，2001 ~ 2005 年，我国餐饮消费年增 1000 亿元，2006 年首次突破万亿大关，最近几年年增 2000 ~ 3000 亿元，2011 年全国餐饮业零售额达到 2 万多亿元。作为朝阳产业，食品安全问题影响着经济的持续发展。

四、食品安全与社会

党的十六届四中全会提出了建设社会主义和谐社会的重要目标。社会主义和谐社会是不断追求并努力实现民主法治、公平正义、诚信友爱、充满活力、安定有序、人与自然和谐相处的社会。和谐社会应当是以人为本、和睦相处及协调发展的社会。食品安全在社会主义和谐社会的构建中发挥着极其重要的作用，而社会主义和谐社会的构建也对食品安全保障提出了更高的要求。

（一）促进社会和谐

人的生存需要、健康需要和安全需要是人的“第一需要”。作为人类社会生存和发展的物质基础，食品安全直接关系到广大人民群众“第一需要”的满足程度，而“第一需要”的满足程度直接关系着社会和谐的程度。无论是国家发展和社会进步，还是人民幸福，都迫切需要全力解决食品安全问题。食品安全是社会主义和谐社会的基础。

改革开放以来，随着经济和社会事业的不断进步，食品生产经营和消费格局发生了深刻变化，生产经营主体多元化，消费需求多层次，产量持续增加，质量逐步提高，食品供给由长期以来的总体短缺和品种单调转变为数量充足和品种多样化，广大人民群众的生活已经实现了从过去的“温饱”到今日的“小康”的转变。伴随着这种转变，全社会对食品安全的需求已经实现了从过去的“将就”到今日“讲究”的转变。食品安全监管的任务繁重而艰巨。

在许多国家，食品安全问题往往是社会问题的集中反映。经过多年的整治与建设，我国食品安全形势稳中向好。但必须清醒地看到，目前的成果只是初步的和阶段性的。当前，食品安全工作还存在着不匹配、不协调、不均衡和不持续的问题，全面提高食品安全水平，还需要统筹兼顾和科学安排，投入更多的力量，付出更大的努力。全面建设和谐小康社会，最基础、最艰巨和最繁重的任务在广大农村。没有广大农村的食品安全，就没有全社会的食品安全。只有广大农民的食品安全得到了有效的保障，社会主义和谐社会才有了坚实的基础，社会主义新农村才有了扎实的进步，食品安全监管才有了更全面的成功。

（二）创新社会管理

食品安全问题属于社会问题，全面提高食品安全水平，必须按照中央有关社会管理创新的要求，从理念、体制、法制、机制和方式方法等方面进行创新，进一步拓宽食品安全监管思路，增强监管合力，提升监管能力。近年来，在食品安全管理方面，我国在监管体系、监管理念、监管体制和监管法制方面进行了诸多探索和实践，已取得了重要成果。今后，应继续在监管机制、监管方式以及监管文化等方面进行积极的探索，不断开创监管工作的新局面。

第三节　食品安全监管

食品安全监管涉及监管理念、监管体制、监管法制、监管机制、监管方式、监管战略和监管文化等诸多方面。全面提升我国食品安全水平，应当统筹推进食品安全监管各项工作。

一、监管理念

所谓理念，通常是指人们经过长期的理性思考及实践所形成的思想观念、精神向往、理想追求和哲学信仰的抽象概括；也有的学者认为，理念是指人们对于某一事物或现象的理性认识、理想追求及其所形成的观念体系；还有的学者提出，理念是体现事物运动的内在规律，反映事物运动的本质要求，对事物发展具有指导意义的一系列观念、信念、理想和价值的总和。总之，理念具有基础性、根本性、核心性、终极性和宏观性等特点，在一定层面上反映着事物运动的哲学基础、指导思想、根本原则、核心价值和宗旨目的等。

研究食品安全问题，有多种路径可供选择。遵循事物发展规律，由监管理念出发展开研究，可以说是最佳的选择。这是因为理念是事物发展的灵魂，决定着事物的发展方向。有不同的监管理念，就有不同的发展方向、发展道路、发展动力和发展局面。理念问题属于事物运行的应然问题，其关系着事物发展的全局、根本和战略。理念解决的是思想力和领导力的问题。只有坚持科学的监管理念，才能在大是大非面前不糊涂，在大风大浪面前不动摇。

近年来，重大食品安全事故多发频发，表明我国食品安全治理从理念到体制、法制、机制和方式等还需要进行深入思考和科学把握。未来10年乃至20年，我国食品安全监管将逐步实现从传统监管向现代监管的转变，迈入食品安全科学监管的时代。从国际经验来看，科学的食品安全监管理念，或者说现代食品安全监管理念，主要包括人本治理、全程治理、风险治理、社会治理、依法治理、责任治理、效能治理、综合治理、和谐治理和专业治理等基本要素。这些要素的包容与独立在一定程度上反映出不同国家、不同时代和不同阶段食品安全监管的普遍规律和特殊需求。

（一）人本治理

人本治理，顾名思义，就是以人为本的治理。在食品安全监管理念中，人本治理要素位居榜首，这是因为人本治理解决的是食品安全“为谁监管”这一根本问题，即回答食品安全监管的出发点、落脚点和生命线的问题。

在食品安全领域，坚持人本治理，就是要把保障公众身体健康和生命安全作为食品安全监管的根本。人本治理是“以人为本”科学发展观在食品安全监管领域的具体体现。科学发展观的核心是以人为本，即始终把实现好、维护好和发展好最广大人民群众的根本利益作为监管工作的出发点、落脚点和生命线，做到发展为了人民、发展依靠人民和发展成果由人民共享。

在人类发展的历史长河中，出现了许许多多有关“人”的发展的哲学思潮，如人本主义和人文主义等。坚持人本治理，需要科学把握“人”和“本”的科学含义。在哲学发展史上，“人”是与“神”和“物”相对的概念。早期的人本思想，主要是与神本思想相对，强调把人的价值放到首位，主张用人性反对神性，用人权反对神权。而现代的人本思想，主要是与物本思想相对。“本”在哲学上有两种含义：一是世界的“本原”，二是事物的“根本”。以人为本，论及的不是哲学本体论，而是哲学价值论。也就是说，以人为本，并不回答什么是世界的本原问题，即哪个是第一性和哪个是第二性的问题，而是回答在这个世界上，什么是最重要的和什么是最根本的。按照价值论的逻辑，其结论只能是：人是最根本的、最重要的，绝不能舍本逐末，更不能本末倒置。

目前，还没有哪个国家或集团公然否认食品安全应当坚持人本治理。但问题的关键是，如何才能通过有效的制度和机制，将人本治理的要求落到实处并取得实效。多年的治理实践表明，坚持人本治理，应当正确处理以下关系。

1. 公共利益和商业利益的关系

公共利益和商业利益的关系问题属于社会立场问题。我国许多法律都有关于公共利益的规定。MBA 智库百科“公共利益”条目为：“公共利益是指不特定的社会成员所享有的利益。各国立法基本上都没有对公共利益进行精确的定义，而只是采取了抽象概括的方式来规定。究其原因，乃是不得已而采取的方式。因为公共利益的最大特点在于，它是一个与诚实信用和公序良俗等相类似的框架性概念，具有高度的抽象性和概括性。正因为如此，执法者在行使公权力的过程中，可以根据社会生活发展和变化的情况来维护某一种具体的公共利益，实现社会实质的公平和正义”。尽管国内外的专家学者对公共利益存在着不同的见解，但各方并不否认公共利益具有两个特点。一是边界模糊。公共利益的范围随着社会的发展而发展，变化而变化，即便立法机构和司法机构进行了具体的确定，公共利益的范围和类型仍难以穷尽。实践中需要行政机关或司法机关根据实际情况来自由裁量。二是可以具体。公共利益必须最终能够确定为特定民事主体的私人利益。公共利益绝不是没有任何指向的抽象与空洞的描述。与任何人不相干的公共利益不可能具有正当性。所以说，公共利益问题并不仅仅是个法律问题，它更是一个政治问题，需要从政治上去把握和驾驭。

在社会主义市场经济条件下，公共利益和商业利益之间的关系具有二重性，两者之间既有和谐统一的一面，也有矛盾冲突的一面。彻底的唯物论者从不否认或者排斥企业通过合法的生产经营活动获取正常的商业利益。而且在企业合法经营时政府及其监管部门要切实依法保护企业的正当权益。但必须清醒地看到，对商业利益的追逐可能会使个别企业冲破法律和道德底线，损害公共利益和他人利益。在国家出现以后，公共利益和商业利益之间的博弈始终存在，这是无法回避的现实问题。马克思在《资本论》中曾引用英国经济评论家托·约·登宁在《工会与罢工》中的论述："一有适当的利润，资本就胆大起来；如果有10%的利润，它就保证到处被使用；有20%的利润，它就活跃起来；有50%的利润，它就铤而走险；有100%的利润，它就敢践踏一切人间法律；有300%的利润，它就敢犯任何罪行，甚至冒绞首的危险"。食品安全监管部门，应当是公共利益的忠实代表。保障公共利益，是食品安全监管部门的应尽职责。在公共利益和商业利益发生冲突的时候，食品安全监管部门必须始终坚定不移地站在公共利益一边，毫不动摇地维护公共利益，坚持不懈地做公众健康的守护神。

2. 安全监管与产业促进的关系

安全监管与产业促进的关系问题属于监管体制问题。安全监管与产业促进相分离是近年来国际社会在食品安全监管体制改革中逐步探索出的规律。长期以来，安全监管与产业促进的关系在各国并未引起足够的重视，而且在"管理就是服务"的时代，安全监管与产业促进相统一在人们的惯性思维中被认为是理所当然和天经地义的。应该说，在食品安全状况良好时，两者之间的关系如何，问题并不突出。但在食品安全状况恶化时，两者之间的冲突立刻显现出来。由于安全监管与产业促进在价值定位、服务对象、利害关系和价值体现等方面存在着一定的差异，如果一个部门同时承担安全监管与产业促进两项职责，那么，在两者发生冲突时，政府的天平在现实利益的羁绊下往往容易发生倾斜。在我国，无论在理论界还是在实践界，对这一问题还存在着不同的认识，需要予以深入研究。

（二）全程治理

全程治理是指将食品生产经营的全过程纳入治理范畴。食品生产经营包括种植、养殖、生产、加工、贮存、运输、销售和消费等诸多环节。在食品安全监管理念中，全程治理解决的是治理的空间问题，其与监管体制问题密切相关。传统食品保障体系基本上将保障重点锁定在生产加工环节。其信奉的是：只要抓好生产加工这一关键环节，食品消费最终就能得到有效的保障。然而，近年来，各种食源性疾病的相继爆发，彻底粉碎了人们这种天真而善良的愿望。

在迎接食源性疾病挑战的过程中，人们逐步认识到：食品生产经营的任何环节存在缺陷，都可能导致整个食品安全保障体系的最终崩溃。仅在最后阶段对食品采用检验、召回、下架等拒绝的手段，是无法对消费者提供充分有效的保障，而且这也违背了市场经济奉行的经济原则或者效益原则。为此，国际社会逐步提出了食品安全的概念并探索出保障食品安全的新方法，即食物链控制法，要求食品安全治理竭尽所能地向"两端"延伸，并强化食品在消费前各个环节的密切联系，从而实现对食源性疾病的全面预防和风险的全程控制。为了最大限度地保护消费者，必须将全程治理的理念深深地嵌入到食品安全保障工作中。

将全程治理仅仅理解为从农田到餐桌的简单概念是不充分的。全程治理至少应当包括以下 6 个要点：一是全程覆盖，即食品安全治理应当涵盖从种植、养殖、生产、加工到贮存、运输、销售和消费等各环节，避免因食品生产经营中的某一环节存在缺陷而导致整个食品安全保障体系的崩溃；二是全面预防，即在食品生产经营的全过程要采取积极有效的控制措施来防止食品安全问题的发生，最大限度地保障公众的切身利益；三是注重源头，尽管食品生产经营可以分为若干环节，但每一个环节都有其源头，只有从源头开始把关，才能确保食品安全；四是注重联系，即食品生产经营各环节间要保持密切的联系，防止因出现断档而产生监管盲点和盲区；五是强化统一，凡是跨环节的监管和服务要素，如风险评估、检验检测和法规标准等都应当实行统一管理；六是强化尽责，食品生产经营的每一环节都必须尽职尽责，必须将风险解决在本环节内，而不能将风险放逐到下游环节。坚持食品安全全程治理，应当正确处理以下关系。

1. 部门分工与社会协作的关系

从最初的种植养殖，到采集、生产加工、包装、运输、销售和消费，食品生产经营是个复杂的过程。无论是单一部门监管，还是多部门监管，都需要进行适当的分工。无论是内部分工，还是外部分工，都需要加强彼此间的协作，否则监管就会出现空白和重叠。分工是为了提高专业化效能，协作是为了提高全局化水平。2003 年，为提高我国食品安全监管水平，国务院在国家药品监督管理局的基础上组建了国家食品药品监督管理局，承担食品安全综合监督的职责；2008 年，为推行大部门体制，进一步理顺政府职责，国务院决定卫生行政部门负责食品安全综合协调职责；2009 年《食品安全法》颁布，形成了现行的食品安全监管体制。

为全面落实政府食品安全职责，《食品安全法》规定国务院设立食品安全委员会；县级以上地方人民政府建立健全食品安全全程监督管理的工作机制；县级以上卫生行政、农业行政、质量监督、工商行政管理和食品药品监督管理部门应当加强沟通和密切配合，按照各自职责分工，依法行使职权，承担责任。2011 年国务院再次作出调整，由国务院食品安全委员会办公室负责食品安全综合协调。所有这些改革，都是为了充分发挥政府及其食品安全监管部门的积极性和创造性，增强其凝聚力和执行力，不断强化食品安全监管，努力提高食品安全水平。

目前，社会各界对从农田到餐桌实行全程监管已没有异议。但从监管体制上看，是单独负责还是共同保障，有关方面和人士有不同的认识。综观国际社会，负责食品安全保障的国际组织主要是联合国粮农组织（FAO）和世界卫生组织（WHO），与此格局相联系，食品安全监管部门也大体分成两部分，初级食用农产品由农业部门负责监管，生产经营环节的食品安全监管主要由卫生部门和食品药品监管部门或者其他机构负责。目前，在我国，有关部门按照《农产品质量安全法》和《食品安全法》共同承担食品安全全程治理的责任。《食品安全法》规定，供食用的源于农业的初级产品的质量安全管理，遵守农产品质量安全法的规定。但是，制定有关食用农产品的质量安全标准和公布食用农产品安全有关信息，应当遵守本法的有关规定；县级以上地方人民政府依照本法和国务院的规定确定本级卫生行政、农业行政、质量监督、工商行政管理和食品药品监督管理部门的食品安全监督管理职责；有关部门在各自职责范围内，负责本行政区域的食品安全监督管理工作。县级以上卫生行政、农业行政、质量监督、工商行政管理和食品药品监督管理部门应当加强沟通和密切配合，按照各自的职责分工，依法行使职权，承担责任。

2. 全程控制与源头负责的关系

尽管食品生产经营可以分为若干环节，但每一个环节都有其源头，上一环节的末端就是下一环节的源头。只有从源头开始把关，才能减少风险传播，才能保证食品安全。《食品安全法》确定了我国实行分段（环节）监管为主、品种监管为辅的食品安全监管体制。分段监管绝不意味着有关监管部门只对该环节存在的风险承担责任，事实上，各监管部门应当对源于该环节的风险承担全程控制责任。也就是说，如果是由于某一环节产生的风险，该风险即便出现在其他环节，该环节的监管部门也需承担安全监管责任。但是，如果其他环节的食品生产经营单位没有履行源头把关的义务，发生食品安全事故后，无法对相关产品进行溯源时，则其应对食品安全事故承担相应的法律责任。需要特别强调的是，可以有分段的监管体制和模式，但不能有分段监管的思维和视野。

（三）风险治理

风险治理是指以风险评估结论为基础开展的科学治理。在食品安全监管理念中，风险治理解决的是治理的方法问题。近 20 年来，在食品安全领域，最大的变革就是风险治理理念的提出，其对食品安全工作具有全局性和方向性的重大影响。自 20 世纪 90 年代以来，一些危害人类生命健康的重大食品安全事件不断发生，如 1996 年英国的疯牛病事件，1997 年香港的禽流感事件，1999 年比利时的二噁英事件，2001 年法国的李斯特杆菌污染事件。在应对这些重大食品安全问题上，国际社会逐步探索出了以科学为依据的食品安全管理方式，包括风险评估在内的食品安全风险分析模式应运而生。

风险治理理论已经走过了启蒙酝酿阶段，进入了成熟应用阶段。在启蒙酝酿阶段，风险分析的术语之间尚不统一，彼此之间的逻辑关系也相对混乱。目前，风险治理理论已比较成熟，具体包括以下几个方面：一是风险评估，食品安全风险评估是对食品、食品添加剂和食品相关产品中生物性、化学性和物理性危害对人体健康可能造成的不良影响所进行的科学评估，包括危害识别、危害特征描述、暴露评估以及风险特征描述等；二是风险管理，食品企业和监管部门根据风险分布状况研究具体治理措施，并实行动态治理，落实治理责任；三是风险交流，将已知安全风险在食品生产经营企业、政府监管部门、食品技术支撑单位、行业协会和消费者等之间进行交流，共同分析原因并共同研究对策。

国际社会高度重视食品安全风险评估。1991 年，联合国粮农组织、世界卫生组织和关税及贸易总协定（GATT）联合召开了“食品标准、食品中的化学物质与食品贸易会议”。会议建议国际食品法典委员会（CAC）及所属技术咨询委员会在制定食品政策时应基于适当的科学原则并遵循风险评估的决定。从那时起，经过多年的探索，2006 年，联合国粮农组织和世界卫生组织出版了《食品安全风险分析——国家食品安全监管机构指南》，总结了国际社会多年开展风险评估的基本经验，为世界各国加强食品安全监管工作提供了有益的帮助。从我国的基本国情出发，坚持食品安全风险治理，应当正确处理以下关系。

1. 风险评估、风险管理与风险交流的关系

任何科学的管理理论都是从问题出发的。食品安全监管理论的核心就是解决食品安全风险，而解决食品安全风险，需要从技术、行政和社会三维的角度展开。风险评估主要是从技术的角度来认识食品安全风险，而风险管理主要是从行政的角度来解决食品安全风险，风险交流主要是从社会的角度来应对食品安全风险。《食品安全法》第2章确立了食品安全风险评估制度，包括风险评估内容、风险评估组织、风险评估方法、风险评估建议、风险评估结果和风险警示等。该制度的确立标志着我国食品安全监管正从经验监管走向科学监管，从传统监管走向现代监管。

在食品安全风险治理领域，联合国粮农组织、世界卫生组织以及发达国家进行了多方面的探索，取得了丰硕的成果，应当积极吸收和充分借鉴国际社会的有益探索成果，加快我国食品安全风险治理进程。与此同时，必须看到，不同的民族有不同的饮食文化，东西方在饮食方面也存在着一定的差异，如食品品种不同，我国有月饼、饺子、包子、粽子、汤圆和豆腐等传统食品；营养需求不同，东方人的膳食营养宝塔与西方人不同；此外，东方人与西方人在某些食品的烹饪方式和饮食习惯上也存在差异。没有特殊性就没有普遍性。东方国家有必要就东方独特的食品开展相关的风险评估，建立起相应的食品安全标准，为国际食品法典工作做出积极的贡献。

2. 全面监管与重点监管的关系

食品安全与食品风险是个相对应的概念。就风险而言，从绝对的意义上看，风险无处不在，无时不有；而从相对的意义上看，风险有轻有重，有缓有急。通过开展风险评估，可以就特定环节和特定品种的食品安全风险状况进行科学分析，据此在全面监管的基础上确定监管重点。如在餐饮消费环节，各类餐饮单位均应纳入安全监管范畴，但学校食堂、集体用餐配送单位和中央厨房等，应当予以重点监管。

（四）社会治理

在食品安全监管理念中，社会治理解决的是治理的视野问题。保障食品安全是全社会的共同责任。必须以宽广的胸怀，组织动员全社会力量参与食品安全治理。

与其他产品相比，食品作为人类生存的必需品，拥有最广泛的利益相关者。食品安全关系到全世界的每一个人，关系到每个人的每一天。正因为食品与人类的生存和生活息息相关，保障食品安全才需要全社会的共同参与。联合国粮农组织和世界卫生组织在《保障食品的安全和质量：强化国家食品控制体系指南》中强调指出，当一国主管部门准备建立、更新、强化或在某些方面改革食品控制体系时，该部门必须充分考虑加强食品控制活动基础的若干原则及其意义。其中之一就是“充分认识食品控制人人有责，需要所有的利益相关者积极合作”。如在风险分析的整个过程中，可就危害和风险等问题在风险评估人员、风险管理者、消费者、产业界、学术界以及其他的利益相关者之间进行交互式交流，其中包括对风险评估结果的解释和风险管理决定的依据。2008年3月联合国驻华系统代表办事处出版的《推动中国食品安全》在相关政策建议中指出，是否能有效保证公众健康和保护消费者，取决于利益相关各方、各级政府、食品企业、初级产品生产者、消费者和传媒的有效合作。因此，在食品安全保障中，必须坚持大社会安全观，正确处理好政府、部门、企业、行业、消费者和媒体之间的关系，充分调动社会各方面的积极性、主动性和创造性，共同保障食品安全。

坚持食品安全社会治理，要善于从企业、政府和社会三大领域及其关系中把握食品安全。应当说，在不同的社会以及不同的领域，企业、政府和社会之间的关系有不同的模型。但是，在食品安全领域，企业和政府与社会的关系最为紧密。坚持食品安全社会治理，有利于形成纵横交错的食品安全治理网络，及时发现食品安全隐患和漏洞，促进食品企业依法生产经营，促进监管部门依法履行监管职责。坚持食品安全社会治理，应当正确处理以下关系。

1. 政府治理、企业治理与社会治理的关系

各级政府对辖区内的食品安全负总责。在社会主义市场经济条件下，政府承担着经济调节、市场监管、社会管理和公共服务的职能。对食品市场进行监管，是政府履行职责的应有之举。随着经济全球化和贸易自由化的发展，各国政府在食品安全保障方面面临着巨大的挑战。有学者主张，政府是公共利益的忠实代表，在食品安全社会治理中，政府治理应当是最权威、最坚决和最公正的治理。

食品企业对食品安全负首要责任。企业是食品的生产者和经营者。随着科学技术的发展，从农田到餐桌的食品生产经营活动日趋复杂，只有食品企业才能对其生产经营活动了如指掌，才能采取更加有效的措施应对食品安全风险。食品企业的安全意识、安全条件以及安全措施直接影响乃至决定着企业的食品安全状况。如果企业的食品安全制度不完善和管理不到位，即便再完善的政府外部监管也恐怕难以取得理想的效果。食品生产经营者应当依照法律、法规和食品安全标准从事生产经营活动，对社会和公众负责，保证食品安全，接受社会监督，承担社会责任。有学者认为，在食品安全社会治理中，企业治理应当是最直接、最根本和最经济的治理。

除了政府治理和企业治理外，消费者和食品行业协会等社会治理不可忽视。《食品安全法》“总则”规定，食品行业协会应当加强行业自律，引导食品生产经营者依法生产经营，推动行业诚信建设，加强食品安全知识的宣传和普及。国家鼓励社会团体和基层群众性自治组织开展食品安全法律、法规以及食品安全标准和知识的普及工作，倡导健康的饮食方式，增强消费者食品安全意识和自我保护能力。新闻媒体应当开展食品安全法律、法规以及食品安全标准和知识的公益宣传，并对违反本法的行为进行舆论监督。任何组织或者个人有权举报食品生产经营中的违法行为，有权向有关部门了解食品安全信息，对食品安全监督管理工作提出意见和建议。在食品安全社会治理中，消费者等社会治理应当是最广泛、最彻底和最及时的治理。

2. 中央治理和地方治理的关系

在中央层面上，《食品安全法》确立了分工负责和统一协调相结合的食品安全监管体制。国务院设立食品安全委员会。国务院卫生行政部门负责食品安全风险评估、食品安全标准制定和食品检验机构的资质认定条件以及检验规范的制定。国务院质量监督、工商行政管理和国家食品药品监督管理部门依据本法和国务院规定的职责，分别对食品生产、食品流通和餐饮服务活动实施监督管理。《国务院办公厅关于认真贯彻实施食品安全法的通知》（国办发［2009］25 号）规定，各级卫生、农业、质量监督、工商行政管理和食品药品监督管理等部门要依照食品安全法的规定，依据各自职责，严格执行各项食品安全法律制度，采取有力措施，督促食品生产经营者切实承担起食品安全第一责任人的责任，严肃查处违法食品生产经营行为。各级卫生、农业、质量监督、工商行政管理和食品药品监督管理等部门要依照食品安全法及其配套法规、规章和规范性文件的规定，积极履行部门间的信息通报等责任，加强主动沟通和相互协作，努力实现各监管环节的无缝衔接。

在地方层面上，《食品安全法》第五条规定：“县级以上地方人民政府统一负责、领导、组织和协调本行政区域的食品安全监督管理工作，建立健全食品安全全程监督管理的工作机制；统一领导和指挥食品安全突发事件应对工作；完善和落实食品安全监督管理责任制，对食品安全监督管理部门进行评议和考核。县级以上地方人民政府依照本法和国务院的规定确定本级卫生行政、农业行政、质量监督、工商行政管理和食品药品监督管理部门的食品安全监督管理职责。有关部门在各自职责范围内，负责本行政区域的食品安全监督管理工作。上级人民政府所属部门在下级行政区域设置的机构应当在所在地人民政府的统一组织和协调下，依法做好食品安全监督管理工作。《食品安全法实施条例》第 2 条进一步规定：县级以上地方人民政府应当履行食品安全法规定的职责；加强食品安全监督管理能力建设，为食品安全监督管理工作提供保障；建立健全食品安全监督管理部门的协调配合机制，整合和完善食品安全信息网络，实现食品安全信息共享和食品检验等技术资源的共享。”《国务院办公厅关于认真贯彻实施食品安全法的通知》（国办发［2009］25 号）规定：“县级以上地方人民政府统一负责、领导、组织和协调本地区的食品安全监督管理工作，要结合本地实际，采取措施加强食品安全监管能力建设，建立健全食品安全全程监管工作机制，形成监管合力；要统筹规划，建立和完善食品安全信息网络，实现食品安全信息和食品检验资源等的整合及共享；要建立并执行严格的食品安全监管责任追究制度，督促有关监管部门依法履职，严肃查处食品安全监管工作中的失职和渎职行为。县级以上地方人民政府要根据本地区实际，建立健全各食品安全监管部门的沟通协调机制，统一组织和协调有关部门依法开展食品安全监管工作；要明确和细化各监管环节的衔接措施，保证食品安全监管工作的整体性和有效性；对不履行沟通协作责任和造成食品安全事故等后果的监管部门，要依法严肃追究其直接负责的主管人员和其他直接责任人员的责任”。

上述法律法规规定了地方政府对食品安全负总责的要求。这里应特别强调两点：一是地方政府对食品安全负总责是个发展的概念。新世纪以来，围绕地方政府对食品安全的责任，各地区和有关方面进行了一系列的探索和实践，地方政府对食品安全负总责的内涵与外延不断丰富与发展。二是地方政府对食品安全负总责是个明确的概念，这里的“总责”不是“全责”，完整的食品安全责任体系包括企业责任、部门责任和地方政府责任等，地方政府责任只是食品安全责任体系的重要组成部分。

（五）效能治理

效能治理是指在食品安全治理中应当注重投入与产出的关系，努力以最小的投入获得最大的效益。在食品安全治理理念中，效能治理解决的是治理的可持续发展问题。

食品安全治理的首要目标和根本目标是安全。但除了安全的重要目标外，还必须考虑效能的目标，因为这是食品安全治理持续发展的重要前提。

研究食品安全问题，不仅需要从政治的角度来驾驭，也需要从经济的角度来把握。经济学主要是研究稀缺性和选择性，而有效选择的目的就是追求效能的最大化。经济学的两大核心思想是：物品和资源是稀缺的；社会必须有效地加以运用。在市场经济条件下，食品安全治理必须走科学的发展道路，减少治理成本，提高治理效率，促进良性发展，实现食品安全和经济效益的共同提升。

影响食品安全治理效能的因素很多，这里既有宏观层面的问题，如食品安全监管体制；也有中观层面的问题，如食品安全监管方式；还有微观层面的问题，如食品安全监管行为。不同的路径选择，往往会产生不同的效能。科学的监管理念、监管体制、监管制度、监管方式和监管行为等，往往会产生积极的监管效能，从而促进食品安全治理水平的提高。坚持食品安全效能治理，应当正确处理以下关系。

1. 统一治理与分段治理的关系

有关食品安全监管体制，世界各国并不完全一致。有的实行统一治理体制，有的实行分散治理体制，有的实行综合治理体制。新世纪以来，为保障食品消费安全，许多国家对食品生产经营进行全程治理。但因各国经济发展水平、诚信发育状况和历史文化传统等不同，各国在食品安全全程治理的具体方式上也存在着一定的差异。有的是分环节治理，有的是分品种治理，有的是将环节和品种结合治理。近年来，为进一步提高食品安全治理效率，许多国家对传统的食品安全监管体制进行改革。改革大体上通过两种方式进行：一是对传统的分散的监管部门予以适当协调。一些国家组建了食品安全协调管理机构，全面加强对食品安全监管工作的组织协调，如澳大利亚和新西兰成立了食品安全部长级会议；我国《食品安全法》确定的国务院食品安全委员会，属于食品安全高层协调机构。二是将过去分散的监管部门予以适当统一。当然，在不同国家，统一的程度和方式有所不同。有的是监管机关的统一，有的是监管要素的统一。无论是哪个层面的统一，其目标都是避免多头监管或者重复监管，提高监管效能。

目前，我国实行的是综合型食品安全监管体制，这种体制决定了当前的食品安全监管工作，既要推进监管要素，如法律、标准和信息等的统一，也要强化监管要素，如监测和检测等的协调。从统一的角度来看，凡是跨环节或跨部门的食品安全监管要素都有必要纳入综合协调部门统一管理，《食品安全法》及其实施条例在此方面取得了较大进展。而从协调的角度来看，管理活动的本质就是协调。食品安全监管实行分段监管体制，但食品安全风险却可能随着食品本身全程扩散，如果监管部门之间不衔接或不协调，食品安全监管就难以落实。在现行食品安全监管体制下，分段监管仍然存在着一些监管空白，各监管部门应当密切合作，有效衔接，全程监管，确保食品安全监管目标的实现。

2. 行政监管与技术监督的关系

食品安全监管时刻离不开现代科学技术的强力支撑。随着科学技术的发展，在食品安全领域，风险监测技术、风险评估技术、检验检测技术和安全追溯技术等，已成为食品安全监管的重要保障。当前，食品安全监管体制改革不断深化，食品安全技术监督体系不断完善。行政监管与技术监督是食品安全保障的双翼。全面提高食品安全保障水平，必须高度重视这两者的协调发展。

食品安全技术监督包括食品安全风险监测、风险评估和检验检测等。加强食品安全技术监督，应当从提升我国食品安全监管能力的全局出发，紧密结合我国食品安全监管发展规划，按照统一、协调和高效的原则，坚持统一化、社会化和公益化价值取向，统筹规划和科学安排，以实现效能的最大化。

（六）责任治理

保障食品安全是政府、企业和消费者的共同责任。权利和义务、权力和责任相辅相成，密不可分。近年来，围绕着如何提高食品安全保障水平，建立健全食品安全责任体系，有关方面积极探索。从最初的"全国统一领导、地方政府负责、部门指导协调和各方联合行动"的食品安全工作格局和工作机制，到"地方政府负总责、监管部门各负其责、企业是第一责任人"的食品安全责任体系，我国食品安全责任治理的基本框架已初步建立。

食品安全责任体系包括食品安全责任主体、责任原则、责任形式、责任构成、责任落实和责任追究等。《食品安全法》第九章"法律责任"，对违反本法规定的行为，分别规定了行政责任、民事责任和刑事责任。坚持食品安全责任治理，应当正确处理以下关系。

1. 政治责任、法律责任及社会责任间的关系

何为政治责任，目前还没有统一的定义。有学者认为，政治责任是指政府官员制定符合民意的公共政策并推动其实施的职责以及没有履行好职责时应当承担的谴责和制裁。前者被称为积极意义的政治责任，后者被称为消极意义的政治责任。我们认为，政治责任应指承担重大决策与管理的高级政府官员因决策失误或失职、渎职和滥用职权导致人民生命财产或国家利益和公共利益遭受重大损失时，所承担的引咎辞职、被罢免、被弹劾和被免职等消极的法律后果。有学者认为，政治责任也是一种法律责任。但严格说来，政治责任与法律责任有所不同。主要表现在 3 个方面。一是责任主体不同。承担政治责任的主体往往是承担重大决策与管理的高级政府官员（在有的国家被称为政务官）。而承担法律责任的主体可以是各级政府官员。二是归责原则不同。政治责任的承担往往实行结果责任，即往往不问责任主体对事件的发生是否存在直接过错；而法律责任的承担则因情形不同，包括过错责任和无过错责任。三是规范程度不同。政治责任的评价机构、评判标准和责任形式往往具有不确定性，而法律责任则往往较为规范和确定。我国《食品安全法》第九十五条第二款明确了食品安全政治责任。

何为社会责任，目前也没有统一的定义。有学者认为，企业社会责任就是企业在创造利润和对股东利益负责的同时，还要承担对员工、消费者、社区和环境的社会责任，包括遵守商业道德、生产安全、职业健康、保护劳动者的合法权益、保护环境、支持慈善事业、捐助社会公益和保护弱势群体等。企业社会责任超越了以往企业只对股东负责的范畴，强调对包括股东、员工、消费者、社区、客户和政府等在内的利益相关者的责任。也有学者认为，企业社会责任是指企业承担法律责任以外的其他道义责任。需要强调的是，在食品安全领域，企业的社会责任是相对确定的，主要是围绕食品安全展开的。

2. 企业责任、政府责任与部门责任的关系

《食品安全法》第三条规定，食品生产经营者应当依照法律、法规和食品安全标准从事生产经营活动，对社会和公众负责，保证食品安全，接受社会监督，承担社会责任。在社会主义市场经济条件下，食品企业是独立的生产者和经营者。食品生产经营的最终目的在于满足消费，而食品消费的基本前提就是食品安全。所以，生产经营安全的食品是食品企业对社会的根本责任，是食品企业得以存续的基本条件。我国食品安全治理的实践反复证明，只有企业真正承担起食品安全的首要责任，食品安全保障才有了坚实的基础。食品产业属于良心产业和圣洁产业，企业家的身上应当流淌着道德的鲜血。绝不允许任何企业以损害人民群众生命健康为代价来换取企业发展和经济增长。

食品安全保障基础而首要的任务是强化企业的责任。我国《食品安全法》第四章“食品生产经营”明确规定了食品生产经营者的义务。如从事食品生产、食品经营和餐饮服务，应当依法取得食品生产许可、食品流通许可和餐饮服务许可；食品生产经营企业应当建立健全食品安全管理制度；食品生产经营者应当建立并执行从业人员健康管理制度；食品生产者采购应当执行查验检验制度；食品生产企业应当建立食品出厂检验记录制度；食品经营企业应当建立进货查验记录制度；食品生产者应当严格执行食品添加剂生产许可制度；食品经营者应当严格执行食品标签制度；食品生产经营者应当严格执行食品召回制度等。

应当承认的事实是，在市场经济条件下，企业所追求的目标与消费者所期待的目标往往存在着一定的差异。如何建立有效的企业治理机制，是各国政府需要共同面对的重大课题。国家应当采取有效措施推动食品企业落实食品安全主体责任。国家应当鼓励食品生产企业制定严于食品安全国家标准或者地方标准的企业标准，鼓励食品生产经营企业符合良好生产规范（GMP）要求，实施危害分析与关键控制点（HACCP）体系，提高食品安全管理水平，鼓励食品规模化生产、连锁经营和集中配送。要支持食品企业加强诚信建设。2010 年 6 月 11 日，在第二届中国食品安全高层论坛上，128 家食品企业联合发布诚信宣言：“履行社会责任，促进社会和谐；铭记荣辱义利，维护人民福祉；遵守法律法规，倡导职业道德；制造安全食品，坚持诚信经营；健全质量体系，执行全程控制；接受社会监督，提高服务水平；促进国际交流，共享文明成果；珍惜自然资源，实现持续发展”。2011 年 11 月 13 日中国食品安全报在京举办第九届中国食品安全年会，发布了 2011 食品安全（北京）宣言：始终坚持科学发展，忠诚履行社会责任；坚决遵守政策法规，严格执行安全标准；积极配合政府执法，主动接受社会监督；建立健全诚信体系，执着追求高端品质；模范践行职业道德，自觉固守行业自律；矢志确保食品安全，努力构建和谐社会。上述宣言充分展示了食品企业承担食品安全责任的决心和信心。必须通过最严格的安全标准，最严格的管理体系，最严格的监督检查，最严格的责任追究，促进食品企业不断改进和强化食品安全管理，努力提高食品安全治理水平。

（七）依法治理

食品安全依法治理就是将食品安全工作纳入法律调整的轨道，充分发挥法律在食品安全工作中的特殊作用，实现食品安全工作的规范化、制度化和法治化，保障食品安全工作长治久安。

法律是创造新生活的工具。党的十五大做出了依法治国、建设社会主义法治国家的重大决策。全面贯彻依法治国的基本方略，必须加快建立健全食品安全法治秩序。

当今中国的食品安全治理，是在市场经济、法治社会和科技时代的大舞台上展开的。市场经济是指在整个社会资源的配置中市场发挥基础作用的经济。市场经济的平等性、自主性、开放性、统一性和诚信性表明，市场经济不仅是契约经济，同时也是法治经济。在市场经济社会里，交易主体、交易客体、交易内容、交易空间和交易方式的多样、复杂与变动，使法律成为市场运行的基本规则。没有法律的规范、引导、保障和制约，就不可能有市场经济的正常运行和健康发展。在市场经济体制下，法律对于经济社会生活的调控和影响，无论是在广度上还是在深度上都有了拓展与飞跃，达到了空前的程度。

今天，法律以其特有的规范性、普遍性、平等性和稳定性，与其他治理手段相分离，成为社会治理的主要手段。社会主义社会是成长型的社会。依法治国方略的实施，将有利于发展社会主义社会的生产力、有利于增强国家的综合国力和有利于提高人民的生活水平，保障和促进社会主义物质文明、精神文明、政治文明和社会文明的发展，实现社会的全面进步。坚持食品安全依法治理，应当正确把握以下几个方面。

1. 科学立法、广泛普法与严格执法的关系

健全食品安全法律体系是实现依法治理的首要环节。改革开放以来，我国不断强化食品安全法治建设，已颁布了《食品安全法》及其实施条例，食品生产经营与安全监管已有法可依，初步走上了法治的轨道。全面提高我国食品安全法治水平，食品安全法律体系还需要进一步完善，有关食品安全的部颁规章和规范性文件还需要加强。应该把立法的重点放在切实提高立法质量上来，努力使法律规范反映客观规律，具有科学性、合理性和可操作性，能够解决实际问题。同时，放弃“宜粗不宜细”的立法思维，加快实现从粗放到精细的转变，从容地对法律进行精雕细刻，避免法律制度结构过于简略，内容过于粗疏，规范过于原则，缺乏实际操作性。在当代，社会对立法的关注已不再仅仅是法律的数量如何扩张，而是法律的品质如何升华，即法律体现着何种意志、代表着何种方向和追求着何种价值。

与此同时，要大力普及法律知识，努力培养全社会的法律信仰，强调严格执行法律，树立法律权威。目前，部分食品企业的安全意识、风险意识、责任意识、诚信意识和法治意识不强，还存在着有法不依、执法不严和违法不究的现象。法律必须得到广泛信仰，并被严格执行。执法必严是指执法机关和执法人员严格依照法律规定办事，坚决维护法律的权威和尊严。依法治理的关键是执法，难点和重点也在执法。一是执法必须严肃，即执法机关和执法人员要本着对人民负责和忠实于法律的精神，严肃认真和一丝不苟地执行法律。二是执法必须严格，基本要求是正确、合法、合理、公正和及时。追究法律责任应坚持以事实为根据和以法律为准绳的原则，保证责任的认定客观、正确和合法；坚持公民在适用法律上一律平等的原则，不放纵任何违法行为，不得畸轻畸重；坚持责任与违法行为相称原则；法律责任的种类和轻重应与违法行为的性质和危害程度相适应，既不能轻犯重罚，也不能重犯轻罚。

2. 保障自由与强化自律的关系

人类自由的法律界定就是权利，而权利与义务是对立统一的。要充分保障食品企业在法律制度下所享有的自由，同时也要强化食品企业在法律制度下所承担的责任。企业只有严格自律，才能持续稳定发展。强化严格自律，食品企业必须做到以下几点。一是敬畏公共利益。公共利益虽没有个人利益那么直接和具体，但公共利益往往比个人利益更有震撼力。对公共利益，企业应当有敬畏之心。二是承担社会责任。许多学者认为社会责任是法律责任以外的非强制道义责任。生产经营安全的食品，是企业应尽的法律责任，是企业必须履行的强制义务。而生产经营更有质量、更有营养、更有美味和更可享受的食品，则是企业应承担的社会责任。在履行法律责任的同时，企业应追求更高的境界，承担更大的社会责任。三是追求安全发展。食品企业应当牢固树立安全发展的理念。安全应当成为全社会发展的共同的利益基础和共同的价值追求。离开安全讲发展，就不是真正意义的发展，或者说就不是长久意义的发展。因为产品质量是企业的生命。企业的产品不安全，企业的生命最终也不会安全。在维护食品安全方面，任何企业都不应有侥幸心理，法网恢恢，疏而不漏。

二、监管法制

法律是公共幸福的制度安排。《食品安全法》是我国社会主义法制体系的重要组成部分。2009 年 2 月 28 日，《食品安全法》经十一届全国人大常委会第七次会议通过，于 2009 年 6 月 1 日起施行。从 2004 年国务院法制办公室着手起草到全国人大审议通过，《食品安全法》历经 5 年时间。《食品安全法》的公布施行，对规范食品生产经营活动，防范食品安全事故发生，增强食品安全监管工作的规范性、科学性和有效性，提高我国食品安全整体水平，具有重要意义。《食品安全法》的公布施行，也标志着我国食品安全治理进入了新的发展阶段。

（一）主要成就

《食品安全法》公布后，立即引起国际社会的广泛关注。总体看，这部法律理念更为先进、制度更为完备、体制更为顺畅、机制更为健全，将有力推动我国食品安全水平的不断提升。

1. 理念更加先进

《食品安全法》借鉴了国际社会食品安全监管的成功经验，体现了现代食品安全治理理念。坚持人本治理，把保障公众身体健康和生命安全作为食品安全法的立法宗旨；坚持全程治理，与《农产品质量安全法》共同将农田到餐桌的全过程纳入治理视野；坚持风险治理，将风险评估作为制定食品安全标准和实施食品安全治理的科学基础；坚持社会治理，积极鼓励企业、消费者、食品行业协会、基层群众性自治组织、新闻媒体和消费者等参与食品安全保障；坚持责任治理，全面落实“地方政府负总责、监管部门各负其责，企业是食品安全的第一责任”的责任体系；坚持和谐治理，食品安全监管部门应加强沟通，密切配合，共同确保食品安全。上述治理理念的确立，充分体现了我国对食品安全工作规律认识的升华，有利于推动我国食品安全管理在新的起点上实现新进步。

2. 制度更加完备

《食品安全法》按照“理念现代、价值和谐、体系完备、制度完善”的总要求，贯彻了安全性原则、科学性原则、预防性原则、教育性原则、全面性原则和效能性原则，完善了食品安全监管体制、食品安全标准制度、食品安全风险监测制度、食品安全风险评估制度、食品生产经营基本准则、食品生产经营许可制度、食品添加剂生产许可制度、问题食品召回制度、食品检验制度、食品进出口制度、食品安全信息制度、食品安全事故处置制度和食品安全责任追究制度等，这些制度坚持了综合协调制度与具体监管制度的有机结合、环节监管制度与要素监管制度的有机结合、过程保障制度与结果保障制度的有机结合，将有力提升我国食品安全工作的科学化和法治化水平。

3. 体制更加顺畅

《食品安全法》推动了我国食品安全监管体制改革向着理想目标迈出重要一步。它从法律层次上结束了我国长期以来在一个环节上实行卫生和质量双要素监管的落后体制，实现了一个监管环节由一个部门监管的目标要求。同时，该法认真总结了食品安全综合监督工作的探索经验，使食品安全综合协调工作从相对分散走向基本统一。同时，《食品安全法》为未来我国食品安全监管体制改革实现“多段”变“少段”留下了广阔的空间。应当说，与过去的同一环节多要素监管，综合事项多部门承担的体制相较，新的食品安全监管体制已经有了很大的进步。

4. 机制更加健全

《食品安全法》确立了全程监管机制、沟通协调机制、考核评价机制、信用奖惩机制和社会治理机制等。如《食品安全法》按照“地方政府负总责、监管部门各负其责、企业是食品安全的第一责任”的责任体系，进一步明确了地方各级政府、国务院各相关监管部门、食品生产经营企业和食品技术支撑机构等部门和机构的责任，使食品安全的责任体系更加健全，有利于各方责任的有效落实。

此外，《食品安全法》还针对当前我国食品安全实际问题做出了若干创新性规定，如国务院设立食品安全委员会，强化对食品安全工作的协调与领导；明确在虚假广告中向消费者推荐食品使消费者受到损害的，需要承担连带法律责任；明确民事赔偿责任优先原则，优先保护消费者权益。

（二）基本原则

食品安全监管的基本原则是指贯彻于食品生产经营和食品安全监管全过程和各方面的基本原理和准则。

1. 科学性原则

科学性原则是指按照食品安全科学规律确定食品安全监管理念、监管体制、监管机制、监管方式、监管战略和监管模式等，以不断提升食品安全监管能力和水平。随着食品产业化、工业化和现代化的快速推进，食品安全监管经历了从简单监管到复杂监管、从粗放监管到精细监管、从经验监管到科学监管和从传统监管到现代监管的发展过程。在这一转变的过程中，坚持科学发展和科学监管至关重要。《食品安全法》坚持科学性原则，主要体现在3个方面。一是确立了科学的监管目标。在起草《食品安全法》的过程中，如何确定其立法宗旨或者立法目的，曾存在不同的认识。《食品安全法》最终确定为“保证食品安全，保障公众身体健康和生命安全”，使食品安全工作的目标更加集中、更加具体和更加现实。二是确立了科学治理原则。《食品安全法》体现了全程治理、风险治理和社会治理三大基本原则。在“总则”中强调地方政府要“建立健全食品安全全程监督管理的工作机制”；在“食品安全风险监测和评估”中规定了风险评估、风险管理、风险交流和风险预警等内容，并明确规定“食品安全风险评估结果是制定和修订食品安全标准及对食品安全实施监督管理的科学依据”。三是确立了科学治理制度。《食品安全法》确立了食品安全全程治理和全面治理的各项制度，这些制度既包括综合协调制度和具体监管制度，也包括过程监管制度和要素监管制度。

2. 全面性原则

全面性原则是指食品安全监管应当覆盖食品生产经营的全过程、多领域和各方面，从而实现食品安全的有效保障。食品安全监管包括监管主体、监管对象、监管内容和监管手段等。从监管的过程来看，《食品安全法》覆盖生产、加工、包装、储藏、流通、销售、消费和进出口等各个环节；从监管的内容来看，《食品安全法》涵盖场所环境、条件、过程和方式方法等各个方面；从监管的手段来看，《食品安全法》包括风险监测、风险评估、监督抽验、食品召回、信息发布、应急处理和事故处置等监管制度。

3. 预防性原则

预防性原则是指在食品安全监管中采取积极有效的措施来防止食品安全问题的发生，最大限度地保障公众的切身利益。食品安全风险贯穿食品生产经营的全过程和各方面，食品安全监管的首要原则是通过在整个食品链中尽可能地应用预防性原则，最大限度地减少风险。坚持预防性原则，有利于在日常监管中做到有备无患，才能最大限度地减少食品安全事故的发生。食品安全监管，从注重事后惩罚到事前预防，这是我国食品安全监管的重要变革。《食品安全法》规定了食品安全风险监测、风险评估和风险警示制度，这是食品安全科学监管的重要基础。此外，《食品安全法》强化了食品生产经营全程控制，明确各环节各部门的食品安全责任，有利于从源头控制食品安全风险，提高食品安全保障水平。

4. 教育性原则

教育性原则是指在食品生产经营和食品安全监管中普及食品安全知识，努力使食品的生产者、经营者和消费者成为食品安全的支持者、维护者和保障者。《食品安全法》第八条规定“国家鼓励社会团体、基层群众性自治组织开展食品安全法律、法规以及食品安全和知识的普及工作，倡导健康的饮食方式，增强消费者食品安全意识和自我保护能力。新闻媒体应当开展食品安全法律、法规以及食品安全标准和知识的公益宣传，并对违法本法的行为进行舆论监督”。全面开展食品安全教育，有利于促进依法生产、规范经营和科学消费。

5. 效能性原则

效能性原则是指在食品安全监管中以最少的代价获取最大的效益。食品安全监管效益，主要取决于食品安全监管体制、监管机制和监管方式等的优化程度。为明确监管责任和提高监管效能，《食品安全法》确立了一个监管环节由一个部门监管的体制，减少了多头监管和重复监管所造成的资源浪费；为规范企业行为和统一监管尺度，《食品安全法》将过去的食品卫生标准、食品质量标准和食品行业标准中涉及强制性要求的，整合为食品安全标准；为规范信息发布，《食品安全法》明确重大食品安全信息由食品安全有关监管机构统一公布。

（三）主要创新

与《食品卫生法》相比较，《食品安全法》在监管制度上有许多创新，进一步明确了各方责任，加大了监管力度，提高了监管效能。

1. 实行单一要素监管

在食品领域实行单一要素监管，是2004年9月1日《国务院关于进一步加强食品安全工作的决定》（国发［2004］23号）所确立的。《食品安全法》第二十九条规定："国家对食品生产经营实行许可制度。从事食品生产、食品流通和餐饮服务，应当依法取得食品生产许可、食品流通许可和餐饮服务许可"。同时，该条款还进一步规定："取得食品生产许可的食品生产者在其生产场所销售其生产的食品，不需要取得食品流通的许可；取得餐饮服务许可的餐饮服务提供者在其餐饮服务场所出售其制作加工的食品，不需要取得食品生产和流通的许可；农民个人销售其自产的食用农产品，不需要取得食品流通的许可。"

2. 加强监管高端协调

《食品安全法》实施前，各地大多建立了食品安全综合协调机制，但总体上看，由于层次偏低，权威有待加强。为切实加强对食品安全工作的领导，提升食品安全监管的协调力度，《食品安全法》第四条规定，国务院设立食品安全委员会，其工作职责由国务院规定。

3. 统一综合协调职能

《食品安全法》公布前，食品安全综合监督手段较为分散，《食品安全法》总结了多年的探索经验，将跨环节和跨部门的各类监管要素的管理统一纳入食品安全综合协调部门的职责。

4. 明确地方政府责任

关于地方政府食品安全责任，国务院有关文件已多次作出规定。《食品安全法》第五条规定："县级以上地方人民政府统一负责、领导、组织和协调本行政区域的食品安全监督管理工作，建立健全食品安全全程监督管理的工作机制；统一领导和指挥食品安全突发事件应对工作；完善和落实食品安全监督管理责任制，对食品安全监督管理部门进行评议和考核。"

5. 企业承担社会责任

在食品安全方面，食品企业除了承担保证食品安全的法律责任外，是否需要承担社会责任，有关方面存在不同的意见。《食品安全法》第三条规定："食品生产经营者应当依照法律、法规和食品安全标准从事生产经营活动，对社会和公众负责，保证食品安全，接受社会监督，承担社会责任。"

6. 建立风险评估制度

为切实加强食品安全科学监管，在借鉴国际社会成功经验的基础上，《食品安全法》第十三条规定："国家建立食品安全风险评估制度，对食品和食品添加剂中生物性、化学性和物理性危害进行风险评估。"第十六条规定："食品安全风险评估结果是制定修订食品安全标准和对食品安全实施监督管理的科学依据。"

7. 统一食品安全标准

为结束食品标准政出多门和相互矛盾，《食品安全法》第三章规定，食品安全标准是强制执行的标准。除食品安全标准外，不得制定其他的食品强制性标准。制定食品安全标准，应当以保障公众身体健康为宗旨，做到科学合理和安全可靠。对现行的食用农产品质量安全标准、食品卫生标准、食品质量标准和有关食品的行业标准中强制执行的标准予以整合，统一公布为食品安全国家标准。食品安全标准应当供公众免费查阅。

8. 强化食品添加剂管理

三鹿奶粉事件发生后，社会各界对食品添加剂问题高度关注。有关人士指出，食品添加剂使用不规范甚至滥用，成为危害食品安全的重要源头。为此，《食品安全法》对食品添加剂的生产、采购、使用和标签等作出明确规定。尤其强调食品添加剂应当在技术上确有必要且经过风险评估证明安全可靠，方可列入允许使用的范围。食品生产者应当依照食品安全标准关于食品添加剂的品种、使用范围和用量的规定使用食品添加剂；不得在食品生产中使用食品添加剂以外的化学物质和其他可能危害人体健康的物质。食品添加剂的标签和说明书，不得含有虚假、夸大的内容，不得涉及疾病预防和治疗功能。生产者对标签和说明书上所载明的内容负责。食品添加剂的标签和说明书应当清楚、明显并容易辨识。食品添加剂与其标签和说明书所载明的内容不符的，不得上市销售。

9. 严格监管保健食品

保健食品产业已发展成为一个相当规模的产业，但存在不少问题，需要对其实施比普通食品更为严格的有针对性的监管。《食品安全法》第五十一条规定："国家对声称具有特定保健功能的食品实行严格监管。有关监督管理部门应当依法履职，承担责任。具体管理办法由国务院规定。声称具有特定保健功能的食品不得对人体产生急性、亚急性或者慢性危害，其标签和说明书不得涉及疾病预防和治疗功能，内容必须真实，应当载明适宜人群、不适宜人群、功效成分或者标志性成分及其含量等；产品的功能和成分必须与标签和说明书相一致。"

10. 严禁特定主体推荐食品

《食品安全法》第五十四条第二款规定："食品安全监督管理部门或者承担食品检验职责的机构、食品行业协会和消费者协会不得以广告或者其他形式向消费者推荐食品。"第五十五条规定："社会团体或者其他组织和个人在虚假广告中向消费者推荐食品，使消费者的合法权益受到损害的，与食品生产经营者承担连带责任。"

11. 强化食品安全事故调查

《食品安全法》第七十五条规定："调查食品安全事故，除了查明事故单位的责任，还应当查明负有监督管理和认证职责的监督管理部门和认证机构的工作人员失职和渎职情况。"

12. 实施年度监督管理计划

《食品安全法》第七十六条规定："县级以上地方人民政府组织本级卫生行政、农业行政、质量监督、工商行政管理和食品药品监督管理部门制定本行政区域的食品安全年度监督管理计划，并按照年度计划组织开展工作。"

13. 建立食品安全信用档案

《食品安全法》第七十九条规定："县级以上质量监督、工商行政管理和食品药品监督管理部门应当建立食品生产经营者食品安全信用档案，记录许可颁发、日常监督检查结果和违法行为查处等情况；根据食品安全信用档案的记录，对有不良信用记录的食品生产经营者增加监督检查频次。"

14. 重大食品安全信息统一公布

《食品安全法》第八十二条规定，国家建立食品安全信息统一公布制度。国家食品安全总体情况、食品安全风险评估信息和食品安全风险警示信息、重大食品安全事故及其处理信息、其他重要的食品安全信息和国务院确定的需要统一公布的信息由国务院有关部门统一公布。食品安全监督管理部门公布信息，应当做到准确、及时和客观。

15. 违规机构及人员从业禁止

《食品安全法》第九十二条规定："被吊销食品生产、流通或者餐饮服务许可证的单位，其直接负责的主管人员自处罚决定作出之日起 5 年内不得从事食品生产经营管理工作。食品生产经营者聘用不得从事食品生产经营管理工作的人员从事管理工作的，由原发证部门吊销许可证。"第九十三条规定："违反本法规定，食品检验机构和食品检验人员出具虚假检验报告的，由授予其资质的主管部门或者机构撤销该检验机构的检验资格；依法对检验机构直接负责的主管人员和食品检验人员给予撤职或者开除的处分。违反本法规定，受到刑事处罚或者开除处分的食品检验机构人员，自刑罚执行完毕或者处分决定作出之日起 10 年内不得从事食品检验工作。食品检验机构聘用不得从事食品检验工作的人员的，由授予其资质的主管部门或者机构撤销该检验机构的检验资格。"

16. 加大惩罚性赔偿

《食品安全法》第九十六条规定："违反本法规定，造成人身、财产或者其他损害的，依法承担赔偿责任。生产不符合食品安全标准的食品或者销售明知是不符合食品安全标准的食品，消费者除要求赔偿损失外，还可以向生产者或者销售者要求支付价款 10 倍的赔偿金。"

17. 确立民事赔偿优先原则

在违法的食品企业既要给予罚款的行政处罚或罚金的刑事处罚，又要其承担民事赔偿责任时，为使权益受到损害的消费者优先得到赔偿，《食品安全法》第九十七条规定："违反本法规定，应当承担民事赔偿责任和缴纳罚款或罚金，其财产不足以同时支付时，先承担民事赔偿责任。"

三、监管体制

进入新世纪以来，全球食品安全问题凸显，国际社会困则思变，许多国家全力推进监管体制改革，努力维护政府权威与形象。面对严峻挑战，我国积极探索食品安全监管体制改革，努力提高食品安全监管水平。

（一）历史沿革

善变者通，善行者远。改革开放30多年来，我国已先后进行了6次行政监管体制改革，推动了社会经济、政治和文化的快速发展，各级政府行政管理能力和水平有了长足进步。

1. 2003年改革

改革开放以来，我国持续健康的经济发展，被认为是“世界上任何地方乃至人类历史上无可比拟的”。为适应经济社会的快速发展，我国积极推动食品安全监管体制的改革，总体思路是逐步建立科学、统一、权威和高效的食品安全监管体制。

2003年，将在我国食品安全监管史上留下可圈可点的一笔。当时，恰逢我国进行第五轮行政管理体制改革，政府市场监管的职责得到了进一步强化。在冷静分析世界食品安全监管趋势后，我国对食品安全监管体制进行了重大改革，组建了国家食品药品监督管理局，负责食品、保健品和化妆品安全管理的综合监督和组织协调，依法组织开展对重大事故的查处。自此，我国食品安全监管进入了综合监督与具体监管相结合的新时期，翻开了崭新的一页。

在此之前，我国参与食品安全监管的部门主要是农业、质检、工商和卫生等部门。专家分析，国务院将食品安全综合监督职责赋予食品药品监督管理部门，其主要理由是：一是健康产品统一监管是历史发展趋势。在五大健康产品中，国际社会普遍认为药品是监管最严和要求最高的产品，是其他健康产品监管努力的方向。将食品安全综合监督的职责赋予药品监督管理部门，有利于导引食品安全监管向着更高的层次迈进。二是超脱地位利于实现事业的超越。食品药品监管部门不负责食品安全具体监管，有利于从宏观上和战略上研究与把握食品安全问题，推动体制、法制和机制等创新，不断提升食品安全监管水平。综合型食品安全监管体制，被认为是多元型体制向单一型体制转变的过渡性体制。

2. 2004年改革

思维方式决定思维结果。阜阳劣质奶粉事件后，国务院有关部门专题研究食品安全问题，认为我国食品安全监管体制的最大缺陷之一就是双轨制，即对食品生产经营领域实行卫生和质量双要素管理，导致监管职能交叉或责任不清，为此，国务院决定实施变“双轨”为“单轨”的体制改革战略。

2004年9月1日，国务院出台《关于进一步加强食品安全工作的决定》（国发［2004］23号），明确提出按照一个监管环节由一个部门监管的原则，采取分段监管为主与品种监管为辅的方式，进一步理顺食品安全监管职能，明确责任。农业部门负责初级农产品生产环节的监管，质检部门负责食品生产加工环节的监管；工商部门负责食品流通环节的监管，卫生部门负责餐饮业和食堂等消费环节的监管，食品药品监督管理局负责对食品安全的综合监督、组织协调和依法组织查处重大事故。该《决定》所确定“一个监管环节由一个部门监管”的原则，在推进食品安全监管体制改革上具有历史性意义，表明我们对食品安全监管规律的认识进入了一个新阶段。

2004 年 12 月 14 日，中央机构编制委员会办公室下发了《关于进一步明确食品安全监管部门职责分工有关问题的通知》（中央编办发［2004］35 号），进一步明确：质检部门负责食品生产加工环节质量卫生的日常监管；工商部门负责食品流通环节的质量监管；卫生部门负责食品流通环节和餐饮业及食堂等消费环节的卫生许可和卫生监管，负责食品生产加工环节的卫生许可。

2004 年 12 月 10 日，上海市人民政府做出《关于调整本市食品安全有关监管部门职能的决定》（沪府发［2004］51 号），决定从上海市食品安全监管的需要出发，调整原有的食品安全监管部门的职能，探索建立食品安全监管新机制，在“采取分段监管为主”的工作基础上，逐步实现由一个部门为主的综合性、专业化和成体系的监管模式。按照确定预期目标、制定阶段方案和分步推进实施的原则，对上海市食品安全监管相关部门的职能作适当调整。上海市食品安全监管新体制运行以来，有关部门多次调研后认为，上海市食品安全总体上是可控的和有序的，减少了监管环节，形成了监管合力，提高了监管效率和保障水平。

3. 2008 年改革

2008 年，国务院进行新一轮行政管理体制改革。2008 年 2 月 27 日，党的十七届二中全会通过的《关于深化行政管理体制改革的意见》指出，当前，我国正处于全面建设小康社会新的历史起点，改革开放进入关键时期。面对新形势新任务，现行行政管理体制仍然存在一些不相适应的方面。深化行政管理体制改革势在必行。为此，要按照建设服务政府、责任政府、法治政府和廉洁政府的要求，着力转变职能、理顺关系、优化结构和提高效能，做到权责一致、分工合理、决策科学、执行顺畅和监督有力，为全面建设小康社会提供体制保障。按照精简、统一和效能的原则，决策权、执行权和监督权既相互制约又相互协调的要求，紧紧围绕职能转变和理顺职责关系，进一步优化政府组织结构，规范机构设置，探索实行职能有机统一的大部门体制，完善行政运行机制。

2008 年 3 月 11 日第十一届全国人民代表大会第一次会议《关于国务院机构改革方案的说明》指出：食品药品直接关系人民群众的身体健康和生命安全，为进一步落实食品安全综合监督责任，理顺医疗管理和药品管理的关系，强化食品药品安全监管，这次改革，明确由卫生部承担食品安全综合协调和组织查处食品安全重大事故的责任，同时将国家食品药品监督管理局改由卫生部管理，并相应对食品安全监管队伍进行整合。调整食品药品管理职能，卫生部负责组织制定食品安全标准和药品法典，建立国家基本药物制度；国家食品药品监督管理局负责食品卫生许可，监管餐饮业和食堂等消费环节食品安全，监管药品的科研、生产、流通、使用和产品安全等。调整后，卫生部要切实履行食品安全综合监督职责；农业部、国家质量监督检验检疫总局和国家工商行政管理总局，要按照职责分工，切实加强对农产品生产环节、食品生产加工环节和食品流通环节的监管。同时，各部门要密切协同，形成合力，共同做好食品安全监管工作。

2008 年 7 月 10 日，国务院办公厅印发了《卫生部主要职责内设机构和人员编制规定》（国办发［2008］81 号），在有关职责调整的相关事项中指出，将卫生部承担的食品卫生许可、餐饮业与食堂等消费环节、保健食品和化妆品的安全监督管理职责，划给国家食品药品监督管理局；将国家食品药品监督管理局综合协调食品安全和组织查处食品安全重大事故的职责划入卫生部；增加卫生部组织制定食品安全标准和药品法典及建立国家基本药物制度的职责；增加卫生部加强食品安全综合监督的职责。

国务院办公厅在印发卫生部、国家食品药品监督管理局、国家质量监督检验检疫总局和国家工商行政管理总局的“三定”规定中明确提出，在食品生产和经营领域，实行由“两证”监管转为“一证”监管，即在食品生产和食品流通领域，不再发放卫生许可证，而只发放食品生产许可证和食品流通许可证。2004 年确定的食品安全监管“双轨”变“单轨”的目标初步实现。上述改革思路在 2009 年 2 月 28 日十一届全国人大七次会议通过的《食品安全法》以及 2009 年 7 月 20 日国务院通过的《食品安全法实施条例》中得以全面确认。

农业部门职责：《农产品质量安全法》赋予国务院农业行政部门负责食用农产品质量安全监管。《国务院办公厅关于印发农业部主要职责内设机构和人员编制规定的通知》（国办发［2008］76 号）规定，农业部承担提升农产品质量安全水平的责任。依法开展农产品质量安全风险评估，发布有关农产品质量安全状况信息，负责农产品质量安全监测；制订农业转基因生物安全评价标准和技术规范；参与制订农产品质量安全国家标准并会同有关部门组织实施；指导农业检验检测体系建设和机构考核；依法实施符合安全标准的农产品认证和监督管理；组织农产品质量安全的监督管理。

质量监督检验检疫部门职责：《国务院办公厅关于印发国家质量监督检验检疫总局主要职责内设机构和人员编制规定的通知》（国办发［2008］69 号）规定，国家质量监督检验检疫总局承担国内食品和食品相关产品生产加工环节的质量安全监督管理责任，负责进出口食品的安全、卫生和质量的监督检验及监督管理，依法管理进出口食品生产和加工单位的卫生注册登记以及出口企业对外推荐工作。其中，进出口食品安全局负责拟订进出口食品和化妆品安全和质量监督及检验检疫的工作制度；承担进出口食品与化妆品的检验检疫、监督管理以及风险分析和紧急预防措施工作；按规定权限承担重大进出口食品和化妆品质量安全事故查处工作；食品生产监管司负责拟订国内食品和食品相关产品生产加工环节质量安全监督管理的工作制度；承担生产加工环节的食品和食品相关产品的质量安全监管、风险监测及市场准入工作；按规定权限组织调查处理相关质量安全事故；承担化妆品生产许可和强制检验工作。

工商行政管理部门职责：《国务院办公厅关于印发国家工商行政管理总局主要职责内设机构和人员编制规定的通知》（国办发［2008］88 号）规定，国家工商行政管理总局承担监督管理流通领域商品质量和流通环节食品安全的责任，组织开展有关服务领域消费维权工作，按分工查处假冒伪劣等违法行为，指导消费者咨询、申诉和举报的受理、处理和网络体系建设等工作，保护经营者和消费者合法权益。内设机构食品流通监督管理司负责拟订流通环节食品安全监督管理的具体措施和办法；组织实施流通环节食品安全监督检查、质量监测及相关市场准入制度；承担流通环节食品安全重大突发事件应对处置和重大食品安全案件查处工作。

食品药品监管部门职责：《国务院办公厅关于印发国家食品药品监督管理局主要职

责内设机构和人员编制规定的通知》（国办发［2008］100 号）规定，国家食品药品监督管理局负责消费环节食品卫生许可和食品安全监督管理；制定消费环节食品安全管理规范并监督实施，开展消费环节食品安全状况调查和监测工作，发布与消费环节食品安全监管有关的信息；组织查处消费环节食品安全违法行为；指导地方餐饮消费环节食品安全监督管理、应急、稽查和信息化建设工作。同时，承担保健食品的监督管理。

4. 2010 年改革

《食品安全法》第四条规定，国务院设立食品安全委员会，其工作职责由国务院规定。2010 年 2 月 6 日国务院下发《关于设立国务院食品安全委员会的通知》（国发［2010］6 号）规定，为贯彻落实食品安全法，切实加强对食品安全工作的领导，设立国务院食品安全委员会，作为国务院食品安全工作的高层次议事协调机构。

国务院食品安全委员会的主要职责是：分析食品安全形势，研究部署和统筹指导食品安全工作；提出食品安全监管的重大政策措施；督促落实食品安全监管责任。国务院食品安全委员会设立办公室，作为国务院食品安全委员会的办事机构，具体承担委员会的日常工作。

2010 年 12 月 6 日，中央编办印发《关于国务院食品安全委员会办公室机构设置的通知》（中央编办发［2010］202 号）规定：国务院食品安全委员会办公室主要职责是：组织贯彻落实国务院关于食品安全工作方针政策，组织开展重大食品安全问题的调查研究，并提出政策建议；组织拟订国家食品安全规划，并协调推进实施；承办国务院食品安全委员会交办的综合协调任务，推动健全协调联动机制和完善综合监管制度，指导地方食品安全综合协调机构开展相关工作；督促检查食品安全法律法规和国务院食品安全委员会决策部署的贯彻执行情况；督促检查国务院有关部门和省级人民政府履行食品安全监管职责，并负责考核评价；指导完善食品安全隐患排查治理机制，组织开展食品安全重大整顿治理和联合检查行动；推动食品安全应急体系和能力建设，组织拟订国家食品安全事故应急预案，监督、指导和协调重大食品安全事故处置及责任调查处理工作；规范指导食品安全信息工作，组织协调食品安全宣传和培训工作，开展有关食品安全国际交流与合作；承办国务院食品安全委员会的会议和文电等日常工作；承办国务院食品安全委员会交办的其他事项。国务院食品安全委员会办公室设综合司、协调指导司、监督检查司和应急管理司 4 个内设机构。

5. 2011 年改革

2011 年 11 月 19 日，《中央编办关于国务院食品安全委员会办公室机构编制和职责调整有关问题的批复》（中央编办复字［2011］216 号），决定将卫生部的食品安全综合协调、牵头组织食品安全重大事故调查和统一发布重大食品安全信息等三项职责，划入国务院食品安全办。国务院食品安全办增设政策法规司和宣传与科技司，分别承担食品安全政策法规拟订、宣传教育和科技推动等工作。

（二）确定原则

近年来，国际社会普遍进行了食品安全监管改革，其中，体制改革因具有牵一发而动全身的功效，成为许多国家食品安全改革的首选目标。有学者认为，食品安全监管体制的遴选应当遵循以下 4 项原则。

1. 安全监管与产业促进相分离原则

安全监管与产业促进相分离是近年来欧洲在食品安全监管体制改革中率先倡导的原则。在深刻总结历史经验与教训的基础上，有些国家确立了食品安全监管与产业促进相分离的体制，食品安全监管部门不再承担产业促进的职责。这一探索结果值得我们认真思考。

2. 安全保障与效率提升相统一原则

确保安全是食品安全监管工作的出发点和落脚点，是食品安全监管的旗帜和生命。但食品监管除了确保安全这一根本目标外，还存在着一个经济目标，即效率。在市场经济国家，食品安全监管必须注重监管效能的提升，而科学的监管体制则是提升监管效率的最佳手段。联合国粮农组织（FAO）/ 世界卫生组织（WHO）认为，多部门监管体系具有严重的缺陷，如在管辖权上经常混淆不清，从而导致实施效率低下；单一部门监管体系具有多方面的益处，能够有效地利用资源和专业知识，提高成本效益；综合监管体系能够保证国家食品控制体系的一致性，实现长期的成本效益。

3. 风险评估与风险管理相分离原则

食品安全治理的目标和任务就是预防和减少食品风险，因此，食品安全科学治理的核心内容就是风险治理。近年来，国际社会开展了以风险评估、风险管理和风险交流为主要内容的食品风险分析的有益探索。政府与企业逐步以风险为基础来配置监管和保障资源，确定监管和保障重点。由于风险评估的主要任务是发现问题，而风险管理的主要任务是解决问题，所以，凡是存在综合协调部门的，风险评估的职能必然由综合协调部门承担，而没有综合协调部门的，风险评估的职责则由食品生产经营的最后环节即消费环节的监管部门来承担。综合协调部门承担风险评估后，具体监管部门承担风险管理，综合协调部门可以对各具体监管部门的风险管理工作进行绩效评价。

4. 检测使用与检测管理相分离原则

检测意见作为法定证据之一，必须合法、科学、客观与公正。而达到这一要求的重要前提就是检测机构和检测人员的独立与中立。社会化和公益化是检测事业渐进发展的方向。在改革初期，检测应当由综合协调部门进行统一管理，待条件成熟时，逐步实现行业管理。从长远发展来看，检测资源管理与检测意见使用的分离应是检测事业健康发展的重要保障。具体监管部门是检测意见的具体使用部门，按照行业回避的原则，不得从事检测的管理工作。

（三）体制类型

目前，对食品安全监管体制，国际社会并没有统一的制度安排。根据联合国粮农组织和世界卫生组织的分类，食品安全监管体制大体分为 3 种类型，即统一型（单一部门型）、分散型（多部门型）和综合型（统一与分散相结合）。食品安全监管体制的选择往往受到宪政体制、监管理念和产业发展等方面的影响。目前，有学者认为，有以下监管体制可供选择。

1. 单一型体制

所谓单一型体制，是指将食品生产加工、市场流通和餐饮消费环节的监管全部合并（初级农产品的监管除外）到一个部门，由该部门负责食品安全全面监管职责的体制。成立独立的食品安全监管机构统一管理食品安全，可以改变食品安全多部门监管造成的政出多门和效率低下等问题。

2006 年，亚洲开发银行、世界卫生组织和国家食品药品监督管理局共同组织国际食品专家对我国现行食品安全监管体制进行了评价，形成了《食品安全监管战略框架专家报告》。报告明确指出，目前的食品安全监管职能分工迫切需要进一步明晰，否则，将导致没有一个机构或者部门能够恰当地承担作为或者不作为的责任。应当在政府内部建立一个跨部门的食品安全风险管理职责的实体机构，将公共健康和消费者权益置于首位。该报告提出加强综合监管和建立单一体制两个改革方案，同时认为更为彻底的改革是，将目前各个食品安全监管部门的职能合并到一个现有的食品安全监管部门，这个食品监管机构将全面承担政府对食品安全监管的总体责任。

2008 年 3 月，联合国驻华系统代表办事处发布的《推动中国食品安全》，在分析我国食品安全监管所面临的主要挑战后提出了政策建议和行动建议，其方案一就是建立单一机构模式。该报告指出：将所有保护公共健康和食品安全的责任并至一个单一且职权管理范围明确的食品管理部门，这种做法具有相当的好处，不仅可以显示政府对食品安全工作的高度重视，还表示了政府履行其减少食源性疾病风险承诺的决心。建立这种单一模式的食品安全管理机构的好处包括：可以统一执行保护性措施、拥有快速采取保护消费者行动的能力、可以提高成本效率和可以更加有效地运用资源和人才等。

2. 综合型体制

所谓综合型体制，即指实行食品安全综合监督与具体监管相结合的体制。

联合国驻华系统代表办事处发布的《推动中国食品安全》将综合模式作为我国食品安全监管体制改革的模式之一。该报告指出：对有决心并愿意在从农田到餐桌这一持续过程中就食品安全实现部门间的合作与协调的那些国家而言，综合模式的食品控制体系值得考虑。这种综合模式可以避免那些主要部门履行其检查和执法职能造成的不利影响，在全国整个食品链范围内促进管理措施的统一落实。与此同时，综合模式还可以将风险评估和风险管理职能有效分离，这种做法可使对消费者的保护措施更加具有客观性，使国内的消费者产生信心，对国外的买家则更加具有信誉。最后，这种综合体系为我们从根本上改变原先效率低下的食品责任方式提供了机会和有效的途径。

四、监管机制

食品安全是全社会共同关注的重大社会问题，也是加强社会管理需要解决的重大社会课题。全面提升我国的食品安全水平，需要从治理理念、法制、体制、机制和方式等多方面进行探索和创新。完善社会管理体系的角度来看，治理机制的创新乃是当前和今后一段时期食品安全治理创新的重点之一，需要社会有关方面予以高度重视。

（一）基本含义

关于何为机制，理论界和实践界有不同的认识。一般说来，对机制可以从两个角度上把握：一是工作载体或者工作平台，如综合协调机制、全程监管机制、信息共享机制、应急处理机制和案件移送机制等，这种机制可以称为表层意义上的机制，其主要功能是整合治理资源和增强治理合力；二是成长机理和发展动力，如责任追究机制、绩效考核机制、信用奖惩机制和社会参与机制等，这种机制可以称为深层意义上的机制，其主要功能为落实治理责任和激发治理活力。两类机制都具有提升治理效能的重要功能。

1. 机制的类型

对机制可以从多角度进行分类。如从作用方式来看，机制可以分为双向机制和单项机制。双向机制可以称为全机制，即对行为人能奖能惩的机制，如信用奖惩机制，绩效考评机制；单项机制也可以称为半机制，对行为人或奖或惩的机制，如责任追究机制、典型示范机制等。从适用范围来看，机制可以分为基本机制和特殊机制，对各类行为人普遍适用的机制，可以称为基本机制，如责任追究机制，绩效奖励机制。而对特定人群适用的机制，可以称为特殊机制，如对食品企业适用的信用奖惩机制。从作用形态来看，机制可以分为资源整合机制、责任落实机制和效能提升机制等。

著名的物理学家阿基米德曾说过："给我一个支点和杠杆，我可以撬动整个地球"。应该说，这个支点和杠杆就是表层意义上的机制。从这个意义上讲，也常常将方式方法纳入机制的范畴。而"老牛自知夕阳晚，不用扬鞭自奋蹄"，能够激发"老牛"锐意进取和奋发作为的特定手段，则是深层意义上的机制，这是更具实质意义的机制。

2. 机制的特点

与体制和法制相比，机制具有以下几个特点。一是适应性强。机制一般为制度安排，许多制度中都包含着机制的内容，但机制也可以为非制度安排。在社会转型期，在相关制度成型前，机制往往具有较大的运行空间。比如说，《食品安全法》规定了鼓励社会参与食品安全监督的内容，但这仅仅为法律原则而非法律制度。为使该法律精神得以有效落实，有些地方推出了有奖举报机制，极大地激发了社会参与食品安全监督的热情。2010 年 9 月 16 日《国务院办公厅关于进一步加强乳品质量安全工作的通知》（国办发［2010］42 号），要求各地区和各有关部门要建立健全食品安全有奖举报制度，切实落实对举报人的奖励，保护举报人合法权益。2011 年 7 月 7 日《国务院食品安全委员会办公室关于建立食品安全有奖举报制度的指导意见》（食安办［2011］25 号），明确规定建立食品安全有奖举报制度。面对不断变革的社会，机制以其较强的应变性展示出广阔的发展空间。二是灵活性强。食品安全保障涉及众多利益相关者，这些相关者各自的条件和期待不同，所依靠的激励和约束也有所不同，各级政府及其监管部门完全可以根据不同的对象，采取灵活多样的手段进行牵引和驱动。三是导向性强。任何机制的设定都有特定的目标指引，如整合治理资源、增强治理合力、落实治理责任、激发治理活力和提升治理效能等，具体机制设计往往体现一定的政策性和方向性，能够导引有关方面向着预期的目标迈进。四是操作性强。任何的具体机制设计都是针对特殊问题设计的，不同问题的破解，往往需要不同的治理机制。机制具有较强的操作性。五是补充性强。体制和法制往往具有统一和稳定的优点，但也有凝固和僵化的不足。由于灵活性和适应性强，机制可以在一定程度上弥补体制和法制的缺陷。此外，机制运行的效果也可以在一定程度上检验体制和法制的设计是否科学与合理。

从这个意义上讲，机制也可以对体制和法制进行适度纠偏。

机制之所以会具有这种特殊的功效，是因为机制能够与行为人的形象、地位、利益、名誉、前途甚至命运，紧紧地联系在一起，它通过激励与约束、褒奖和惩戒、自律和他律以及动力和压力等手段，激活了行为人趋利避害的本性，强化了行为人的责任感和使命感，调动了行为人的积极性和主动性，提升了行为人的执行力和创造力。有了良好的机制，治理才会逐步达到“无为而治”的境界。

（二）迫切性与艰巨性

《食品安全法》明确了我国食品安全的治理理念、治理体制和治理制度等，应当说，食品安全治理的大战略和大格局已基本确定。目前，最现实、最重要和最急迫的是，如何通过建立科学的治理机制来综合施治，进一步整合治理资源，增强治理合力，落实治理责任，提升治理效能，提高治理水平，增强全社会对食品安全的信心。近年来，中央多次研究加强和创新社会管理问题，强调在当前发展的机遇期和矛盾的凸显期，加强和创新社会管理的重要性和迫切性。创新食品安全治理机制，不仅是强化食品安全治理的策略选择，也是创新社会管理的战略抉择。

1. 落实食品安全责任

在总结食品安全多年监管与整治工作的基础上，《食品安全法》确立了“地方政府负总责、监管部门各负其责、企业是第一责任人”的食品安全责任体系。近期，食品安全责任落实的问题，引起了社会各界的高度关注。以地方政府责任落实为例，《食品安全法》及其实施条例明确规定了地方政府统一负责、领导、组织和协调本地区食品安全工作，建立健全食品安全全程监管工作机制；统一领导和指挥食品安全突发事件应对工作；完善和落实食品安全监管责任制，对食品安全监管部门进行评议和考核；加强食品安全监督管理能力建设，为食品安全监督管理工作提供保障；建立健全食品安全监督管理部门的协调配合机制，整合和完善食品安全信息网络，实现食品安全信息共享和食品检验等技术资源的共享；组织制定本行政区域的食品安全年度监督管理计划，并按年度计划组织开展工作。然而，在加强食品安全监督管理能力建设和组织制定实施食品安全监管计划等具体任务上，有的地方政府至今尚未拿出有效的措施，“纸面上的法律”尚未转变为“行动中的法律”。全面落实食品安全责任，必须加快食品安全治理机制的建立。

2. 加快食品安全治理转型

食品安全治理创新是我国社会管理创新的重要组成部分。改革开放以来，我国正从封闭社会向开放社会、从传统社会向现代社会快速转型。伴随着经济的快速发展和社会的全面进步，食品安全治理将逐步实现从粗放治理到精细治理、从被动治理到能动治理、从单边治理到多边治理、从传统治理到现代治理的转变，并加快步入科学发展的轨道。食品安全治理的全面转型，包括治理理念、治理法制、治理体制、治理机制和治理方式等各个方面的转型。我国食品安全治理创新，可以成为我国社会管理创新的重要试验田和开拓前行者。

3. 创新食品安全治理局面

食品安全治理法制和治理体制的完善至关重要，因为法制和体制具有普遍性、稳定性和长期性，事关食品安全治理的基础和全局，但法制和体制的完善往往需要较长时间的探索和实践。期待完善的治理体制和治理法制能够解决所有的现实问题本身就是不现实的。事实上，在相同的资源禀赋条件下，由于治理机制的不同，各地区、各部门的工作局面也可能存在很大的差别。现在最为需要的是如何直面现实，如何创新机制，如何增强合力，落实责任，强化治理，提升水平，从而最大限度地减少食品安全问题对公众健康和社会发展的影响。如果说，理念解决的是思想力、领导力和感召力的问题，那么机制则主要解决的是执行力、创造力和亲和力的问题。在思想力、领导力和感召力的问题基本解决后，执行力、创造力和亲和力的建设则成为最为迫切的现实问题，应当把治理机制的创新摆在更突出、更重要和更急迫的位置上加以认真研究，并进行大胆实践。

4. 创新机制任务艰巨

与体制和法制相比，机制更为鲜活、生动和具体，但机制的创新与理念的创新同样十分艰巨。这是因为，机制的创新和理念的创新一样，都涉及到深层的问题，也就是思维方式的问题，这既属于重要的方法论问题，也在一定程度上属于世界观问题。思维方式的变革是最艰巨的变革。思想不解放和不更新，视野是难以打开的，局面是难以开创的。

比如，在构建治理格局方面，是坚持监管型思维还是治理型思维，这对治理的目标、基础和动力，治理的高度、广度和深度往往有着不同的影响。一般说来，监管型思维属于线性思维，其把复杂的社会问题简单化或者格式化为一种上级和下级、命令和服从的关系。而事实上，食品安全工作更需要网络化的治理型思维，其认可公众、企业、部门和行业等共同的利益基础和不同利益诉求，努力形成各方利益的良性互动，最大限度地支持和鼓励新闻媒体、行业协会和广大消费者等各利益相关者积极参与食品安全监督。治理型思维绝不是对监管型思维的否定，而是对监管型思维的超越，这种立体型和互动型思维，大大拓宽了思维的空间，增强了思维的张力。目前，食品安全风险交流，就属于典型的食品安全治理型思维。

再比如，在监管资源整合方面，是坚持独占型和封闭型思维还是共享型和开放型思维，往往对资源整合有着截然不同的态度。独占型和封闭型思维往往固守静止的所有观，缺乏团队和合作的胸怀，其结果往往是在独占利益的同时也独担了风险。而共享型思维，则主张包容与协作，共享与分担，努力实现各方利益的最大化。目前，一些地方已经对食品安全检验资源和信息资源等进行了整合，克服了部门所有、各自为政、重复建设和效能低下的顽疾，取得了积极的效果。

此外，机制的创新还在一定程度上受到体制和法制的影响。在当代社会，体制和法制的渗透力和影响力是巨大的，体制和法制对机制始终存在着忽隐忽现的影响，良好的体制和法制将为机制的创新开辟更为广阔的空间。在创新机制的同时，应当组织社会力量，积极推进体制的改革和法制的进步。

（三）探索实践

近年来，围绕着如何落实治理责任、增强治理合力和提升治理效能，各地区和各有关部门进行了大胆的探索和实践，取得了可喜的成果。

1. 沟通协作机制

目前，我国食品安全监管实行的是分段监管为主与品种监管为辅的综合型体制。为减少或避免分段监管出现的监管空隙，《食品安全法》明确规定，县级以上地方人民政府应当建立健全食品安全全程监督管理的工作机制，卫生行政、农业行政、质量监督、工商行政管理和食品药品监督管理部门应当加强沟通并密切配合。近年来，各地区和各部门从实际出发，建立了多层次、多部门和多领域的食品安全沟通协作机制，如成立食品安全委员会或食品安全领导小组，努力实现监管视野无盲区和监管环节无断档。目前，属于平台或载体意义的机制很多，如综合协调机制、应急处理机制和区域合作机制等，各部门和各地区通过这一协作平台，共同研判安全形势、共同商定治理对策和共同采取集中行动，取得了积极效果。特别是国务院食品安全委员会及其办公室的成立，将我国的食品安全治理工作极大地向前推进了一步，迎来了我国食品安全治理工作崭新的一页。目前，在这类机制建设中，应注意把握好分工与协作、牵头与配合、会同与协同等关系，切实做到依法行政、职能清晰、优势互补、形成合力，最大限度地发挥此类机制凝聚智慧和共谋发展的优势。

2. 责任追究机制

责任是法律关系的基本属性。《食品安全法》确立了“地方政府负总责、监管部门各负其责、企业是第一责任”的食品安全责任体系，并明确规定县级以上地方人民政府应当完善和落实食品安全监督管理责任制。食品安全责任包括政治责任、社会责任和法律责任。目前，由于多种因素的制约，食品安全责任并没有得到全面的落实。而将食品安全法律责任落实到位，还需要进一步细化责任要求，明确尽责保障，严格责任追究，切实做到责任划分清晰和具体，履责条件匹配和适应，责任追究公正和恰当。当前，应特别关注地方各级政府和食品生产经营企业食品安全责任的落实。比如说，《食品安全法》及其实施条例还明确规定了食品生产经营者的多项法定义务，如何将这些餐饮服务提供者的各项责任落到实处，食品药品监管部门出台了餐饮服务单位食品安全责任人约谈制度，餐饮服务单位发生食品安全事故，存在严重违法违规行为和存在严重食品安全隐患时，食品药品监管部门在依法进行处罚的同时，将及时对食品安全责任人进行责任约谈。被约谈的餐饮服务提供者，将被列入重点监管对象，其 2 年内不得承担重大活动餐饮服务接待任务。

3. 绩效考核机制

《食品安全法》确立了县级以上地方人民政府对食品安全监管部门的绩效进行评议和考核的责任。多年来，食品药品监管部门以综合评价为载体，以地方政府为对象，建立了能够综合反映各方责任落实和工作绩效的食品安全综合评价机制，通过管理指标、品种检测指标和公众满意度指标等，综合反映地方政府以及监管部门的工作绩效，达到催人奋进、励人争先、全面促进和共同提高的目的。承接监管新职责后，食品药品监管部门坚持过程考核与结果考核、定性考核与定量考核和年终考核与日常考核的有机结合，积极探索餐饮服务食品安全监管绩效考核机制，动态反映地方监管工作的实际情况，努力实现主观愿望与客观效果及价值取向与功能效用的和谐统一。目前，餐饮服务食品安全监管绩效考核结果设置优秀、良好、合格和不合格 4 个等次，并作为对地方餐饮服务食品安全监管工作的总体评价，由食品药品监管部门向被考核的餐饮服务食品安全监管部门所在地的政府通报，并以适当方式在适当范围内公布。考核结果为优秀等次的，食品药品监管部门给予通报表彰和奖励；考核结果为不合格的，给予通报批评。目前，一些地方推行的“一票否决制”，实际上也是监管绩效考核的一种特殊形式。

4. 能力评价机制

能力建设是食品安全治理工作的永恒主题。早在 2001 年世界卫生组织就将“加强发展中国家食品安全能力建设”作为其“全球食品安全战略”的重要措施之一，并指出“在发展中国家，自身能力的缺乏是实现世界卫生组织规定的食品安全目标的最大的障碍”。《食品安全法实施条例》规定，县级以上地方人民政府应当加强食品安全监督管理能力建设，为食品安全监管工作提供保障。目前，我国食品安全治理的基础比较薄弱，广大基层尤其是中西部地区，普遍缺乏人员、设备和经费，监管工作受到挑战。国家应尽快出台地方各级食品安全监管能力建设标准，明确规定不同地区和不同层级食品安全监管能力的最低标准，并对地方政府保障情况进行考核，加大对能力保障不足地区的监督力度。目前，国家食品药品监管局已经出台了各级餐饮服务食品安全检验机构技术装备基本标准和现场快速检测设备配备基本标准，努力推动地方政府加大对餐饮服务技术监督的支持力度。

5. 典型示范机制

目前，我国食品生产经营主体的产业化、集约化和标准化程度不高，多、小、散、低现象较为严重，食品企业的风险意识、责任意识、诚信意识和法治意识还比较薄弱，全面提升食品安全治理水平，必须树立长久作战和常抓不懈的观念。当前，应当坚持全面推进与重点突破相结合的原则，在一些领域建立示范基地，充分发挥示范单位的引领和辐射作用，逐步达到共同发展。食品药品监管部门履行食品安全综合监督职责期间所创建的食品安全示范县（区），以及履行新职责后所推行的餐饮服务食品安全百千万示范工程和小餐饮食品安全整规试点，就是推动地方政府和餐饮企业争先创优的重要载体。

6. 分类监管机制

我国食品产业发展迅猛，但总体不平衡，不同区域和不同类型的食品企业差别较大，必须从现实国情出发，实行分级分类监管策略。过去，卫生行政部门推行的食品卫生量化分级管理和食品药品监管部门推行的食品安全信用等级管理，都是实施分级分类管理的有益探索。当前，要在科学继承的基础上，积极探索诚信制度建设与分类监管制度的有机结合方式，推进食品生产经营主体强化自我约束、自我激励和自我提高。

7. 信用奖惩机制

现代社会是以信用为基础的社会。在市场经济条件下，信用不仅是重要的交易条件和交易环境，而且是重要的交易要素和交易方式，信用可以倍增或倍减企业的形象和产品的价值。目前，有的食品企业冲破道德底线，绞尽脑汁地逃避监管，制售假冒伪劣和有毒有害食品，严重损害了广大消费者的切身利益。近几年，有关部门密切合作，积极推动信用体系建设，取得了一定的效果。但由于缺乏社会系统支持，目前，食品安全信用的价值还远远没有充分发挥出来。应当加快建立健全科学的食品企业信用评价机制，将各行各类食品企业全员纳入信用征集、评价和披露网络，其信用状况能够全面、客观并及时予以披露，从而便于广大消费者进行消费选择，便于监管部门进行分类监管，便于食品企业强化自律管理。

8. 社会参与机制

确保食品安全需要全社会的共同参与。经验表明，仅仅依靠监管部门的有限力量进行监管，无论是监管的广度，还是监管的深度，都将受到一定的制约和影响。社会参与可以有效弥补目前监管资源的严重不足。《食品安全法》规定：新闻媒体应当开展食品安全法律和法规以及食品安全标准和知识的公益宣传，并对违法行为进行舆论监督；任何组织或者个人有权举报食品生产经营中违法行为，有权向有关部门了解食品安全信息，对食品安全监督管理工作提出意见和建议。这些规定均体现了保障食品安全的社会治理理念。目前，许多地方建立食品安全有奖举报机制，如举报查实，可根据不同的情况给予举报人以适当的奖励，激发广大人民群众同违法违规行为进行斗争。此外，公益诉讼机制和集团诉讼机制也是调动社会参与食品安全监督，有效震慑违法行为的有效手段。

9. 督查督办机制

近年来，为保障中央有关食品安全治理的各项方针政策和重大举措能够在基层得到有效落实，各级政府普遍开展了食品安全督查督办工作。食品安全治理包括治理目标、治理任务和治理措施等。为保障各项治理任务能够按时保质完成，上级监管部门有必要坚持过程控制，对下级监管部门工作情况及时进行检查，以便及时发现问题，及时督促进行整改。为强化督查督办的权威和效果，有必要督查督办与绩效考核有机结合。

10. 案件移送机制

近年来，食品违法犯罪行为猖獗，其中重要的原因之一就是以罚代刑和以罚代管。这种情况的发生既有立法方面的问题，如无法可依或者有法难依，但更多的是执法方面的问题。必须建立犯罪案件及时移送机制，加大刑事处罚力度，提升法律的威慑力和震撼力。近年来，国家出台了有关食品违法犯罪案件及时移送的有关制度和机制，应该不折不扣地加以贯彻执行。

机制创新是推动社会安全治理进步的不竭动力。坚持人民性、体现时代性、把握规律性和富于创造性，是食品安全治理机制创新的重要原则。只要解放思想，开动脑筋，大胆实践，就能逐步建立起更加符合我国国情的食品安全治理机制，推动食品安全工作不断实现新跨越，早日步入科学发展的轨道。

1. 食品安全与食品卫生和食品质量的关系如何？可以从哪些角度理解食品安全的含义？
2. 如何从治理理念变化的角度理解食品安全？
3. 食品安全的主要内容包括哪些？
4. 我国食品安全监管工作取得了哪些成绩？
5. 什么是食品安全监管理念，食品安全监管理念包括哪些基本要素？
6. 我国目前的食品安全监管体制属于何种类型，有何优缺点？
7. 什么是食品安全监管机制，目前实践中有哪些食品安全监管机制？

参考文献

http：//wiki. mbalib. com/wiki

第二章
食品安全危害因素及危害控制

学习要点

通过学习本章，应重点树立污染物无处不在，但只要人人从己做起，污染及其危害是可防可控的理念；了解常见食品危害因素的基础知识和防控现状；熟悉常见食源性疾病的种类、产生的可能原因及其防控策略和措施。掌握避免污染和正确制备食物的操作方法，以预防大部分食源性疾病的发生。

自然界中食品的危害因素，是指污染食品的生物、化学和物理因素，统称为食品污染物。食品污染物可造成两方面的危害：一是对人体健康的危害，即引起食源性疾病，有200种以上已知疾病是通过食物传播引起的；二是破坏食品的营养价值而导致产、供和销等环节的经济损失，即引起食品变败。食品生产和贸易的全球化，增加了食品污染事件发生的可能性。预防和控制食品被有害生物、化学和物理因素污染是食品安全控制的重要内容。

第一节　危害因素

一、生物性危害因素

食品生物性污染物主要指自然环境和人与动植物携带的致病微生物与寄生虫，常常污染水、空气、土壤、食品、药品和化妆品等，并能以这些环境和物品为媒介引起食源性疾病；食品中还有一些微生物，不引起疾病，但可导致食品和农副产品变败，称为腐败性微生物。

过去10年里，影响人类健康的新的传染病大约有75%是因细菌、病毒、尤其是源自家畜和野生动物的病原体所致。其中，人所患的许多疾病都与食品生产过程有关。

（一）污染特点

1. 食品生境特点

生物生存的环境简称“生境”。食品生境不同于空气、土壤和水体等环境，因富含营养素、水分和适宜的理化条件而极易被污染。一旦少量污染，则会迅速繁殖，甚至产生毒素。

（1）营养成分　各类食品营养成分的差异成为不同生物污染因素存在和选择的基

础。多数细菌喜欢在蛋白质类食品，如肉、蛋和奶中生存，少数细菌喜欢在脂肪类食品，如油脂中生存；酵母菌喜欢在碳水化合物类食品，如米饭、馒头和蔬菜水果中生存，而多数霉菌对各类营养成分的食品都很喜欢。

（2）水活性　一般情况下，微生物耐干燥的能力依次为霉菌 > 酵母 > 细菌。食品中可被微生物利用的水分，常用水活性（A_w）值表示。

（3）酸碱度　污染不同 pH 值食品的微生物类群也不同（表 2－1）。应注意，微生物在食品内的繁殖过程可以使食品 pH 值发生改变，随之微生物的类群也会改变。

表 2－1　不同酸碱度食品中微生物的主要类群

酸碱度	适宜类群	食物举例
pH 值 <4.5	真菌（酵母菌和霉菌） 少数耐酸细菌（制备酸奶的乳杆菌和链球菌）	水果类食品
pH 值 >4.5	细菌和病毒	蔬菜、鱼、肉、乳和蛋等动物性食品

（4）氧气　氧气充足的条件下，需氧微生物易于繁殖；反之，如果大块食品加热不充分，其中心部位的厌氧微生物便会繁殖，使食品腐败。

（5）温度　微生物对温度有不同的嗜好。一般冷冻状态下即使不死亡也不会繁殖，冷冻温度之上就会有微生物繁殖，直至 65℃ 以上仍有嗜热微生物存活。加热使蛋白质变性，并使淀粉水解，导致食品的通气性和通水性提高，则易受到微生物的侵袭；冷冻食品解冻后组织融解，微生物也容易繁殖。pH 值等其他条件适宜时，耐热性最强；偏酸或偏碱时耐热力减弱。

（6）渗透压　腌制食品的渗透压较高，多数霉菌和少数酵母菌能耐受这种渗透压而在其中生长，而除少数嗜盐菌（如副溶血性弧菌）外，绝大多数细菌不能在其中生长。盐腌和糖渍的高渗透压食品虽可以抑制多数细菌的生长，但较难避免由霉菌类生长引起的霉变，故霉菌和酵母菌常引起糖浆、果酱和浓缩果汁等食品腐败。

（7）天然防御　有些食品具有天然防御结构，如果实、种子和禽蛋等的外壳；有些具有天然抑菌物质，如大蒜和桂皮等调味香料、鲜奶中的溶菌酶、蛋中的伴清蛋白和草莓及葡萄皮中存在的酚类化合物等，在一定程度上起到防腐保鲜作用。尽管如此，食品生境仍是比较利于微生物生存繁殖的。

2. 污染物特征

生物污染物在食品中的类群及污染来源与途径，既与食品所暴露的环境（如空气、土壤、水和场所等）中微生物种群的特点相关，还与不同食品的生境特点有关。当食品作为原料阶段受到自然环境的污染，称为原发性污染或一次性污染，如粮食和果蔬在收获前的污染或畜禽在宰杀前的感染；而在加工、运输和贮存过程中遭受污染称为继发性污染或二次性污染。

（1）种类　按照污染后对食品的影响和对人类健康的危害，可将生物污染物分为食源性病原体

小贴士

微生物是很小的生物。小到1百万个才能覆盖1个大头针针头，1个接1个排起来，1万个才1厘米长。细菌、病毒和真菌都是微生物。微生物无处不在。

微生物

和变败性微生物两大类。对人类健康造成危害的一大类称作食源性病原体。食源性病原体指在食物链各阶段中生存、流行和变异，并可能产生有毒有害物质，对人类健康产生危害的致病微生物和寄生虫。而一般不引起人类疾病，主要改变食品的外观、色泽、味道及其他特性的一大类称作变败性微生物。

（2）来源与途径　自然界中，土壤是微生物的“百花园”，是含微生物数量最大和种类最多的场所。由于雨水的冲刷，土壤与水体中的微生物难以分开。工业、农业、养殖业和生活污染的水源中，微生物数量也多。水不仅是重要的污染源，而且是微生物污染食品的重要途径。能在空气中存在的微生物，多是耐干燥和紫外线的革兰阳性球菌、芽孢杆菌和真菌孢子及少量病毒，如金黄色葡萄球菌和诺如病毒等。当人、农作物和牲畜患病时，其所携带的病原体及其代谢产物污染食品后，可对人体造成危害。人的双手是将微生物传播于食品的媒介，特别是食品从业人员。仓库和厨房中的鼠类、蟑螂和苍蝇等小动物和昆虫常携带大量微生物，鼠类常是沙门菌的带菌者。一切食品生产环境、生产设备、包装物品和运输工具等，都有可能作为媒介散播微生物，污染食品。食品烹饪过程中，因生熟不分是造成交叉污染的最常见原因。

（3）常见种类　常见食源性病原体有细菌、病毒、真菌及其毒素和寄生虫 4 类（表 2－2）。变败微生物种类众多，虽一般不引起食源性疾病，但变败食品的卫生状况都较差，常同时合并食源性病原体的污染。本书主要介绍食源性病原体。

表 2－2　常见食源性病原体及其危害

食源性致病菌	相关食物	导致的食源性疾病
沙门菌	各种食品	沙门菌病
副溶血性弧菌	水产品和盐腌品	食物中毒和急性胃肠炎
霍乱弧菌	食物和水	霍乱
蜡样芽孢杆菌	剩饭，蔬菜、腐乳和熟肉	食物中毒和多种肠外感染症
金黄色葡萄球菌	冰激凌、剩饭、乳制品和熟肉冷荤	食物中毒
产气荚膜梭菌	畜禽肉、鱼和乳	食物中毒和急性坏死性肠炎
肉毒梭菌	发酵制品和肉制品	肉毒中毒
李斯特菌	乳制品和冰箱内即食肉制品	食物中毒和多种肠外感染症
椰毒假单胞菌	银耳和酵米面	食物中毒
变形杆菌	冰箱内储藏的食物、动物性食物	食物中毒
小肠结肠炎耶尔森菌	冰箱内储藏的食物	肠炎、肠系膜淋巴腺炎和败血症
空肠弯曲菌	生奶、蛋和肉类	肠炎和弯曲菌病
阪崎肠杆菌	婴儿配方奶粉	婴儿致死性脑膜炎和脑脓肿
致病性大肠埃希菌	各类食品	食物中毒并发出血性尿毒症
A 群链球菌	乳制品	食物中毒
志贺菌	凉拌菜、牛奶和蛋	痢疾和胃肠炎
甲肝病毒	生食贝类	甲型肝炎

续表

食源性致病菌	相关食物	导致的食源性疾病
戊肝病毒	生食贝类	戊型肝炎
诺如病毒	牡蛎等新鲜海产品，水	病毒性胃肠炎
弓形虫	猫尿污染的食品	先天性弓形虫病

3. 种群变化与消长规律

食源性病原体经污染途径污染食品后，在食品中数量的变化，依据食品的种类和加工处理方法不同而异。无论食材还是烹调后的食物，活菌数均为每克1万至千万个，就是在刚刚煮熟不久的米饭中，也含几十万个残存的细菌耐热性芽孢。当食品的水活性高和含糖丰富时，细菌繁殖占优势；干燥食品和水果及蔬菜等，霉菌生长良好。通气性的食品和表面积大的食品，需氧微生物多；反之，通气不良和厚大的食品内部，常见厌氧微生物繁殖。

经口与食品一起摄入的少量微生物，一部分被胃酸所杀灭；残存者和耐酸者到达十二指肠后，由于胆汁酸的作用而使其生长受抑；再至小肠，由于肠内固有微生物丛的拮抗作用多被杀灭。残存者也多不在肠内定居，而随粪便一起排出体外。因而，少量摄入的食品微生物一般对人体是无害的。但如食入被大量致病微生物污染了的食品，由于大量外来微生物抑制了正常微生物从而繁殖，则引起食源性疾病。

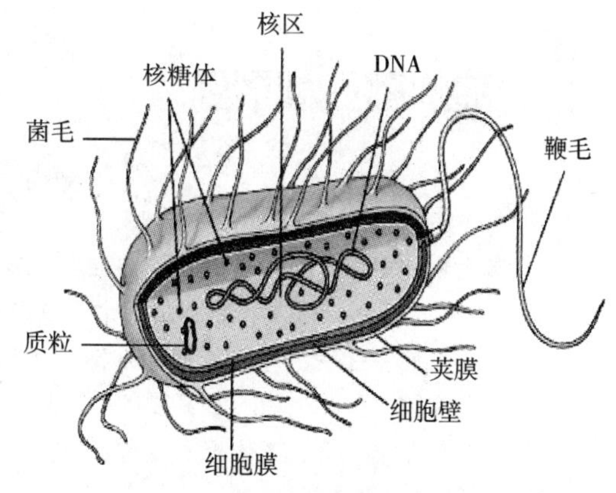

图2－1 细菌细胞结构

（二）食源性细菌

细菌是微生物类群中种类和数量都最多的一群，按其外形可分为球菌、杆菌和螺形菌（包括弧菌和弯曲菌）三类，个头大于病毒但小于真菌，繁殖速度很快，多为15分钟一代，大肠埃希菌和副溶血性弧菌等细菌9~11分钟即可繁殖一代。细菌的特殊结构（图2－1）与其感染性、传播性和耐药性等有关（表2－3）。

表2－3 细菌结构及其功能

结构名称	位置	性质	功能	作用	具有此结构细菌的特点
质粒	胞内核外	环状DNA	控制耐药性	遗传和转移	转移耐药性给其他细菌
鞭毛	细胞壁上	肌蛋白质	运动器官	迁移	传播快
菌毛	细胞表面	蛋白质	吸附器	粘附、侵袭到肠细胞上	感染和致病力强
荚膜	菌体表面	黏液	抗吞噬	易滑脱而不被“抓住”	抵抗机体免疫的能力强
芽孢	细胞浆中	浓缩养料	养分储存器	条件好时出芽复苏和繁殖	抵抗性强，极耐热

小贴士

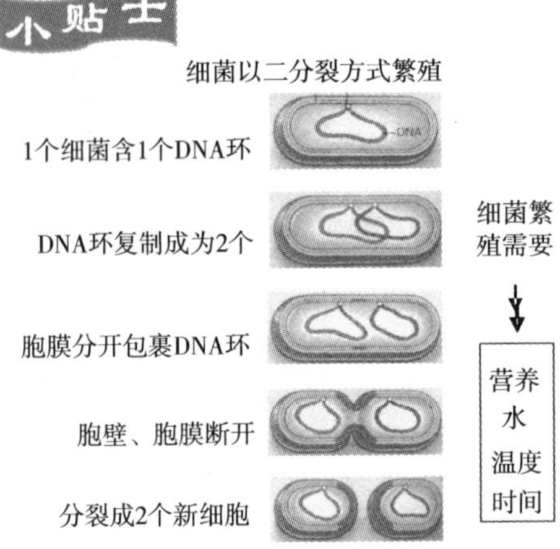

知识链接与拓展

微生物的命名系统

微生物和寄生虫的学名通常采用瑞典生物学家林奈的双名法，它有 3 个原则。一是双名，即由拉丁文的属名加种名构成一个生物名称。二是拉丁文属名在前，为名词，首字大写并可缩写；种名在后，为形容词，一律小写（包括以人名或地名命名的种）。三是译成中文时，种名在前，属名在后。如“肠炎沙门菌”，“肠炎”是种名，“沙门菌”是属名；拉丁原文为“沙门菌肠炎”。遗传上相近的“种”组成一个“属”，相近的“属”又组成一个“科”……，以此类推。

1. 肠杆菌科细菌

共同特征为革兰染色阴性，无芽孢，多数为周身鞭毛，少数有荚膜，兼性厌氧或需氧生长，营养要求不高，常存在于人和动物的肠道内，也存在于土壤、水和腐物中。因无芽孢，抵抗力不强：加热 60℃ 30 分钟即死亡，一般化学消毒剂即可杀灭。

（1）沙门菌属　是全球性最主要的食源性病原体，周身有鞭毛（图 2－2），为人畜共患病原。任何食品都易被沙门菌污染，但动物性食品更为多见，特别是畜肉类及其制品，其次是禽肉、蛋类、鱼虾、乳类及其制品和凉拌菜。生熟不分和容器不洁及隐性感染者是常见的污染来源。人类沙门菌病有 4 种类型，即肠热症（包括伤寒和副伤寒）、食物中毒、败血症和无症状带菌状态，全年皆可引发，但多见于夏和秋两季。近年来发病率明显上升。

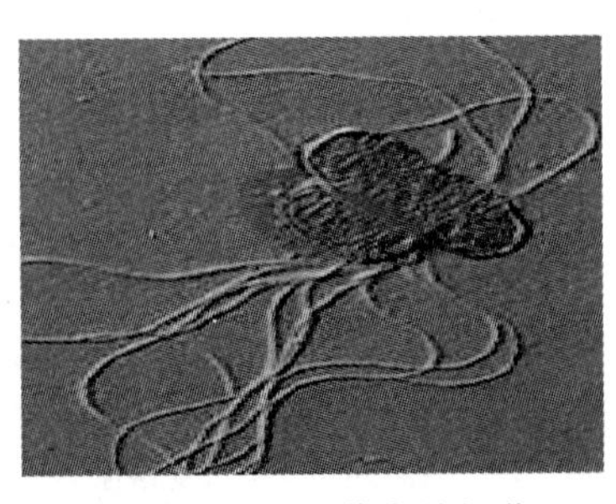
图 2－2　鼠伤寒沙门菌

(2) 变形杆菌属　是腐生菌，周身有鞭毛（图2－3），在自然界中分布很广，因此，食品受污染机会很多，所致食物中毒呈明显上升趋势。中毒以动物性食品为主，特别是熟肉制品和冷荤凉菜，这些食品在外观上常没有肉眼可见的改变。该菌不耐热并可在低温储藏的食品中繁殖。培养时可形成同心圆的层层波状菌苔，称为迁徙生长现象（图2－4）。

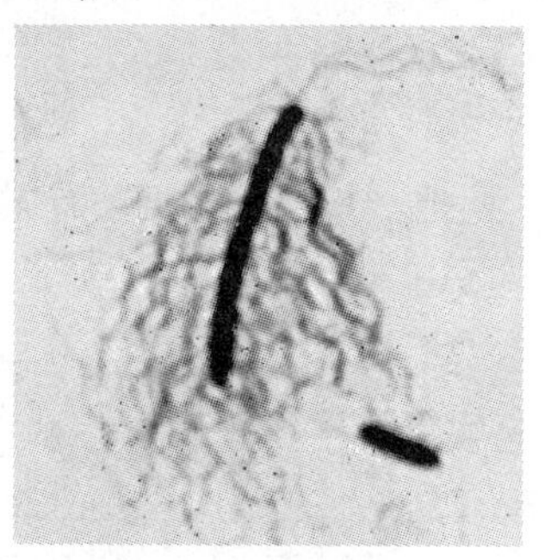

图2－3　变形杆菌

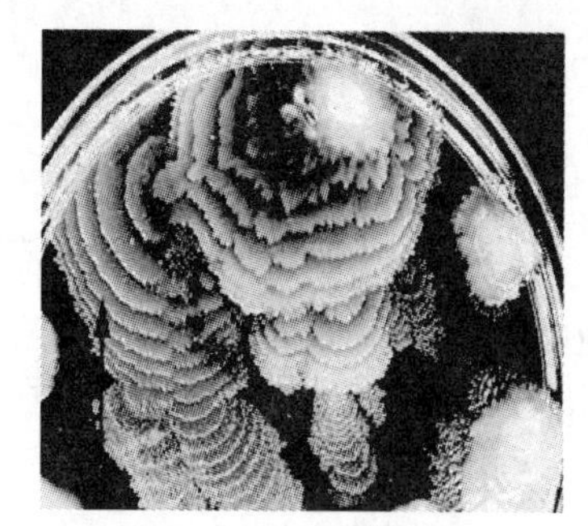

图2－4　迁徙生长现象

(3) 志贺菌属　志贺菌是痢疾的病原体，周身有菌毛（图2－5），在发展中国家常见。耐药性很强，即使在边远地区分离的菌种也常见4～8种耐药谱。在蔬菜、瓜果及被污染物品上可存活1～2周，引起水源和食物性的暴发流行。传染源为餐饮从业人员或保育员中的患者和带菌者。菌随粪便排出，通过污染的手、食品、水源或生活接触，或苍蝇和蟑螂等间接方式传播，最终均经口引起疾病。引起中毒的食品主要为凉拌菜，还有生菜、牛奶和蛋类等。

图2－5　志贺菌

(4) 大肠埃希菌属　俗称大肠杆菌，周身既有鞭毛又有菌毛（图2－6），在婴儿出生后数小时就进入肠道，并终生伴随。随粪便排到自然界，污染环境与食品，卫生学中用作食物是否被粪便污染的指标。能引起肠道感染的大肠埃希菌有下列5个病原群：肠产毒素型大肠埃希菌（ETEC）、肠致病型大肠埃希菌（EPEC）、肠侵袭型大肠埃希菌（EIEC）、肠出血型大肠埃希菌（EHEC）和肠集聚型大肠埃希菌（EAEC）。传染源为腹泻患者、带菌者和不洁环境，也可经空气和水源传播。引起中毒的食品与沙门菌相同。所致疾病多呈食源性暴发，然后呈大规模流行。日本1996年、我国1997年和2001年都暴发流行了大规模EHEC $O_{157}:H_7$疫情。该菌在自然界中生命力强。

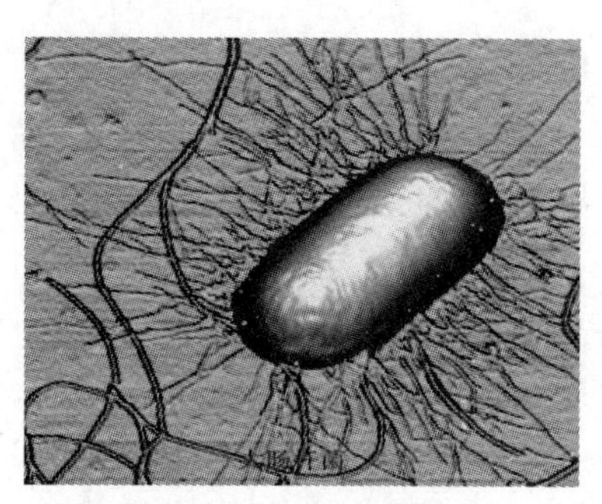

图2－6　大肠埃希菌

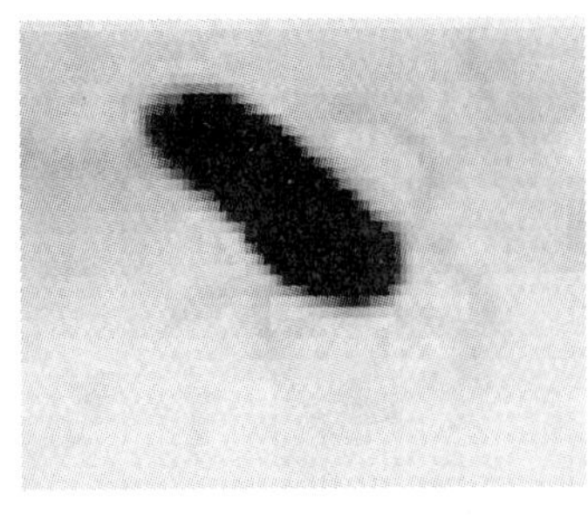
图 2－7 小肠结肠炎耶尔森菌

（5）小肠结肠炎耶尔森菌 鞭毛在 30℃以上时便消失（图 2－7）。在冷藏冰箱中能生长，属嗜冷菌，并可在各种酸碱度食品中生存。我国的流行形式多为散发，也曾有暴发流行。野生动物、家畜（猪、狗和猫）和牡蛎都为本菌的携带者，也存在于水源中和健康人或患者粪便中，污染食品主要为猪、牛和家禽肉类、牛奶及豆腐和水等，经粪－口途径感染或因接触染疫动物而感染。与其他肠杆菌科细菌不同，本病多发生于冬春季节。

（6）阪崎肠杆菌 是一种食源性条件致病菌。有周身鞭毛和菌毛（图 2－8）。主要通过配方奶粉引起婴幼儿脑膜炎，出现严重的神经系统症状，死亡率极高，偶有存活者也多伴有严重的后遗症；也可引起败血症和坏死性小肠结肠炎等，死亡率高达 20%～50%。可引起成人的菌血症和骨髓炎，但非常罕见。营养要求不高，广泛分布在土壤、水和日常食品中。乳品用 70℃以上开水即冲即饮，可有效防止该菌引起的感染。

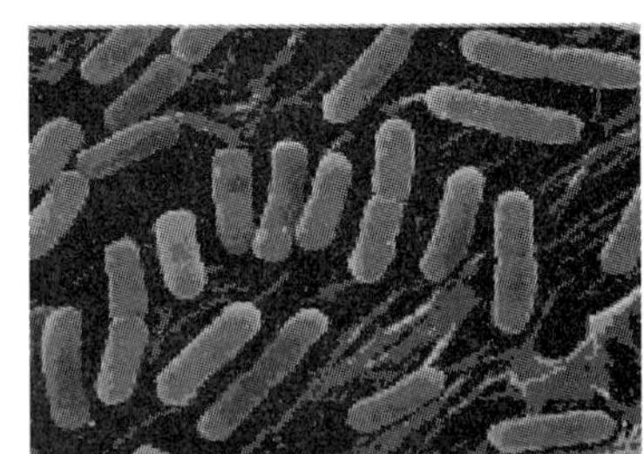
图 2－8 坂崎肠杆菌

2. 弧菌科细菌

弧菌科细菌因弯曲如弧而得名。革兰染色阴性，无芽孢，一端有鞭毛，故运动极其活泼；常见于淡水或海水中，也可见于人或鱼的肠道中。

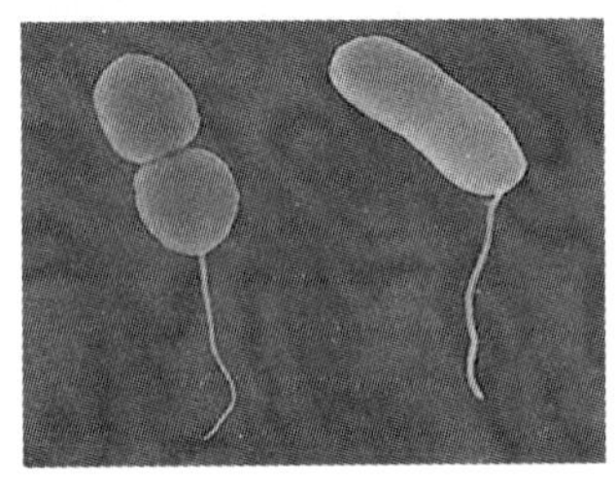
图 2－9 副溶血性弧菌

（1）副溶血性弧菌 弧形，一端鞭毛似蝌蚪（图 2－9），运动活泼，嗜盐和嗜冷。广泛存在于近海岸的海水、海底沉积物和鱼类、贝类等海产品之中，是沿海地区引起食物中毒和急性腹泻的主要致病菌。主要经食物传播，引起中毒的食物以海产品或盐腌渍品为主，常见者为鱼、蟹、海蜇、乌贼和黄泥螺等；其次为蛋品、肉类或蔬菜。该菌抵抗力较弱，不耐热，56℃ 5 分钟，或 90℃ 1 分钟即可被杀灭；对醋酸敏感，1% 食醋浸泡 5 分钟即可灭活，因此，发病多由生吃海产品等或加热不彻底引发。该菌在环境中对常用消毒剂的抵抗力也很弱。

（2）霍乱弧菌 烈性肠道传染病霍乱的致病菌。弧形，一端鞭毛似蝌蚪（图2－10）。经水传播是霍乱最重要的传播途径，其他还有经食物、与病人接触和蝇虫携带等，若烹调时未彻底煮熟，食后便有染病的危险。该菌对热、干燥、日光和酸均敏感，但在低温、潮湿、碱、盐及低营养物的不良条件下可长期存活；茶及一般消毒剂都对其有强灭菌作用。

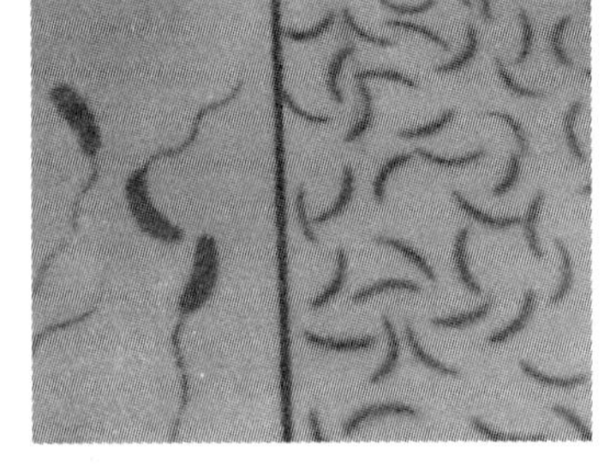
图 2－10 霍乱弧菌

3. 芽孢杆菌科细菌

芽孢杆菌科包括需氧芽孢杆菌属和厌氧芽孢梭菌属，共同特点是在菌体内形成芽孢，有鞭毛能运动；广泛分布于空气，尘埃，水源，土壤和腐物中。

（1）蜡样芽孢杆菌　为条件致病菌，极易污染淀粉或乳制品类食品，可引起人类食物中毒及多种肠外感染。芽孢位于菌体中央，椭圆形，不膨出，常游离出菌体之外（图 2－11），因培养菌落似蜡状（图 2－12）而得名。繁殖菌体不耐热，100℃ 20 分钟可被杀死，但游离芽孢能耐受 100℃ 30 分钟，经干热 120℃ 60 分钟才能被杀死。主要通过泥土、灰尘、昆虫、不干净的餐具和食品从业人员等传播。污染食品种类常为剩米饭、米粉、甜酒酿、凉拌菜、甜点心及乳和肉类食品。美国主要由炒米饭引发中毒，在欧洲，大都由甜点、肉饼、色拉、奶和肉类食品引起，我国主要与受污染的米饭或淀粉类制品有关。引起中毒的食品除米饭有时微粘、入口不爽或稍带异味外，大多数食品感官正常。常因食前保存不当，如食品供应前的加工和储存过程中未进行冷藏（温度在 20℃以上）或放置时间较长，使食品中的蜡样芽孢杆菌得到繁殖，中毒的发病率一般为 60%～100%。

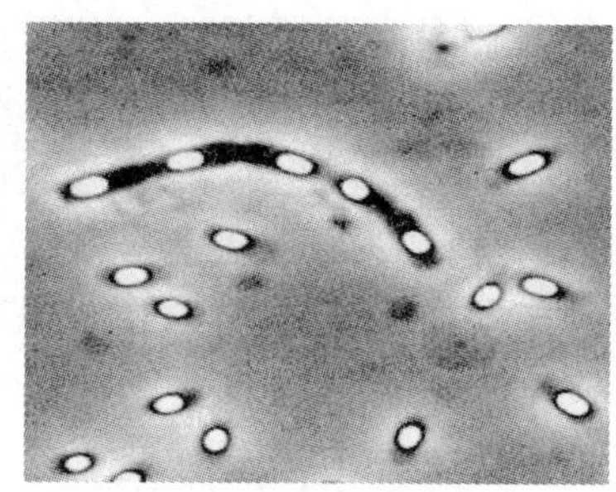

图 2－11　蜡样芽孢杆菌

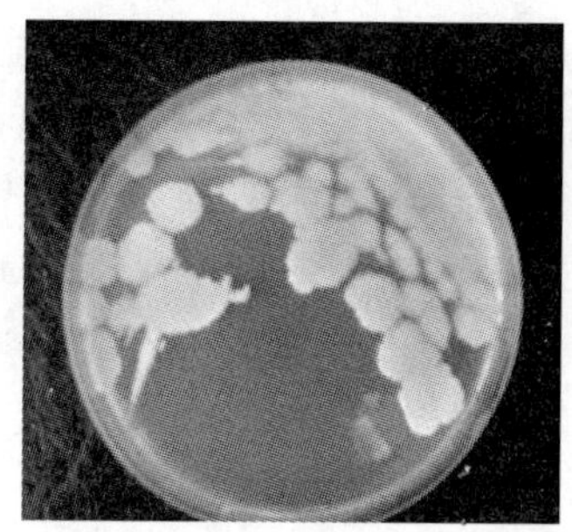

图 2－12　融蜡状菌落

（2）产气荚膜梭菌　是气性坏疽和食物中毒的主要致病菌，还能引起人和动物的多种疾病。该菌是芽孢梭菌属中惟一有荚膜的菌种（图 2－13），厌氧培养时将培养基冲成蜂窝状，称为汹涌发酵试验（图 2－14）；产 12 种肠毒素，均不耐热，但菌体芽孢耐热；在烹调过的食品中很少产生芽孢，但细菌进入肠道中却容易形成芽孢。引起食物中毒的食品种类大多是畜禽肉类和鱼类食物，牛奶也可因污染而引起中毒。多为加热烹调时未将芽孢全部杀灭，经较高温长时贮存（如缓慢冷却），使芽孢发芽繁殖并随食物进入肠道后产生毒素，引起食物中毒。

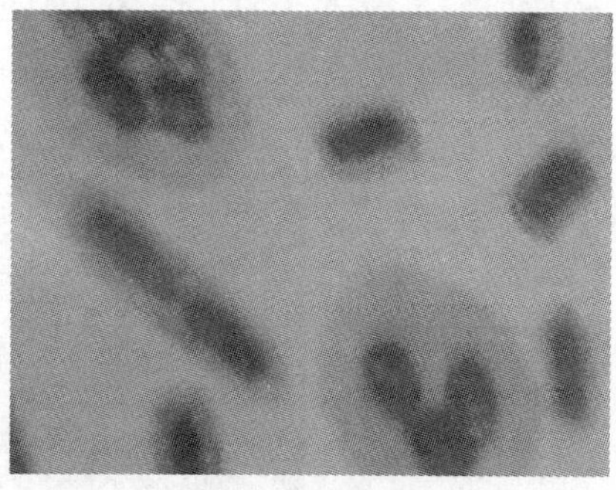

图 2－13　产气荚膜梭菌的荚膜染色

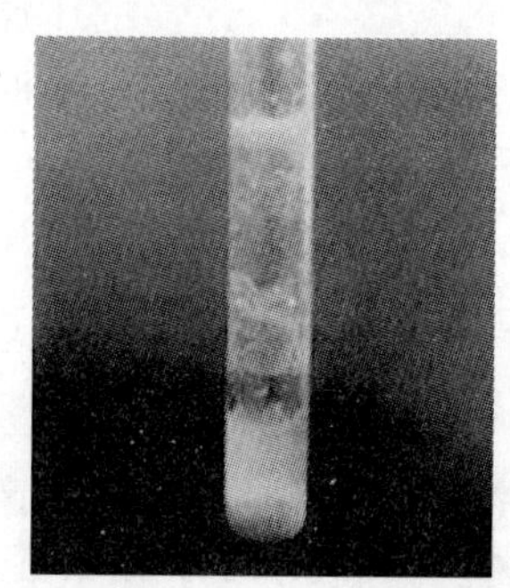

图 2－14　牛乳中的汹涌发酵

(3) 肉毒梭菌和肉毒毒素 菌体芽孢位于一端而使细菌呈网球拍状，有鞭毛（图2-15），在适宜条件下能产生可溶性剧毒，即肉毒毒素，为强烈的神经毒素，是目前已知化学毒物与生物毒素中毒性最强烈的一种，对人致死量为10^{-9}mg/kg。肉毒中毒不是感染型中毒，而是由摄入的芽孢在肠道内发芽繁殖后产生的肉毒毒素引起的，因此是毒素型中毒。毒素不耐热，80℃ 10分钟以上可完全破坏，pH大于7.0时亦可迅速降解；但对消化酶、酸和低温很稳定，在胃液中24小时内不被破坏，故可被胃肠道吸收而致病；在干燥、阴暗和密封（缺氧）条件下可保存多年，而暴露于日光下迅速失去活力。肉毒毒素虽不耐热，但肉毒芽孢梭菌的芽孢抗热性极强，煮沸数小时而不被杀死，高压蒸气灭菌（120℃）30分钟才能杀灭。污染食品种类因地区和饮食习惯不同而异。我国主要以家庭自制植物性或动物性食品，如臭豆腐、豆酱、面酱、瓶装罐头食品、腊肉、酱菜和凉拌菜等为多见；日本则为家庭自制鱼和鱼类制品；欧洲各国多为火腿、腊肠及肉类制品；美国则为家庭自制的蔬菜、水果罐头、水产品及肉、乳制品。引起人类中毒的有A、B、E和F型毒素，A型主要分布于山区和未开垦的荒地，如我国新疆察布查尔地区；B型多分布于草原区耕地；E型多分布于土壤、湖海淤泥和鱼类肠道中，常见于我国青海；F型分布于欧、亚、美洲海洋及鱼体中。我国以新疆、青海、西藏和宁夏等地为多发地区。肉毒中毒潜伏期可数天，表现为特殊的神经中毒症状，伴有或不伴有胃肠道症状，病死率很高，尚无疫苗，也无特效药治疗，惟一有效抢救措施是尽快注射多价（A、B、E和F型）抗毒素。

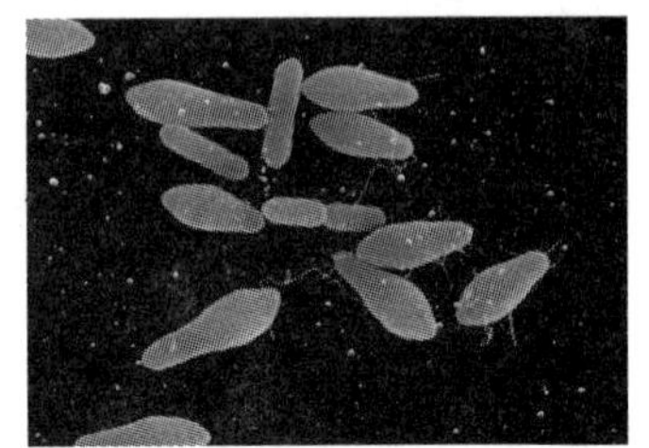
图2-15 肉毒梭菌

4. 其他菌科细菌

(1) 金黄色葡萄球菌及其肠毒素 可引起化脓感染，也是造成人类食物中毒的常见致病菌。广泛分布于自然界，也存在于人和动物的皮肤及外界相通的腔道中。革兰阳性球菌，无芽孢，无鞭毛，无荚膜（图2-16），营养要求不高。除通过各种外环境污染食品外，还可通过患化脓性炎症的或带菌从业人员污染食品，主要是冰激凌、乳制品、米饭和熟肉冷荤等。在不形成芽孢的细菌中该菌抵抗力最强，可存在于空气中。在干燥的脓汁或痰液中可存活2~3个月；耐热，加热60℃ 1小时或80℃ 30分钟才能将其杀死；耐盐，在含有10%~15%盐分的食品中仍能繁殖。

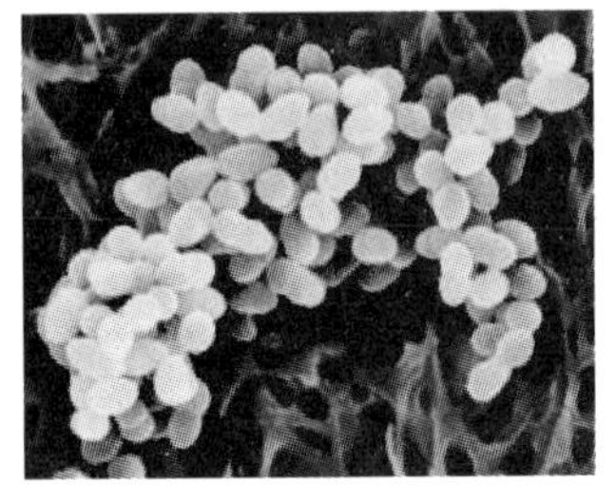
图2-16 葡萄球菌

(2) 链球菌 常引起人类和动物的化脓性感染、过敏反应和食物中毒。革兰阳性球形，因呈链状排列而得名（图2-17）。无鞭毛，有的菌种在幼龄期（2~4小时）形成透明质酸的荚膜，可抵抗吞噬。抵抗力弱，60℃ 30分钟即被杀死，对常用消毒剂敏感。存在于水、空气、尘埃、粪便及健康人和动物的口腔、鼻腔、咽喉中。常污染乳及

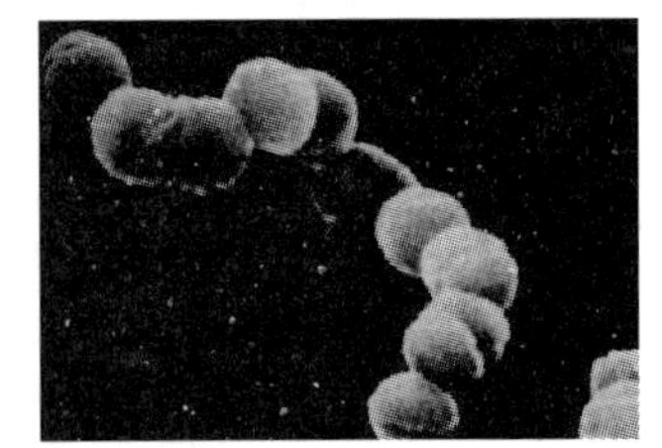
图2-17 链球菌

乳制品而引起食物中毒。

（3）空肠弯曲菌　是常见的细菌性腹泻致病菌。无荚膜，无芽孢，一端有鞭毛，运动活泼，形态似海鸥而得名（图2－18）。营养要求高，氧气需求特殊，为“微需氧”菌，即在含2.5%～5%氧和10%二氧化碳的环境中生长。广泛存在于温血动物体内，常定居于家禽及野鸟的肠道内；自然界的任何水体中都有弯曲菌存在，传染源以动物为主，其中以家禽、野禽和家畜带菌最多；其次是啮齿类动物；另外，患者和无症状带菌者也可作为传染源。经口摄入是本菌最主要的传播方式。市售家禽家畜的肉、奶和蛋类多被弯曲菌污染，如进食未加工或加工不适当的食品，均可能引起感染。水源传播也很重要，弯曲菌腹泻患者有60%在发病前1周有喝生水史。另外除人与人间密切接触可发生水平传播外，还可由患病的母亲垂直传给胎儿或婴儿。还可引起肠道外感染症，有报道说格林－巴利综合征常与空肠弯曲菌感染有关。该菌抵抗力不强，对冷和热均敏感。对酸碱有较大耐力，故易通过胃肠道生存。易被干燥、直射日光及弱消毒剂所杀灭。在水和牛奶中存活较久。

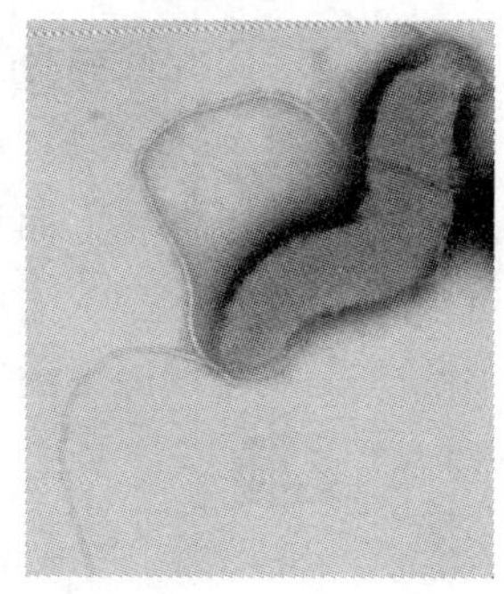

图2－18　空肠弯曲菌

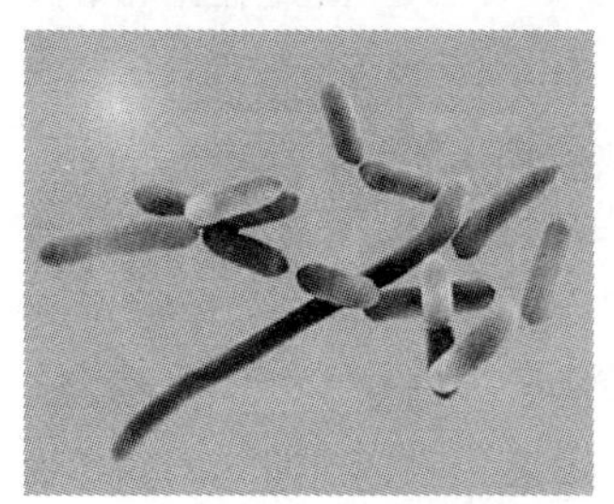

图2－19　李斯特菌

（4）单核细胞增生李斯特菌　可引起食物中毒、脑膜炎、败血症、流产和新生儿感染等疾病。分布于土壤、地表水、污水、废水、植物、青储饲料和烂菜中，所以动物很容易食入该菌，并通过粪－口的途径进行传播。该菌无芽孢，无荚膜，鞭毛在25℃以上时可消失（图2－19），兼性厌氧，对营养条件要求不高。属嗜冷菌，在冷藏冰箱中可以繁殖。能耐受较高的渗透压，在糖和盐腌渍食品中可繁殖。主要污染牛奶和乳制品、肉类（特别是牛肉）、蔬菜、色拉、海产品和冰激凌等食品。食用污染食物引起中毒是主要的传播途经；也可通过眼睛、破损黏膜和皮肤进入体内而造成感染，因此可母婴传播和性传播。所致侵袭型中毒与常见的细菌性食物中毒不同，以脑膜脑炎、败血症和流产为特征；此外，可引起肝炎、肝脓肿、胆囊炎、脾脓肿、关节炎、骨髓炎、脊髓炎和脑脓肿等。该菌抵抗力较强，在土壤、粪便、青贮饲料和干草内能长期存活，耐碱不耐酸，常规的巴氏消毒法不能杀灭它，但一般消毒剂都易使之灭活。

（5）椰毒假单胞菌酵米面亚种　是我国发现的食物中毒菌（图2－20），存在于发酵的玉米、黄米、高粱米、变质银耳以及周围环境中，是酵米面及变质银耳中毒的致病菌。主要发生在我国东北地区农村和山区的一种食物中毒，近年来，广西、云南、四川和湖北等地也有发生。革兰阴性短杆菌，无芽孢，有鞭毛。引起的食物中毒以胃肠炎症状开始，继之严重损害人的肝、肾和脑，造成消化系统、泌尿系统和神经系统感染。目前尚缺乏特效解毒药品，中

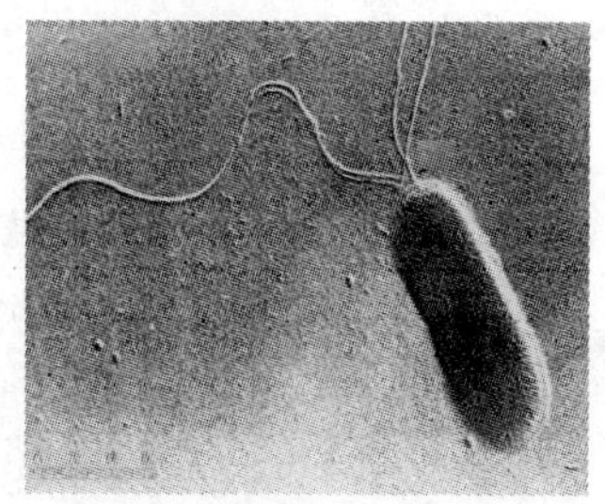

图2－20　椰毒假单胞菌

毒者虽不多，但病死率高达40%～100%。本菌抵抗力较弱，56℃ 5分钟即可杀死，对各种常用消毒剂抵抗力弱。

（三）食源性病毒

食源性病毒指通过食品或饮用水经肠道（粪－口途径）传播的病毒。许多疾病与食用贝类有关，一方面是由于贝类生存场所常为污染的港湾，它们的两腮常泵入大量港湾水而起过滤和浓缩病毒的作用；另一方面是由于它们的加工方式常为生食或半熟制品。因病毒耐冷不耐热，故病毒性腹泻常在秋冬季发生和爆发。

小贴士

病毒是一小团核酸包着外壳的颗粒

不具备细胞结构，比细菌小很多倍

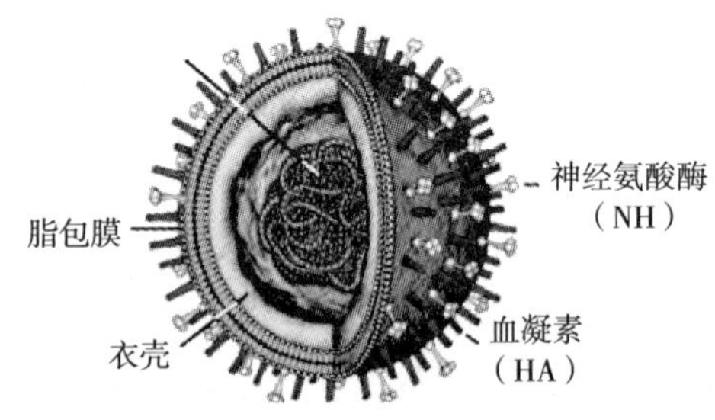

它们不能在食品和水中生长繁殖，但食品和水是病毒传播疾病的媒介

1. 肝炎病毒

肝炎病毒是依据致病性而命名的称谓，分属不同的科属，至少包括甲、乙、丙、丁及戊五型。其中甲型肝炎病毒与戊型肝炎病毒以食品和水源为媒介由消化道传播，引起急性肝炎，一般都能治愈，不转为慢性肝炎或慢性携带者；乙型肝炎病毒与丙型肝炎病毒主要由血液、血制品或注射器污染而传播，故认为食物可传播乙型肝炎是错误的；丁型肝炎病毒为一种缺陷病毒，必须在乙型肝炎病毒等辅助下方能复制繁殖。

（1）甲型肝炎病毒　甲型肝炎病毒（图2－21）的传染源和传播途径为病人或隐性感染者从粪便中排出病毒，污染水源、食物、手或其他物品，通过粪－口途径传染给他人。用甲醛溶液和氯等消毒水源可有效灭活甲型肝炎病毒，虽然甲肝病毒能在体外存活数月，但加热至85℃ 1分钟即可将其杀灭。

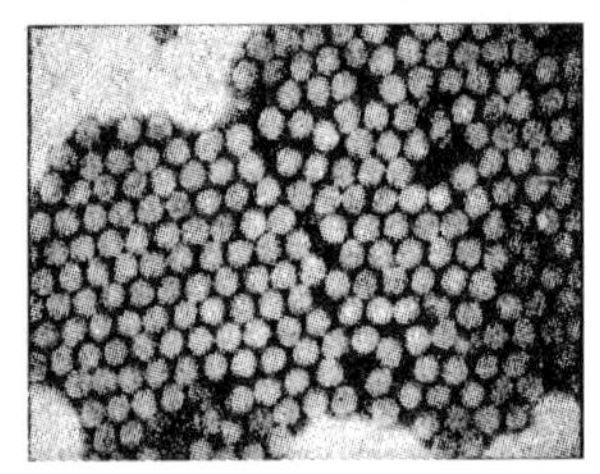

图2－21　甲型肝炎病毒

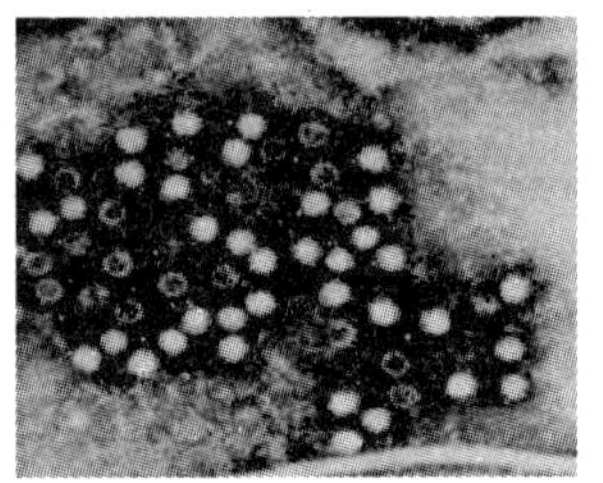

图2－22　戊型肝炎病毒

（2）戊型肝炎病毒　是一种引起15～40岁成人自限性病毒性肝炎的病原体（图2－22）。潜伏期末和急性期患者是戊型肝炎的主要传染源，粪－口途径传播，主要是水源爆发，其次是食源性爆发。戊肝病毒不稳定，特别易被破坏，高盐和三氯甲烷等可使其灭活，但在碱性环境中较稳定。

2. 杯状病毒

人类杯状病毒（HuCV）是引起非细菌性胃肠炎的主要病原之一，常在医院、餐馆、学校、托儿所、孤儿院、养老院、军队、家庭及其他人群中引起暴发。

（1）诺如病毒　曾用名诺瓦克病毒（图2－23），1968年在美国诺瓦克镇腹泻爆发

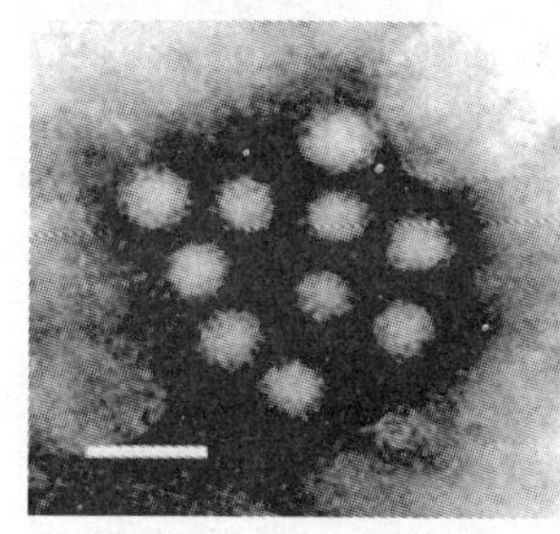
图 2-23 诺如病毒

中被发现而得名，被认为是近年来食源性疾病爆发最重要的病原体。患者、隐性感染者及健康携带者均可为传染源，病毒在感染者粪便中高度浓缩，并且可持续存在 10 个月以上；家畜也是贮存宿主。粪-口途径传播，受粪便污染的食物及水是主要的传播媒介，多起暴发的原因食品为牡蛎、食用冰块和鸡蛋等，其中尤以生吃贝类食物是最常见原因。初代患者由食物或水引起者多见，可经人传人引起二或三代病例。O 型血者对该病毒的易感性较强，而 B 型血者则易感性降低。对热、乙醚和酸稳定，也耐受普通饮水中3175~6125mg/L的氯浓度（游离氯 15~110mg/L）。

（2）札幌样病毒　札幌样病毒（图 2-24）检出率远低于诺如病毒。传染源与被病毒污染的食物或水、被感染的食品从业人员有关，无症状的隐性感染者可持续排毒超过 1 周时间，是重要的传染源。通过空气中的细小微粒、人与人之间的直接接触及接触被污染的环境也有可能引起感染，家庭成员或朋友之间的互相传播亦很常见。

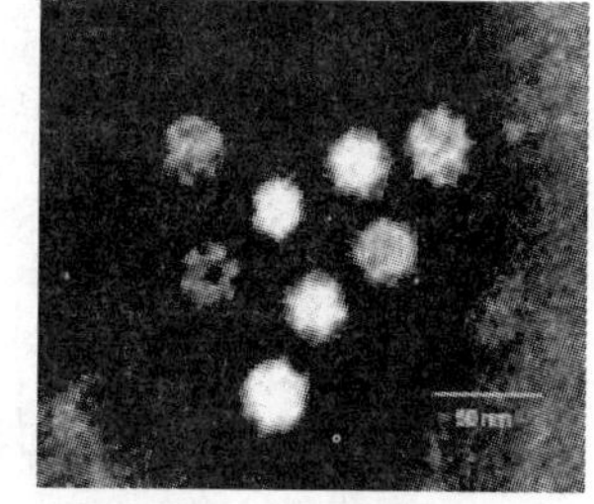

图 2-24 札幌样病毒

3. 其他重要的食源性病毒

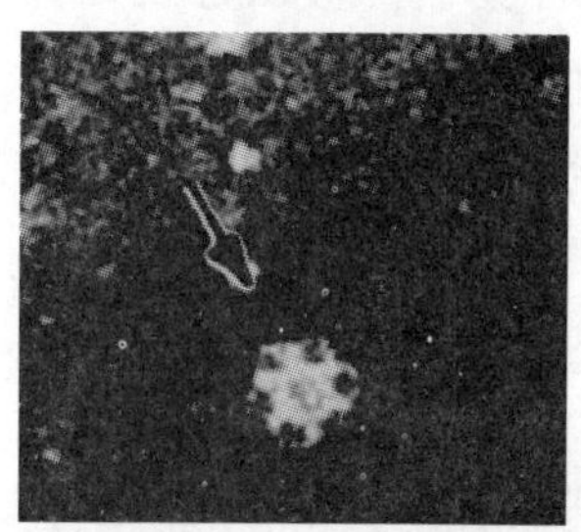
图 2-25 星状病毒

（1）星状病毒　由于电镜下病毒颗粒呈星形（图 2-25）而得名。呈世界性分布，可散发，也可暴发流行，是健康成年人发生病毒性胃肠炎的病原、婴幼儿和老年人及免疫功能缺陷者腹泻的主要病原。像甲型肝炎病毒一样，通过贝类水生物经粪-口途径传播，易感者为 5 岁以下婴幼儿，其中 5%~20% 为隐性感染。可单独感染，也可合并致病性大肠埃希菌、沙门菌、轮状病毒和隐孢子虫等其他微生物感染。

（2）轮状病毒　外观酷似车轮而得名（图 2-26）。无论在发达国家还是在发展中国家都有较高的发病率，全世界约 40% 的病毒性腹泻是由轮状病毒引起。广泛存在于多种动物体内，粪-口途径是最主要传播途径，经污染了的水和食物传播，也可通过生活密切接触传播。对理化因子和酸碱处理有较强的抵抗力，处理后仍具有感染性。非离子型去污剂或蛋白酶还可使其感染性增强，但 95% 乙醇是最有效的病毒灭活剂，56℃ 加热 30 分钟也可灭活此病毒，故彻底加热是防治感染的有效措施。

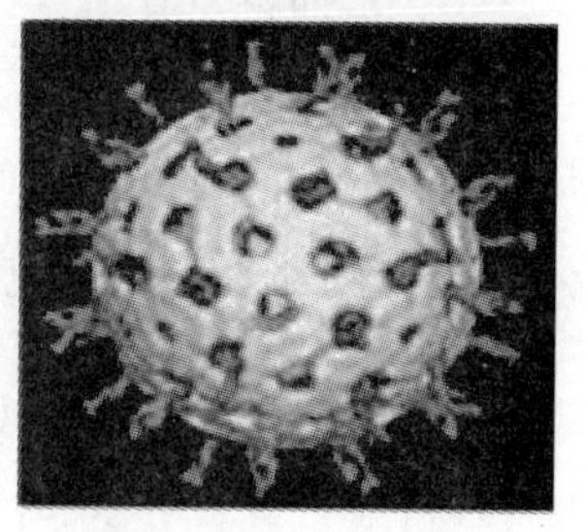
图 2-26 轮状病毒

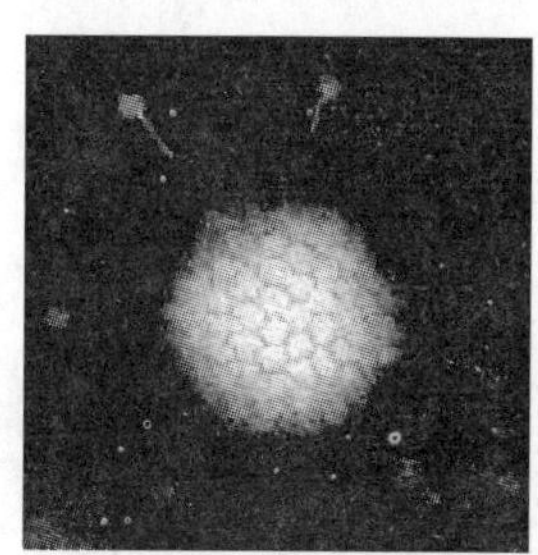
图 2-27 腺病毒

（3）腺病毒　病毒颗粒无包膜（图 2-27）。其宿主为人和多种动物，主要是通过粪-口途径在人类个体间传播。腺病毒对酸碱度和温度的耐受范围较宽，在肠道内不被杀死，反而能够存活。56℃、紫外线照射 30 分钟或 1∶(400~4000) 的福尔马林可将其灭活。

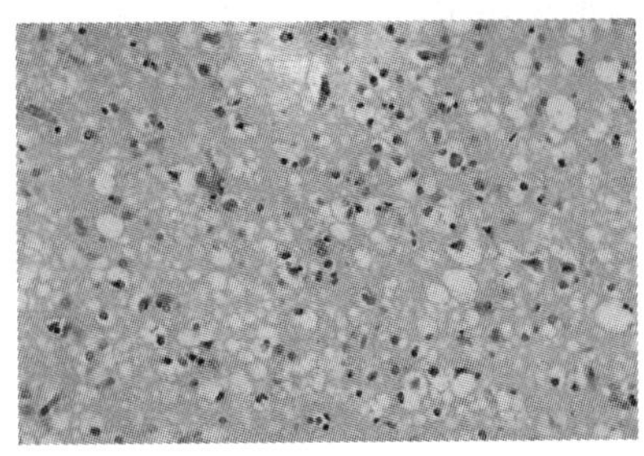
图 2－28 克－雅综合征脑组织典型病变

（4）朊病毒 不含有任何核酸，不具有病毒的结构特点，只是一种可传播的具有致病能力的蛋白质（图 2－28），为人畜共患病原体。侵入后，使宿主神经细胞变异，细胞内进行性空泡化，同时产生更多的朊病毒，导致疯牛病和人的神经系统感染。已发现对人的感染有 4 种：库鲁病、克－雅氏综合征、格斯特曼综合征及致死性家庭性失眠症，以潜伏期长、病程缓慢、进行性脑功能紊乱、无缓解康复和终至死亡为特征，目前尚无有效的诊断方法，常在疾病后期或死后确诊。迄今尚无有效的防治方法。人和动物间是否有传染，目前尚无定论。但有消息说，英国有两位拥有“疯牛病”牛的农场主死于克－雅综合征，预示着人和动物间有相互传染的可能性。朊病毒耐热，其浸染性在 90℃ 条件下处理 30 分钟不失活，能抵抗紫外线和电离辐射。其本质是蛋白质，故对尿素、十二烷基硫酸钠（SDS）、苯酚和其他使蛋白变性的化学试剂十分敏感，可迅速失活。

（四）食源性真菌及真菌毒素

我国各类粮油食品均不同程度地被真菌及其毒素污染，几乎所有的真菌毒素在我国农产品中均可检出。目前已知的真菌毒素有 200 多种，其中研究较为深入的有十几种，可分为肝脏毒、肾脏毒、神经毒和震颤毒等。食源性真菌毒素有黄曲霉毒素、赭曲霉毒素、单端孢霉烯族化合物、玉米赤霉烯酮、桔青霉素、杂色曲霉素、展青霉素、圆弧偶氮酸和伏马菌素 B_2。真菌产毒特点为一种毒素可由多种真菌产生，一种真菌也可能产生多种毒素。被真菌毒素污染最严重的农产品是玉米、花生和小麦，人类和动物摄入被真菌毒素污染的农产品后可导致急性和慢性中毒，称为真菌毒素中毒症。

1. 黄曲霉及其毒素

黄曲霉（图 2－29）的一些菌可用于生产黄酱和酱油，多种曲霉用于生产酶制剂等；另一方面，某些曲霉是重要的食品污染菌，可导致食品的腐败变质和饲料霉变，有些甚至还产生毒素，对农产品污染最重，与人类健康关系最密切的是黄曲霉毒素（AF），世界上包括我国在内的 61 个国家制订了食品中 AFB_1 的限量标准。

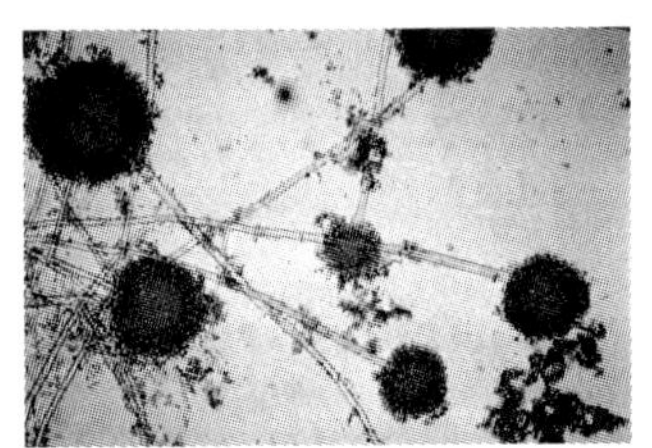
图 2－29 黄曲霉

AF 对热非常稳定，237～299℃ 方可破坏，故一般烹调温度不能去除其毒性。紫外线对低浓度 AF 有一定的破坏性。

在我国，动物因进食被污染的饲料而导致的 AFB_1 急性中毒事件频繁发生。人类的 AFB_1 中毒多发生在干旱、营养缺乏和农作物收获前多雨的地区等。

低剂量长期摄入 AFB_1 可引起肝脏亚急性或慢性损害。具有很强的基因毒性、致癌性和生殖毒性。膳食摄入黄曲霉毒素的量与肝癌发病率之间呈正相关关系，国际癌症研究机构将天然黄曲霉毒素混合物和 AFB_1 列为Ⅰ类致癌物，AFM_1 可能为人类致癌物。在肝炎患者中 AFB_1 的毒性作用显著增强。

图2－30 青霉

2. 青霉及其毒素

青霉（图2－30）是污染粮食及果蔬的真菌，可引起水果、蔬菜、谷物及食品的腐败变质并可产生两种毒素，即桔青霉素和展青霉素。目前，只有部分国家对部分食品制定了限量标准。

桔青霉素具有肾脏毒性，可导致肾衰竭。桔青霉素和展青霉素对有些实验动物种类有致畸、致突变和致癌性。

3. 镰孢菌及其毒素

镰孢菌菌属包括很多种（图2－31），我国北方地区的小麦、大麦、黑小麦、玉米、大豆和油菜等均不同程度的受到镰孢菌的污染，多为收割前田间污染，冰雹灾害后受损的玉米苞叶和未成熟的玉米粒更易感染镰孢菌。具有重要意义的镰孢菌毒素包括单端孢霉烯族化合物（TRICs）、玉米赤霉烯酮（ZEN）和伏马菌素等。

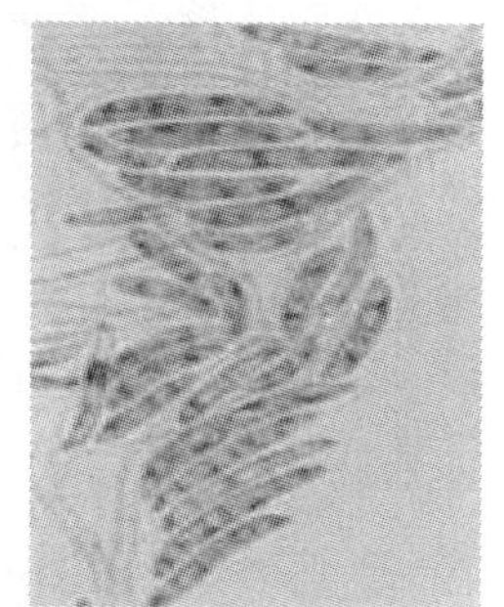
图2－31 镰刀菌

TRICs是由多种镰孢菌产生，有148种，包括T－2、HT－2和脱氧雪腐镰孢菌烯醇（DON）等多种毒素，可引起“醉谷病”，T－2毒素可能还与克山病和大骨节病的发生有关。目前世界上许多国家已对食品中的DON制定了法规性或指导性的限量标准，针对T－2毒素和HT－2毒素制定法规的国家数目相对较少。T－2毒素和HT－2毒素的毒性大于DON，主要为细胞毒、免疫抑制和致畸作用，可能有弱致癌性。对热稳定，120℃不被破坏，180℃中度稳定，210℃时持续30～40分钟方被分解。

儿童摄入被ZEN污染的霉玉米或赤霉病麦等制成的食品后可出现雌激素过多症，我国虽未见ZEN引起人类疾病或中毒的确切报道，但供人类食用的谷物及动物饲料受到ZEN污染普遍。一些国家制定了食品、乳制品和动物饲料中ZEN的限量标准。

（五）食源性寄生虫

通过食品感染人体的寄生虫称为食源性寄生虫，主要包括原虫、吸虫、绦虫和线虫等。过去我国常见的是通过人类粪便传播的，寄生在人体肠道内吸食营养的土源性寄生虫（如蛔虫和钩虫），如今农民种田多用化肥和农药，使土源性寄生虫感染率大幅下降；而随着人们饮食习惯变化，食源性的肝吸虫、颚口线虫、肺吸虫、广州管圆线虫和绦囊虫等感染率不断上升，主要病原有原虫（如隐孢子虫）、吸虫（如肝吸虫）、绦虫（如猪带绦虫）和线虫（如广州管圆线虫）等。

1. 宿主类型

食源性寄生虫共30余种，寄生于不同的宿主体内。①淡水鱼虾是华支睾吸虫（肝吸虫）、异形吸虫、棘口吸虫、棘颚口线虫和肾膨结线虫的中间宿主。②海鱼或海生软体动物是异尖线虫的中间宿主。③猪和牛是猪带绦虫的中间宿主，是旋毛虫、肉孢子虫和弓形虫的重要宿主。④青蛙和蛇是曼氏裂头绦虫及异形吸虫和棘口吸虫的中间宿主或转续宿主。⑤螃蟹和蝲蛄（俗称小龙虾）是并殖吸虫（肺吸虫）的中间宿主。⑥鼠是很多寄生虫的宿主，如旋毛虫、肉孢子虫和弓形虫等；还是肺吸虫、曼氏裂头绦虫的转续宿主。⑦狗肉和羊肉可能含有旋毛虫、肉孢子虫和弓形虫。

2. 传染源与传播途径

感染寄生虫的人和动物通过粪便排出虫卵，污染环境，进而污染食品。经食品传播是食源性寄生虫病的传播途径。多数寄生虫发育各期的生活史都不在同一宿主体内完成，有第一宿主、中间宿主和终宿主之分，不同寄生虫的宿主个数也不同。因此，其传播途径形式不一，可以是人－环境－人形式（如隐孢子虫、蛔虫和钩虫），也可以是人－环境－中间宿主－人形式（如猪带绦虫和肝吸虫），还可以是保虫宿主－人或保虫宿主－环境－人形式（如旋毛虫和弓形虫）。

3. 感染的危害性

寄生虫侵入人体，在移行、发育、繁殖和寄生过程中对人体组织和器官造成的损害主要有三个方面：夺取营养、机械性损伤、毒素作用与免疫损伤。

能在脊椎动物与人之间自然传播和感染的人兽共患寄生虫，不但对人体健康与生命构成严重威胁，而且给畜牧业生产及经济带来严重损失。

二、化学性危害因素

化学污染物源自3个方面：一是种植和养殖过程大量使用的农药和兽药残留在农林畜产品中、工业“三废”和汽车尾气排放造成重金属污染和环境中二噁英类化合物等；二是加工过程违规使用食品添加剂，烘烤、熏制或腌制、高温烹调和油炸等加工方式产生多环芳烃、*N*－亚硝基化合物、杂环胺类化合物和丙烯酰胺等；三是贮存和运输过程所用容器与包装材料中有害物质的溶出等。这些污染物再通过食物链的生物富集作用，以较高的浓度进入人体，产生不同程度的急、慢性或潜在危害，甚至有致癌、致畸和致突变作用。因此，应加强对食物污染物的全程检测与监测，以保证食品安全地由农田进入餐桌。

（一）农药残留

农药残留指农药使用后在农产品和环境中存在的农药活性成分及其在性质上和数量上有毒理学意义的代谢（或降解和转化）产物。人体内的农药约90%是通过食物摄入的，通过大气和饮水等途径进入人体的仅占10%。我国已制修订了农药残留限量标准和农药安全使用标准、农药合理使用准则及相关政策。

1. 污染来源

食品中农药残留的来源有：施用农药的直接污染、环境的间接污染和食物链的生物富集。农产品中农药残留主要来自施药后的直接污染。直接污染有3个途径，可以用水洗去的表面直接喷洒；无法去除的农作物根部吸收；农作物和粮食贮存过程中使用杀虫剂，水果贮存时使用杀菌剂，洋葱、马铃薯、大蒜贮存时使用抑芽剂等。间接污染是由于长期施用农药，使有些性质稳定的农药成为环境持久污染物。农作物通过多种途径从这种环境中吸收农药而造成间接污染。水生植物有较强的生物富集能力，而人类是食物链的终端，受农药的生物富集的危害最大。

2. 危害与限量标准

严格按照推荐的农药剂量、方法和时间施药，农产品中不会有残留毒性问题；违反农药使用规定，超剂量使用或滥用国家明令禁止的高毒和剧毒农药，违反安全间隔期规定在接近收获期使用农药等，就会造成农药残留。

食用含有大量高毒残留农药的食品，会导致人和牲畜急性中毒，使人体各组织和脏器发生毒性反应，还常发生严重的神经系统损害和功能紊乱；长期食用农残超标的农副产品，会引起人和动物的慢性蓄积性中毒，这种情况更为多见，对食用者产生遗传毒性、生殖毒性，产生致畸和致癌作用。儿童脑瘤和白血病等肿瘤与父母在围产期接触农药相关，孕妇接触农药，其子女患脑癌的危险明显增加。

我国《食品中农药最大残留限量》（GB2763－2005），包括了我国正在使用的136种农药，基本涵盖了获得农药登记并允许使用的农药和禁止在水果、蔬菜和茶叶等经济作物上使用的高毒农药。

3. 控制措施

餐饮业要科学加工处理食品，在进行农畜产品加工时可不同程度降低农药残留量，但特殊情况下亦可使残留农药浓缩、重新分布或生成毒性更大的物质。

下列加工过程需特别注意：①洗涤，可除去农作物表面的大部分农药残留，其残留量减少程度与施药后的天数有关。高极性和高水溶性农药容易除去，热水洗、碱水洗、洗涤剂洗和烫漂等能更有效地降低农药残留量。②去壳、剥皮或清理，通常能除去大部分植物表面的残留农药。马铃薯去皮后，其内吸性甲拌磷和乙拌磷农药分别减少50%和35%，而非内吸性的毒死蜱和马拉硫磷几乎可完全去除。蔬菜清理后农药残留量亦可大幅度减少，但应注意剔除的外层叶片等用做饲料而引起动物性食品的农药残留问题。③水果加工，取决于加工工艺和农药的性质，带皮加工的果酱、干果和果脯等农药残留量较高，而果汁中的残留量一般较低，但果渣中残留量较高。④粉碎、混合和搅拌，由组织和细胞破坏而释放出的酶和酸可增加农药代谢和降解，亦可产生较大毒性的代谢物。⑤发酵酒，生产啤酒的原料大麦和啤酒花等常有草甘磷或杀螟硫磷等农药的残留，但生产过程中的过滤、稀释和澄清等工艺可除去大部分农药，故啤酒中农药残留量较少。葡萄酒生产中因无稀释工艺，故其农药残留量较高，尤其是带皮发酵的红葡萄酒。

加强贮存管理。农作物在贮存过程中，农药残留量也会发生变化。如谷物在仓储过程中农药残留量会缓慢降低，但也有部分农药可逐渐渗入谷物内部而致谷粒内部农药残留量增高；蔬菜和水果在低温贮藏时农药残留量降低十分缓慢，在0～1℃贮藏3个月，大多数农药残留量降低均不到20%。贮藏温度对易挥发的农药残留量影响很大，如硫双灭多威在－10℃很稳定，在4～5℃时则很快挥发，敌敌畏等在温度较高时，其残留量降低更快。水果表皮残留的农药在贮藏过程中可向果肉渗入。

（二）兽药残留

兽药残留是指饲养动物用药（包括饲料添加剂）后蓄积或存留于动物产品的任何可食部分（如鸡蛋、奶品和肉品等）中原形药物或其代谢产物，包括与兽药有关的杂质。

1. 来源与种类

动物性食品中兽药残留主要有3个来源：兽药使用不当、违规使用兽药及饲料添加剂和饲养环境污染。我国不得使用不符合《兽药标签和说明书管理办法》规定的兽药产品，不得使用《食品动物禁用的兽药及其他化合物清单》所列21类药物及未经农业部批准的兽药，不得使用进口国明令禁用的兽药。常见5种兽药滥用行为有：①非法使用违禁（如盐酸克仑特罗）或淘汰（如己烯雌酚等）药物；②长期滥用药物添加剂，随意使用新的或高效抗生素；③不遵守休药期规定；④屠宰前用药；⑤加工和保鲜贮存时用药。此外许多养殖户对控制兽药残留认识不足，缺乏药残观念，养殖过程不规范或不科学。由于江河湖海被工业废水和农药污染，使畜产品的药残程度日趋严重，这是兽药与农药的循环污染所致。

2. 危害与限量标准

若一次摄入兽药残留量过大的食品，人体会出现急性中毒反应（如盐酸克仑特罗中毒）。兽药残留的危害绝大多数是通过长期接触或逐渐蓄积而造成的，长期摄入含兽药残留（如氯霉素、氨基糖苷类和灰黄霉素）的动物性食物，可造成慢性蓄积毒性，如过敏反应、“三致”作用、免疫毒性、发育毒性以及激素样作用。残留兽药还可以通过环境和食物链在人体蓄积，间接对人体健康造成潜在危害。经常食用抗菌药物（如青霉素、磺胺类药物、四环素及某些氨基糖苷类抗生素）残留的食品，可造成人类的耐药性增加，还能使部分人群发生过敏反应，症状多种多样，轻者表现为荨麻疹、发热、关节肿痛及蜂窝织炎等，严重时可出现过敏性休克，甚至危及生命。

我国《动物性食品中兽药残留最高残留限量》中规定了各类兽药在各种动物性食品中最高残留限量，在《关于兽药国家标准和部分品种的停药期规定》中列出“兽药停药期规定”和“不需要制订停药期的兽药品种”。农业部第193号公告了《食品动物禁用的兽药及其化合物清单》。

3. 控制措施

兽药残留的控制措施主要靠畜牧生产实践中规范用药，同时建立起一套药物残留监控体系，制订违规的相应处罚手段，才能真正有效地控制药物残留的发生。餐饮业需到正规农贸市场或超市采购动物性食品，并索要票证和建立台账。

（三）有害金属元素

密度大于4.5g/cm^{3}的金属称为重金属，如铜、铅、锌、铁、钴、镍、锰、镉、汞、钨、钼、金和银等。重金属广泛存在于自然界，由于人类对重金属的开采、冶炼、加工和使用等，造成多种重金属进入大气、水体和土壤，引起严重的环境污染。所有重金属超过一定浓度都对人体有毒，在食物链的生物放大作用下进入人体后，有些可转变为毒性更强的化合物。重金属对人体造成的危害，常以慢性中毒和远期效应（如致癌、致畸和致突变作用）为主，而这种慢性危害的隐蔽性，往往事先未予重视。影响食品安全性的重金属主要有铅、镉、汞和砷，不能被生物降解。我国《食品中污染物限量》对铅、镉、汞和砷在各类食品中的最高限量进行了规定。

1. 铅（Pb）

铅及其化合物广泛存在于自然界。当加热至400℃以上铅会随蒸气逸出，在空气中氧化并凝结成烟。汽油防爆剂中含有铅，故汽车等交通工具排放的废气中含有大量的铅，可造成公路干线附近农作物的严重铅污染。植物可通过根部吸收土壤和水中的铅，通过叶片吸收大气中的铅。含铅农药（如砷酸铅等）的使用，可使农作物遭受铅的污染。动物性食品含铅比植物少，但如果饲养环节用含铅高的饲料，也会使动物制品含铅。

对于非职业性接触人群，其体内的铅主要来自于食物，主要经尿和粪排出。在人体的生物半衰期为4年，骨骼中可达10年。随食物吸收入血的铅大部分（90%以上）与红细胞结合，随后逐渐以磷酸铅盐形式蓄积于骨中，取代骨中的钙。儿童对铅较成人更敏感，过量铅摄入可影响其生长发育，导致智力低下。铅对生物体内许多器官组织都具有不同程度的损害作用，尤其是对造血系统、神经系统和肾脏的损害更为明显，以慢性损害为主。

2. 镉（Cd）

金属镉一般无毒，镉化合物特别是氧化镉有较大毒性。工业“三废”尤其是含镉废水的排放，对环境和食物的污染严重。沉积于土壤中的镉是植物吸收镉的主要来源，通过食物链的富集作用而在某些食品中达到很高浓度，污染区的贝类含镉量可高达420mg/kg（非污染区为0.05mg/kg），我国报告镉污染区生产的稻米含镉量亦可达5.43mg/kg。一般而言，海产品和动物性食品（尤其是肾脏）含镉量高于植物性食品，而植物性食品中以谷类和洋葱、豆类、萝卜等蔬菜中含镉较多。

镉进入人体的主要途径是通过食物摄入。食物中镉的存在形式以及膳食中蛋白质、维生素D和钙与锌等元素的含量等因素均可影响镉的吸收。主要蓄积于肾脏（约占全身蓄积量的1/2），其次是肝脏（约占全身蓄积量的1/6）。体内的镉可通过粪、尿和毛发等途径排出，人体生物半衰期极长，为15~30年。镉中毒主要损害肾脏、骨骼和消化系统，镉及含镉化合物对动物和人体有一定的致畸、致癌和致突变作用。

3. 汞（Hg）

汞又称水银，常温下易形成汞蒸气被吸入。甲基汞毒性更大，并可由食物链的生物富集作用而在鱼体内达到很高含量，是影响水产品安全性的主要因素之一。汞亦可通过含汞农药的使用和污水灌溉农田等途径污染农作物和饲料，造成谷类、蔬菜、水果和动物性食品的汞污染。

食品中的金属汞几乎不被吸收，90%以上的汞是随粪便排出体外，而强毒性的甲基汞90%以上可被人体吸收。吸收的汞迅速分布到全身组织和器官，但以肝、肾和脑等器官含量最多。可通过血脑屏障、胎盘屏障和血睾屏障，在脑内蓄积，导致脑和神经系统损伤，并可致胎儿和新生儿汞中毒。汞是强蓄积性毒物，在人体内的生物半衰期平均为70天左右，在脑内的滞留时间更长，其半衰期为180~250天。

4. 砷（As）

砷是一种非金属元素，但由于其许多理化性质类似于金属，故常将其归为“类金属”之列。无机砷的毒性大于有机砷，三价砷的毒性大于五价砷，如砒霜（As_2O_3）是剧毒的，五价砷可以被还原为三价砷，产生剧毒。例如，服用大量维生素C，再大量摄入砷超标的海产品可发生中毒。故卫生标准以无机砷制定。砷及其化合物广泛存在于自然界，并大量用于工农业生产中。水生生物，尤其是甲壳类和某些鱼类对砷有很强的富集能力，其体内砷含量可高出生活水体数千倍，但其中大部分是毒性较低的有机砷。

砷进入人体后分布于全身，以肝、肾、脾、肺、皮肤、毛发、指甲和骨骼中蓄积量最高，生物半衰期为80～90天。砷可造成代谢障碍，导致毛细血管通透性增加引发多器官广泛病变。急性砷中毒主要是胃肠炎症状，严重者可致中枢神经系统麻痹而死亡，并可出现七窍出血等现象。慢性中毒主要表现为神经衰弱综合征，皮肤色素异常（白斑或黑皮症），皮肤过度角化和末梢神经炎症状。无机砷化合物的“三致”作用亦有不少研究报告。

（四）其他化学性危害因素

1. *N*－亚硝基化合物

迄今已研究过的300多种亚硝基化合物中，90%以上对动物有不同程度的致癌性。*N*－亚硝基化合物的前体物质硝酸盐、亚硝酸盐和胺类，广泛存在于人类的生活环境中，它们经过化学或生物学的途径合成多种*N*－亚硝基化合物。

一般天然食品中很少存在亚硝胺，主要是在人类的生产和烹调等过程中形成。在鱼、肉制品或蔬菜的加工（尤其是腌制）中，常添加硝酸盐作为防腐剂和护色剂，而这些食品（如香肠和火腿等）直接加热（如油炸、煎和烤等）会引起亚硝胺的合成。蔬菜在贮藏过程中，其所含有的硝酸盐和亚硝酸盐也会在适宜的条件下与食品中蛋白质分解的胺反应生成亚硝胺类化合物。

胃癌和食管癌与环境中，特别是饮水中硝酸盐和亚硝酸盐的含量有关。喜食腌菜可能也是肝癌发生的危险性因素。亚硝酸盐食物中毒多由误将亚硝酸盐当作食盐而引起。

防止食品霉变或被细菌污染对降低食物中亚硝基化合物含量至为重要，在加工工艺可行的情况下应尽可能使用亚硝酸盐替代品，使用钼肥有利于降低蔬菜中硝酸盐含量。人体增加维生素C等亚硝基化阻断剂的摄入量有较强的阻断亚硝基化的活性，对防止亚硝基化合物的危害有一定作用。食品生产加工企业使用硝酸盐和亚硝酸盐要严格按照《食品添加剂使用卫生标准》（GB 2760－2011）和《食品中污染物限量》（GB2762－2005）执行。2012年6月12日，卫生部、国家食品药品监督管理局联合发布公告，此后酒店、大排档、小吃店等餐饮服务单位使用亚硝酸盐作为食品添加剂被全面禁止，这将使亚硝酸盐食物中毒发生率大大降低。

2. 多环芳烃化合物

多环芳烃化合物是一类公认的具有较强致癌、致畸和致突变作用的食品化学污染物，目前已鉴定出数百种，其中苯并（a）芘是多环芳烃的典型代表。

食品中的多环芳烃主要来源有：①食品在熏烤时，用煤、炭和植物燃料产生的熏烟中含有多环芳烃，直接受到污染；②食品成分在高温烹调加工时发生热解或热聚反应所形成，这是食品中多环芳烃的主要来源；③植物性食品可吸收土壤、水和空气中污染的多环芳烃；④食品加工中受机油和食品包装材料等污染，在柏油路上晒粮食使粮食受到污染；⑤污染的水可使水产品受到污染；⑥植物和微生物可合成微量多环芳烃。

烤肉和烤香肠中苯并（a）芘含量一般为0.68～0.7μg/kg，炭火烤的肉可达2.6～

11.2μg/kg。由于苯并（a）芘水溶性很低，清洗只能去除微量。

若改进食品加工烹调方法可预防苯并（a）芘的污染。措施包括：①加强环境治理，减少环境苯并(a）芘的污染，从而减少其对食品的污染。②改进烹调和加工方法，尽量避免食品成分热解和热聚，以减少苯并（a）芘形成；熏制、烘烤食品及烘干粮食等加工应改进燃烧过程，避免使食品直接接触炭火。③改变生产方式，不在柏油路上晾晒粮食和油料种子等，以防沥青玷污；不用苯并（a）芘含量高的材料生产或包装食品。④食品生产加工过程中要防止润滑油污染食品，或改用食用油作润滑剂。改变饮食习惯，尽量少吃烧烤和熏烤肉制品。不食用烤焦和炭化的肉制品，可减少苯并（a）芘的摄入量。另外，维生素 A 及白菜、萝卜等十字花科蔬菜，有降解苯并(a）芘的作用，宜经常食用。可采取措施，对污染的食品进行去毒处理，油脂可用活性炭吸附去毒，用吸附法可去除食品中的一部分苯并（a）芘。此外，用日光或紫外线照射食品也能降低其苯并（a）芘含量。

我国《食品中污染物限量》规定了熏烤肉及粮食中苯并(a）芘的含量标准。

3. 杂环胺类化合物

杂环胺类化合物有致癌和致突变的作用。

食品中杂环胺类化合物主要产生于高温烹调加工过程，尤其是蛋白质含量丰富的鱼和肉类食品在高温烹调过程中更易产生。加热温度越高，时间越长，水分含量越少，产生的越多。故烧、烤、煎和炸等直接与火接触或与灼热的金属表面接触的烹调方法，使水分很快失去且温度较高，产生的数量远远大于炖、焖、煨、煮及微波炉烹调等温度较低，水分较多的烹调方法。

为了防止杂环胺对人体健康的危害，应该改善不良的生活方式，尽量避免过多食用烧、烤、煎、炸和熏的食物；膳食纤维有吸附杂环胺并降低其活性的作用，应增加蔬菜和水果的摄入量。有关部门应尽快制定食品中杂环胺限量标准。

4. 丙烯酰胺

丙烯酰胺主要用于水的净化处理、纸浆的加工及管道的内涂层等。食物中丙烯酰胺的来源与食品的组成以及加工和烹调方式有关。所有富含碳水化合物的高温加工食品或油炸食品均可能含有丙烯酰胺，高温加工的淀粉类食品如马铃薯制品和早餐谷物类油饼和面包，油炸和烘烤的淀粉类食品如炸薯条、炸薯片、谷物和面包等中可检出丙烯酰胺。油炸和烘烤温度在 120℃ 以上，尤其是 140 ~ 180℃时是最佳生成温度。烘烤和油炸使食品越干和越焦，其丙烯酰胺含量越高。

丙烯酰胺具有潜在的神经毒性、遗传毒性和致癌性，被列为第 2 类致癌物，即可引起动物致畸和致癌。对人体有神经毒性，与人类肿瘤发生相关性不确定。我国缺少各类食品中丙烯酰胺含量数据，以及这些食品的摄入量数据。因此，不能确定我国人群的暴露水平。

加强膳食中丙烯酰胺的监测与控制，开展我国人群丙烯酰胺的暴露评估；研究减少加工食品中丙烯酰胺形成的可能方法，尽量避免过度烹饪食品（如温度过高或加热时间太长）；多吃水果和蔬菜等对降低乃至可能消除食品中丙烯酰胺有一定作用。

5. 氯丙醇

氯丙醇是继二噁英之后，食品污染领域又一个热点问题。一般来说，传统发酵酱油不会受到氯丙醇的污染；随着人们对调味品需求量的提高，酱油加工工艺发生很大变化，水解动物或植物蛋白被用于酱油工业，以提高产量和降低成本，但如果采用的水解工艺不适当，就会引入有害物质——氯丙醇。另外，环氧树脂是目前食品工业中的主要包装材料之一，也是进行水纯化处理的交换树脂，也可水解产生氯丙醇，造成食品污染。

早在20世纪70年代，人们就发现氯丙醇均会引起肝、肾脏和甲状腺等癌变，并具有体外遗传毒性，使生殖能力下降。

改进酱油生产的加工工艺，可减少产品中的氯丙醇污染。在选择食品时，要留意产品标签，尽量选择天然方法酿造的酱油等调味品，不要购买标识不清和来路不明的产品。我国制定了《酸水解植物蛋白调味液》的行业标准，相关标准也在酝酿中。为保障广大消费者的健康，应加快与国际接轨，并建立食物污染物的安全预警系统，开展预报、预防和控制提供科学依据具有重要意义。

（五）包装材料中危害因素

1. 塑料

塑料是以高分子树脂为基础，添加适量的增塑剂、稳定剂和抗氧剂等助剂，在一定的条件下塑化而成的。可分为热塑性和热固性两类。目前我国允许使用的热塑性塑料有聚乙烯、聚丙烯、聚苯乙烯、聚氯乙烯、聚碳酸酯、聚对苯二甲酸乙二醇酯、尼龙、苯乙烯－丙烯腈－丁二烯共聚物、苯乙烯与丙烯腈的共聚物等；热固性塑料有三聚氰胺甲醛树脂等。合成塑料的单体分子数目越多，聚合度越高，则塑料性质越稳定，与食品接触时向食品中迁移的可能性就越小。

聚苯乙烯的单体等杂质具有一定的毒性，用聚苯乙烯容器贮存牛奶、肉汁、糖液及酱油等可产生异味。聚氯乙烯在高温和紫外线照射下的降解产物有毒，能引起血管肉瘤；生产聚氯乙烯塑料时大量使用的增塑剂和助剂有毒，并可以向食品迁移。

三聚氰胺甲醛树脂本身无毒，但在制造过程中如果反应不完全会含有大量游离甲醛，此类塑料遇高温或酸性溶液可能有甲醛和酚游离出来。因此，酚醛树脂和脲醛树脂不得用于食品容器和包装材料。聚对苯二甲酸乙二醇酯塑料无毒，但生成时使用锑作催化剂，可能有锑的残留。聚酰胺本身无毒，但含有己内酰胺，长期摄入能引起神经衰弱。不饱和聚酯树脂及其玻璃钢制品本身无毒，但在不饱和聚酯树脂及其玻璃钢聚合及固化时需要使用引发剂和催化剂，造成残留，产生毒性。苯乙烯的残留具有较大的毒性。

2. 橡胶

橡胶中的毒性物质来源于橡胶基料和添加助剂。合成橡胶本身并无毒性作用，也可做食品用橡胶制品，但有些合成橡胶单体具有麻醉作用和毒性，或具有致癌和致畸作用。用于橡胶加工成型的助剂，有些有较大的毒性，毒性较大的促进剂我国已禁止使用。

我国要求食品用橡胶制品及生产过程中加入的各种助剂和添加剂必须符合相应的

卫生标准。食品用橡胶制品须符合《食品用橡胶制品卫生标准》（GB 4806.1－1994）要求；食品用橡胶制品使用的助剂须符合《食品容器、包装材料用添加剂使用卫生标准》（GB 9685－2008）的要求；并且禁止再生胶、乌洛托品（促进剂 H）、乙撑硫脲、乙苯基－β－萘胺（防老剂 J）、对苯二胺类、苯乙烯化苯酚等材料和助剂在食品用橡胶制品中使用。

3. 釉彩和油墨颜料等

陶器、瓷器和搪瓷本身没有毒性，但其表面涂覆的釉彩均为金属盐类，如硫化镉、氧化铅、氧化铬和硼砂等，同食品长期接触可迁移至食品中，尤其是易溶于酸性食品，如醋、果汁和酒中等，可对人体造成危害。应尽量少用或者不用铅、锌、砷和镉的金属氧化物。

奥氏体型不锈钢含有铬、镍和钛等元素，适合于制作食品容器、食品加工机械和厨房设备等；马氏体型不锈钢含有铬元素，俗称不锈铁，适合制作刀和叉等餐具。对不同型号不锈钢包装容器必须控制其铅、铬、镍、镉和砷的迁移量。

用于制造食品容器和包装材料的铝材有精铝和回收铝。精铝纯度较高，杂质含量较低，但硬度较低，适合于制造各种铝制容器、餐具和铝箔；回收铝杂质含量高，不得用于制造食具和食品容器，只能用于制造菜铲和饭勺等炊具。必须严格控制精铝制品和回收铝制品的铝溶出量和锌、砷和镉的迁移量。

玻璃是以二氧化硅为主要原料，配以一定的辅料，经高温熔融制成。有些辅料的毒性很大，如红丹粉和三氧化二砷，尤其是中高档玻璃器皿，如高脚酒杯的加铅量可达 30% 以上。铅和砷的毒性都比较大，是玻璃制品的主要卫生问题。

应注意纸浆中的农药残留和劣质纸浆漂白剂的致癌性、造纸加工助剂的毒性和回收纸中油墨颜料中的铅、镉及多氯联苯等有害物质。目前我国尚无食品包装材料印刷专用油墨颜料，一般工业印刷用油墨及颜料中的铅和镉等有害金属和甲苯、二甲苯或多氯联苯等有机溶剂均有一定毒性。我国在印刷油墨方面的法规仍处于真空状态。

食品容器包装材料种类繁多，原材料复杂，且与食品直接接触，从保证食品卫生角度而言，其大多数都具有这样或那样的缺点，其材料中的有害物质有可能转移到食品内造成食品污染。因此，用于生产的食品容器及包装材料的卫生问题不容忽视。我国已制定了相应的法律法规、管理办法和卫生标准，涉及原材料、配方、生产工艺、新品种审批、抽样及检验、包装、运输、贮存、销售以及食品卫生监督等各个环节。

（六）环境中二噁英类化合物

二噁英是一类毒性极强的特殊有机化合物，其中 2,3,7,8－四氯二苯并－对－二噁英是目前已知此类化合物中毒性和致癌性最大的物质，其对豚鼠的经口 LD_{50} 仅为 1μg/kg，致大鼠肝癌剂量为 10ng/kg。此类化合物不仅毒性和致癌性强，而且其化学性质极为稳定，在环境中难以降解，还可经食物链富集。

1. 特点

二噁英类物质的理化特性相似，这些化合物无色无味，沸点与熔点较高，具有亲脂性而不溶于水。具有热稳定性、低挥发性、脂溶性和在环境中的高稳定性的共同特点。其平均半衰期约为 9 年，但在紫外线的作用下可很快被破坏。

2. 来源

许多农药如氯酚、菌螨酚、六氯苯和氯代联苯醚除草剂等不同程度地含有二噁英。垃圾焚烧，尤其是在垃圾燃烧不完全时可产生二噁英。此外，医院废弃物和污水、木材燃烧、汽车尾气、含多氯联苯的设备事故及环境中的光化学反应和生物化学反应等均可产生二噁英。

食品中的二噁英主要来自于环境的污染，尤其是经过生物链的富集作用，可在动物性食品中达到较高的浓度。此外，食品包装材料中二噁英污染物的迁移以及意外事故等，也可造成食品的二噁英污染。

3. 危害

人体微量摄入二噁英不会立即引起病变，但摄入后不易排出。如长期食用含二噁英的食品，这种有毒成分会蓄积，最终可能致癌或引起慢性病，危害人群健康。表现为肝毒性、免疫毒性、生殖毒性、发育毒性和致畸性、致癌性。国际癌症研究机构将二噁英确定为第 1 类致癌物，即对人致癌证据充分。

我国《食品中污染物限量》中提出了海产食品多氯联苯限量标准。

（七）滥用的食品添加剂

食品添加剂是一把“双刃剑”，多数为化学合成物质，具有一定的毒性，若在规定的使用范围和使用剂量内使用，是安全的，违规滥用食品添加剂，就可能引起人体急性中毒、亚急性中毒和慢性中毒。

1. 来源与种类

天然食品添加剂品种少，价格贵，目前使用的食品添加剂大多属于化学合成食品添加剂。我国已批准使用的食品添加剂按功能分为 23 类 2423 种。这 23 类为：酸度调节剂、抗结剂、消泡剂、抗氧化剂、漂白剂、膨松剂、胶姆糖基础剂、着色剂、护色剂、乳化剂、酶制剂、增味剂、面粉处理剂、被膜剂、水分保持剂、营养强化剂、防腐剂、稳定和凝固剂、甜味剂、增稠剂、食品用香料和食品工业用加工助剂等。

2. 问题与危害

目前我国食品添加剂仍然存在 4 类问题：一是使用目的不正确，为迎合消费者的感官需求和降低成本，违反食品添加剂的使用原则；二是使用方法不科学，不符合食品添加剂使用卫生规范要求，超范围和超限量使用；三是在达到预期效果的情况下没有尽可能降低在食品中的用量；四是未在食品标签上明确标志，误导消费者。

已批准的食品添加剂使用安全与否取决于添加剂的使用量。例如，防腐剂过量使用不仅能破坏维生素 B_1，还能使钙形成不溶性物质，影响人体对钙的吸收，同时对人的胃肠有刺激作用，还可引发癌症。硝酸盐和亚硝酸盐是护色剂，经常用于肉及肉制品的生产加工，若使用过量可引起中毒反应，3g 即可致死；还可透过胎盘进入胎儿体内，6 个月以内的婴儿对硝酸盐类特别敏感，有使胎儿致畸的可能。磷酸三钠、三聚磷酸钠、磷酸二氢钠、六偏磷酸钠和焦磷酸钠是品质改良剂，过量不仅会破坏食品中的各种营养素，而且在人体内长期积累将会诱发肿瘤病变、牙龈出血、口角炎和神经炎，甚至对人的肝脏功能造成伤害以及后代畸形和遗传突变等。

滥用食品添加剂引起的远期效应是致癌、致畸与致突变。因为这些毒性作用要经过较长时间才能被发现，而一旦发现，可能受害范围广泛，受害人数众多。有些食品添加剂本身即可致癌，如糖精钠可引起实验动物的肝肿瘤；有些可在使用过程中与食品中的存在成分发生作用转化为致癌物质。常见致癌食品添加剂有防腐剂、食用色素、香料和调味剂。

3. 依法规范使用

《食品安全法》第四十五条指出食品添加剂应当在技术上确有必要且经过风险评估证明安全可靠，方可列入允许使用的范围。只有在为了防腐、营养和加工等技术需要所必不可少时才允许使用。我国现行的《食品添加剂使用卫生标准》（GB2760－2011），对允许使用的食品添加剂品种、适用范围、最大使用量和允许残留量作出了明确规定。如果超过该标准中规定的最大使用量，应按照《食品添加剂卫生管理办法》规定，向卫生部提出审批，卫生部批准后方可使用。

（八）非法添加的三聚氰胺

1. 理化特性

三聚氰胺简称三胺，俗称蜜胺或蛋白精，又叫三聚氰酰胺和氰脲三酰胺，重要的有机化工原料，用于生产塑料、胶水和阻燃剂，在部分亚洲国家，也被用来制造化肥。

2. 来源

乳及乳制品中的三聚氰胺是食品加工过程中非法添加的。三聚氰胺不是食品原料，不允许添加到乳及乳制品中。在乳中违法添加该物质，主要是为了虚增乳中蛋白质含量，牟取不法利益。由于三聚氰胺有一定的黏性，少量添加即可改变蛋白粉和饲料的黏韧性，其他食品（如鸡蛋）中亦可能受到三聚氰胺污染。

柠檬汁、橙汁或酸乳等酸性食品在高温条件下，会将压塑模具中的三聚氰胺溶出。一般采用三聚氰胺制造的塑料食具都会标明“不可放进微波炉使用”。

3. 危害

三聚氰胺主要影响泌尿系统，存在明显的剂量－效应关系。在人体中不能被代谢，发生水解生成三聚氰酸，三聚氰酸和三聚氰胺形成大的网状结构，造成膀胱结石。动物试验在形成膀胱结石情况下具有致癌性，尚缺乏足够的证据支持三聚氰胺对人体的致癌性。

严打非法添加三聚氰胺是控制由其引起的食品安全问题的重要措施。政府、经营者和消费者三方面都要往同一方向努力形成合力，食品安全的问题才会越来越少。

我国制定了乳制品及含乳食品中三聚氰胺限量值，与其他国家或地区的管理措施基本一致，这将有利于我国乳及乳制品的国际贸易。

三、物理性危害因素

食品物理性污染物是指热源和放射源等污染物，主要来自自然环境和人类的生产与生活等活动。工业冷却水、核工业废水、废气和废渣，天然放射性核素、核试验沉降物、核研究和核医疗排放的废水和核事故外泄等，污染了土壤、水体和大气，可不同程度地导致食品物理性污染。本书仅就食品放射污染作一简介。

放射性污染是指由于人类活动造成物料、人体、场所和环境介质表面或者内部出现超过国家标准的放射性物质或者射线。环境中放射性物质被生物富集，使某些动物和植物特别是一些水生生物体内的放射性核素比环境值增高数倍，导致食品的放射性污染。

（一）来源与种类

食品在生产和加工过程中吸附和吸收外来的放射核素（包括天然放射性物质和放射性污染物），超过规定的卫生标准，会引起食品的质量安全问题。环境中放射性核素可以通过食物链各环节向食品转移而污染食品，再通过消化道、呼吸道和皮肤 3 种途径进入人体。其中，经消化道进入人体的比例较高（食物占 94% ~95%，饮水占 4% ~5%），呼吸道次之，经皮肤的可能性较小。

1. 天然放射性物质

天然放射性物质是自然界本身固有的未受人类活动影响的电离辐射水平。它主要来源于环境中的放射性核素。绝大多数的动物性和植物性食品中都含有不同量的天然放射性物质，亦即食品的天然放射性本底。鱼类和贝类等水产品对某些放射性核素具有很强的富集作用，体内放射性可超过周围环境中的放射性，但不同食品中的天然放射性本底值差异较大。食品中的天然放射性核素主要是^{40}K和少量的^{226}Ra（镭）、^{228}Ra（镭）、^{210}Po（钋）以及天然钍和天然铀等。

2. 放射性污染物

医疗、科学实验以及意外事故放射性核素的排放和渗漏等人为的辐射水平高于天然本底辐射或国家规定的标准时，就会造成环境的放射性污染。伴随在人们身边的电视机、电脑以及建筑材料等均含有放射性材料，虽然辐射强度很小，但作用的时间长，也是不容忽视的放射性污染物。这些天然的和人为的放射性污染物均可污染食物，经食物链各环节进入人体，当超过安全限量，会对人体健康造成危害。

（二）危害与限量标准

1. 外辐射危害

人体受到较大剂量的放射性辐射后经一定的潜伏期可出现各种组织肿瘤或白血病，一次性受到大量的放射线照射可引起死亡。放射性辐射破坏机体的非特异性免疫系统，降低机体的防御能力，易并发感染，缩短寿命。此外，放射性辐射还有致畸和致突变作用，在妊娠期间受到照射极易使胚胎死亡或形成畸胎。进入人体的放射性物质，有一部分不被吸收而直接排出，对人体影响小；被人体吸收部分将参与机体的代谢，进入组织内形成内照射，直到放射性核素变成稳定性核素或全部被排出体外为止。

2. 内照射危害

食品放射性污染对人体的危害主要是由于摄入食品中的放射性物质对体内各种组织、器官和细胞产生的低剂量长期内照射效应。就多数放射性核素而言，它们在生物体内分布是不均匀的，聚积较多的器官受到内照射的量较其他组织器官要多。因此，在一定剂量下，常观察到某些器官的局部效应。当内照射剂量大时，可能出现近期效应，如出现头痛、头晕、食欲下降、睡眠障碍等神经系统和消化系统的症状，继而出现白细胞和血小板减少等。小剂量放射性核素在体内长期作用，能引起的放射病潜伏期较长且多引起癌变、白血病和遗传障碍等。超剂量放射性物质可产生远期效应，如致癌、致畸和致突变。食品放射性污染的卫生学意义在于它的小剂量长期内照射作用引起的慢性及远期效应。

3. 限量标准

放射性物质对人体具有一定危害，应限制食品中放射性物质含量。《食品中放射性物质限制浓度标准》（GB14882 – 1994）规定了各种食品放射性物质限量标准；检验方法按《食品中放射性物质检验》（GB14883 – 1994）执行。但此两标准都过于陈旧。

（三）预防和控制措施

预防食品放射性污染及其对人体危害的主要措施分为两方面：一方面是防止食品受到放射性物质的污染，即加强对放射性污染源的管理；另一方面是防止已经受到放射性污染的食品进入人体内。应加强对食品中放射性污染源的经常性卫生监督。

1. 放射源的管理

防止意外事故的发生和放射性核素在使用过程中对环境的污染，还需加强对放射性废弃物的处理与净化。

2. 加强对污染的监督

我国的核技术已经在医疗卫生、教学科研和工农业等领域广泛应用。为防止放射性物质对食品造成污染，应定期对食品进行监测，严格执行国家卫生标准，使食品中放射性物质的含量控制在允许浓度范围内。此外，使用辐照工艺作为食品保藏和改善食品品质的方法时，应严格遵守国家标准中对食品辐照的有关规定。为强化放射性污染的防治，国家环境保护总局受国务院委托，制订了《中华人民共和国放射性污染物防治法》，并于2003 年 10 月 1 日起施行。

第二节　食源性疾病

食源性疾病是食物受到污染物污染后，产生的对人体健康的危害。

一、概念、种类与现状

（一）概念

1. 广义概念

食源性疾病广义上是“由食物和摄食而引起的疾病”的统称。从这一概念出发，食源性疾病指所有与饮食相关的疾病，至少包括三大方面疾病或危害：经食品介导的感染或传染性的食物中毒、传染病和感染性疾病；营养与膳食相关的非感染和非传染性的慢性病和代谢病（如糖尿病、肥胖症、高脂血症和膳食相关肿瘤及变态反应）等；摄食导致的非感染或非传染性的慢性或蓄积性危害。第一方面疾病在本章中介绍；第二方面内容将在本书第三章中介绍；第三方面危害在本章第一节中相关部分已有介绍。

2. 狭义概念

WHO 将食源性疾病定义为“凡是通过摄食进入人体的各种致病因素所引起的，通常具有感染性质或中毒性质的一类疾病”。这是一种狭义上的食源性疾病概念，特指与饮食相关的感染性和中毒性疾病，而不包括与饮食相关的慢性病和代谢病。本节重点讲述 WHO 定义的食源性疾病。

狭义食源性疾病具有 3 个重要特征：经食品介导引发疾病、致病因素源自食品和具有中毒性或感染性临床表现。

（二）种类

1. 3 种类型

根据食源性疾病的性质，可将食源性疾病分为 3 种类型，即食物中毒、食源性传染病和食源性感染性疾病。

按病原体不同，将食物中毒分为 4 类，即细菌性、真菌性、化学性和有毒动植物性食物中毒（除细菌性食物中毒可由细菌感染和细菌产生的化学毒素引起外，另 3 类其本质均为化学性中毒）；将食源性传染病分为食源性细菌病、食源性病毒病和食源性寄生虫病；食源性感染性疾病分为细菌性和寄生虫性感染性疾病。

2. 3 种类型的区别

除化学性和有毒动植物性食物中毒外，3 种类型食源性疾病的共同点是，全都由食源性致病微生物或寄生虫引起，依据发病形式、是否有病理改变和是否有传染性可将三者区别开（表 2 -4）。

表 2 -4　食物中毒、食源性传染病、食源性感染症的区别

种类	急/慢性	传染性	暴发/流行/散发	功能/病理性	举例	共同点
食物中毒	急性	无	可/无/可	是/否	沙门菌中毒	均感染过食源性病原体，通称食源性疾病
食源性传染病	慢性	有	可/可/可	否/是	甲型肝炎	
食源性感染症	慢性	无	可/无/可	否/是	先天性弓形虫病	

注：有病理性改变指有特定疾病的病理改变。无传染性指有毒食品被销毁后，不会有新病人出现；有传染性指在去除有毒食品后仍然有新病人出现。

（三）现状

1. 全球问题

无论发达国家还是发展中国家，食源性疾病都是严重的公共卫生问题，每一个人均面临食源性疾病的风险。发病率在全球居高不下，严重威胁了人类健康和公共卫生安全，也造成巨大的经济损失，甚至由其带来的生物入侵和生物恐怖，给政治、社会、经济、军事、旅游、文化、体育和百姓生活等方方面面带来影响。

2. 发展不平衡

美国、英国和日本等国家有详尽的发病、住院、死亡病例数据和疾病负担数据，因而发病率大幅下降。美国 2011 年已由每 3 个人中就有 1 人患食源性疾病，降为每 6 人中有 1 人，由每年超过 6800 万人（1/3 国民）患病和 6000 人死亡，降低至 4800 万人患病，3000 人死亡；其中 90% 左右的发病、住院和死亡病例，由 8 种已知病原所致：导致发病的前 5 位病原按顺序是诺如病毒、肠炎沙门菌、产气荚膜梭菌和空肠弯曲菌，导致入院治疗的前5位病原按顺序是肠炎沙门菌、诺如病毒、空肠弯曲菌、弓形虫和大肠埃希菌 O_{157}: H_7，致死的前5位病原按顺序是肠炎沙门菌、弓形虫、单核细胞增生性李斯特菌、诺如病毒和空肠弯曲菌。而我国对发病率、死亡率和疾病负担等均“家底不清”。世界卫生组织（WHO）估计，发展中国家95%的食源性疾病被漏报。

3. 全球应对

基于对摄入不安全食品导致亿万人发病和死亡的关注，第53届世界卫生会议通过一项决议，请求WHO及其会员国将食品安全作为一个重要的公共卫生问题予以足够的重视，决议还要求WHO创建旨在降低食源性疾病暴发的全球战略计划。

二、食物中毒

按WHO食源性疾病定义，食物中毒属于急性（亚急性）食源性疾病，其他两种属于慢性食源性疾病。我国食品卫生国家标准《食物中毒诊断标准及技术处理总则》（GB14938－1994）中对食物中毒的定义为：摄入了含有生物性和化学性有毒和有害物质的食品或者把有毒、有害物质当作食品摄入而出现的非传染性急性和亚急性疾病。

知识链接与拓展

食物中毒的五大特征

无论何种病因或何种类型食物中毒，均具有以下5个特征，据此可与其他食源性疾病相区别，尤其是与食源性传染病相区别。①急性暴发：发病急，病人集中；②症状基本一致：不论男女老少、体质强弱和进食量多少，其潜伏期和中毒症状基本一致；③都与某种食品或某餐有关：都吃了共同的食品，没吃该食品者即便同桌共餐也不中毒；④无人传人现象：护理和接触食物中毒病人不会被传染；⑤采取措施后控制快：中毒食品去除，就不会有新病人出现。

（一）细菌性食物中毒

1. 概念

细菌性食物中毒系指因摄入大量被致病活菌和（或）其毒性产物污染了的食品而引起的以急性胃肠炎和相应中毒表现为主要症状的疾病。我国发生的细菌性食物中毒以沙门菌、变形杆菌和金黄色葡萄球菌食物中毒较为常见，其次为副溶血性弧菌和蜡样芽孢杆菌食物中毒等；但在沿海地区，以副溶血性弧菌引起的食物中毒最为常见。

2. 流行病学

细菌性食物中毒是最常见的一类食物中毒，发病率高，病死率相对较低。多数细菌性食物中毒潜伏期短，恢复快，预后好。但由肉毒梭菌和椰毒假单胞菌引起的食物中毒潜伏期长，病情重，预后差，近年来此类食物中毒病死率虽有大幅度的降低，但在救护不当情况下，病死率仍较高。

发病季节性明显。全年皆可发生，但绝大多数发生在夏季和秋季的5~10月。原因食品主要是动物性食品。其中畜肉类及其制品居首位，其次为禽肉、鱼、乳和蛋类。植物性食物（如剩饭、米糕和米粉）则易出现金黄色葡萄球菌和蜡样芽孢杆菌等引起的食物中毒。

3. 疾病特点

一些食物中毒常见菌，除了易引发食物中毒外，还可引起严重肠外感染（表2-5）。

表2-5 常见细菌性食物中毒的肠道外感染

细菌	肠外疾病
单核细胞增生性李斯特菌	脑膜炎、败血症、孕妇流产或死胎等
大肠埃希菌 $O_{157}:H_7$	溶血性尿毒综合征
空肠弯曲菌	胆囊炎、胰腺炎、腹膜炎和胃肠道大出血、脑炎、心内膜炎、关节炎、骨髓炎和格林-巴利综合征
阪崎肠杆菌	婴儿脑膜炎和败血症
椰毒假单胞菌	脏器毒表现
肉毒梭菌	神经毒表现

有些毒素性致病菌，其细菌（或毒素）本身不耐热，经过彻底加热或烹调方式可被杀死（或被灭活），但其毒素（或细菌芽孢）却耐热，不能被烹调加热而灭活或杀死。如，副溶血性弧菌加热和食醋内1分钟即可被杀死，但它所产生的溶血毒素却不能被烹调加热去除，只有保证食品新鲜才可防止食物中毒发生；而肉毒毒素不耐热，但其菌体芽孢却耐热，家庭烹调加热不能杀死其芽孢，随食物摄入后，芽孢在肠道内繁殖和产毒而引起严重中毒。

4. 发病类型与机制

细菌性食物中毒可分为感染型、毒素型、混合型及过敏型4种类型，各型的中毒机制也不同（表2-6）。

表2-6 细菌性食物中毒发病类型

型别	机制	症状特点	治疗	举例
感染型	食入病原活菌	潜伏期长，发热	抗生素，对症	沙门菌
毒素型	活菌产生毒素	潜伏期短，中毒症状，少有发热	抗毒素，对症	肉毒梭菌
混合型	侵入+毒素	发热+中毒表现	对症（尚无抗毒素）	副溶血性弧菌
过敏型	产生过敏原	30分钟内发病，过敏症状	脱敏，对症	变形杆菌

5. 临床表现

表2-7列出了几种常见细菌性食物中毒的临床表现。不同菌引起的食物中毒其呕吐、腹痛和腹泻等症状的特点不同。

表 2-7 几种常见细菌性食物中毒的临床表现和原因食品

细菌		潜伏期	腹痛	腹泻	呕吐	发热(℃)	毒素	其他	病程	预后	有毒食品
沙门菌		4~12h	+	+	+	38~40	?	霍乱型、类伤寒型、类感冒型、败血症型	3~4d	良好	各种食品，尤肉禽、蛋奶、蔬菜类
变形杆菌（急性胃肠炎型）		3~20h	骤起	继之，重症伴黏液血液	-	38~40		过敏型和中毒型	1~3d	良好	动物冷荤菜类，外观无腐败现象
致病性大肠埃希菌	胃肠炎型	4~10h	骤然脐周围剧痛	骤然，恶臭	少见	38~40		产毒性大肠埃希菌引起	1~3d	良好	各种食品，尤熟肉食品、蔬菜、豆苗和水果
	急性菌痢型	48~72h	里急后重	浓血便	-	38~40		侵袭性大肠埃希菌引起	1~2w	良好	
	出血性肠炎型	3~4d	剧烈腹痛	先水便后血便	-	38~40	志贺样毒素	出血性大肠埃希菌引起	10d	病死率3%~5%	
金黄色葡萄球菌		1~6h		+	++++，呕吐物含胆汁，带血和黏液	-	肠毒素		1~2d	良好	冷饮、乳制品、糕点、鱼肉蛋类和贮存通风不良食品
副溶血性弧菌		2~26h	上腹部阵发性绞痛	继之，血水便，后期可浓血便，5~10次/日	+ 再继之	+ 37~39	溶血毒素	菌痢型、中毒性休克型和慢性肠炎型	3~4d	良好	沿海地带食品、海产品和腌制食品
蜡样芽孢杆菌	呕吐型	0.5~2h		+	++++	+	致吐毒素		8~10h	良好	米饭和淀粉类食品
	腹泻型	10~12h		++++	+	+	致泻毒素		12~36h	良好	肉类和水果蔬菜类
肉毒梭菌		6h~15d		偶尔			运动神经毒			较差	腌制、罐头食品和蜂蜜，外伤感染和蚊虫叮咬
椰毒假单胞菌		5~9h					脏器毒			不良	酵米面和变质银耳
李斯特菌	腹泻型	8~24h	+	+	-	+			1~3d	良好	冷藏乳、肉、禽、水产品和蔬菜水果
	侵袭型	2~6周	+	+	-	+		脑膜炎、败血症、孕妇流产或死胎		病死率20%~50%	
空肠弯曲菌		20h~5d	全腹/右下腹绞痛	水样/黏液血便腐臭味	+	38~40		胆囊炎、胰腺炎、腹膜炎、胃肠道大出血、脑炎、心内膜炎、关节炎、骨髓炎和格林-巴利综合征	3~7d	良好	禽肉、牛乳和肉制品

注：预后指经救治后的情况；潜伏期为大多数病患的平均时间，不是最短和最长时间；“+”代表阳性，“-”代表阴性；? 表示尚有不同研究结果。

6. 救治原则

细菌性食物中毒的一般救治原则可概括为10字方针：排毒（常用催吐、洗胃和灌肠法迅速彻底地排出毒物）、禁食（避免增加胃肠黏膜的损伤）、补液（纠正酸中毒）、消炎（有发热时使用抗生素治疗）和对症（使用缓解症状的药物治疗）。但肉毒毒素中毒和椰毒假单胞菌食物中毒需要特殊治疗，即肉毒毒素中毒时须尽早使用多价抗毒素血清；椰毒假单胞菌食物中毒时须尽快找到同餐人，无论发病与否均作为病人对待，在催吐和洗胃后，以保护脏器为主。

（二）真菌性食物中毒

1. 概念与特点

食用了被真菌毒素污染了的粮食、食品后发生的食物中毒，称为真菌毒素食物中毒或真菌性食物中毒。

一般的烹调方法和加热处理不能破坏食品中的真菌毒素。真菌性食物中毒主要损害实质器官，临床表现为脏器损伤症状。可将真菌毒素分为肝脏毒、肾脏毒、神经毒、造血组织毒、细胞毒及生殖系统毒等。一种毒素可作用于多个器官，引发多部位病变和多种症状。

由于真菌繁殖和产毒需要一定的温度和湿度条件，有明显的季节性和地区性。目前尚未发现特效治疗药物。

2. 常见真菌性食物中毒

表2－8列出常见真菌性食物中毒，目前均无特效解毒治疗药物。

表2－8 常见真菌性食物中毒

名称	真菌毒素	症状
赤霉病麦中毒（俗称昏迷麦、醉谷病和醉黑麦病）	单端孢霉烯族化合物	颜面潮红醉酒样，呕吐、头痛、腹泻和手足麻，2小时后恢复正常
霉变甘蔗中毒	3－硝基丙酸	头痛、呕吐、腹泻和视力障碍，进而阵发性抽搐、眼球向上凝视和四肢强直，最后昏迷，呼吸衰竭而死亡
霉变谷物中毒	黄曲霉毒素	发热、呕吐、厌食和黄疸，重症2～3周内出现腹水、下肢浮肿和肝脾肿大，死亡
	脱氧雪腐镰刀菌烯醇	与赤霉病麦中毒相同

（三）化学性食物中毒

1. 概念与特点

化学性食物中毒是指由于食用了被有毒和有害化学物质污染的食品，被误认为是食品及食品添加剂或营养强化剂的有毒和有害化学物质，添加了非食品级的或伪造的或禁止使用的化学物质的食品，违规使用了食品添加剂的食品或营养素发生了化学变化的食品等，所引起的食物中毒。

发生率低但病死率高，预后比细菌性食物中毒严重得多。摄入量越大，潜伏期越短。混放误食或误食毒死的家禽或家畜而引发的情况多见，接触有毒化学物质后未严格去除或滥用农药或化肥致使作物残留量高等也是引发化学性食物中毒的主要原因。

2. 临床表现和救治原则

除伴有严重的或不明显的胃肠道症状外，其中毒症状与有毒化学物质的毒性作用相关（表2-9）。

表2-9 常见化学性食物中毒的临床表现和救治原则

	中毒剂量（致死剂量）	中毒机制	潜伏期	消化道症状	中毒症状	救治原则	
						一般	特效解毒
亚硝酸盐中毒	0.3~0.5g（1.0~3.0g）	使低铁血红蛋白氧化成高铁血红蛋白	>10min	呕吐，腹痛和腹泻	头晕头痛，无力心悸，嗜睡或烦躁；重者昏迷惊厥，大小便失禁和呼吸衰竭	催吐，洗胃和导泻	亚甲蓝，注意不得过量；补充大量维生素C
砷中毒	需要剂量5~50mg，中毒剂量60~300mg	与细胞内酶的巯基结合影响细胞代谢导致脏器缺氧，肠道腐蚀，使血管扩张	>10min	口咽烧灼感，吞咽困难，口中金属味，恶心呕吐至吐出胆汁，甚至呕血，稀便和米泔样混血便	黄疸，尿少，蛋白尿；头痛烦躁和抽搐昏迷；呼吸中枢麻痹	催吐，洗胃和导泻；口服氢氧化铁/硫酸亚铁水溶液	二巯基丙磺酸钠，二巯丙醇
有机磷农药中毒		与胆碱酯酶结合使神经处于过渡兴奋状态而中毒	2h	少见	瞳孔缩小，肌束震颤，血压升高，肺水肿和多汗；胆碱酯酶活力减少	敌百虫中毒不能用碱性溶液；对硫磷、内吸磷、甲拌磷及乐果中毒不能用酸性溶液	阿托品和胆碱酯酶复能剂（如解磷定，氯磷定）并用
锌中毒	需要剂量10~20mg/d，中毒剂量80~400mg		数分钟~1h	恶心，持续性剧烈呕吐，上腹部绞痛，腹泻；口中烧灼感及麻辣感	眩晕及全身不适	催吐、洗胃和导泻；对症治疗	

注：马拉硫磷、敌百虫、对硫磷、伊皮恩、乐果和甲基对硫磷等有机磷农药有迟发性神经毒性，即在急性中毒后的第二周产生神经症状，主要表现为下肢软弱无力、运动失调及神经麻痹等。敌敌畏、敌百虫、乐果或马拉硫磷中毒时，由于胆碱酯酶复能剂的疗效差，治疗应以阿托品为主救治。

（四）有毒动植物食物中毒

有毒动植物食物中毒多发生于一家一户、一个人或几个人中，集体食堂或饭店也有暴发发生。发生率虽不及细菌性和化学性食物中毒高，但病死率却高于细菌性和化学性食物中毒（表2-10）。此外动物性的还有鱼胆中毒、珊瑚鱼所带的雪卡毒素中毒和细菌使鱼腐败产生组胺导致的组胺中毒等；植物性的还有发芽的马铃薯中毒和生豆浆中毒等。

表 2－10　有毒动植物食物中毒

名称	有毒部位	主要毒素	中毒季节	毒素处理	抢救
河豚中毒	肝脾肾，卵巢卵子睾丸，皮肤，血液及眼球	卵巢毒素（神经毒素）和肝脏毒素	2～5 月生殖产卵期	煮沸、盐腌和日晒不能将其破坏	催吐洗胃，无有效解毒药
麻痹性贝类中毒	贝肉	携带的藻类毒素	3～9 月	烹调温度不破坏	催吐洗胃，无有效解毒药
毒蕈中毒	毒蘑菇	胃肠、神经、血液原浆和肝肾毒	高温多雨季节	烹调温度不破坏	催吐洗胃，无有效解毒药
苦杏仁等果仁中毒	果仁	氰苷和氢氰酸	四季均可	反复浸泡，充分加热，可去毒	催吐洗胃，无有效解毒药
四季豆中毒	四季豆	植物血球凝集素	秋季	烹调彻底可去毒	对症

（五）预防和控制食物中毒

1. 预防与控制措施

餐饮服务业预防与控制食物中毒具体措施有以下 6 条：①保持厨房环境和餐用具的清洁卫生。食品容器、砧板和刀具等严格生熟分开使用，做好消毒工作，防止交叉污染。生产场所、厨房和食堂有防蝇和防鼠设施。②从业人员严格遵守定期体检制度和个人卫生制度，养成良好的个人卫生习惯。患化脓性疾病和上呼吸道感染的病人，治愈前停止接触食品的工作，防止有餐饮人员形成污染源。③选择新鲜、安全的食品和食材。切勿购买和食用腐败变质、过期和来源不明的食品，切勿食用发芽马铃薯、野生蘑菇和河豚鱼等含有或可能含有毒有害物质的原料加工制作的食品。④妥善贮存食品。食品贮存在密封容器内，生和熟食品分开存放，新鲜食物和剩余食物不要混放。提前做好的食品和需要保存的剩余食品存放在高于 70℃或低于 10℃的条件下。蔬菜按一洗二浸三烫四炒的顺序操作处理。畜禽肉类在冷冻之前按食用量分切，烹调前充分解冻。库房应保持清洁和干燥，并定时消毒处理。⑤彻底加热食品。特别是肉、奶和蛋及其制品，四季豆和豆浆等应烧熟煮透。烹调后的食品应在 2 小时内食用。经冷藏保存的熟食和剩余食品及外购的熟肉制品食用前应彻底加热。加热温度中心须达到 80℃，并维持 12 分钟。⑥严格遵守餐馆食品添加剂使用制度和规定。实行专人专库和领用登记，不准与食品、食盐混放和混装。

小贴士

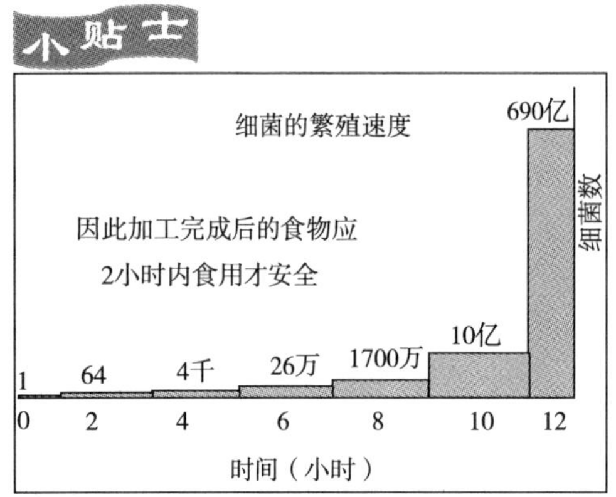

2. 食物中毒的处理

发生食物中毒时一要立即停止生产经营活动，并向所在地卫生部门报告；二要协助卫生机构救治病人；三要收集和封存可疑食品及其原料、工具、设备和现场；四要配合卫生部门调查，按要求如实提供有关材料和样品；五要落实卫生部门要求采取的各项措施。

三、食源性传染病

相对于食物中毒，食源性传染病通常具有3个特征：一是病人的粪便及呕吐物有很强的传染性，可传染给他人，产生第二或第三代患者，常在一个潜伏期内出现多个流行高峰；二是不一定出现明显的急性吐泻症状，而是出现特定的疾病症状，如甲肝主要出现发热和黄疸症状；三是潜伏期较长，因为食源性传染病不是食源性疾病的急性暴发形式。食源性传染病事件持续时间比较长，也很难确定受污染的食品和发生食品污染的场所，也因此而更难于预防和控制。

食源性传染病可散发，也可暴发。大量的食源性传染病是以散发形式出现的，不被人们所重视。人们对病毒引起的食源性疾病了解很少，事实上有许多病因不明的腹泻和感染性的肠炎是由于食物和水污染病毒引起的。

（一）细菌性传染病

食源性细菌性传染病是最常见和最重要的食源性传染病，表2－11列举常见的几种。传统上认为霍乱和其他许多肠道传染病是经水或人与人接触传播的，而事实上，大多数是由食品传播的。夏秋是食源性细菌性传染病的高发季节。

表2－11 常见食源性细菌性传染病举例

致病菌	所致疾病	人畜共患性	中毒菌	肠外感染
霍乱弧菌	霍乱	否	是	－
志贺菌	痢疾	否	是	－
沙门菌	伤寒和副伤寒	是	是	有
空肠弯曲菌	弯曲菌病	是	是	有
致病性大肠埃希菌	传染性腹泻	是	是	有

细菌污染食品后是引起肠道传染病还是食物中毒，取决于致病菌。同一属中不同种，甚至同一种的不同型都不同，如伤寒和副伤寒沙门菌引起肠道传染病伤寒和副伤寒，而肠炎沙门菌引起食物中毒。

（二）病毒病

病毒经食品介导引起的疾病称作食源性病毒病，所有食源性病毒病均具有传染性，其急性发病形式称作“暴发”，而不称作“中毒”，暴发后通过人传人而引起流行，且暴发和流行常与食用贝类食品有关（朊病毒除外）。这种由食品引起暴发，再由人传人引起流行的现象，是食源性病毒病的普遍现象。

食源性病毒中，甲肝病毒引起甲肝、戊肝病毒引起戊肝、朊病毒引起4种人的感染症（库鲁病、克－雅综合征、格斯特曼综合征及致死性家庭性失眠症），其他食源性病毒（诺如病毒、札幌病毒、星状病毒和轮状病毒）均引起病毒性胃肠炎（病毒性腹泻）。食源性病毒病中，只有朊病毒病为肠外感染症，其余均为肠道感染。

病毒具有耐寒不耐热的特性，因此，病毒性腹泻与细菌性腹泻不同，其高发季节为秋冬季。

许多食源性病毒也是人畜共患病原体，如朊病毒是引起人和动物中枢神经系统变性致死疾病的病原体，可引起牛的海绵状脑病，即疯牛病；通过摄入被朊病毒污染的食物可引起人海绵状脑病，即人类新型克－雅综合征。

四、食源性感染性疾病

20 世纪 70 年代以来，先后发现了 40 种新的传染性疾病和多个感染性疾病，由食品介导引发食源性疾病的病原有 15 种之多。此处介绍 2 类食源性感染性疾病。

（一）阪崎肠杆菌感染症

1. 感染源与传播途径

阪崎肠杆菌的自然宿主尚不清楚，初步认为，家蝇等昆虫叮咬奶牛后使牛奶带菌。环境中也广泛分布，奶粉生产、运输或食用的各个环节均有被污染的可能。

该菌耐热和抗脱水性强，历经奶粉生产过程中的加热、脱水和雾化等过程而存活，在成品中至少可存活 9 个月以上；冲调奶粉的水温低于 70℃，冲调好的奶粉保温时间过长或在室温下长时间搁置时，该菌可大量繁殖。1ml 中含 1 个该菌的奶粉溶液，在室温下放置 10 小时，可达到 1ml 含 100 000 个细菌。

2. 易感人群

新生儿、早产儿、低出生体重儿和免疫力低下的患病婴幼儿是最主要的易感人群；成人也偶有阪崎肠杆菌感染的病例发生，均为患有严重疾病的继发感染。

3. 主要感染性疾病与治疗

婴幼儿感染性疾病主要为脑膜炎、败血症及新生儿坏死性小肠结肠炎，病死率 40% ~80%。成人感染为脑膜炎，均为神经外科手术后的继发感染。治疗主要是应用敏感性抗生素治疗、对症治疗、并发症治疗和支持疗法。目前耐药菌株的报道还较少。

4. 预防和控制

世卫组织/国际粮农组织（WHO/FAO）就婴幼儿配方奶粉含阪崎肠杆菌进行了危险性分析，提出了 4 条降低危险度措施：降低婴幼儿配方奶粉中各原料的污染程度及污染范围；冲调制备好的奶粉在食用前应通过加热降低其污染水平；在准备期间，将冲调的奶粉被污染的可能性降到最低；冲调好的奶粉尽快食用，防止阪崎肠杆菌繁殖。初步的危险评估表明上述第 2 条和第 4 条能最大限度地降低危险度。

（二）其他食源性寄生虫病

在寄生与被寄生关系中，以其机体给寄生虫提供居住空间和营养物质的生物称为宿主，寄生虫侵入人体并能生活一段时间，这种现象称为寄生虫感染，有明显临床表现的寄生虫感染称为寄生虫病。摄入污染寄生虫或含其虫卵的食物而感染的寄生虫病称为食源性寄生虫病。

1. 种类

目前我国常见的食源性寄生虫病根据病原体的宿主不同，大体可分为肉源性（常见的有弓形虫病、旋毛虫病、绦虫病和囊虫病)、植物源性(常见的有布氏姜片虫病)、螺源性(常见广州管圆线虫病)、淡水甲壳动物源性(肺吸虫病、斯式狸殖吸虫病、棘颚口线虫病)和鱼源性寄生虫病(肝吸虫病)等5类。

2. 先天性弓形虫病

细胞内鼠弓形虫是一种寄生虫,全球都有发病。

(1)易感人群与临床表现 易感人群为孕妇和婴儿。多数病婴在出生时,看上去和健康婴儿没什么区别,但在20岁以内患严重的眼科疾病和神经系统疾病的几率要比一般孩子高得多;严重者出生后6个月内就会出现症状,如脉络视网膜炎、视力损伤、失明、大脑钙化、脑积水、智力迟钝、脑瘫和癫痫等。无论是孕妇或婴儿,感染弓形虫后都应尽快去医院就诊和治疗。

(2)感染及其预防 被猫的排泄物污染了的食品是先天性弓形虫病的污染源,孕妇如在怀孕期间感染,就会通过胎盘感染胎儿;但如在怀孕前感染就不会经胎盘感染婴儿。因此,怀孕期间一定要避免吃喝不安全的食物和水,包括任何有可能被猫的粪便等排泄物污染了的食物和水,避免吃没有彻底加热的食物、未彻底煮过的海鲜、肉类和蛋类,以免感染上弓形虫。

3. 其他常见疾病

表2-12列出我国常见的食源性寄生虫病基本特征。

表2-12 常见食源性寄生虫病

种类	寄生虫名称	感染阶段	污染食物	寄生阶段	寄生部位	疾病名称
线虫	旋毛型线虫	囊胞幼虫	猪、牛、羊、鼠肉等	成虫,幼虫	小肠、横纹肌细胞	肌炎
	广州管圆线虫	幼虫	福寿螺,褐云玛瑙螺	幼虫	脑	脑膜炎和脑炎
	异尖线虫	幼虫	海鱼及鱼肝鱼籽海产软体动物	幼虫	胃肠壁	异尖线虫病,急性腹泻
吸虫	卫氏并殖吸虫	囊幼	溪蟹和蝲蛄,野猪肉	成虫,童虫	肺	肺吸虫病,胸肺型、胃肠型、皮下型和脑型
	斯式狸殖吸虫	囊幼	溪蟹和石蟹	幼虫	皮下和内脏	皮下和内脏幼虫移行症
	姜片虫	囊幼	水生植物	成虫	小肠	小肠炎
	华支睾吸虫	囊幼	淡水鱼,虾	成虫	肝胆管	肝吸虫病 肝胆管炎和肝癌等
绦虫	链状带绦虫	猪囊尾蚴	猪肉	成虫	小肠	肠绦虫病
	肥胖带绦虫	牛囊尾蚴	牛肉	成虫	小肠	肠绦虫病
	曼氏迭宫绦虫	裂头蚴	蛙、蛇肉等	裂头蚴	眼、脑和皮下	眼、皮下和脑结节
原虫	刚地弓形虫	包囊,假包囊,滋养体	肉、蛋和奶类	滋养体	有核细胞	先天弓形虫病和后天弓形虫病
	隐孢子虫	卵囊	食物、水	卵囊	小肠上皮细胞	急性腹泻

4. 现状与防治对策

食源性寄生虫病已成为影响我国食品安全和人民健康的主要因素之一。因华支睾吸虫感染而引起的肝吸虫病尤为严重。由于生食或半生食猪肉和鱼、蟹等引起的其他食源性寄生虫病，如囊虫病、旋毛虫病、弓形虫病和肺吸虫病在局部地区，特别是西部贫困地区患病率仍然较高。多数食源性寄生虫病防治难度大，并严重侵害人体健康，甚至危及生命。食源性寄生虫比土源性寄生虫对人类健康更具危害性，多寄生在人体的各个器官内，对人体器官造成严重危害。如肝吸虫寄生在人类的胆道中，阻塞胆管，严重的会引发肝硬化和肝腹水，并转化成癌症。

食源性寄生虫病增多的影响因素较多，一是一些地区长期以来形成的生食或半生食淡水鱼和肉类的饮食习惯尚难改变，随着人们生活水平的提高，外出就餐机会多，感染机会加大；二是淡水养殖业迅速发展，鱼类等食品的卫生检疫工作相对滞后；三是长期以来针对食源性寄生虫病的防治工作尚未系统地开展。

食源性寄生虫病是人兽共患病，即使局部地区人群感染得到基本控制，只要自然疫源地存在，可死灰复燃。因此，培养健康和卫生的饮食习惯，坚决防止“病从口入”是控制食源性寄生虫病的最有效措施。通过各种宣传途径和方式，引导和教育群众逐步改变不利于健康的生产和生活习惯以及饮食和卫生习惯，特别要加强对中小学生、妇女和农牧民群众的宣传教育工作，提高群众的防病意识和自我保护能力。同时，加强粪便管理和进行无害化处理，保护水源。建立和完善寄生虫病的监测体系，研究制定重点寄生虫病的防治标准、技术规范和工作方案，使寄生虫病防治工作科学、系统和规范地进行，保证我国寄生虫病防治工作的可持续发展。

第三节　危害控制

从农田到餐桌，其中任何一个环节都可能发生食品污染。在食品供应链中，从农场主、加工企业、销售者、餐饮业到消费者，人人都要采取适当措施，保证食品的安全。

食品危害因素的危害控制与食品安全监管、企业诚信建设和社会积极参与等密不可分，本节仅就危害控制的要素做一简介，有关监管和行业发展等内容请参见本教材其他章节。

一、危害因素控制

对食物污染物及其危害的控制须基于风险评估的科学基础之上。

（一）食物链全程防控

将危险分析和关键控制点（HACCP）体系应用到食材的生产、食品的加工、运输、贮藏和消费等全过程，可以取得了良好的污染物安全控制效果，如在食品运输方面，加拿大的有关法规，细致到对冷藏设施、拖车、货船和集装箱等运输工具的结构、卫生状况、温度和湿度等进行规定，这样可以有效防控食物被污染物污染。

1. 防控一次污染和二次污染

在循环系统中，只要大气、水体或土壤一个环节受到污染，其中的污染物必将通过农作物的根系吸收，进入叶、茎或子实中，或通过水生生物、牲畜和家禽等富集而最终带入人体，危害人体健康。因此，控制环境污染物最根本的措施，就是最大程度地减少工农业生产和人与动物的生活对环境的污染。具体包括：不用不合格污水灌溉农作物，加强对农药和兽药生产、经营和使用管理，提倡循环经济，发展绿色畜牧业，控制工业“三废”和垃圾焚烧及汽车尾气对环境的污染等，都将有效控制一次污染。

在加工和运输过程中，防止食物霉变或被微生物污染、规范合理使用添加剂、改进生产加工工艺和条件、改变不良烹调方式和饮食习惯及加强食品容器的包装管理等，都将有效控制食品的二次污染。

防止食品的变败，根本方法是防止微生物的污染，即使被污染也要阻止微生物的生长繁殖。采用的方法与食品保藏方法基本一致。在人工操作和手工加工步骤中加强无菌操作控制，可防止由操作不当造成的变败。保持食品的完整性和机械的有效清洗消毒也是避免变败的必要措施。

2. 科学有效的监管技术

多种技术与监管目标和效果评价有关。其中风险评估是核心技术，检验检测是基础技术，而监测、溯源和信息化管理技术是应用技术（参见第五章）。

3. 实行召回制度

按照从农田到消费的每一个环节都可相互追查的原则，建立食品生产与经营记录制度。在实行良好农业规范、良好生产规范和良好卫生规范等基础上，实行 HACCP。加大执法监督和打假力度，提高食品加工、流通和消费环节等的安全性。进一步规范食品标签管理，一方面可确保食品标签提供的信息真实充分有效，避免误导和欺骗消费者；另一方面一旦出现食品安全事故，也有利于事故的处理和不安全食品的召回。

（二）检验与监测

检验是评价食品安全状况和污染物监测的基础。近年来，我国在食品理化检测技术方面紧跟国际前沿，自主研发，已分别建立了水果、蔬菜、粮食和动物组织中 400 余种农药多残留测定技术，并于 2005 年颁布了相应方法学标准。但我国的检测能力，尤其是生物污染物检验能力与食品安全形势要求差距较大。

检验标准是判断食品安全与否和监管执法的依据，包括感官、微生物、理化和限量标准。微生物标准包括卫生指示菌标准、致病菌标准和特定微生物标准；理化标准包括各种常见化学性污染物标准；限量标准是指单位质量或体积食品中被检物的限量要求，它是衡量食品卫生质量的关键和强制性标准。

1. 卫生指示菌标准

生物污染的指示菌标准主要为菌落总数（包括细菌、霉菌和酵母菌菌落计数）和大肠菌群数。由于直接从样品中检测致病菌难度较大，因此，选择在环境中数量众多、易于检出并可代表污染程度和性质的非致病菌，作为指示性细菌，来指示检样的卫生状况和安全性。菌落总数只能判断检样的污染程度，即消长状况，不能判断污染性质是致病性的还是非致病性的；大肠菌群数指示是否有粪便的污染，因此既能判断污染的程度，也能判断污染的性质是否为肠道病原体污染，但不能说明污染的是哪一种病原体。

2. 检验标准与限量标准

判断检样中存在哪一种污染物，则需使用该具体菌种或化学物质的检验标准进行检验。

我国分别颁布了食源性致病菌和化学污染物的检验方法标准，如《食品卫生微生物学检验》（GB/T 4789）和《食品卫生检验方法　理化部分》（GB/T 5009）以及《水果和蔬菜中446种农药多残留测定》（GB/T 19648－2005）等；并颁布了多种真菌毒素和化学污染物在不同食品中的限量标准，如《食品中真菌毒素限量》（GB 2761－2011）规定了6种真菌毒素的限量标准，《食品中农药最大残留限量》（GB 2763－2005）规定了的136种农药残留的限量标准等。

对于食品的生物污染物，目前我国国家标准中只有细菌检验方法标准；除2011年修订的《速冻米面制品》（GB 19295－2011）将金黄色葡萄球菌的不得检出调整为限量检出外，对所有的食源性致病菌的限量标准均为0（不得检出）。对于食源性病毒和寄生虫既缺少检验方法标准，更无限量标准。

特定检验标准包括其他微生物、寄生虫及其虫卵、昆虫等的检验，如肉禽类和蔬菜中的寄生虫及其虫卵的检验、面粉及仓储食品中螨类检验等。

3. 污染物监测

对食物污染物的监测，能及时摸清食品化学污染物的本底，并预测食品污染事件，是确定优先控制问题和追踪变化趋势的关键技术。早在20世纪70年代世界卫生组织/联合国环境保护署/国际粮农组织（WHO/UNEP/FAO）就联合发起了全球环境监测规划/食品污染监测与评估计划（GEMS/FOOD），并与相关国际组织制定了污染物监测项目与质量分析保证体系，其主要目的是监测全球食品中主要污染物的污染水平及其变化趋势。国际上污染物的监测和预警已取得显著成绩，一些国家拥有比较完善的食源性疾病监测网络和比较齐全的污染物与食品监测数据，并多次成功地基于监测数据进行剂量－反应关系等风险评估，评估结果成为溯源和掌握危害变化趋势、制定控制对策和制（修）订标准的重要依据。

我国自2000年建立了全国食物污染物监测网，也是GEMS/FOOD参与国。但距国际先进水平还有较大差距，监测数据资料还不能达到科学预警的要求，缺乏常见重要污染物风险评估的背景资料，溯源技术体系尚未建立。这些都制约着我国对污染物监管的科学性和实效性。

二、食源性疾病控制

食源性疾病是日益严重的全球性公共卫生问题。因此，获得食源性疾病的充足信息就显得非常重要，定期报告及专门研究可获得必要的信息，从而使政策的制定成为可能，并为立法及采取干预措施提供基础。发达国家为了应对日益严峻的食源性疾病已建立了完善的食源性疾病的监测体系。尽管我国自2004年起建立了国家食源性疾病监测网，但报告监测制度体系尚未形成。

（一）食源性疾病报告

虽然多数国家都已具有疾病报告系统，但建立食源性疾病报告系统的仅美国、英国、加拿大及日本等少数国家。食源性疾病的报告不仅仅对疾病的预防和控制起着重要作用，而且还能更为准确地对食源性疾病的疾病负担进行评估。

1. 美国

目前，美国的食源性疾病报告体系是最完善的，已有50余年的历史。全美食源性疾病报告体系责任分工非常明确，报告主要内容有：①潜在的食源性疾病。医生发现有2人因共同食用某食物后出现相似疾病时，就必须报告。②疑似症状。医生发现腹泻或胃肠道症状超出日常数量或出现不寻常变化，即使这些症状或变化没有被明确诊断，也被认为是非常重要的，必须报告。③社会发布。美国疾病控制与预防中心（CDC）将全国的数据汇总并通过发病率和死亡率的周报和年报形式向社会发布。这样，有关食源性疾病的新信息会不断地发布，每当有新的预防食源性疾病的资料出现时，针对高危人群的建议和预防措施也会得到相应的更新，医师及其他疾控人员可迅速获取最新信息，并以此指导相关行动。

2. 中国

我国食源性疾病种类多，腹泻患病率高，婴儿腹泻死亡率高。但是，我国食源性疾病的监测工作和基础研究尚为起步阶段。虽然制定了食源性疾病报告制度，但由于各种原因尚未有效执行。报告体系、机制和制度尚未形成，报告过程花费时间长，报告内容是各省发布的统计结果，数据准确性无法保证。

（二）食源性疾病监测

解决食品安全问题，也就是要减少食源性疾病的问题，主动监测食源性疾病和早期预警，对于制定预防措施，降低食源性疾病的发生率和危害度具有十分重要的意义。

1. WHO

WHO于2000年建立了全球沙门菌监测网（GSS），其工作组的微生物和流行病学家在中国举办了数期培训班。WHO的网络实验室还在全球开展空肠弯曲菌的监测，已有100多个国家的相关机构加入了该项目。

2. 美国

美国食源性疾病监测与预警体系最为完善。主要采用四套监测网工具系统，即食源性疾病主动监测网（FoodNet）、细菌分子分型国家电子网（PulseNet）、国家抗生素耐药性监测网（NARMS）和国家公共卫生实验室信息系统（PHLIS，负责实验室能力建设和信息共享建设）。这四套系统协调有序，相辅相成，缺一不可，高效地就食源性疾病发生及变化趋势进行主动和被动监测，监测数据和结果成为全美食源性疾病预防和控制的重要依据。借助于PulseNet，美国显著提高了发现和监控食源性疾病大规模暴发的能力，不同实验室能够将各自的试验结果在线进行相互比较或者和全国数据库资料进行比较。目前，美国PulseNet已成为“国际化”网络，即加拿大/欧洲/新西兰/亚州/太平洋PulseNet。美国食源性疾病监测成功案例参见第五章第二节。

此外，美国公共卫生相关寄生虫鉴定诊断网（DPDx）通过互联网提供寄生虫病诊断标准资源，旨在强化美国和其他国家的寄生虫病诊断能力和解决全球寄生虫病问题的能力。

3. 亚洲

日本于1981年启动国家传染病流行病学监测网（NESID），依据日本传染病法对法定传染病和食源性疾病患者发病情况、病原体和流行趋势以及国民疫苗免疫状况进行监测，定期发布感染性疾病周报告和病原体监测月报告。必要时，还与WHO全球警报和反应网络联系。

泰国的食源性和水源性疾病监测始于1969年，1980年纳入传染病法加以监测和控制，负责监测食源性疾病、法定传染病和食品安全，定期向社会发布3种类国家流行病学报告（流行病学监测周报、月报和年报）。

我国从2004年起，在全国污染物监测网的基础上，建立了全国食源性疾病监测网。2008年起监测范围覆盖21个省、自治区和直辖市，通过网络报告食物中毒散发和暴发的个案资料。中国的“两网”建设与实际需求还有较大差距，有待于进一步加强食品安全监测网络与技术能力的建设，建立起科学有效的食物污染物和食源性疾病的危险性分析平台和预警平台，尽最大可能预防食品污染，控制食源性疾病。此外，我国还初步建立了国家电子网络（PulseNet）和国家食品安全监测信息系统，正处于完善中。

（三）餐饮业食源性疾病控制

餐饮业处在食品产业链的最末端，行业风险因素包括：加工制作的食品被直接食用；是劳动密集型企业，外来务工就业人员多；以手工操作方式加工；缺乏先进的管理技术和标准化运作程序；消费方式具有时空聚集性。因此，餐饮服务场所是食源性疾病发生的主要场所。餐饮食品或制成品可通过配送而发生店外传播或跨区爆发。

1. 风险因素的控制

餐饮服务过程中常见的食源性疾病风险因素可被归结为3个方面：环境污染因素、因操作不当可使风险增加的因素和因操作不到位使风险残留的因素。这些风险因素是控制的重点。世界卫生组织（WHO）经过1年的研究，为预防食源性疾病，于2011年提出了简便易用的《食品安全五大要点》（表2－13）。这五大要点的核心内容是：保持清洁、生熟分开、加热彻底、食物保存于安全温度下、使用安全的原料和水。能够做到这五点，就大大提高了食品制备的安全性，大部分食源性疾病就可以被预防。

表2－13 食品安全五大要点（WHO）

保持清洁	为什么？
√ 拿食品前要洗手，制备食品期间还要经常洗手	许多微生物不引起疾病，但泥土、灰尘和水中以及动物和人身上经常存在着致病微生物。手上、抹布和尤其是切肉砧板等用具上常携带这些微生物，稍经接触就可污染食物并造成食源性疾病
√ 便后洗手	
√ 清洗和消毒用于制备食品的所有设备和场所	
√ 避免虫、鼠及其他动物进入厨房和接近食物	

续表

生熟分开	为什么？
√ 生的肉、禽和海产品要与其他食物分开	生的食物，尤其是肉、禽和海产品及其汁水，可含有致病微生物。在制备和储存食物时会污染其他食物
√ 处理生的食物要有专用的设备和用具，例如刀和切肉板	
√ 使用器皿储存食物以免生熟食物互相接触	
做熟	为什么？
√ 食物要彻底做熟，尤其是肉、禽、蛋和海产品	适当烹调能杀死几乎所有的致病微生物，烹调食物达到70℃有助于确保食用安全。需要特别注意的食物包括肉馅、烤肉、大块的肉和整只禽类
√ 汤或煲等食物要煮开并确保达到70℃，最好使用温度计。肉类和禽类的汁水要变清，而不能是淡红色的	
√ 熟食再次加热要彻底	
保持食物的安全温度	为什么？
√ 熟食在室温下不得存放2小时以上	如果以室温储存食物，微生物会迅速繁殖。保持温度在5℃以下或60℃以上，可使微生物生长速度减慢或停止。有些微生物在5℃以下仍能生长
√ 所有熟食和易腐烂的食物应及时冷藏（最好在5℃以下）	
√ 热菜在食用前应保持滚烫的温度（60℃以上）	
√ 即使在冰箱里也不能过久储存食物	
√ 冷冻食物不要在室温下解冻	
使用安全的原料和水	为什么？
√ 使用安全的水	原材料，包括水和冰，可被致病微生物和化学污染物污染。受损和霉变的食物中会产生有毒物质。谨慎地选择原材料并采取简单的措施如清洗去皮，可减少危险
√ 挑选新鲜和有益健康的食材和食物	
√ 选择经过安全加固的食品，例如经过消毒的奶	
√ 水果和蔬菜要洗干净，尤其要生吃时	
√ 不吃超过保鲜期的食物	

实际工作中可采用一些简便和快速的方法检测风险因素控制效果，如使用ATP荧光仪检测微生物污染程度、消毒液有效氯检测试纸检测消毒液有效性、蔬菜农药残留检测试纸检测残留、食品中心温度检测仪检测加热是否彻底和涂抹法检测环境污染程度等。

2. 制度和责任制管理

餐饮业卫生管理应制度化，制度的内容应涵盖以下方面：原料采购、库房分类管理和食品添加剂使用与管理，粗加工、熟肉加工、烹饪加工、面食制作、凉菜制作、配餐、裱花制作和烧烤制作，从业人员健康查体与培训，餐具和用具清洗消毒、餐厅卫生、销售卫生、综合卫生检查以及索证索票、食物中毒报告等，这些制度的制定固然重要，切实落实更为重要。对餐饮业各岗位从业人员应严格岗位责任制。

3. 餐饮业HACCP

食品安全危害分析和关键控制点（HACCP）是国际上广为应用的以科学技术为基础的体系；是通过系统地识别生产（加工）过程中，可能具有风险的环节（潜在危害点）并确定其关键控制措施，来防止危害发生，从而降低危害发生概率，保障食品安全的体系；是在食品加工前的设计阶段即找到危害防控点并设计好防控措施的技术体系；是预防、减少或阻断风险成为危害的控制手段；因此而优于靠事后检验来保证食品可靠性的传统体系。

HACCP 有 7 条原则作为体系的实施基础，具体内容如下。①分析危害。检查所涉及的流程，识别何处会出现食品被生物、化学或物理污染物污染的可能，确定各关键控制环节。②确定关键临界值。决定这些环节中达到什么临界值可最大程度降低或杜绝危害发生。③制定预防措施。针对每个关键控制环节制定针对性措施，以期将污染控制在可容忍范围内。④制定监控措施。监控每个关键临界值，鉴别其是否被控制在安全范围内，如确定谁来监控、监控什么、如何监控和监控频率等。⑤制定纠偏措施。当监控显示关键控制环节的临界值并未达到时，需及时确定并采取纠正措施，如设备调整或偏离期间的产品评估等。⑥建立验证程序。建立确保 HACCP 体系有效运作的确认程序，如审核监控记录、对仪表等适时矫正和对样品检测等。⑦保存记录。记录所有程序和过程，并保存记录资料，以便追踪。

餐饮 HACCP 至少应确定影响餐饮食品安全和卫生的至关重要的加工操作环节，对该加工操作环节中的关键控制临界值采取有效的控制措施，对采取的控制措施进行监控，以确保控制措施的连续有效，定期或不定期地对控制措施进行评价等程序。

例如，餐饮业食源性疾病可能的关键控制环节多为时间、温度、消毒、交叉污染和个人卫生等，关键控制措施则为采用新鲜洁净的食品原料、保持加工场所和加工用具的卫生、避免生熟交叉污染、低温冷藏熟食品、食物煮熟煮透以及食品制作人员注意个人卫生等。

再如，烹调环节的关键控制措施为食品烧熟煮透，检查标准（即关键临界值）为食物中心温度达到70℃以上，肉眼检测时，烹调家禽直到汁水变清，肉内不再有粉红色，烹调蛋和海鲜直到全部达到滚烫温度，烧汤或炖菜应至沸腾并至少持续煮沸 1 分钟；要特别重视的食品是：二次加热食品、大块动物性食品、炒饭、豆浆、四季豆、扁豆、整鸡、虾和海虾仁等。

又如，饭菜供应关键控制点为食品在烹饪后至出售前不超过 2 小时，若超过 2 小时供应，应当在高于60℃或低于10℃条件下存放，烹饪后至食用时一般不超过3 小时；自助餐餐台热菜温度保持60℃以上，冷菜温度保持在 10℃以下；外送盒饭改刀冷荤食品不得与热菜肴放置同一容器中供应等。

思考题

1. 什么是微生物？微生物在哪里生存？如何传播？如何繁殖？
2. 餐饮业食品加工常见什么样的污染物？有何危害？如何可以避免这些危害？
3. 食源性疾病分几种类型？各类型的特点是什么？
4. 常见食源性疾病的症状是什么？危害是什么？
5. 预防食源性疾病，你能有所作为的是什么？

参考文献

［1］李蓉．食品安全学［M］．北京：中国林业出版社，2009.

［2］李蓉．食源性病原学［M］．北京：中国林业出版社，2008.

［3］王秀茹，李蓉．卫生微生物学［M］．北京：北京医科大学中国协和医科大学联合出版社，1998.

［4］世界卫生组织．食源性疾病［EB/OL］. http：//www. who. int/，2012

第三章

食物、营养与食品安全

学习要点

学习本章应充分了解人类赖以生存的每餐的营养物质，如选择不合理、摄取结构不平衡、加工制备储存方法不当，则会成为疾病和癌症的诱发因素，带来食品安全问题；了解日常膳食中各种食物及其中的营养素的种类和数量，如何合理制备、摄取和保藏；不合理的膳食模式、营养结构及生活方式的危害；如何通过合理营养、平衡膳食来预防和干预相关疾病和癌症的发生及发展。

营养是机体摄取、消化、吸收和利用食物中营养素以满足机体生理需要的生物学过程。营养素是食物中含有的、能维持机体生命与健康、保证生长发育和满足功能需要的物质的总称。膳食结构即膳食模式，指摄入主要食物与数量的相对构成。营养学是研究营养及饮食行为与机体健康关系的科学。

有人认为，营养学是研究食物中营养素对机体的有益影响的，而食品卫生学是研究食物中有害成分对机体健康的危害及其防控措施的。但合理的膳食组成和营养素比例、良好的饮食习惯和生活方式及其摄入与消耗的平衡，才是机体生理功能和健康的保证；反之，营养不良和营养过剩及不良的饮食习惯作为主要危险因素，将给机体带来危害，如，造成各种严重营养不良性疾病和慢性非传染性疾病等；目前已明确饮食因素可导致肿瘤和癌症，产生危及生命的安全问题。掌握科学营养与饮食的基本内容，与掌握防控食品被污染的基本内容，都是控制食品安全的重要部分。

第一节　营养素与平衡膳食

人类所需的营养素主要包括产能营养素（三大营养要素）和非产能营养素（矿物质、维生素和膳食纤维等）。合理的营养、平衡的膳食结构和营养干预，既对癌症、心脑血管疾病、糖尿病及肥胖等慢性非传染性疾病，也对营养不良导致的免疫功能受损、冠心病、脑卒中和癌症等疾病具有综合预防和控制作用。

一、产能营养素

（一）蛋白质

蛋白质是生命的物质基础，没有蛋白质就没有生命。正常成人体内 16% ~19% 是蛋白质，人体内的蛋白质处于不停的分解与合成的动态平衡之中。一般用测量氮含量来指示蛋白质含量，健康成人摄入与排出氮应相等，即维持“零氮平衡”，或富裕5%为好；生长发育期儿童、需要增加营养的孕妇和运动员等，则应保持适当的“正氮平衡”；饥饿或营养不良时为“负氮平衡”。富含蛋白质的食物主要有动物性食品（肉、禽、鱼、蛋和奶）和豆类及蘑菇食品。

1. 蛋白质的功能

机体生长发育、细胞更新和损伤修复都离不开蛋白质。因为它是构成细胞的主要物质，也是构成机体中各种重要活性物质的组成成分；还可以作为备用能量，转变成糖和脂肪供给身体能量；当机体抵抗疾病及向器官组织运输血液和氧等物质时，蛋白质也扮演重要角色。

2. 氨基酸和必需氨基酸

蛋白质由肽链构成，肽链由氨基酸构成。人体具有20种氨基酸（表3－1），其中9种是必需氨基酸，2种是半必需氨基酸（又称条件必需氨基酸），其余9种是非必需氨基酸。必需氨基酸即机体不能合成或合成速度不能满足机体需要，必须从食物中获得的氨基酸；半必需氨基酸即半胱氨酸和络氨酸，体内可以由蛋氨酸和苯丙氨酸转变而来；非必需氨基酸即机体自身可以合成并满足功能需要的氨基酸。氨基酸的排列顺序加上肽链的空间构型千变万化，构成了无数种功能各异的蛋白质。

表3－1　构成人体蛋白质的氨基酸

必需氨基酸	非必需氨基酸
异亮氨酸（Isoleucine，Ile）	丙氨酸（Alanine，Ala）
亮氨酸（Leucine，Leu）	精氨酸（Arginine，Arg）
赖氨酸（Lysine，Lys）	天门冬氨酸（Aspartic acid，Asp）
蛋氨酸（Methionine，Met）	天门冬酰胺（Asparagnie，Asn）
苯丙氨酸（Phenylalanine，Phe）	谷氨酸（Glutamine acid，Glu）
苏氨酸（Threonine，Thr）	谷氨酰胺（Glutamine，Gln）
色氨酸（Tryptophan，Trp）	甘氨酸（Glycine，Gly）
缬氨酸（Valine，Val）	脯氨酸（Proline，Pro）
组氨酸（Histidine，His）*	丝氨酸（Serine，Ser）
半必需氨基酸	
半胱氨酸（Cysteine，Cys）	
酪氨酸（Tyrosine，Tyr）	

*组氨酸为婴儿必须氨基酸；成人需要量可能较少，但体内存量大。

3. 蛋白质营养

动物性蛋白质的质量好，利用率高，但同时富含脂肪酸和胆固醇；植物性蛋白质利用率较低。因此，注意搭配互补非常重要。大豆和牛奶是优质蛋白质的食物来源。我国以植物性食物为主，一般成人蛋白质推荐摄入量为1.16g/(kg·d)，按能量计算，应占膳食总能量的10%～12%（儿童青少年应为12%～14%）。反应人体蛋白质营养水平的指标主要是血清白蛋白（正常值为35～50g/L）和血清运铁蛋白（正常值为2.2～4.0g/L）等。

4. 蛋白质缺乏

蛋白质营养摄入不足时出现免疫力低下、消瘦、浮肿和易患病等症状，儿童还会生长滞缓。但蛋白质尤其是动物性蛋白质摄入过多时，同时会摄入较多的动物性脂肪和胆固醇，还会增加体内氮的代谢和排泄量，从而增加肾脏负担；而且，含硫氨基酸也随之摄入过多，会加速骨骼中钙的丢失，易产生骨质疏松。

（二）脂类

重要的脂类包括三酰甘油（TG）、磷脂和固醇类。食物中脂类的95%是三酰甘油，人体内贮存的脂类99%也是三酰甘油。富含脂肪的食物有动物油、植物油、肥肉和油料作物的种子等。一般成人脂肪摄入量应占总能量的20%～30%之间。

1. 三酰甘油

三酰甘油别名脂肪或中性脂肪，是组成人体细胞的重要成分，有提供和贮存能量（体内每1g脂肪可产生能量约39.7kJ，约9.46kcal）、帮助人体吸收脂溶性维生素、保护脏器和保温及维持内分泌等作用。但由于人体不能利用脂肪分解的含碳化合物合成葡萄糖，而不能依靠脂肪给脑、神经细胞及血细胞提供能量。体内脂肪细胞可以没有上限地贮存脂肪，如不加限制可导致越来越胖。脂肪酸是构成三酰甘油的基本单位，按其分子碳链长短、饱和程度（即碳链中双键的有无）和空间构型的不同而分成不同的种类并呈现不同的特性和功能。表3－2列出各种不同分类依据的脂肪酸的特性、功能和富含食品。只要合理摄入植物油，一般不会出现必需脂肪酸缺乏。

表3－2　不同分类依据的脂肪酸

<table>
<tr><th>分类依据</th><th>类别</th><th colspan="2">亚类别</th><th>富含食物</th><th>状态</th><th colspan="2">功能</th></tr>
<tr><td rowspan="3">分子链的碳原子数目</td><td>长链/14碳以上</td><td colspan="2"></td><td>动物性脂肪</td><td>固态脂状</td><td colspan="2">增加血中胆固醇浓度</td></tr>
<tr><td>中链/8～12碳</td><td colspan="2"></td><td></td><td></td><td colspan="2">增加血中胆固醇浓度</td></tr>
<tr><td>短链/6碳以下</td><td colspan="2"></td><td>植物油</td><td>液态油状</td><td colspan="2">不增加血中胆固醇浓度</td></tr>
<tr><td rowspan="6">饱和程度/碳链中双键数目</td><td rowspan="2">饱和脂肪酸/无</td><td colspan="2" rowspan="2"></td><td>动物性脂肪</td><td>固态脂状</td><td colspan="2" rowspan="2">增加血中胆固醇浓度</td></tr>
<tr><td>棕榈油和椰子油①</td><td>液态油状</td></tr>
<tr><td>单不饱和脂肪酸/1个</td><td colspan="2">油酸</td><td>橄榄油、花生油和低芥酸菜籽油</td><td rowspan="4">液态油状</td><td colspan="2">降低血中胆固醇和LDL⑤</td></tr>
<tr><td rowspan="3">多不饱和脂肪酸/2个以上</td><td rowspan="2">$n-3$（$\omega-3$）</td><td>短链</td><td>菜籽油和豆油等植物油中的亚麻油</td><td rowspan="2">降胆固醇和三酰甘油，升HDL</td><td rowspan="3">构成磷脂；降血脂防治冠心病、高血压、糖尿病、自身免疫病、溃疡性结肠炎和癌症；促进脑和视网膜发育。$n-6$还参与前列腺素生物合成；决定$n-3$与$n-6$的代谢平衡</td></tr>
<tr><td>长链</td><td>深海鱼油等海洋生物中的EPA和DHA②</td></tr>
<tr><td colspan="2">$n-6$（$\omega-6$）④</td><td>植物油中的亚油酸</td><td>降胆固醇、LDL和HDL</td></tr>
</table>

续表

分类依据	类别	亚类别	富含食物	状态	功能
空间结构	顺式脂肪酸	油酸、$n-3$ 和 $n-6$	植物油和深海鱼油	液态油状	同不饱和脂肪酸
	反式脂肪酸③	不饱和脂肪酸	牛羊脂肪和人造油脂	固态脂状	升胆固醇和 LDL，降 HDL，抑制胎儿发育
是否自身合成	必需脂肪酸	$n-3$ 和 $n-6$	植物油和深海鱼油	液态油状	同多不饱和脂肪酸
	非必需脂肪酸	其他脂肪酸	动物性脂肪酸	固态脂状	同饱和脂肪酸

①植物性脂肪酸中，棕榈油和椰子油含较多饱和脂肪酸，但也呈液态油状，这是因为其碳链短，故熔点低于动物性脂肪酸。

②EPA 为二十碳五烯酸，DHA 为二十六碳六烯酸，均属于多不饱和脂肪酸系列中的脂肪酸。

③反式脂肪酸虽属于不饱和脂肪酸，但由于其双键上与碳原子相连的两个氢原子，分列于碳链的两侧，而与分列于一侧呈弯曲状碳链的顺式脂肪酸不同，因此功能也不同。

④$n-3$，其双键在第 3 和 4 碳原子之间，$n-6$ 其双键在第 6 和 7 碳原子之间。

⑤LDL 为低密度脂蛋白，HDL 为高密度脂蛋白。

2. 磷脂

磷脂是三酰甘油中一个或两个脂肪酸被其他含磷酸的基团所取代的一类脂类，最重要的磷脂是卵磷脂。含磷脂多的食物为蛋黄、肝脏、大豆、麦胚和花生等。磷脂除与脂肪酸一样提供能量外，更重要的是其为细胞膜的主要结构成分，与细胞膜的结构和功能直接相关。

3. 固醇类

固醇类是一群具有同样个数环状结构，根据其环外基团的不同而区分的脂类化合物，最重要的固醇是胆固醇，也是细胞膜的主要成分，还是体内许多重要物质的合成材料，如胆汁、性激素、肾上腺素和维生素 D 等。动物性食物中富含胆固醇，人体内源性胆固醇也可被利用。因此，如果不是极端偏食的话，不存在胆固醇缺乏。相反，人们更关心它与高血脂和动脉粥样硬化的关系。富含胆固醇的食物是动物内脏和蛋类，肉和奶中也含有一定量的胆固醇。

（三）碳水化合物

1. 分类与来源

碳水化合物指的是糖类，是人体内最主要的供给能量物质，人的大脑的能量完全来源于葡萄糖。糖类分简单糖和复合糖，简单糖有蔗糖、葡萄糖和麦芽糖等，复合糖包括淀粉、糖原、糊精和膳食纤维。营养学上糖类分为单糖（葡萄糖、果糖和半乳糖）、双糖（蔗糖、乳糖、麦芽糖和海藻糖）、寡糖（三糖和四糖）和多糖（糖原、淀粉和膳食纤维）。糖醇类属于单糖，如山梨醇、甘露醇、木糖醇和麦芽糖醇等，在体内消化和吸收慢，提供能量较葡萄糖少。复合糖主要来源于谷类、薯类和豆类等食物。

2. 消化吸收

食物中的碳水化合物在小肠中必须先分解成双糖，再分解成单糖，才可被吸收利用。因此，吃含双糖较多的水果，如苹果，升高血糖的速度就会慢许多。单糖中的果糖吸收率仅为葡萄糖和半乳糖的一半。有些人缺少乳糖酶而有不同程度的乳糖不耐症，可选用经发酵的乳制品，如酸奶等。

3. 食物供给量

碳水化合物的食物供给量应占总能量的55% ~65%，其中精制糖占总能量的10%以下。过多的能量包括碳水化合物摄入，会在肝脏中被合成脂肪和胆固醇，引起肥胖和高血脂。体内碳水化合物不足时，由于脂肪不能直接生成葡萄糖，机体会动用蛋白质，甚至是器官中的蛋白质来产生葡萄糖，满足自身需要，这样会对人体及各器官造成损害。当体内存在足够的碳水化合物时，机体将首先利用碳水化合物获取能量，然后才是脂肪，最后才是蛋白质，这就是生物进化过程中形成的蛋白质节约效应。

二、非产能营养素

（一）矿物质

1. 种类

矿物质又分常量元素和微量元素，常量元素包括钾、钠、钙、镁、磷、硫和氯等，微量元素包括铁、锌、铜、碘、硒、钼、铬和钴等。常见矿物质缺乏或过量症状和食物来源及摄入量见表3－3。

2. 特点

矿物质具有以下4个特点。①在体内不能合成，必须从食物和饮水中摄取。②矿物质在体内分布各有其所，极不均匀。③矿物质相互之间在体内存在拮抗或协同作用，如食物中钙与磷的比例不合适，可影响该两种元素的吸收；过量的镁会干扰钙的代谢；过量的锌影响铜的代谢；过量的铜会抑制铁的吸收等。④有些微量元素的生理剂量与中毒剂量过于接近，难以掌握。

3. 生理功能

矿物质一般不产生热能，但在机体的正常代谢和组织构成等方面发挥着重要的生理功能。①是构成人体组织的主要成分，如骨骼和牙齿成分，血红蛋白组成等。②调节细胞膜的通透性。③维持神经和肌肉的兴奋性，钙为神经冲动传递的介质，钙、镁、钾均对肌肉的收缩和舒张具有重要的调节作用。④是激素、维生素、蛋白质和多种酶类的组成成分，如甲状腺素中含碘，维生素 B_{12} 中含钴等。

4. 矿物质缺乏

我国人群易缺乏的矿物质主要有钙、铁和锌等。长期某种矿物质缺乏可引起相应的缺乏症状，甚至缺乏病，如儿童生长发育迟缓、缺铁性贫血、骨质疏松和克山病等。

（二）维生素

维生素是所需量很小但必需的低分子有机化合物，必须经常由食物供给。分为脂溶性维生素和水溶性维生素。人体缺少哪种维生素，就会得这种维生素缺乏症；但如果身体中某种维生素含量过高，又会发生维生素中毒（表3－3）。各种维生素及其之间的平衡性非常重要。

1. 脂溶性维生素

包括维生素A、D、E和K四种。其吸收与肠道内的脂类密切相关，主要在肝脏贮存而不易被排除体外（维生素 K 除外），长期摄入超过人体需要量的 3 倍以上易出现中毒症状，摄入量过少可缓慢出现缺乏症状。

2. 水溶性维生素

包括 B 族维生素和维生素 C。较易自尿中排除（维生素 B_{12}除外），在体内仅少量贮存；大多数以辅酶形式参与机体的物质代谢而没有非功能性的单体贮存形式；体内含量饱和后便从尿中排出体外，而组织中含量耗竭时，则可大量被组织取用，尿中排出量减少。水溶性维生素一般无毒性，但极大量摄入，如摄入维生素 C 或维生素 B_6 达正常需要量的 15～100 倍时，也可能出现中毒症状；如摄入量过少，可较快出现缺乏症状。

（三）膳食纤维

膳食纤维是存在于植物体中不被人体消化吸收的多糖，因此其化学本质上属于碳水化合物，包括可溶性纤维和不可溶性纤维两种。

膳食纤维不被人体吸收，但在大肠内能吸收水分而增加体积，膨胀后可增加肠道的蠕动功能，减少粪便在肠道内滞留，这对防治便秘及肠癌大有裨益；纤维素食物中含有的果胶可以吸收胆汁酸并将其排出体外，使得体内胆固醇减少，从而能预防动脉硬化等心血管疾病，控制体重和减肥，降低血糖和血胆固醇。此外，坚持多吃纤维素的食物还能降低血糖，减少胰岛素用量，对防治糖尿病有一定作用。膳食纤维主要来源于粮谷、麸皮和豆类的种皮以及水果和蔬菜。

表 3-3 常见营养素缺乏或过量症状与食物来源及摄入量*（成人）

营养素	过/缺	病症	富含食物	RNI（AI）	UL	备注
能量	缺乏	低体重，消瘦	产能营养素	据不同年龄组人群活动强度而不同	未制定	
	过量	肥胖				
蛋白质	缺乏	恶性营养不良	动物性食品,豆类,蘑菇		未制定	
钙	缺乏	骨质疏松	乳制品，小虾皮，海产品，豆类制品，坚果，野菜，绿色蔬菜	(1000mg/d)	2000mg/d	不同年龄段、孕妇和儿童有不同的RDI（AI）和UL
铁	缺乏	贫血，虚脱	动物血和肝，黑木耳，芝麻酱，大豆	(15mg/d)	50mg/d	
	过量	色素性肝硬化				
锌	缺乏	异食癖，发育停滞，性功能减退	贝类，鱼肉，动物肝脏，瘦肉，蛋类	11.5mg/d	37mg/d	
碘	缺乏	缺乏性甲状腺肿	海带，紫菜，蛤蚶贝干，淡菜，海蜇，海参	150μg/d	1000μg/d	
	过量	过剩性甲状腺肿				
硒	缺乏	克山病	海产品尤其鱼子酱、海参，动物内脏尤其猪肾	50μg/d	400μg/d	
铜	缺乏	贫血	牡蛎，贝，动物肝肾，坚果，谷类胚芽，豆类	(2.0mg/d)	8mg/d	

续表

营养素	过/缺	病症	富含食物	RNI（AI）	UL	备注
维生素A（视黄醇）	缺乏	夜盲症，眼球和皮肤干燥	动物肝脏，鱼肝油，全奶，绿色黄色蔬菜	男800μgRE/d 女700μgRE/d	3000μg/d	RE = 维生素A当量
	过量	皮肤剥脱黄色素沉积，脑压高				
维生素D	缺乏	佝偻病，骨质疏松	沙丁鱼，鱼肝油	5μg/d	20μg/d	需合适的钙磷比例
	过量	钙异常沉积，恶心				
维生素E	缺乏	溶血性贫血，氧化	植物油，麦胚	（14mg/d）	未制定	
维生素K	缺乏	新生儿出血，凝血障碍	绿叶蔬菜，动物肝脏，大豆	未制定	未制定	
	过量	贫血，低血压，恶心				
维生素 B_1（硫胺素）	缺乏	多发神经炎，心脏变大，脚气病	粗制谷物，杂粮，坚果，动物内脏，蛋，瘦肉	男1.4mg/d 女1.3mg/d	50mg/d	
维生素 B_2（核黄素）	缺乏	口角炎，口唇炎，舌炎	动物内脏，蛋黄，乳，绿色蔬菜，豆类	男1.4mg/d 女1.2mg/d	未制定	
维生素 B_3（尼克酸）	缺乏	糙皮病，皮炎，腹泻，痴呆	动物内脏，全谷，豆类种子	男14mgNE/d 女13mgNE/d	35mg/d	NE = 烟酸当量
维生素 B_5（泛酸）	缺乏	呕吐，疲乏，手脚麻木刺痛	蛋黄，肝肾脏，酵母	（5mg/d）	未制定	
维生素 B_6（吡多素）	缺乏	皮炎，舌炎，抽搐	白色肉类，肝脏，豆类，坚果，香蕉	（1.2mg/d）	未制定	
	过量	神经毒，光敏感反应				
维生素 B_7（生物素）	缺乏	厌食，恶心，皮疹，脱发	酵母，肝脏，肾脏	（30μg/d）	未制定	吃生蛋，酗酒
叶酸	缺乏	婴儿神经管畸形，巨幼红细胞性贫血，腹泻，疲乏，抑郁，抽搐	内脏，蛋，豆类，绿叶蔬菜，水果，坚果，酵母	400μgDFE/d	1000 μgDFE/d	DFE = 叶酸当量
	过量	锌缺乏，惊厥，胎儿发育迟缓，维生素 B_{12} 缺乏，神经损害				超剂量服用时会过量
维生素 B_{12}（钴胺素）	缺乏	巨幼红细胞性贫血，外周神经退化，皮肤过敏，舌炎	动物肝肾，肉类，鱼贝，蛋奶乳	2.4μg/d	未制定	老人、素食、酗酒者易发生
	过量	哮喘，荨麻疹，寒战，叶酸缺乏				注射过量
维生素C	缺乏	坏血病，出血倾向	水果，蔬菜，以柑橘、红青色蔬菜为多	100mg/d	1000mg/d	当2～8g/d时
	过量	泌尿道结石，恶心腹泻，铁吸收过度，红细胞破坏				

*RNI：推荐摄入量，即满足97%～98%人群个体的营养需要。AI：适宜摄入量，即个体每日营养素摄入目标和限定目标。UL：可耐受最高摄入量，超过则毒副作用风险增加。

三、平衡膳食

食物营养是维持人类健康的基础。世界各地的人们因地域、气候、生产条件及文化的长期影响，而形成不同的饮食习惯和膳食模式。在历史进程中，膳食模式也在不断发生演变，而且世界不同地域差别也很大。不合理的膳食模式和营养失衡可促进癌症的发生、生活方式病发病率升高和营养代谢性疾病多发。

（一）膳食结构

膳食结构是指膳食中各类食物的数量及其在膳食中所占的比例，由于影响膳食结构的因素是在逐渐变化的，所以膳食结构不是一成不变的，通过适当的干预可以促使其向更利于健康的方向发展。

1. 膳食模式

当今世界大致有 4 种膳食结构模式。一是发达国家模式，也称富裕型模式，主要以动物性食物为主，年人均消费可达 270kg，而粮食的直接消费量不过 60 ~ 70kg。二是发展中国家模式，也称温饱模式，主要以植物性食物为主，一些经济不发达国家年人均消费谷类与薯类达 200kg，肉蛋鱼不过 5g，奶类也不多。三是日本模式，也称营养模式，主要特点是既有以粮食为主的东方膳食传统特点，也吸取了欧美国家膳食长处，人均年摄取粮食 110kg，动物性食品 135kg 左右。四是地中海模式，为居住在地中海地区的居民所特有，具有 4 个突出特点：饱和脂肪摄入量低、不饱和脂肪摄入量高；膳食含大量碳水化合物；蔬菜水果摄入量较高；心脑血管疾病发生率很低。

2. 膳食模式的演变

一是随着经济的发展，占主要地位的谷类食物的消费量下降，而油脂类消费量明显增加；植物性食物的消费量全面下降，代之以动物性食物，尤其是肉和肉制品的消费量增加；糖的消费量也普遍增加。二是随着工业化和城镇化发展，加工食品在膳食中所占比例不断增加，膳食纤维和其他来自植物性食品的食物活性物质相应减少。在一些经济发达国家，上述变化过程已减缓，甚至在某些人群中已呈现逆转过程，即减少动物性食物，增加植物性食物。

3. 中国膳食结构的问题

中国人膳食存在的主要问题是结构不合理，生活方式病增加。一是膳食中谷类、薯类和蔬菜比例下降，油脂和动物性食品明显增多。调查显示，广东省、上海市和北京市的城市人群平均每人每日的谷类食物消费量均在 400g 以下，动物性食物均在 200g 以上，由脂肪提供的能量均已超过膳食能量的 30% 。二是维生素 A、B 和矿物质钙的摄入普遍不足。三是食盐摄入过高，我国居民每人每天食盐摄入量平均 13.5g，这与世界卫生组织在关于防治高血压和冠心病的建议中提出的每人每日食盐摄入量在 6g 以下的标准相差太远。四是白酒的消耗量过多，能量过剩，体重超重在城市较为突出。五是食品卫生状况仍存在不良情况。此种膳食发展会增加人群中患慢性非传染性疾病的危险。

（二）营养构型与营养价值

1. 营养构型概念

营养构型指摄入主要营养素种类和数量的结构，是计划实施不同膳食模式构成的依据和评价营养状况的基础。确定合理的膳食模式，应参考的因素有三方面：所需营养素种类和推荐摄入量（即营养构型）、食物营养成分及其含量以及国家或地区实际情况。

2. 膳食营养素参考摄入量

不同国家营养构型各不相同，但为使各类居民的营养合理化并提高营养水平，均需制定各类人群营养素参考摄入量，以此来限定营养供给量、评价营养状况和调节营养结构等。膳食营养素参考摄入量（DRI）是在“推荐每日摄入量（RDAs）”的基础上计算出来的，它实际上含有4个不同营养水平的摄入量（表3－4）。

表3－4　DRI的4个营养水平

水平	缩写	名称	表示的含义	水平间关系
1	EAR（RA）	估计平均需求量（平均需求量）	满足50%人群的营养需要量	为EAR
2	RNI（RDAs）	推荐摄入量	满足97%～98%人群的营养需要量	高于EAR
3	AI	适宜摄入量	满足每个人每日营养素摄入限定量	高于RNI
4	UL	可耐受最高摄入量	超过则毒副作用风险增加	高于AI

3. 营养价值

指某种食物所含的营养素和能量能够满足人体营养需求的程度，其高低既取决于所含营养素的种类、数量及其比例是否适宜，还取决于是否易于消化吸收。也就是说，既决定于种类和数量是否接近于人体所需，还决定于其利用率的大小。一般用营养质量指数（INQ）作为评价食物营养价值的简明指标。即：

$$\text{INQ}=\frac{\text{营养素密度}}{\text{能量密度}}=\frac{\text{某营养素含量/该营养素 RNI}}{\text{可产生的能量/能量 RNI}}$$

INQ＝1，表示该食物的营养素含量与能量含量间达到平衡；INQ＞1，表示营养素供给量高于能量的供给量，为高营养价值食物；INQ＜1，表示营养素供给量少于能量供给量，为低营养价值食物，长期摄入此类食物，可能发生该营养素不足或能量过剩。

举例说明：如表3－5所示，已知某人群的能量和营养素RNI，要看一下100g鸡蛋里所含蛋白质营养素对该人群营养的满足程度，即INQ如何，则：

$$\text{INQ}=\frac{\text{某营养素含量/该营养素 RNI}}{\text{可产生的能量/能量 RNI}}=\frac{12.8\div 75}{653\div 10042}=\frac{0.1707}{0.065}=2.62$$

结果，INQ＝2.62，即INQ＞1，表示鸡蛋的蛋白质供给量高于能量的供给量，为高营养价值食物。

表3－5　鸡蛋、大米和大豆中几种营养素的INQ

	能量（kJ）	蛋白质（g）/INQ	视黄醇（μg）/INQ	硫胺素（mg）/INQ	核黄素（mg）/INQ
RNI*	10042	75	800	1.4	1.4
100g鸡蛋	653	12.8/2.62	194/3.73	0.13/1.43	0.32/3.52
100g大米	1456	8.0/0.74	－/－	0.22/1.08	0.05/0.25
100g大豆	1502	35.1/3.13	37/0.31	0.41/1.96	0.20/0.96

*成年男子轻体力劳动时的推荐摄入量

4. 五大类别食物

不同食物中的营养价值是不同的，如表 3-5 所示，大豆中蛋白质营养价值较高（INQ=3.13），但其维生素 A（视黄醇）营养价值却很低（INQ=0.31）。按照食物的营养价值不同，可将食物分为五大类，即：①谷类和薯类，含大量碳水化合物，少量蛋白质、脂肪、矿物质和维生素 B 族；②动物性食物，主要含蛋白质，也含有脂肪、矿物质、维生素 A 和 B 族；③大豆及其他干豆类食物，含优质蛋白、脂肪、膳食纤维和维生素；④蔬菜及水果，主要含膳食纤维、矿物质、维生素 C 和胡萝卜素；⑤纯热能食物，如精制糖和油脂等，主要提供热能，植物油还提供维生素 E 和必需脂肪酸。

（三）科学膳食

著名营养学家班德（Bait）在明确营养与健康关系时指出："世界上的食物，没有好坏之分，只有膳食习惯的好坏"。这里的膳食习惯即食物的种类、数量和比例的选择。

1. 膳食指南

膳食指南是根据本地域存在的问题而提出的一个通俗易懂和简明扼要的合理膳食基本要求。它每隔几年就根据人群营养的新问题和新趋势修订一次。中国营养学会根据中国国情制定了《中国居民膳食指南》和《特定人群膳食指南》，用以指导人们采用平衡膳食，获取合理营养，促进身体健康。

《中国居民膳食指南》的主要内容为：①食物多样，谷类为主（不吃过精粮食）；②多吃蔬菜、水果和薯类；③每天吃奶类和豆类及其制品；④常吃适量的鱼、禽、蛋和瘦肉，少吃肥肉和荤油；⑤吃清淡少盐膳食；⑥食量与体力活动平衡，保持适宜体重；⑦饮酒要适量；⑧吃清洁卫生和未变质的食品。

《特定人群膳食指南》在《中国居民膳食指南》的 8 条原则基础上，针对老年人、孕妇、乳母、婴幼儿、儿童和青少年等的特殊需要，又分别提出 2~3 条，主要内容为：①婴儿，一要鼓励母乳喂养，二要母乳喂养 4 个月后逐步添加辅助食品；②幼儿与学龄前儿童，一要每日饮奶，二要养成不挑食不偏食的良好饮食习惯；③学龄儿童，一要保证吃好早餐，二要少吃零食、饮用清淡饮料和控制食糖摄入，三要重视户外活动；④青少年，一要多吃谷类，供给充足的能量，二要保证鱼肉蛋奶豆类和蔬菜的摄入，三要参加体力活动，避免盲目节食；⑤孕妇，一要自妊娠第 4 个月起保证充足的能量，二要妊娠后期保证体重正常增长，三要增加鱼肉蛋奶海产品的摄入；⑥乳母，一要保证供给充足的能量，二要增加鱼肉蛋奶海产品的摄入；⑦老年，一要食物粗细搭配，易于消化，二要积极参加适度体力活动，保持能量平衡。

2. 膳食宝塔

中国居民平衡膳食宝塔是根据中国居民膳食指南，结合中国居民的膳食结构特点而设计的食物定量指导方案，它把平衡膳食的原则转化成各类食物的重量，并以直观的宝塔形式表现出来，直观地告诉居民食物分类的概念及每天各类食物的合理摄入范围，便于人们理解和在日常生活中实行（图 3-1）。

应用膳食宝塔要注意 5 个要点：①确定自己的食物需要时，不需要每天按照宝塔推荐量进食，只要种类齐全，比例协调即可；②同类互换，调配丰富多彩的膳食；

③合理分配三餐食量；④因地制宜，充分利用当地资源；⑤养成习惯，长期坚持。

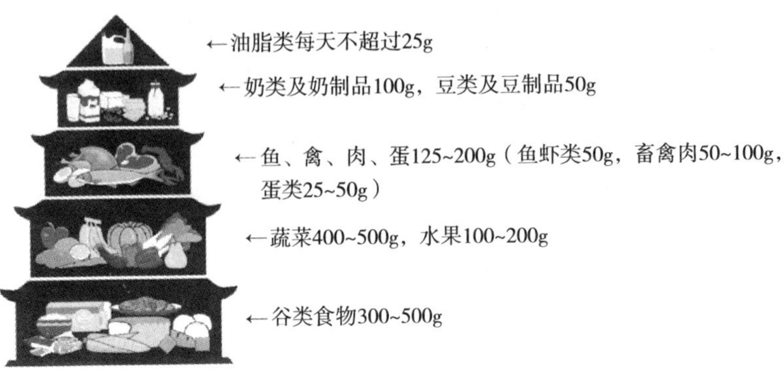

图 3－1 中国居民平衡膳食宝塔

3. 合理搭配

《中国居民膳食指南》的核心理念就是“食物多样”，选择膳食中的食物时，应尽可能地避免过于单一。这里介绍两种合理搭配食物的方法。①同类互换和同类混吃。例如，一日三餐的食品既要以粮换粮、以豆换豆和以肉换肉等，也可同类混吃。同类互换可调配丰富多彩的膳食，而同类混吃可显著提高食物的生物学价值。即：几种食物混合吃的生物学价值，远远大于这几种食物单独吃时的生物学价值之和（表 3－6）。②酸碱搭配。人体由许多细胞所构成，细胞要维持正常的生理功能与生化反应必须有适宜的体内酸碱环境，理想的体液酸碱值应维持在 pH 7.35～7.45，属于弱碱性。正常状态下，人体自身的缓冲功能可保持体液酸碱平衡，要是饮食搭配不当，则会引起身体内酸碱平衡失调。维持体液酸碱性的食品与口感的酸碱性食品正相反，即体外口感是酸性的食品，在体内代谢后则为碱性食品，而体外口感是非酸性的食品，在体内代谢后则成为酸性的食品。体内的酸性食品是指含酸根或非金属元素（如氯、硫和磷）等较多，在体内代谢后呈现酸性的食品，通常富含蛋白质和脂肪的食品多为酸性食品，如肉类、鱼贝类、蛋类和奶酪等。碱性食品是指含金属元素较多，如钠、钾、钙和镁等，在人体内代谢后呈现碱性的食品，主要为蔬菜类、大部分水果类、薯类、黄豆、牛奶、海带、杏仁和松果等。因此，酸碱食品应搭配着吃，以保证体内环境的酸碱平衡。

表 3－6 几种混合食物的生物学价值

混合比例（%）				蛋白质生物价
高粱	玉米	小米	黄豆	
100	–	–	–	56
–	100	–	–	60
–	–	100	–	57
–	–	–	100	65
30	50	–	20	75
–	75	–	25	76
–	40	40	20	73

第二节 营养与疾病

高血压、糖尿病和肥胖等慢性非传染性疾病已成为影响我国人民健康的主要疾病，而膳食营养在这些慢性病的发病及进展中起到很重要的作用。人体的营养需要与膳食之间建立一种动态平衡关系，这种关系一旦被打破，除会造成各种营养素缺乏或过量之外（表3－3），还会引起多种营养性疾病。肥胖是营养相关疾病最常见和最主要的原因，危害也最大。群体研究已证实，采取“少食”措施可使寿命延长，“过食”和饮酒过量会使寿命缩短。

一、营养构型与营养相关疾病

我国居民因营养过剩或营养不平衡而引起的心脑血管疾病、糖尿病和肥胖等发病率快速上升，平衡膳食和营养干预是预防和控制这类疾病的有效措施。

（一）动脉粥样硬化症

动脉粥样硬化症是心脑血管疾病的基础，而高血脂又是动脉粥样硬化症的基础。

1. 营养素的作用

营养素摄入在5方面与动脉粥样硬化症相关。

（1）膳食中脂肪尤其是中链、饱和及反式脂肪酸的摄入量与动脉粥样硬化症发生率成正相关。各种脂肪对血脂的影响参见表3－2。

（2）膳食中碳水化合物的种类和数量对血脂水平也有较大影响。摄取蔗糖和果糖过多，肝脏则利用多余的碳水化合物生成三酰甘油，造成血清三酰甘油升高。

（3）膳食中蛋白质与动脉粥样硬化症的关系尚未阐明。有研究报道，用植物性蛋白替代动物性蛋白可降低血清胆固醇浓度；有些氨基酸与心脑血管疾病有关，如牛磺酸（含硫氨基酸的中间代谢产物）可降低血胆固醇和肝胆固醇并保护血管壁，蛋氨酸过多摄入可引起动脉内膜损伤等。

（4）膳食维生素中E和C与动脉粥样硬化症关系最为密切。维生素E主要通过抗氧化和抑制血小板凝集而发挥抗动脉粥样硬化症的作用；维生素C通过参与肝脏对胆固醇的代谢、参与体内胶原蛋白合成而降低血管脆性和保护血管壁的结构与功能。

（5）膳食矿物质中镁、铬、锌、铜和铁与心血管疾病有关（表3－7）。

表3－7 膳食矿物质与心血管疾病的关系

矿物质	作用	方向
镁	影响心肌结构、功能和代谢；改善脂质代谢；抗凝血	正向
铬	降低胆固醇和LDL，升高HDL，防治动脉粥样硬化斑块形成	正向
锌	过多则降低HDL（锌/铜比高则冠心病发病率也高）	负向
铜	缺乏则胆固醇升高，心血管壁损伤	正向

注：LDL为低密度脂蛋白；HDL为高密度脂蛋白

2. 饮食习惯的作用

饮酒、喝茶和吃葱蒜与血脂代谢关系密切。

(1) 饮酒 少量喝酒具有促进血液循环和增加机体活力等作用，并可增加体内HDL水平；而大量饮酒甚至酗酒，则造成肝损伤和脂质代谢紊乱，升高三酰甘油和LDL。

(2) 喝茶 茶叶中的茶多酚具有抗氧化、降低胆固醇和抗菌作用，能够防止动脉粥样硬化斑块的聚集。

(3) 蒜葱 大蒜和洋葱中的含硫化合物具有降低血胆固醇水平和提高HDL的作用。

3. 营养防控建议

首先要平衡膳食，在平衡膳食的基础上，控制总能量和总脂肪摄入量，限制饱和脂肪酸的摄入量，保证膳食纤维摄入量，适量补充多种维生素和矿物质营养素。坚持饮食清淡和少盐少酒，多吃黑色和绿色食品。同时应配合体力活动，规律作息时间，保持精神愉快。

（二）原发性高血压

膳食及营养素与高血压关系密切。

1. 营养素的作用

(1) 食盐（氯化钠，NaCl）是高血压的危险因素，可通过多种机制升高血压。膳食中钾和钙低于推荐每日摄入量时，可增加食盐对血压的升高作用；而含量较高时，可阻止或减轻食盐对血压的升高作用。

(2) 不同的脂类对血压有不同的作用。增加多不饱和脂肪酸，减少饱和脂肪酸的摄入有利于降低血压。而多不饱和脂肪酸中，$n-3$ 的作用已很明确，$n-6$ 的作用尚存在许多争议。

(3) 蛋白质与血压关系研究尚少。有研究报道，色氨酸和牛磺酸有降压作用。

(4) 碳水化合物的作用尚缺乏人群研究资料，动物研究表明，简单的碳水化合物，如葡萄糖、蔗糖和果糖可升高血压。

2. 其他因素

(1) 肥胖与高血压呈显著正相关。1/3的高血压与肥胖有关，尤其是向心性肥胖是高血压的主要指标。

(2) 饮酒与高血压呈“J型”关系。即少量饮酒者血压比不饮酒者低，但每天饮酒50ml以上者，血压则显著升高。

(3) 生活和心情过于紧张以及遗传因素等也是高血压的危险因素。

3. 营养防控建议

(1) 限盐可有效减低血压，我国居民日摄盐量常常在10~15g，远远超过正常身体的需要量。正常人日摄盐量应在5g以内，高血压者应在1.5~3.0g。

(2) 坚持摄入良好脂肪酸比例的食物，使饱和脂肪酸∶单不饱和脂肪酸∶多不饱和脂肪酸的比例为1∶1∶1，同时，控制脂肪摄入量占总能量的25%以下。

(3) 增加摄入优质蛋白，鱼类蛋白可降低脑卒中和高血压的发病率，络氨酸具有降压作用，大豆蛋白虽不降压，但有预防脑卒中发生的作用。

（4）增加钾和钙食品的摄入。在改善膳食结构的基础上，要控制体重。通过限制膳食能量的摄入，加上适当的体力活动，可有效地限制体重。同时，要限制饮酒，建议高血压者每日饮酒不应超过25ml，重症患者应戒酒。

（三）糖尿病

糖尿病是一种内分泌和营养物质代谢紊乱性疾病，主要表现在碳水化合物和脂肪营养素在代谢过程中对胰岛素的影响。

1. 营养素的作用

（1）碳水化合物摄入的数量和种类直接影响血糖值。长期大量摄入碳水化合物，直接加重胰腺负担，导致胰岛素分泌不足或糖代谢紊乱，最终出现糖尿病。一般分子量小的单糖和双糖比分子量大的多糖类，进入血液的速度要快，对胰腺的刺激也大；分子量越小进入血液的速度越快，作用越大。多糖的结构不同对血糖的作用也不同，如直链淀粉的反应较慢，作用较弱，而支链性淀粉由于其结果构中与酶作用点多而能迅速生成葡萄糖，使血糖和胰岛素水平快速明显上升。

（2）脂肪摄入过多或比例不合理将协同碳水化合物共同导致糖尿病和高脂血症。如糖代谢异常，使糖代谢和脂代谢的共同中间产物α－磷酸甘油蓄积于血液内，导致三酰甘油血症，该症患者常伴发糖尿病。而如摄入脂肪过高，肌肉组织便会利用脂肪酸供能而减少葡萄糖的利用（称作胰岛抵抗），导致血糖增高；同时机体为代谢过多的脂肪，也将利用更多的共同中间产物α－磷酸甘油，而使胰岛负担加重，造成胰岛素分泌不足或胰岛抵抗，导致糖尿病。

（3）蛋白质营养与糖尿病发病关系尚不能确定。但当碳水化合物和脂肪两大营养素代谢紊乱时，蛋白质代谢也必然失衡，反过来也必将影响糖代谢。

（4）矿物质和维生素对糖尿病的影响也无系统资料。但三价铬是葡萄糖耐量分子的主要组成成分，也是胰岛素的辅助因子，可促进葡萄糖的利用，改善糖耐量。

2. 其他因素

肥胖是糖尿病的危险因素。营养过剩，尤其是脂肪过剩导致能量过剩和三酰甘油蓄积，引起肥胖进而引发糖尿病。肥胖者多有内分泌失调，一般随着体重下降，糖尿病症状也改善。遗传因素是1型糖尿病的重要因素。体力活动不足，能量消耗过少也是糖尿病发病的影响因素。

3. 营养防控建议

避免高碳水化合物和高脂肪等不平衡膳食构型，坚持摄入足够的膳食纤维、矿物质和维生素，在保证膳食平衡的基础上，减少能量摄入，避免能量过剩造成肥胖。一般粗粮的血糖指数低于细粮，复合碳水化合物低于精制糖。戒除不良生活习惯，坚持体力活动。糖尿病的营养治疗具有较强的专业性，既要降低血糖，又要避免严重的低血糖和血糖过高；既要兼顾膳食营养平衡，还要兼顾血糖、血脂、血压、体重和体力活动等的改善。

（四）肥胖

肥胖是体内脂肪过多的状态，是由多因素导致的一种慢性代谢性疾病。遗传因素导致的肥胖有家族史，并表现为家庭聚集性。环境因素导致的肥胖与膳食不平衡、生活方式以及家庭与社会因素有关。肥胖还是高血压、高血脂、心血管疾病和糖尿病等的危险因素。肥胖的测量方法中，体质指数（BMI）最为常用。

$$BMI = 体重（kg）/［身高（m）]^2$$

判断标准为 BMI<18.5，为慢性营养不良，18.5~25（亚洲人为23）之间为正常，>25（亚洲人为23）为超重或肥胖。

1. 营养素的作用

（1）总能量摄入过多。膳食能量摄入过多，在体内转化成脂肪组织。脂肪细胞有数量和体积的变化。一般脂肪细胞数量在 1 岁内即快速增加而定型，体积在青春期后可变大。0~1 岁婴幼儿喂养不当，如辅食添加过多等，其脂肪细胞的数量会多于其他小儿，成年后细胞体积增大的速度与可能性也高于其他小儿。某些原因所致精神忧郁和失意等，会以吃东西获得满足感，而导致肥胖。

（2）高脂膳食。膳食中多余的脂肪均以三酰甘油的形式储存于脂肪细胞中而引起肥胖。尤其是进食脂肪较快者，胃的膨胀感来不及抑制进食（没有感觉到饱时就已经吃过量了），加之脂肪食物本身能量密度高，食入后胃里的膨胀感较小，致使摄入过多，超过正常需要量。女性常喜欢既甜又含高脂的食品。“吃主食致胖”已被证实没有科学根据，因为碳水化合物在体内以糖原的形式储存是有限的。

（3）营养素比例不合理。如膳食纤维摄入过少，可使胃肠道内脂肪被过度吸收；维生素 B_6、B_{12}和 B_3 摄入不足，可影响脂肪在体内分解而产生肥胖。

（4）膳食规律不合理。如一日三餐以晚餐进食为主、放纵进食、进食过快和暴饮暴食等，都是引起肥胖的饮食因素。

2. 其他因素

（1）体力活动过少，摄入大于消耗。

（2）某些生活方式不健康，如看电视时间过长和饮酒等。

（3）戒烟者体重普遍增加，因此准备戒烟者应制定体重控制计划，如增加体力活动和减少能量摄入等。

3. 营养防控建议

（1）肥胖发生的根本原因是能量过剩，因此肥胖者膳食最重要的是使能量达到负平衡。在平衡膳食的基础上，每日油脂摄入在 20g 以下，避免吃肥肉（尤其是猪肉），多吃鱼和禽类；避免吃油炸食品、巧克力、甜品和西式快餐，坚持谷物为主的东方膳食模式。餐前吃水果，既可避免能量摄入过多，又有利于矿物质和维生素的吸收。制定体重控制计划的目标要切合实际，减重太快对健康不利。

（2）对于肥胖，体力活动可消耗能量并增加瘦体重（这点优于膳食控制），因此初期体重下降不明显，坚持 6 周以上才会见效。体力活动以有氧运动为主，可减小脂肪细胞的体积。效果取决于负荷强度、持续时间和每日次数等。一般理想负荷强度的心率目标为：［（220－年龄－安静时心率）/2］＋安静时心率。

（3）其他还应注意饮食习惯和生活方式的行为矫正。

二、叶酸与出生缺陷

叶酸属于B族维生素之一，广泛存在于动植物食品中，尤以酵母、肝肾和绿叶蔬菜最为丰富。食物中的叶酸经烹调加工后损失率可达50%～90%。出生缺陷也称先天异常，叶酸缺乏或代谢障碍导致的出生缺陷可通过营养干预进行预防。

（一）神经管畸形

神经管畸形是由于胚胎发育过程中，神经管闭合不全而引起的一组缺陷，包括无脑畸形、脑膨出、脊柱裂和脑脊膜膨出等，属于多因素多基因疾病。孕妇叶酸缺乏是重要病因。怀孕前后口服叶酸制剂可有效降低神经管畸形的发生，可在妇幼保健医生的指导下服用。

（二）先天性心脏病

先天性心脏病简称先心病，发病率较高，是围生儿和婴幼儿死亡的最主要原因之一。已证实，孕期营养不良或营养失调及叶酸代谢障碍是先心病的重要原因之一。

（三）Down 综合征

叶酸缺乏是母亲年龄以外第二位的 Down 综合征发生的危险因素。Down 综合征是一种临床上常见的遗传性疾病，以特殊面容、智力低下、通贯手足及合并多种畸形为其临床表现。叶酸代谢异常与染色体不稳定性有关，可影响 DNA 正常代谢。叶酸缺乏可导致 DNA 合成障碍，体内细胞分裂和成熟受到抑制，染色体畸变率增加而导致此症。

三、钙磷与骨质疏松症

钙和磷是构成骨骼的重要组成成分，钙是我国居民膳食中容易缺乏的营养素。骨质疏松是随着年龄增长的退行性病变。

（一）骨质疏松症

原发性骨质疏松症分为Ⅰ和Ⅱ型，分别具有各自的疾病特点（表3－8）。此外，还有继发性骨质疏松症和特发性骨质疏松症，均比较少见。骨质疏松症的主要危险因素见表3－9。

表3－8 原发性骨质疏松症的特点

危险因素	Ⅰ型（绝经后骨质疏松症）	Ⅱ型（老年性骨质疏松症）
年龄	50～70岁妇女	＞70岁
男∶女	1∶6	1∶2
骨量丢失部位	主要在松质骨	松质骨和皮质骨均存在
骨丢失率	呈加速态势	不加速
骨折部位	锥体粉碎性和桡骨远端	锥体多楔形和股骨近端
骨形成和骨吸收	均增加，但骨形成大于骨吸收	骨形成减少，骨吸收大于骨形成
甲状旁腺素	降低	增加

续表

危险因素	Ⅰ型（绝经后骨质疏松症）	Ⅱ型（老年性骨质疏松症）
钙摄入	不足	不足
维生素 D 活性形式的生成	继发性减少	原发性减少
最主要的危险因素	与绝经有关	与老龄有关

表 3－9 原发性骨质疏松症的主要危险因素

危险因素	因素特征
性别	女性
年龄	老年人（与年龄呈正相关）
雌激素	绝经后雌激素缺乏或卵巢功能不全
饮食营养	钙和维生素 D 缺乏，高蛋白和钠盐饮食，酗酒和咖啡
活动	运动和体力活动少
生活工作方式	坐着工作，看电视或卧床时间长，吸烟
家族史	有家族史
种族	亚洲人（尤皮肤白者）、欧洲人和高加索人
体型	瘦弱者
体重	低体重者
慢性病	能加快骨丢失或干扰骨代谢的慢性病，如胃切除、男女性功能减退、肾上腺皮质功能亢进、甲状腺功能亢进、肝病、钙代谢紊乱（变形性肾炎）、骨软化，某些肿瘤、免疫性疾病和肾病等
寿命	寿命越长患病率越高
药物	促进骨吸收或抑制骨形成的药物，如抗惊厥药、皮质类固醇药物、肝素和含铝抗酸药物等

（二）预防骨质疏松的膳食建议

骨质疏松症是老龄退行性病变，无法治愈，只能缓解骨质的丢失。因此预防才是根本的措施。预防措施主要有合理的膳食营养、经常性运动和良好生活方式。

人类从出生一直积累到 30～35 岁才达到峰值骨量。成年后身高不长，但骨密度依然在不断增加。30～35 岁后，尤其是女性，骨钙开始丢失，更年期丢失速度最快。因此，30～35 岁前的重点是提高峰值骨量，之后是减少骨丢失。维生素 D 可经日光照射皮肤后在体内合成，也可从食物中摄取，在肠道中以钙结合蛋白形式促进肠道内钙消化吸收。因此，只补钙而忽略补充维生素 D，会造成钙的生物利用率下降。富含钙和维生素 D 的食物如表 3－10。

表 3－10 富含钙和维生素 D 的食物

富含钙的食物	含量（mg/100g）	富含维生素 D 的食物	含量（IU/100g）
人乳	30	鱼肝油	8500
牛乳	104	大马哈鱼	500
大豆	191	金枪鱼罐头	232

续表

富含钙的食物	含量（mg/100g）	富含维生素 D 的食物	含量（IU/100g）
豆腐	164	奶油（脂肪含量 37.6%）	100
花生仁	284	浓缩牛奶	88
干酪	799	炖鸡肝	67
蛋黄	112	人造黄油煎猪肝	51
干海带	348	奶油（脂肪含量 31.3%）	50
虾皮	991	煮鸡蛋	49
木耳	247	鲜牛奶（脂肪含量 1% ~3.7%）	41
紫菜	264	烤羊肝	23
芫荽	252	煎牛排	19
圆白菜	123	猪肝午餐肉	15
芹菜	181	煎小牛排	14

少吃盐，可增加肾脏对钙的重吸收并减少钙的排泄。蛋白质的摄入要足够但更要合理，因为低蛋白饮食可导致营养缺乏，不利于骨形成，但过多摄入蛋白也会促进尿钙排出。多吃蔬菜水果，蔬菜中的白菜、苋菜、花椰菜、芹菜、紫菜、红萝卜和青豆等都含较多钙质。多吃富含黄酮类食物，因为黄酮类物质具有植物雌激素样作用，有助于补偿绝经期雌激素减少导致的骨丢失。富含黄酮类食物有全谷、种子、豆类、大麦、嫩玉米、花生、各种果仁、椰子肉、圆白菜、胡萝卜、萝卜樱、土豆、大蒜、苹果、樱桃、无花果、橄榄、李子和草莓等。

（三）防治骨质疏松的生活方式

1. 饮食习惯

（1）不可酗酒。酒精通过损害肝脏而抑制钙和维生素 D 在肝脏中的合成与代谢，还直接对抗成骨细胞，在酒精性骨质疏松症可见明显的骨小梁断裂，男性骨质疏松症与酗酒关系密切。

（2）不可大量饮用咖啡。少量喝咖啡对钙的吸收和代谢没有影响，但每日饮用 2 杯以上咖啡而不饮牛奶，骨密度会降低，且具有剂量 - 反应关系。咖啡因不仅在胃肠道中与钙结合而阻止钙营养的吸收，还能与游离钙结合而经尿排出；体内游离钙减少，就必然导致骨钙加速溶解，以释放游离钙。

（3）少喝碳酸饮料。有研究表明，喜欢喝碳酸饮料者易骨折，目前尚不清楚其机制。

2. 生活习惯

吸烟会加速骨丢失，经常性和规律性运动是预防骨质疏松症的有效手段。因此要少吸烟多运动。预防骨质疏松症的金三角是：①充足的钙和维生素 D；②经常性运动和锻炼；③激素水平正常。三者缺一不可。提倡户外活动，以获得阳光的照射。

第三节 营养、食物与癌症

人类癌症中约1/3与膳食不当有关。膳食因素中，不平衡的营养结构起促癌作用，而存在的致癌物（环境污染和加工不当等）发挥启动剂作用。近数十年来，越来越重视各种食物和营养素对癌症危险性的影响，研究结果来自严格的人群流行病学研究和动物实验以及发病机制分析的综合研判，并将营养和食物对癌症危险性证据的强弱，用充分、很可能、可能和不足来表示，使每种膳食因素与每种癌症间关系的现有证据以及充分程度等一目了然。

一、营养素与癌症

不合理的膳食模式和营养素失衡是促进癌症发生和发展的危险因素。

（一）产能营养素

1. 能量

能量由三大产能营养素提供。摄入高能量而体力活动过少可增加子宫内膜癌的危险性；而婴儿期和儿童期生长过快以及月经初潮过早，患乳腺癌的危险性增加；能量摄入过多导致肥胖，使结肠癌和胆囊癌、绝经期女性乳腺癌和肾癌危险性增加。

2. 蛋白质

低蛋白摄入或高蛋白摄入均会促进肿瘤的发生，过低时可增加机体对致癌物的敏感性，易患食管癌和胃癌；过高时，尤其是动物性蛋白又可引发结肠癌、乳腺癌和胰腺癌。

3. 脂肪

总脂肪水平高的膳食可能增加肺、乳腺、结肠、直肠和前列腺等部位癌的危险性；而脂肪酸的作用却各不相同，单不饱和脂肪酸对患癌危险性的影响很小，$n-3$ 系列对肿瘤有抑制作用，$n-6$ 的作用尚无定论；高脂肪膳食可致肥胖，而肥胖增加子宫内膜癌危险性的证据已十分充分。

4. 碳水化合物

研究表明，含膳食纤维高的碳水化合物类食品可能降低胰腺、结肠、直肠和乳腺癌的发生率，精制米面类食品可能增高患胃癌的危险性，精制糖类膳食可能增加结肠和直肠癌的危险性。

（二）非产能性营养素

1. 矿物质

与癌症危险性相关的矿物质为硒和碘，其他矿物质与癌关系的证据尚不足。碘缺乏膳食很可能增加甲状腺癌的危险性，而碘过多膳食可能增加甲状腺癌的危险性；富含硒的膳食可能降低肺癌的危险性。

2. 维生素

维生素营养素全部是降低癌症危险性的营养成分。摄入类胡萝卜素和维生素 C 很可能减少胃癌的危险性；类胡萝卜素可能降低食管、胃、结肠、直肠、乳腺和子宫颈等部位癌的危险性；维生素 C 含量高的食物有可能降低口腔、咽部、食管、肺、胰腺和子宫颈等部位癌的危险性。叶酸和维生素 E 与癌症关系的证据还不够多，但维生素 E含量高的膳食有可能降低肺癌和子宫颈癌的危险性。

3. 膳食纤维

膳食纤维可降低结肠癌和直肠癌发生的危险性。

（三）酒精

酒精并不是机体必需的物质，而是一种成瘾性药物。目前为止的研究证明，酒精与癌症的关系均为负面的，可增加发病的危险性。酒精可增加口咽、喉、食管和肝癌的危险性证据是充分的；如同时还吸烟，则这种危险性会大大增加。少量饮酒也可增加患结肠、直肠和乳腺癌的危险性。一般来说，危险性随饮酒量增加而增加。

二、食物与癌症

（一）植物性食物

1. 谷物

含整粒谷物比例高的膳食可能减少患胃癌的危险性，而精制谷物可能增加患食管癌的危险性。

2. 蔬菜水果

有充分和一致的研究结果证明含蔬菜与水果多的膳食能减少许多癌症的危险性，也可以说蔬菜水果对癌症危险性的降低具有普遍性作用。蔬菜水果含量高的膳食可减少患口咽、食管、肺、胃、结肠和直肠癌危险性的证据十分充分。此外，很可能预防喉、胰腺、乳腺和膀胱癌，可能预防卵巢、子宫颈、子宫内膜和甲状腺癌；仅蔬菜多的膳食可能预防原发性肝癌、前列腺癌和膀胱癌。

（二）动物性食物

1. 肉、禽、鱼和蛋

这 4 种食物是蛋白质、各种维生素和矿物质的良好来源。家畜的肉一般含大量脂肪，特别是饱和脂肪较多，鱼肉是属于必需脂肪酸的多不饱和脂肪酸的良好来源，蛋类是蛋白质的良好来源。含大量红肉（即牛、羊和猪肉）的膳食很可能增加结肠和直肠癌的危险性，可能增加胰腺、乳腺、前列腺和肾癌的危险性。而素食可能减少多种癌症的危险性。

2. 乳和乳制品

乳和乳制品是蛋白质、维生素 D 和钙的良好来源，畜乳及乳制品中的饱和脂肪酸可以在加工时除去。膳食中乳和乳制品含量过多可能增加前列腺和肾癌的危险性。

三、食品加工与癌症

食品加工、保藏和制备等是文明世界的特点。但食物加工可能改变患癌症的危险性。

（一）黄曲霉毒素

污染食品的真菌可能产生真菌毒素。有证据表明，黄曲霉毒素很可能增加人类原发性肝癌的危险性。

（二）食盐、盐腌和冷藏

食盐被广泛地用于食品制作加工、烹饪过程中。大量证据表明高食盐膳食很可能增加胃癌的危险性。经常摄取盐腌品比例高的膳食，可增加鼻咽癌的危险性，尤其是在幼年时经常摄入者。而冷藏食物可减少对盐的需求，并保证吃新鲜的食物，可预防胃癌的发生。

（三）高温烹饪

大多数食物都需要烹饪，但高温，特别是明火烧烤食物可产生“三致”（致癌、致畸和致突变）物质。人群流行病学研究表明，膳食中含大量高温烹饪的肉食（如烤肉和鱼等）很可能增加胃癌的危险性，而油炸和烧烤动物性食品很可能增加患结肠癌和直肠癌的危险性，经常摄取油炸类膳食还可能增加膀胱癌的危险性。

四、预防癌症的膳食建议

世界癌症研究基金会和美国癌症研究会主要从坚持植物性食物为主和体力活动、合理选择食物和饮品以及正确加工和保藏食品等方面，提出14条预防癌症的膳食建议。事实上，这14条建议也是对其他疾病的营养膳食建议。如果执行这14条建议，可使人类癌症总体减少35%。即，90%的胃和大肠癌，50%的子宫内膜、胆囊、胰腺和乳腺癌，20%的肺、咽、口腔、喉、食管、膀胱、子宫和子宫颈癌，10%的其他癌症，可通过合理营养和平衡膳食而得到有效预防。

坚持植物性食物为主和体力活动

（1）食物供应与选择　供应和选择营养丰富、多样化的和以植物性食物为主的膳食，即多吃富含各种蔬菜水果、豆类以及粗加工的含淀粉主食的植物性膳食。

（2）保持稳定的体重　成人的体质指数（BMI）维持在18.5～25，同时保持体重的变化在5kg以内。

（3）坚持体力活动　每天快步走1小时或做类似的运动，在此基础上每周至少进行一次1小时的剧烈运动。

合理选择食物和饮品

（4）蔬菜和水果　全年都多吃蔬菜和水果，每天吃400～800g不同品种的蔬菜和水果，使其提供的能量占总能量的7%以上。

（5）其他植物性食物　食用富含淀粉和蛋白质的粗加工植物性食物，一天内吃多种谷物、豆、根茎和块茎等食物600～800g，使之提供的能量占总能量的45%～60%；限制摄入精制糖，精制糖提供的能量控制在10%以下。

（6）酒　不饮酒，尤其反对过度饮酒，如果要饮，则男性在2杯以下，女性在1杯（啤酒250ml、果酒100ml或白酒25ml）以下；孕妇、儿童和青少年不应饮酒。

(7) 肉 如果吃肉，限制每天的红肉（牛、羊和猪肉）摄入量在80g以下，最好选用鱼和禽肉（白肉）代替红肉。

(8) 脂肪和油 限制含脂肪多的食物，尤其是动物性脂肪多的食物；选择中等（适宜）量的植物油，最好选择顺式脂肪酸的单不饱和植物油（参见本章第一节）。

正确加工和保藏食品

(9) 食盐和盐腌食品 限制盐腌、烹调和餐桌上的用盐量，各种来源的食盐摄入量应少于6g。

(10) 食品储藏 易变败的食物应尽量减少真菌的污染，不吃易被真菌污染而已在室温长期储存的食物。

(11) 食品保鲜 易变败的食物，应冷冻或冷藏保鲜。

(12) 添加剂和残留物 滥用或使用不当的食品添加剂、农药和兽药，会在食品中残留，对健康有害。

(13) 食物制备 不吃烧焦的食物，吃肉和鱼时应避免肉汁烧焦，偶尔吃或不吃在明火上烧烤的肉和鱼以及熏制或烟熏的肉。

膳食补充剂

(14) 膳食补充剂对减少癌症并没有益处，如能坚持以上各条，则完全可从食物中获得足够的营养，而不需要膳食补充剂。

此外还建议，不吸烟或不嚼烟草。

综上，食物和营养即可致癌又可防癌。人群统计学资料显示，以植物性膳食为主、平衡膳食、合理营养、改进烹饪和储存方法及适当的体力活动，大部分癌症是可防可控的。图3－2总结了目前人类对食物、营养与癌症关系研究的综合结果。

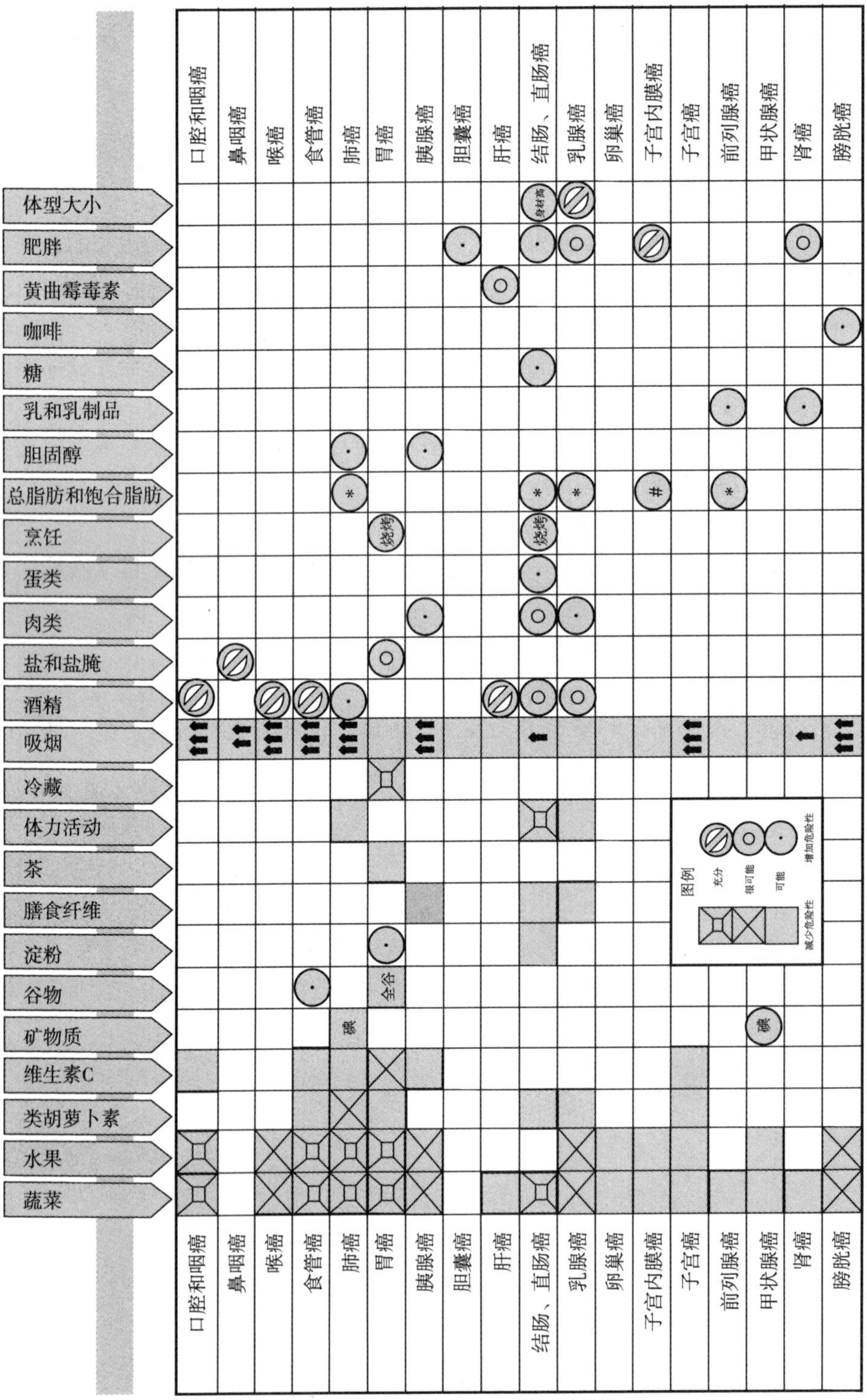

	蔬菜	水果	类胡萝卜素	维生素C	矿物质	谷物	淀粉	膳食纤维	茶	体力活动	冷藏	吸烟	酒精	盐和盐腌	肉类	蛋类	烹饪	总脂肪和饱和脂肪	胆固醇	乳和乳制品	糖	咖啡	黄曲霉毒素	肥胖	体型大小	
口腔和咽癌												↑↑↑														口腔和咽癌
鼻咽癌												↑↑														鼻咽癌
喉癌												↑↑↑														喉癌
食管癌												↑↑↑														食管癌
肺癌					碘							↑↑↑						*								肺癌
胃癌						全谷											烧烤									胃癌
胰腺癌												↑↑↑														胰腺癌
胆囊癌																										胆囊癌
肝癌																										肝癌
结肠、直肠癌												↑					烧烤	*							身材高	结肠、直肠癌
乳腺癌																		*								乳腺癌
卵巢癌																										卵巢癌
子宫内膜癌																		#								子宫内膜癌
子宫癌												↑↑↑														子宫癌
前列腺癌																		*								前列腺癌
甲状腺癌					碘																					甲状腺癌
肾癌												↑														肾癌
膀胱癌												↑↑↑														膀胱癌

图例：充分；很可能；可能；减少危险性；增加危险性

图3-2 食物、营养与癌症预防

（引自《食物、营养与癌症预防》，插页第12~13页，1999年）

注：*总脂肪与饱和脂肪酸/动物性脂肪；#：饱和脂肪酸/动物性脂肪。左侧各列表示与降低癌症危险性相关的各种膳食因素，右侧各列表示与增加癌症危险性相关的各种膳食因素。

1. 营养素如何影响疾病的发生？
2. 营养相关疾病包括哪几类？
3. 膳食宝塔分几层？各层代表什么？
4. 试述食物中营养素保存和丢失的几种情形。
5. 何种膳食模式和膳食结构对健康最有利？
6. 世界癌研基金和美国癌研会提出的14条预防癌症的膳食建议的核心是什么？

参考文献

[1] 陈君石，闻芝梅. 食物、营养与癌症预防［M］. 上海：上海医科大学出版社，1999.
[2] 林小明，李勇. 高级营养学［M］. 北京：北京大学医学出版社，2004.

第四章

食品安全法规与标准

学习要点

通过对本章内容的学习，了解我国以《食品安全法》为基础、多项法律法规相配套的食品安全法规体系，认识我国刑法修正案（八）对食品领域犯罪行为的惩处措施。掌握我国食品生产、流通和餐饮服务环节主要的食品安全法规要求，了解食品产品、食品添加剂、食品进出口等方面的管理规定。掌握我国食品安全标准的制修订过程及食品安全国家标准体系的构成，了解食品安全重要基础标准的主要内容。

《中华人民共和国食品安全法》（下文简称《食品安全法》）的颁布实施，标志着我国食品安全法治化管理进入了一个新时代。国务院以及食品安全监管各部门在此基础上，出台了《中华人民共和国食品安全法实施条例》（下文简称《实施条例》）及一系列部门规章和规范性文件，共同形成了比较完善的食品安全法规体系。国务院卫生行政部门重新组建了食品安全国家标准审评委员会，对现有各类食品标准进行清理整合，颁布了一大批食品安全国家标准。与此同时，刑法修正案（八）对涉及食品犯罪的修改内容加大了对生产有毒有害食品的惩处力度，我国食品安全的法治化环境日趋良好。

第一节　食品安全法律法规

涉及食品安全的法律法规有很多，本章仅就较为核心的《食品安全法》及其实施条例、《中华人民共和国农产品质量安全法》（下文简称《农产品质量安全法》）、《中华人民共和国进出境动植物检疫法》（下文简称《进出境动植物检疫法》）和《乳品质量安全监督管理条例》等作概要介绍。

一、《食品安全法》及其实施条例

2009年2月28日，《食品安全法》经第十一届全国人大常委会第七次会议审议通过，并于2009年6月1日起实施。全文共104条，包括总则、食品安全风险监测和评估、食品安全标准、食品生产经营、食品检验、食品进出口、食品安全事故处置、监督管理、法律责任以及附则等10章。

《食品安全法》是一部直接关系到人民群众身体健康和生命安全，关系到经济健康发展、社会和谐稳定的重要法律。该法的草案自国务院签署提交全国人民代表大会常务委员会审议到通过，历经1年多的时间，经过4次审议。制定《食品安全法》的重要目的是通过法治化的手段，保证食品安全，保障公众身体健康和生命安全。《食品安全法》的公布实施，对于从法律上明确食品安全风险评估、标准制定、食品生产经营以及检验、监督等，防止、控制和消除食品污染以及食品中有害因素对人体的危害，预防和减少食源性疾病的发生，保证食品安全，切实保障人民群众的切身利益，有力促进社会主义和谐社会建设，具有重要意义。

为了配合《食品安全法》的实施，自2009年1月起，国务院法制办会同有关部门起草了《实施条例》。《实施条例》于2009年7月8日通过国务院第73次常务会议审议，并于7月20日公布实施。条例共10章64条，就食品安全风险监测和评估、食品安全标准、食品生产经营、食品检验、食品进出口、食品安全事故处置、监督管理和法律责任做出了明确规定。《实施条例》进一步落实企业作为食品安全第一责任人的责任，强化事先预防和生产经营过程控制，以及食品发生安全事故后的可追溯；进一步强化各部门在食品安全监管方面的职责，完善监管部门在分工负责与统一协调相结合体制中的相互协调、衔接与配合；将《食品安全法》较为原则的规定具体化，增强制度的可操作性。

（一）主要内容

《食品安全法》及其实施条例以法律的形式明确了食品安全监管体制，确立了食品安全风险监测和评估制度，明确了统一制定食品安全国家标准的原则，强化了生产经营者是食品安全第一责任人的法定义务，在食品检验、事故处理、信息发布等各方面均做了较为完善的规定。

1. 进一步明确了食品安全监管体制

为进一步明确食品安全监管体制，《食品安全法》第四、五和六条规定了政府的食品安全监管体制。在中央设立食品安全委员会，国务院卫生行政部门负责食品安全风险评估、食品安全标准制定、食品检验机构的资质认定条件和检验规范的制定。国务院质量监督、工商行政管理和国家食品药品监督管理部门依照该法和国务院规定的职责，分别对食品生产、食品流通和餐饮服务活动实施监督管理。

在地方，人民政府统一负责、领导、组织和协调本行政区域的食品安全监督管理工作，建立健全食品安全全程监督管理的工作机制；统一领导和指挥食品安全突发事件应对工作；完善并落实食品安全监督管理责任制，对食品安全监督管理部门进行评议和考核。县级以上卫生行政、农业行政、质量监督、工商行政管理和食品药品监督管理部门应当加强沟通，密切配合，按照各自职责分工，依法行使职权，承担责任。考虑到食品安全的监管体制不可能一成不变，将来随着我国食品安全管理情况的变化，国家可能需要对食品安全监管体制做出与时俱进的调整，以适应监管实践的需要，所以《食品安全法》特别授权国务院可以根据实际需要对食品安全监管体制做出调整，以适应食品安全执法的需要。

目前，《食品安全法》维持了现行的分段监管体制，并在此基础上规定国务院设立食品安全委员会，作为高层次的议事协调机构，对食品安全监管工作进行协调和指导。同时，《食品安全法》对不属于任何一个环节的事项，如食品安全风险评估、食品安全标准制定以及有关食品检验机构的资质认定条件和检验规范的制定等，规定由一个部门负责监管。这样规定，既加强了对食品安全监管工作的协调，又有利于做到部门之间职能既不交叉，又不脱节，从而提高政府部门的监管效率，节约监管资源，使现有的食品安全监管体制发挥更大的效能。

《实施条例》强化了地方政府完善食品安全监管工作协调配合机制的责任。地方人民政府应当对本行政区域的食品安全监管工作负总责。《实施条例》规定，县级以上地方人民政府应当建立健全食品安全监管部门的协调配合机制，整合并完善食品安全信息网络，实现食品安全信息共享和食品检验等技术资源的共享。《实施条例》还特别明确了县（区和市）级人民政府统一组织和协调食品安全监管工作的职责，规定县（区和市）级人民政府应当统一组织和协调本级卫生、农业、质检、工商和食品药品监管部门，依法对本行政区域内的食品生产经营者进行监督管理；对发生食品安全事故风险较高的食品生产经营者，应当重点加强监督管理。在卫生部公布食品安全风险警示信息，或者接到所在地省级卫生部门依照《实施条例》第十条规定通报的食品安全风险监测信息后，县（区和市）级人民政府应当立即组织本级卫生、农业、质检、工商和食品药品监管部门采取有针对性的措施，防止发生食品安全事故。

2. 确立了食品安全风险监测和评估制度

《食品安全法》借鉴目前国际通行的做法，首次将风险监测和评估制度引入食品安全监管领域，改变了以往食品安全监管常常等到出了事或有了问题再采取措施的做法，使得食品安全监管范围前移到对有碍或疑似有碍食品安全的危险因素进行预防性控制，为提高食品安全和减少食品安全事故提供了有力的保障。

《食品安全法》第十一和十二条从食品安全风险监测计划的制定、发布、实施和调整等方面，规定了完备的食品安全风险监测制度，规定由国务院卫生行政部门会同国务院其他有关部门制定和实施国家食品安全风险监测计划。第十三到十六条从食品安全风险评估的启动、具体操作以及评估结果的用途等方面规定了完整的食品安全风险评估制度，规定国务院卫生行政部门负责组织食品安全风险评估工作，成立由医学、农业、食品和营养等方面的专家组成的食品安全风险评估专家委员会进行食品安全风险评估。为了保证食品安全风险评估的结果得到利用，《食品安全法》规定，食品安全风险评估结果作为制定或者修订食品安全标准和对食品安全实施监督管理的科学依据。第十七条规定了食品安全风险警示，并予以公布。

《实施条例》进一步细化了《食品安全法》的有关职责规定，明确国家食品安全风险监测计划，由国务院卫生行政部门会同国务院质量监督、工商行政管理和国家食品药品监督管理以及国务院商务以及工业和信息化等部门，根据食品安全风险评估、食品安全标准制定与修订和食品安全监督管理等工作的需要制定。省（自治区和直辖市）人民政府卫生行政部门应当组织同级质量监督、工商行政管理、食品药品监督管理、商务以及工业和信息化等部门，依照《食品安全法》第十一条的规定，制定本行政区域的食品安全风险监测方案，报国务院卫生行政部门备案。特别需要强调的是，

《实施条例》吸取三聚氰胺污染事件的教训，明确规定医疗机构发现其接收的病人属于食源性疾病病人和食物中毒病人，或者疑似食源性疾病病人和疑似食物中毒病人的，应当及时向所在地县（区和市）级人民政府卫生行政部门报告有关疾病信息。接到报告的卫生行政部门应当汇总并分析有关疾病信息，及时向本级人民政府报告，同时报告上级卫生行政部门；必要时，可以直接向国务院卫生行政部门报告，同时报告本级人民政府和上级卫生行政部门。

此外，《实施条例》规定了应当启动食品安全风险评估工作的情形。在《食品安全法》已经明确规定食品安全风险评估制度的基础上，《实施条例》明确下列情形应当启动食品安全风险评估工作：①为制定或修订食品安全国家标准提供科学依据需要进行风险评估的；②为确定监管的重点领域、重点品种需要进行风险评估的；③发现新的可能危害食品安全的因素的；④需要判断某一因素是否构成食品安全隐患的；⑤国务院卫生行政部门认为需要进行风险评估的其他情形。

3. 明确了统一制定食品安全国家标准的原则

针对食品标准政出多门、标准缺失、标准不统一以及标准过高或过低等问题，《食品安全法》第十八到二十六条对食品安全标准作了相应规定：第一，明确规定食品安全标准是强制执行的标准，除食品安全标准外，不得制定其他的食品强制性标准；第二，明确了食品安全国家标准的制定和发布主体，明确对有关标准进行整合；第三，明确规定了制定食品安全标准的原则，即以保障公众身体健康为宗旨，做到科学合理并安全可靠；第四，明确了食品安全地方标准和企业标准的地位；第五，明确了食品安全标准应当供公众免费查阅。

《实施条例》规定了食品安全国家标准规划由卫生部会同农业部和质检总局等部门制定，食品安全国家标准审评委员会由卫生部负责组织，食品安全标准实施情况的跟踪评价工作由省级以上卫生部门会同同级农业和质检等部门负责。国务院卫生行政部门和省（自治区和直辖市）人民政府卫生行政部门应当会同同级农业行政、质量监督、工商行政管理、食品药品监督管理、商务以及工业和信息化等部门，对食品安全国家标准和食品安全地方标准的执行情况分别进行跟踪评价，并应当根据评价结果适时组织修订食品安全标准。国务院和省（自治区和直辖市）人民政府的农业行政、质量监督、工商行政管理、食品药品监督管理、商务以及工业和信息化等部门应当收集和汇总食品安全标准在执行过程中存在的问题，并及时向同级卫生行政部门通报。

4. 强化了生产经营者是食品安全第一责任人的法定义务

为了强化生产经营者保证食品安全的社会责任，《食品安全法》规定，食品生产经营者应当依照法律、法规和食品安全标准从事生产经营活动，对社会和公众负责，保证食品安全，接受社会监督，承担社会责任。《食品安全法》同时确立了以下制度，以进一步强化食品生产经营者作为保证食品安全第一责任人的法定义务。

一是生产、流通和餐饮服务许可制度。《食品安全法》规定，国家对食品生产经营实行许可制度。从事食品生产、食品流通和餐饮服务，应当依法取得食品生产许可、食品流通许可和餐饮服务许可。

二是索票索证制度。《食品安全法》规定，食品生产者采购食品原料、食品添加剂和食品相关产品，应当查验供货者的许可证和食品合格证明文件；食品经营者采购食品，应当查验供货者的许可证和食品合格证明文件。生产经营企业还应当建立并执行进货查验记录制度和出厂检验记录制度等台账制度。《实施条例》还增加了餐饮服务提供者原料采购控制义务，要求制作加工过程中应当检查待加工的食品和原料，对有腐败变质或其他感官性状异常的，不得加工或使用。同时，对餐饮服务提供者食品加工、贮存和陈列等设施设备的维护及校验作了具体规定，并设定了相应的法律责任。

三是企业食品安全管理制度和从业人员健康管理制度。《食品安全法》规定，食品生产经营企业应当建立健全本单位的食品安全管理制度，加强对职工食品安全知识的培训，配备专职或者兼职的食品安全管理人员，做好对所生产经营食品的检验工作，依法从事食品生产经营活动。《食品安全法》第三十四条第一款规定："患有痢疾、伤寒、病毒性肝炎等消化道传染病的人员，以及患有活动性肺结核、化脓性或者渗出性皮肤病等有碍食品安全的疾病的人员，不得从事接触直接入口食品的工作。"《实施条例》进一步明确了"病毒性肝炎"的范围，规定从事接触直接入口食品工作的人员患有痢疾、伤寒、甲型病毒性肝炎、戊型病毒性肝炎等消化道传染病，以及患有活动性肺结核、化脓性或者渗出性皮肤病等有碍食品安全的疾病的，食品生产经营者应当将其调整到其他不影响食品安全的工作岗位。

四是食品召回和停止经营制度。《食品安全法》借鉴国际通行做法，明确了食品召回和停止经营制度，规定食品生产者发现其生产的食品不符合食品安全标准，应当立即停止生产，召回已经上市销售的食品，通知相关生产经营者和消费者，并记录召回和通知情况。食品生产者应当对召回的食品采取补救、无害化处理或销毁等措施。食品经营者发现其经营的食品不符合食品安全标准，应当立即停止经营，通知相关生产经营者和消费者，并记录停止经营和通知情况。食品生产经营者未依照规定召回或者停止经营不符合食品安全标准的食品的，有关监管部门可以责令其召回或者停止经营。食品召回制度在发达国家已应用多年，现逐渐成为国际通行的做法，此次《食品安全法》将其以法律的形式在我国确立下来，是对国际先进监管经验和理念的成功移植，为我国的食品安全监管提供了有力的保障。

5. 加强了对食品添加剂和保健食品的监管力度

《食品安全法》进一步加强了对食品添加剂的监管，规定食品添加剂应当在技术上确有必要且经过风险评估证明安全可靠，方可列入允许使用的范围。国务院卫生行政部门应当根据技术必要性和食品安全风险评估结果，及时对食品添加剂的品种、使用范围和用量的标准进行修订。同时，食品生产者应当按照食品安全标准关于食品添加剂的品种、使用范围和用量的规定使用食品添加剂；不得在食品生产中使用食品添加剂以外的化学物质和其他可能危害人体健康的物质。

为了加强对保健食品的监管，《食品安全法》明确规定：国家对声称具有特定保健功能的食品实行严格监管。有关监管部门应当依法履职，承担责任。具体管理办法由国务院规定。声称具有特定保健功能的食品不得对人体产生急性、亚急性或者慢性危害；其标签和说明书不得涉及疾病预防和治疗功能，内容必须真实，应当载明适宜人群、不适宜人群、功效成分或者标志性成分及其含量等；产品的功能和成分应当与标签和说明书相一致。《食品安全法》未对保健食品的监管体制作出具体规定，只是规定了要严格进行监管的原则，具体管理办法由国务院作出规定。按照国务院对食品药品监管部门职责的规定，目前是由该部门负责对保健食品进行监管并对保健食品的产品和说明书进行审批。

6. 确立了食品检验制度

《食品安全法》规定食品检验机构按照国家有关认证认可的规定取得资质认定后，方可从事食品检验活动。食品检验由食品检验机构指定的检验人独立进行。检验人应当依照有关法律和法规规定，并依照食品安全标准和检验规范对食品进行检验，尊重科学，恪守职业道德，保证出具的检验数据和结论客观和公正，不得出具虚假的检验报告。食品检验实行食品检验机构与检验人负责制。食品检验机构和检验人对出具的食品检验报告负责。同时还规定，食品安全监督管理部门对食品不得实施免检。县级以上质量监督、工商行政管理和食品药品监督管理部门应当对食品进行定期或者不定期的抽样检验。食品生产经营企业可以自行对所生产的食品进行检验，也可以委托符合本法规定的食品检验机构进行检验。

《实施条例》细化了食品复检制度。为方便企业和消费者查阅复检机构名录，同时避免因多次复检加重企业或财政负担，维护复检申请人的合法权益，《实施条例》规定，复检机构名录由国务院认证认可监督管理部门、卫生部、农业部等部门共同公布，复检机构出具的复检结论为最终检验结论；复检机构由复检申请人自行选择，但不得与初检机构为同一机构。

7. 进一步完善了食品安全事故处置程序

《食品安全法》明确规定了食品安全事故的处置机制，包括以下几方面内容。

一是报告制度。《食品安全法》规定，农业行政、质量监督、工商行政管理和食品药品监督管理部门在日常监督管理中发现食品安全事故，或者接到有关食品安全事故的举报，应当立即向卫生行政部门通报。发生重大食品安全事故的，接到报告的县级卫生行政部门应当按照规定向本级人民政府和上级人民政府卫生行政部门报告。县级人民政府和上级人民政府卫生行政部门应当按照规定上报。任何单位或者个人不得对食品安全事故隐瞒、谎报和缓报，不得毁灭有关证据。

二是事故处置。县级以上卫生行政部门接到食品安全事故的报告后，应当立即会同有关农业行政、质量监督、工商行政管理、食品药品监督管理部门进行调查处理，并采取措施防止或者减轻社会危害。一是开展应急救援工作，对因食品安全事故导致人身伤害的人员，卫生行政部门应当立即组织救治；二是封存可能导致食品安全事故的食品及其原料，并立即进行检验；对确认属于被污染的食品及其原料，责令食品生产经营者依法予以召回、停止经营并销毁；三是封存被污染的食品用工具及用具，并责令进行清洗消毒；四是做好信息发布工作，依法对食品安全事故及其处理情况进行发布，并对可能产生的危害加以解释和说明。发生重大食品安全事故的，县级以上人民政府应当立即成立食品安全事故处置指挥机构，启动应急预案。

三是责任追究。《食品安全法》规定，发生重大食品安全事故，设区的市级以上人民政府卫生行政部门应当立即会同有关部门进行事故责任调查，督促有关部门履行职责，向本级人民政府提出事故责任调查处理报告。重大食品安全事故涉及两个以上省、自治区或直辖市的，由国务院卫生行政部门依照上述规定组织事故责任调查。

8. 建立了食品安全信息统一公布制度

《食品安全法》规定了由国务院卫生行政部门统一公布的信息，包括：国家食品安全总体情况、食品安全风险评估信息和食品安全风险警示信息、重大食品安全事故及其处理信息、其他重要的食品安全信息和国务院确定的需要统一公布的信息。上述信息影响限于特定区域的，也可以由有关省、自治区或直辖市人民政府卫生行政部门公布。县级以上农业行政、质量监督、工商行政管理和食品药品监督管理部门依据各自职责公布食品安全日常监督管理信息。

《实施条例》进一步明确食品安全日常监管信息包括：①依照《食品安全法》实施行政许可的情况；②责令停止生产经营的食品、食品添加剂、食品相关产品的名录；③查处食品生产经营违法行为的情况；④专项检查整治工作情况等。

9. 加大了对食品生产经营违法行为的处罚力度

《食品安全法》加大了对食品生产经营违法行为的处罚力度，对用非食品原料生产食品或者在食品中添加食品添加剂以外的化学物质和其他可能危害人体健康的物质，用回收食品作为原料生产食品，生产经营营养成分不符合食品安全标准的专供婴幼儿和其他特定人群的主辅食品，经营病死、毒死或者死因不明的动物肉类或者生产经营这类动物肉类的制品等严重违法行为，规定了较为严厉的处罚措施。主要是：构成犯罪的，依照刑法追究刑事责任；尚不构成犯罪的，依法没收违法所得、违法生产经营的食品和用于违法生产经营的工具、设备、原料等物品，处以最高多达货值金额10倍的罚款，吊销许可证。对依照《食品安全法》规定被吊销食品生产、流通或者餐饮服务许可证的单位，其直接负责的主管人员5年内不得从事食品生产经营管理工作。违法的食品生产经营者给消费者造成损害的，依法承担赔偿责任。

关于民事赔偿责任，《食品安全法》特别规定了惩罚性民事赔偿责任和民事赔偿优先的原则。生产不符合食品安全标准的食品或者销售明知是不符合食品安全标准的食品，消费者除要求赔偿损失外，还可以向生产者或销售者要求支付价款10倍的赔偿金。对违法的食品企业既要给予罚款或罚金的行政处罚或刑事处罚，又要其承担民事赔偿责任时，明确了民事赔偿责任优先的原则：违反本法规定，应当承担民事赔偿责任和缴纳罚款或罚金，其财产不足以同时支付时，先承担民事赔偿责任。这样可以使权益受到损害的消费者优先得到赔偿。

（二）有关餐饮服务法律责任的规定

《食品安全法》基于保证食品安全，保障公众身体健康和生命安全，有效处理和打击危害公众健康和生命安全的餐饮服务违法行为，加大和统一了食品安全违法行为的行政责任。餐饮服务方面，对未经许可从事餐饮服务，生产经营禁止生产经营食品、采购不符合规定的食品、未建立进货验收制度、未按销售规定要求贮存和清理食品以及未按规定要求运输食品等违法行为，均设定相应的法律责任。统一了国务院第503号令（国务院关于加强食品等产品安全监督管理特别规定）、《无照经营查处取缔办法》等对无许可证从事食品生产经营行为的处罚；统一了《食品质量法》、《标准化法实施条例》、国务院第 503 号令《国务院关于加强食品等产品安全监督管理的特别规定》和《动物防疫法》等对生产不符合食品安全标准食品的行政处罚。《食品安全法》还增加了对被吊销餐饮服务许可证单位的直接负责的主管人员实施资格的处罚种类，进一步加大了对餐饮服务违法行为法律责任追究的力度。

《食品安全法》对食品生产经营环节的共性制度和行为义务作了规定，但未对餐饮服务提供者作特别的规定。根据餐饮服务的特点，《食品安全法》中可以适用于餐饮服务提供者的义务性条款主要有以下 10 方面。

一是食品经营者从事餐饮服务应当符合相关许可条件，履行申请并获得餐饮服务许可的义务，在取得餐饮服务许可后方可从事餐饮服务。

二是餐饮服务提供者应当按照获得许可时的条件、生产经营过程中应当符合的食品安全标准和相应的要求经营，包括内外环境、场所设施、设备布局、工艺流程、餐饮具清洗消毒、贮存运输的设施设备、直接入口食品的包装，以及使用清洁包装材料和餐具、生产人员个人卫生等的要求。

三是餐饮服务提供者不得加工经营法律规定禁止加工经营的食品，如含致病性微生物、农药残留、兽药残留、重金属、污染物质，以及其他含有危害人体健康的物质及其含量超过食品安全标准限量等的 10 类禁止生产经营的食品。

四是餐饮服务提供者承担本单位食品安全知识培训和配备食品安全管理人员等义务。

五是餐饮服务提供者承担从业人员健康管理的义务，安排身体健康者从事直接接触入口食品工作，并禁止患有法律规定疾病的人员从事接触直接入口食品的工作。

六是餐饮服务提供者应当按照规定贮存、销售食品或者清理库存食品。

七是餐饮服务提供者应当履行进货查验、留存票据和记录义务。

八是餐饮服务提供者负有提供安全的食品的义务。

九是餐饮服务提供者在发生食品安全事故后应当履行法律规定的处置和报告义务。

十是餐饮服务提供者发现其经营的食品不符合食品安全标准时应当承担停止经营、通知相关生产经营者和消费者的义务。

二、《中华人民共和国刑法》

刑法是规定犯罪、刑事责任和刑罚的法律，是为了惩罚犯罪、保护人民而制定的法律。刑法有广义刑法与狭义刑法之分。广义刑法是指一切规定犯罪、刑事责任和刑罚的法律规范的总和，包括刑法典、单行刑法以及非刑事法律中的刑事责任条款。狭义刑法是指刑法典。即《中华人民共和国刑法》（下文简称《刑法》）。

《刑法》的任务，是用刑罚与一切犯罪行为作斗争，以保卫国家安全，保卫人民民主专政的政权和社会主义制度，保护国有财产和劳动群众集体所有的财产，保护公民私人所有的财产，保护公民的人身权利、民主权利和其他权利，维护社会秩序和经济秩序，保障社会主义建设事业的顺利进行。

我国原《刑法》对涉及食品安全领域的犯罪只规定有两项罪名，即“生产、销售不符合卫生标准的食品罪”和“生产、销售有毒、有害食品罪”。2011 年5 月1 日起施行的《刑法修正案（八）》对涉及食品安全领域的犯罪进行了重大修改和补充，将“生产、销售不符合卫生标准的食品罪”修改为“生产、销售不符合食品安全标准的食品罪”，并增加了“食品监管渎职罪”。此次单独列明食品安全监管渎职犯罪，修改了食品安全犯罪的刑罚条件，强化了《刑法》对食品安全这一重大民生问题的保护。

（一）生产销售不符合食品安全标准的食品罪

1. 修改罪名

原《刑法》第一百四十三条规定的罪名是“生产、销售不符合卫生标准的食品罪”，《刑法修正案（八）》第二十四条将罪名修改为“生产、销售不符合食品安全标准的食品罪”。用“安全”代替了“卫生”，这一修改也与2009年6月1日起施行的《食品安全法》有关规定相衔接。

2. 取消单处罚金和按销售金额比例处罚金的规定

《刑法修正案（八）》将《刑法》第一百四十三条修改为“处3年以下有期徒刑或者拘役，并处罚金……”，直接取消了单处罚金的规定，对处罚金的数额不再以销售金额为依据，对罚金的上限也未作出规定。

3. 规定该罪为“情节加重犯”和“结果加重犯”

《刑法修正案（八）》将《刑法》第一百四十三条修改为：“对人体健康造成严重危害或者有其他严重情节的，处3年以上7年以下有期徒刑，并处罚金……”，增加了“或者有其他严重情节的”规定，属于情节加重犯。该条同时规定：“后果特别严重的，处7年以上有期徒刑或者无期徒刑，并处罚金或者没收财产。”可见，该罪同时也是结果加重犯。

4. 规定该罪属于“危险犯”而不是“行为犯”

《刑法》第一百四十三条在修正前后都有“足以造成严重食物中毒事故或者其他严重食源性疾病的”规定，说明生产、销售不符合食品安全标准的食品，只有“足以造成严重食物中毒事故”或“其他严重食源性疾病”的情形才构成此罪，否则就不构成此罪。如果生产、销售不符合食品安全标准的食品不足以造成严重食物中毒事故或者其他严重食源性疾病，但其销售金额在5万元以上的，则按照《刑法》第一百四十九条第一款的规定构成“生产、销售伪劣产品罪”。

（二）生产、销售有毒、有害食品罪

《刑法修正案（八）》将《刑法》第一百四十四条修改为“在生产、销售的食品中掺入有毒、有害的非食品原料的，或者销售明知掺有有毒、有害的非食品原料的食品的，处5年以下有期徒刑或者拘役，并处罚金；对人体健康造成严重危害或者有其他严重情节的，处5年以上10年以下有期徒刑，并处罚金；致人死亡或者有其他严重情节的，依照第一百四十一条规定处罚。”

1. 规定该罪属于“行为犯”、“结果加重犯”和“情节加重犯”

去掉了“造成严重食物中毒事故或者其他严重食源性疾患”的内容，即不论是否中毒或患病，只要生产经营的食品中掺入有毒、有害的非食品原料的，就将受到处罚。同时该条款中也增加了“或者有其他严重情节的”刑罚条件，强化了对食品安全的保

护。该罪属于“行为犯”和“结果加重犯”，同时增加为“情节加重犯”。“行为犯”是指，只要有生产、销售有毒、有害食品的行为就构成此罪，而不管其是否造成后果。“结果加重犯”是指，生产、销售的有毒、有害食品对人体健康造成严重危害或致人死亡的结果将加重处罚，最高可判处死刑。同时，《刑法修正案（八）》第二十五条增加该罪为“情节加重犯”，对“有其他严重情节”和“其他特别严重情节”的情形将分别加重处罚，最高也可判处死刑。该条款的修改，降低了食品安全犯罪侦查、调查举证的难度。这意味着食品本身的危害性明确，尽管没有造成严重后果，但从非法获利的金额、销售食品的数量和食品扩散的范围等角度能够证明其严重危害的，仍然可依法给予刑罚。

2. 取消“拘役”的处罚

《刑法修正案（八）》第二十五条规定，将原《刑法》第一百四十四条生产、销售有毒、有害食品罪中“处5年以下有期徒刑或拘役”中的“拘役”取消，修改为“处5年以下有期徒刑，并处罚金”。

3. 取消了单处罚金和按销售金额比例处罚金的规定

只要构成“生产、销售有毒、有害食品罪”便将并处罚金，且没有规定并处罚金的上限。

4. 规定了对“情节加重犯”的处罚

规定“生产、销售有毒、有害食品罪”中“致人死亡或者有其他特别严重情节的，依照本法第一百四十一条规定处罚”。《刑法》第141条是关于“生产、销售假药罪”的规定，不能简单理解为“生产、销售有毒、有害食品罪”是按照“生产、销售假药罪”的罪名来处罚的，而是指，如果生产、销售的有毒、有害食品与生产、销售的假药同样出现有“致人死亡或者有其他特别严重情节”的后果，将依照《刑法》第一百四十一条规定的“生产、销售假药罪”的法定刑“处10年以上有期徒刑、无期徒刑或者死刑，并处罚金或者没收财产”。

（三）食品监管渎职罪

《刑法修正案（八）》第四十九条规定，在《刑法》第四百零八条后增加一条：“负有食品安全监督管理职责的国家机关工作人员，滥用职权或者玩忽职守，导致发生重大食品安全事故或者造成其他严重后果的，处5年以下有期徒刑或者拘役；造成特别严重后果的，处5年以上10年以下有期徒刑。”同时规定，“徇私舞弊犯前款罪的，从重处罚。”2011年4月27日，最高人民法院、最高人民检察院关于执行《中华人民共和国刑法》确定罪名的补充规定（五）中，将第四百零八条之一的罪名确定为“食品监管渎职罪”。

1. 食品监管渎职罪的特征

一是侵犯的客体是国家机关对食品安全正常的监管活动。二是在客观方面表现为负有食品安全监管职责的国家机关工作人员，滥用职权或者玩忽职守，导致发生重大食品安全事故或者造成其他严重后果。三是犯罪主体是特殊主体，只能是负有食品安全监管职责的国家机关工作人员，根据《食品安全法》的规定，负责食品安全监督管理的国家机关主要包括质量监督部门、工商行政管理部门和食品药品监督管理部门，且是负有直接监管职责的部门的机关工作人员才符合食品安全监管渎职罪的主体条件。四是主观方面一般表现为过失，也可以是故意。滥用职权或玩忽职守造成后果表现为过失，而徇私舞弊导致发生重大食品安全事故或者造成其他严重后果则表现为故意，将从重处罚。

2. 食品监管渎职罪的认定

一是渎职失职行为必须发生在食品安全监管领域。二是渎职失职行为必须导致了重大食品安全事故或者造成其他严重后果。“造成其他严重后果”是指造成与食品安全事故有关的其他严重后果。三是负有食品安全监管职责的国家机关工作人员在食品安全监管过程中，因渎职失职但没有造成重大食品安全事故或没有造成与食品安全事故有关的其他严重后果的，则不构成食品监管渎职罪，但可能构成其他犯罪。

3. 食品安全渎职罪是典型的“结果犯”

本罪以导致发生重大食品安全事故或者造成其他严重后果为犯罪的构成要件，没有出现这样的结果就不构成本罪，行为与法定结果二者缺一不可。食品监管渎职罪同时属于“结果加重犯”。修正后的《刑法》第四百零八条规定：“造成特别严重后果的，处5年以上10年以下有期徒刑”，就是对结果加重的处罚规定。本条还同时规定：“徇私舞弊犯前款罪的，从重处罚。”意思是，负有食品安全监管职责的国家机关工作人员，在食品安全监管中有徇私舞弊行为，导致发生重大食品安全事故或者造成其他严重后果的将从重处罚。

除了上述直接规定食品犯罪的刑法条文外，还有些刑法条款虽然不是专门针对食品犯罪设置，但也能对食品安全起到相应的保护作用，如第二章规定的以危险方法危害公共安全罪。《刑法》对食品安全的间接保护还体现在第一百四十条规定的生产、销售伪劣产品罪、第二百二十二条规定的虚假广告罪、第二百二十五条规定的非法经营罪、第二百二十九条规定的提供虚假证明文件罪等。

三、其他食品安全相关法律法规

我国食品安全法律体系是主要以《食品安全法》为主导的，《食品安全法实施条例》、《中华人民共和国农产品质量安全法》（下文简称《农产品质量安全法》）、《中华人民共和国进出境动植物检疫法》（下文简称《进出境动植物检疫法》）、《乳品质量安全监督管理条例》、《餐饮服务食品安全监督管理办法》、《餐饮服务许可管理办法》等数部单行的食品安全法律、法规及其他规范性文件组成的法律体系，并且包括国家刑法、行政复议法、行政诉讼法等法律、国务院及部委规章和“两高”（最高人民法院、最高人民检察院）司法解释等有关食品安全规定构成集合法律体系。餐饮服务方面的规章及规范性文件将在后面的章节详细介绍，本章节主要介绍其他食品安全相关的法律法规。

（一）《农产品质量安全法》

《农产品质量安全法》由第十届全国人大常委会第二十一次会议于2006年4月29日表决通过，于2006年11月1日起实施。该法是专门的农产品质量安全法。

1. 制定该法的目的

农产品质量安全是指农产品的质量符合保障人的健康与安全的要求。农产品的质量安全状况如何，直接关系着人民群众的身体健康乃至生命安全。不但要保证老百姓吃得饱，还要保证老百姓吃得安全、吃得放心，这是坚持以人为本、对人民高度负责的体现。为了从源头上保障农产品质量安全，维护公众的身体健康，促进农业和农村经济的发展，制定出台了《农产品质量安全法》。

2. 该法规定的基本制度

《农产品质量安全法》从我国农业生产的实际出发，遵循农产品质量安全管理的客观规律，针对保障农产品质量安全的主要环节和关键点，主要确立了以下 7 项基本制度。①政府统一领导、农业主管部门依法监管和其他有关部门分工负责的农产品质量安全管理体制。②农产品质量安全标准的强制实施制度。政府有关部门应当按照保障农产品质量安全的要求，依法制定和发布农产品质量安全标准并监督实施；不符合农产品质量安全标准的农产品，禁止销售。③防止因农产品产地污染而危及农产品质量安全的农产品产地管理制度。④农产品的包装和标识管理制度。⑤农产品质量安全监督检查制度。⑥农产品质量安全的风险分析、评估制度和农产品质量安全的信息发布制度。⑦对农产品质量安全违法行为的责任追究制度。

3. 对农产品产地管理的规定

《农产品质量安全法》规定，县级以上政府应当加强农产品产地管理，改善农产品生产条件。禁止违反法律、法规的规定向农产品产地排放或者倾倒废水、废气、固体废物或者其他有毒有害物质；禁止在有毒有害物质超过规定标准的区域生产、捕捞、采集农产品和建立农产品生产基地。县级以上地方政府农业主管部门按照保障农产品质量安全的要求，根据农产品品种特性和生产区域大气、土壤和水体中有毒有害物质状况等因素，认为不适宜特定农产品生产的，应当提出禁止生产的区域，报本级政府批准后公布执行。

4. 对农产品生产者的规定

农产品生产者在生产过程中应当遵守相应的质量安全规定，主要包括：依照规定合理使用化肥、农药、兽药、饲料和饲料添加剂等农业投入品，严格执行农业投入品使用安全间隔期或者休药期的规定，禁止使用国家明令禁止使用的农业投入品，防止因违反规定使用农业投入品危及农产品质量安全；依照规定建立农产品生产记录，如实记载使用农业投入品的有关情况、动物疫病和植物病虫害的发生和防治情况，以及农产品收获、屠宰或捕捞的日期等情况；对其生产的农产品的质量安全状况进行检测，经检测不符合农产品质量安全标准的，不得销售。

5. 对禁止进入市场销售的农产品的规定

根据《农产品质量安全法》规定，以下 5 种农产品禁止进入市场销售：①含有国家禁止使用的农药、兽药或者其他化学物质的；②农药、兽药等化学物质残留或者含有重金属等有毒有害物质不符合农产品质量安全标准的；③含有的致病性寄生虫、微生物或者生物毒素不符合农产品质量安全标准的；④使用的保鲜剂、防腐剂和添加剂等材料不符合国家有关强制性的技术规范的；⑤其他不符合农产品质量安全标准的。

6. 对农产品包装和标识方面的要求

逐步建立农产品的包装和标识制度，对于方便消费者识别农产品质量安全状况，对于逐步建立农产品质量安全追溯制度，都具有重要作用。《农产品质量安全法》对于农产品包装和标识的规定主要包括3方面。①对国务院农业主管部门规定在销售时应当包装和附加标识的农产品，农产品生产企业、农民专业合作经济组织以及从事农产品收购的单位或者个人，应当按照规定包装或者附加标识后方可销售；属于农业转基因生物的农产品，应当按照农业转基因生物安全管理的规定进行标识。依法需要实施检疫的动植物及其产品，应当附具检疫合格的标志和证明。②农产品在包装、保鲜、贮存和运输中使用的保鲜剂、防腐剂和添加剂等材料，应当符合国家有关强制性的技术规范。③销售的农产品符合农产品质量安全标准的，生产者可以申请使用无公害农产品标识；农产品质量符合国家规定的有关优质农产品标准的，生产者可以申请使用相应的农产品质量标志。

7. 对农产品质量安全监督检查的制度

依法实施对农产品质量安全状况的监督检查，是防止不符合农产品质量安全标准的产品流入市场或进入消费，产生或可能产生危害人民群众健康与安全后果的必要措施，是农产品质量安全监管部门必须履行的法定职责。《农产品质量安全法》规定的农产品质量安全监督检查制度的主要内容包括：①县级以上政府农业主管部门应当制定并组织实施农产品质量安全监测计划，对生产中或者市场上销售的农产品进行监督抽查，监督抽查结果由省级以上政府农业主管部门予以公告，以保证公众对农产品质量安全状况的知情权；②监督抽查检测应当委托具有相应的检测条件和能力检测机构承担，并不得向被抽查人收取费用，被抽查人对监督抽查结果有异议的，可以申请复检；③县级以上农业主管部门可以对生产和销售的农产品进行现场检查，查阅并复制与农产品质量安全有关的记录和其他资料，调查了解有关情况。对经检测不符合农产品质量安全标准的农产品，有权查封和扣押；④对检查发现的不符合农产品质量安全标准的产品，责令停止销售、进行无害化处理或者予以监督销毁；对责任者依法给予没收违法所得和罚款等行政处罚；对构成犯罪的，由司法机关依法追究刑事责任。

（二）《进出境动植物检疫法》

1991年10月30日第七届全国人大常委会第二十二次会议通过了《进出境动植物检疫法》。这部法律的出台，有助于防止动植物病虫害传入和传出国境，保护农、林、牧、渔业生产和人体健康，促进对外经济贸易的发展。

《进出境动植物检疫法》对动植物及其产品的进境、出境和过境，进出境的携带物和邮寄物，以及进出境的运输工具等的检疫工作作了具体规定，同时规定在国务院设立国家动植物检疫机关，统一管理全国进出境动植物检疫工作。国家动植物检疫机关在对外开放的口岸和进出境动植物检疫业务集中的地点设立口岸动植物检疫机关，对进出境的动植物、动植物产品和其他检疫物，装载动植物、动植物产品和其他检疫物的装载容器和包装物，以及来自动植物疫区的运输工具施行检疫。

该法第二章至第六章对应报检的事项分别作了规定，第七章对责任人应承担的法律责任作了具体规定。另外，对动植物检疫人员的法律责任也作了规定：凡滥用职权、徇私舞弊、伪造检疫结果或玩忽职守，延误检疫出证，构成犯罪的，依法追究刑事责任；不构成犯罪的，则给予行政处分。

（三）《乳品质量安全监督管理条例》

为确保乳品质量安全提供有效的法律制度保障，2008 年 10 月 6 日国务院第二十八次常务会议审议通过了《乳品质量安全监督管理条例》，条例共 8 章 64 条，自公布之日起施行。

该条例进一步完善了乳品质量安全管理制度，加强了从奶畜养殖、生鲜乳收购到乳制品生产和乳制品销售等全过程的质量安全管理，加大了对违法生产经营行为的处罚力度，以及监督管理部门不依法履行职责的法律责任。

1. 监管部门的职责和法律责任

该条例对监管部门的职责和法律责任作了以下 3 个方面的规定。

一是明确各监管部门职责及其要求。条例规定，畜牧兽医部门负责奶畜饲养以及生鲜乳生产环节和收购环节的监督管理；质量监督、检验和检疫部门负责乳制品生产环节和乳品进出口环节的监督管理；工商管理部门负责乳制品销售环节的监督管理；食品药品监督部门负责乳制品餐饮服务环节的监督管理；卫生部门负责乳品质量安全监督管理的综合协调，组织查处食品安全重大事故，组织制定乳品质量安全国家标准。监管部门对乳品要定期监督抽查，公布举报方式和监管信息，并建立违法生产经营者“黑名单”制度。

二是严格领导责任。发生乳品质量安全事故，造成严重后果或者恶劣影响的，对有关人民政府和有关部门负有领导责任的负责人依法追究责任。

三是明确监管部门失职的法律责任。监管部门不履行条例规定的职责造成后果的、滥用职权和有其他渎职行为的，由监察机关或者任免机关对其主要负责人、直接负责的主管人员和其他直接责任人员给予记大过或者降级的处分；造成严重后果的，给予撤职或者开除的处分；构成犯罪的，依法追究刑事责任。

2. 质量安全国家标准方面的规定

乳品质量安全国家标准是检测乳品是否安全的重要依据，针对此次三鹿牌婴幼儿奶粉事件暴露出来的问题，条例作了以下 3 个方面的规定。

一是明确标准的制定部门。条例规定，生鲜乳和乳制品应当符合乳品质量安全国家标准。乳品质量安全国家标准由卫生部组织制定。

二是对标准的及时完善和修订作了规范。条例规定，卫生部应当根据疾病信息和监督管理部门的监督管理信息等对发现添加或者可能添加到乳品中的非食品用化学物质和其他可能危害人体健康的物质，立即组织进行风险评估，采取相应的监测、检测和监督措施，并根据风险监测和风险评估的结果及时组织修订标准。

三是规范标准的内容。条例规定，乳品质量安全国家标准应当包括乳品中的致病性微生物、农药残留、兽药残留、重金属以及其他危害人体健康物质的限量规定，乳品生产经营过程的卫生要求，通用的乳品检验方法与规程，与乳品安全有关的质量要求，以及其他需要制定为乳品质量安全国家标准的内容。

3. 生产经营者的法律责任

该条例对生产经营者不得从事的行为作了明确规定，并对违反禁止性规定的行为设定了法律责任。

一是禁止在生鲜乳收购、贮存、运输和销售过程中添加任何物质；禁止在乳制品生产过程中添加非食品用化学物质或者其他可能危害人体健康的物质。对在生鲜乳收购和乳制品生产过程中加入非食品用化学物质或者其他可能危害人体健康的物质的，依照《刑法》第一百四十四条的规定，构成犯罪的，依法追究刑事责任，并由发证机关吊销许可证照；尚不构成犯罪的，由监管部门依据各自职责没收违法所得和违法生产的乳品以及相关的工具和设备等物品，并处违法乳品货值金额15倍以上30倍以下罚款，由发证机关吊销许可证照。在婴幼儿奶粉生产过程中，加入非食品用化学物质和其他可能危害人体健康的物质的，从重处罚。

二是禁止在生产过程中使用不符合乳品质量安全国家标准的生鲜乳；禁止购进和销售过期、变质或者不符合乳品质量安全国家标准的乳制品。对生产和销售不符合乳品质量安全国家标准的乳制品，依照《刑法》第一百四十三条的规定，构成犯罪的，依法追究刑事责任，并由发证机关吊销许可证照；尚不构成犯罪的，由监管部门依据各自职责没收违法所得、违法乳制品和相关的工具及设备等物品，并处违法乳制品货值金额10倍以上20倍以下罚款，由发证机关吊销许可证照。生产、销售的婴幼儿奶粉营养成分不足、不符合国家乳品质量安全标准的，从重处罚。

三是禁止不符合条例规定的单位或者个人开办生鲜乳收购站，收购生鲜乳；禁止收购不符合乳品质量安全国家标准的生鲜乳。违反上述规定，由畜牧兽医主管部门没收违法所得、违法收购的生鲜乳和相关的设备及设施等物品，并处违法乳品货值金额5倍以上10倍以下罚款；有许可证照的，由发证机关吊销许可证照。

四是禁止未取得食品生产许可证的任何单位和个人从事乳制品生产；禁止购进和销售无质量合格证明、无标签或者标签残缺不清的乳制品；乳制品销售者不得伪造产地，不得伪造或者冒用他人的厂名和厂址，不得伪造或者冒用认证标志等质量标志。违反上述规定，乳制品生产企业和销售者未取得许可证，或者取得许可证后不按照法定条件和法定要求从事生产销售活动的，由质量监督部门和工商管理部门依照《国务院关于加强食品等产品安全监督管理的特别规定》等法律和行政法规的规定处罚。

4. 奶畜养殖环节的规定

优质的奶源是提高乳制品质量的重要保障，科学和规范的奶畜养殖，有利于从源头上提高乳品质量安全水平。条例对奶畜养殖环节作了以下3个方面的规定。

一是建立奶业发展支持保护体系。条例规定，国务院畜牧兽医主管部门会同国务院发展改革、工业和信息化和商务等部门制定全国奶业发展规划，县级以上地方人民政府应当合理确定奶畜养殖规模，科学安排生鲜乳生产收购布局；国家建立奶畜政策性保险制度，省级以上财政应当安排支持奶业发展资金，并鼓励对奶畜养殖者和奶农专业生产合作社等给予信贷支持；畜牧兽医技术推广机构应当为奶畜养殖者提供养殖技术和疫病防治等方面的服务。

二是对奶畜养殖场和养殖小区加强规范。条例规定，设立奶畜养殖场、养殖小区要符合规定条件，并向当地畜牧兽医主管部门备案；奶畜养殖场要建立养殖档案，如实记录奶畜品种和数量以及饲料和兽药使用情况，载明奶畜检疫、免疫和发病等情况。

三是对生鲜乳生产加强质量安全管理。条例规定，养殖奶畜应当遵守生产技术规程，做好防疫工作，不得使用国家禁用的饲料、饲料添加剂、兽药以及其他对动物和人体具有直接或者潜在危害的物质，不得销售用药期和休药期内奶畜产的生鲜乳；奶畜应当接受强制免疫，符合健康标准；挤奶设施和生鲜乳贮存设施应当及时清洗并消毒；生鲜乳应当冷藏，超过 2 小时未冷藏的生鲜乳，不得销售。

5. 生鲜乳收购方面的规定

生鲜乳收购是奶农和乳制品生产者的中间环节，针对当前存在的问题，条例作了以下 3 个方面的规定。

一是建立生鲜乳收购市场准入制度。条例规定，开办生鲜乳收购站应当取得畜牧兽医主管部门的许可，符合建设规划布局，有必要的设备设施，达到相应的技术条件和管理要求；生鲜乳收购站应当由乳制品生产企业、奶畜养殖场或者奶农专业生产合作社开办，其他单位与个人不得从事生鲜乳收购。

二是规范生鲜乳收购站的经营行为。条例规定，生鲜乳收购站应当按照乳品质量安全国家标准对生鲜乳进行常规检测，不得收购可能危害人体健康的生鲜乳，并建立和保存收购、销售及检测记录，保证生鲜乳质量；贮存和运输生鲜乳应当符合冷藏和卫生等方面的要求。

三是加强对生鲜乳收购站的监督管理。条例规定，价格部门应当加强对生鲜乳价格的监控和通报，必要时县级以上地方人民政府可以组织有关部门、协会和奶农代表确定生鲜乳交易参考价格；畜牧兽医主管部门应当制定并组织实施生鲜乳质量安全监测计划，对生鲜乳进行监督抽查，并公布抽查结果。

6. 乳制品生产方面的规定

为了确保乳制品质量安全，条例对健全乳制品生产作了以下 3 个方面的规定。

一是强化乳制品生产企业的检验义务。在现行乳制品生产许可制度的基础上，条例进一步细化了相关条件和要求，并规定乳制品生产企业应当严格执行生鲜乳进货查验和乳制品出厂检验制度，对收购的生鲜乳和出厂的乳制品都必须实行逐批检验检测，不符合乳品质量安全国家标准的，一律不得购进和销售，并对检验检测情况和生鲜乳来源和乳制品流向等予以记录和保存。

二是规范乳制品的生产、包装和标识。条例规定，乳制品生产企业应当符合良好生产规范要求，对乳制品生产从原料进厂到成品出厂实行全过程质量控制；生鲜乳、辅料、添加剂、包装和标签等必须符合乳品质量安全国家标准；使用复原乳生产液态奶的必须标明“复原乳”字样。

三是建立健全不安全乳制品召回制度。条例规定，乳制品生产企业发现其生产的乳制品不符合乳品质量安全国家标准和存在危害人体健康和生命安全危险的，应当立即停止生产，报告有关主管部门，告知销售者、消费者，召回已经出厂和上市销售的乳制品；对召回的乳制品应当采取销毁、无害化处理等措施，防止其再次流入市场。质检、工商部门发现乳制品不安全的，应当责令并监督生产企业召回。

7. 销售环节保障质量安全的措施

为确保销售环节乳制品的质量安全，条例作了以下两个方面的规定。

一是强化乳制品销售者的质量安全义务。条例规定，乳制品销售者应当建立进货查验制度，审验乳制品供货商经营资格和产品合格证明，建立进货台账；从事乳制品批发业务的销售企业还应当建立销售台账，如实记录批发的乳制品品种、规格、数量和流向等内容。乳制品销售者不得销售不合格乳制品，不得伪造和冒用质量标志。

二是建立不合格乳制品退市制度。条例规定，乳制品不符合乳品质量安全国家标准、存在危害人体健康和生命安全危险的，其销售者应当立即停止销售，追回已经售出的乳制品；销售者发现乳制品不安全的，还应当立即报告有关主管部门，通知乳制品生产者。

第二节　食品安全监管规章及规范性文件

《食品安全法》及其实施条例明确规定国家食品药品监督管理部门对餐饮服务活动实施监督管理，并确立了餐饮服务许可、餐饮服务行为基本准则、餐饮服务单位内部管理、从业人员健康管理、进货查验记录、库存食品定期检查、食品添加剂使用和食品安全事故处置等相关制度，构建了餐饮服务食品安全监管制度的基本框架。

依照《食品安全法》的规定，餐饮服务的监管职能由各级食品药品监管部门负责。为全面落实《食品安全法》及其实施条例的要求，进一步规范餐饮服务活动，切实保障公众饮食安全，国家食品药品监管局履行监管新职责后，2010 年 3 月起，国家食品药品监督管理局相继出台了《餐饮服务许可管理办法》和《餐饮服务食品安全监督管理办法》两个部门规章和多个规范性文件，为实施餐饮服务食品安全监管提供了必要的科学指导。

一、餐饮服务环节

自国家食品药品监督管理局承担餐饮环节的监管工作以来，颁布了《餐饮服务许可管理办法》和《餐饮服务食品安全监督管理办法》，并在此基础上出台了多项规范，从餐饮许可审查、监督执法、餐饮业从业人员操作要求等方面对餐饮业食品安全做了全方位的规定。

（一）《餐饮服务许可管理办法》

《餐饮服务许可管理办法》由卫生部于 2010 年 3 月 4 日公布，自 2010 年 5 月 1 日起施行。全文共 8 章 42 条。根据国家法律规定，食品药品监管部门负责餐饮服务食品安全监督管理。该管理办法规定了许可机关、许可条件、许可程序、许可时限和许可证书等内容，使许可工作更加明确和具体，便于执行。

国家对餐饮服务实行许可制度。申请从事餐饮服务的单位和个人，应当依法取得《餐饮服务许可证》，并依照法律法规、食品安全标准及有关要求，从事餐饮服务活动，对社会和公众负责，保证食品安全，接受社会监督，承担社会责任。

《餐饮服务许可管理办法》的适用范围明确指出，本办法适用于从事餐饮服务的单位和个人（以下简称餐饮服务提供者)，不适用于食品摊贩和为餐饮服务提供者提供食品半成品的单位和个人。主要理由是:《食品安全法》第二十九条已明确规定，食品摊贩的具体管理办法由省级人大常委会制定地方性法规规定；为餐饮服务提供者提供食品半成品属于食品生产和流通行为，在分段监管体制下，该行为不属于餐饮服务环节监管范畴。

需特别指出的是,《餐饮服务许可管理办法》将集体用餐配送单位纳入餐饮服务许可范围。从严格意义上讲，集体用餐配送单位的配送行为，不具有餐饮服务的基本特征，不应纳入餐饮服务监管范畴。但从全局出发，集体用餐配送行为与生产加工、餐饮服务两段密切关联，经与有关部门协商，本着积极担当、确保安全的精神，该管理办法将集体用餐配送单位纳入餐饮服务许可管理的范围。

《餐饮服务许可管理办法》较原《食品卫生许可证管理办法》，加大了违规处罚力度。《餐饮服务许可管理办法》规定，申请人如违规被吊销《餐饮服务许可证》的，其直接负责的主管人员自处罚决定做出之日起 5 年内不得从事餐饮服务管理工作。餐饮服务提供者也不得聘用禁止从业人员从事管理工作。相比原来“食品生产经营者因违反食品卫生法规，被处以吊销卫生许可证的，其法定代表人或者主要负责人 3 年内不得申请卫生许可证”的规定，新办法显然处罚力度有所加强。

《餐饮服务许可管理办法》规定的餐饮服务许可制度内容如下。

1. 许可机关

《餐饮服务许可证》受理和审批的许可机关由各省、自治区、直辖市食品药品监督管理部门规定。

2. 许可条件

《餐饮服务许可管理办法》第九条规定了申请人向食品药品监督管理部门提出餐饮服务许可申请应当具备的基本条件。这些基本条件也就是食品药品监管部门准予许可的基本条件。目前，国家食品药品监督管理局已经起草了餐饮服务分类许可审查规范。

3. 许可资料

《餐饮服务许可管理办法》第十条规定了申请《餐饮服务许可证》应当提交的材料。第十一条特别强调，申请人提交的材料应当真实和完整，并对材料的真实性负责。

4. 许可程序

具体包括申请人申请、食品药品监督管理部门受理、审核申请资料、进行现场核查、做出准予许可或者不予许可的决定和颁发《餐饮服务许可证》。

5. 许可效力

餐饮服务提供者应当按照许可证规定的内容从事餐饮服务活动。

此外,《餐饮服务许可管理办法》第四章还对《餐饮服务许可证》的变更、延续、补发和注销等做出了具体规定。

（二）《餐饮服务食品安全监督管理办法》

《餐饮服务食品安全监督管理办法》由卫生部于 2010 年 3 月 4 日公布，自 2010 年 5 月 1 日起施行。全文共 6 章 53 条。《餐饮服务食品安全监督管理办法》吸收了《餐饮业食品卫生管理办法》、《学生集体用餐卫生监督办法》、《食品卫生行政处罚办法》、

《食品卫生监督程序》、《餐饮业食品索证管理规定》、《食物中毒事故处理办法》等相关内容，并进行了整合，使其更加系统化。

1. 侧重制作加工过程的规范

餐饮服务提供者应当按照产品品种和进货时间先后次序有序整理采购记录及相关资料，妥善保存备查。记录和票据的保存期限不得少于2年。该管理办法更侧重对制作加工过程和贮存食品的安全操作规范，如规定应当定期维护食品加工、贮存、陈列、消毒、保洁、保温、冷藏和冷冻等设备与设施，校验计量器具，及时清理清洗；制作凉菜应当达到专人负责、专室制作、工具专用、消毒专用和冷藏专用的要求。

2. 抽检样品费用政府埋单

《餐饮服务食品安全监督管理办法》规定，餐饮服务提供者发生食品安全事故，应当立即封存导致或者可能导致食品安全事故的食品及其原料、工具及用具、设备设施和现场，在2小时之内向所在地县级人民政府卫生部门和食品药品监督管理部门报告。

政府有关部门抽样检验和样品费用由政府有关部门负责。该办法规定，县级以上食品药品监督管理部门负责组织实施本辖区餐饮服务环节的抽样检验工作，所需经费由地方财政列支。

食品安全监督检查人员抽样时必须按照抽样计划和抽样程序进行，并填写抽样记录。抽样检验应当购买产品样品，不得收取检验费和其他任何费用。

(三)《餐饮服务许可审查规范》

为落实餐饮服务许可分类管理制度，规范餐饮服务许可，根据《餐饮服务许可管理办法》和《餐饮服务食品安全监督管理办法》，国家食品药品监督管理局制定了《餐饮服务许可审查规范》，于2010年6月17日发布。

该规范对食品药品监督管理部门审查餐饮服务提供者的餐饮服务申请作出明确规定，将餐饮服务许可审查分为5大类别：第一类是特大型餐馆，大型餐馆，供餐人数300人以上的学校（含托幼机构）食堂，供餐人数500人以上的机关、企事业单位食堂；第二类是中型餐馆，快餐店，供餐人数300人以下的学校食堂，供餐人数50～500人的机关、企事业单位食堂；第三类是小型餐馆，小吃店，饮品店，供餐人数50人以下的机关、企事业单位食堂；第四类是建筑工地食堂；第五类是集体用餐配送单位。

该规范明确，餐饮服务许可审查包括对申请材料的书面审查和对经营现场的核查，并针对5大类别分别提出现场核查要求。餐饮服务许可现场核查项目按其对食品安全的影响程度，分为关键项、重点项和一般项。关键项是对食品安全有重大影响的项目，必须全部合格；重点项是对食品安全有较大影响的项目；其余项目为一般项。

该规范还要求，特大型餐馆、大型餐馆、学校食堂、供餐人数500人以上的机关与企事业单位食堂、连锁经营餐饮服务企业总部和集体用餐配送单位，应当设专职食品安全管理人员，并应当制定关键环节食品加工操作规程、食品安全检查计划以及食品安全突发事件应急处置预案。

(四)《餐饮服务食品安全监管执法文书规范》

为落实《餐饮服务许可管理办法》和《餐饮服务食品安全监督管理办法》，规范餐饮服务许可、餐饮服务食品安全监督执法行为，国家食品药品监督管理局于2010年5月6日印发了《餐饮服务食品安全监管执法文书规范》，于发布之日起施行。

该规范针对餐饮服务食品安全许可、监督检查、抽检和行政处罚等行政执法活动制定了51个文书，并明确各类文书格式由国家局统一制定。同时规定，文书制作应当完整、准确和规范，符合相关要求；文书应当按照规定的格式，用蓝色或者黑色的墨水笔或者签字笔填写；文书首页不够记录时，可以续页记录，但首页及续页均应当由当事人签名并注明日期；对外使用的文书本身设定签收栏的，在直接送达的情况下，应当由当事人直接签收；询问笔录应当具体详细，涉及案件关键事实和重要线索的，应当记录原始状况；当场制作的采样记录等文书应当当场交由有关当事人审阅或者向当事人宣读，并由当事人签字确认；当事人认为记录有遗漏或者有差错的，应当当场提出补充和修改，并在改动处按捺指印或签字确认，内容真实无误的也应当在笔录上注明“以上笔录属实”并签名。

该规范要求，各级食品药品监督管理部门应当加强对餐饮服务食品安全行政执法文书的管理，制定相应的管理制度，落实专人负责管理；还明确提出省级食品药品监督管理部门可以根据餐饮服务食品安全监管工作需要增加相应文书，并报国家食品药品监督管理局备案。

（五）《餐饮服务食品安全操作规范》

为进一步提高餐饮服务提供者食品安全意识、诚信经营意识和自律意识，落实企业主体责任，规范餐饮服务经营行为，保障消费者饮食安全，2011年8月，国家食品药品监督管理局正式发布《餐饮服务食品安全操作规范》，并自印发之日起施行。

该规范是国家食品药品监督管理局根据《食品安全法》及其实施条例、《餐饮服务许可管理办法》和《餐饮服务食品安全监督管理办法》等法律、法规和规章的要求，在卫生部《餐饮业和集体用餐配送单位卫生规范》的基础上，经过调研论证，广泛征求意见，调整补充等过程而制订的。该规范对餐馆、快餐店、小吃店、饮品店、食堂、集体用餐配送单位和中央厨房的食品安全管理提出了明确和具体要求。该规范分为主体和附件两部分内容。主体部分为总则、机构及人员管理、场所与设施设备、过程控制和附则等5个章节，共计46条；附件部分是餐饮服务提供者场所布局要求等6个附件。

该规范是对《餐饮服务许可管理办法》和《餐饮服务食品安全监督管理办法》两个办法的进一步细化，更加具有可操作性，既是餐饮服务单位经营必须遵守的基本要求和行为规范，又是食品药品监管部门履行餐饮服务食品安全监管的现场检查指南。

该规范引入风险管理的理念，增加了一系列新制度和新要求。要求餐饮服务单位建立从业人员健康晨检制度、备案公示制度、餐厨废弃物处置制度和食品安全应急防范制度，要求餐饮服务单位加强对有关环节可能出现的风险进行管理和控制，主动防范食品安全事故的发生。例如：明确规定自制火锅底料、饮料和调味料的餐饮服务提供者应向监管部门备案所使用的食品添加剂名称，并在店堂醒目位置或菜单上予以公示。

该规范强调对食品加工处理流程的要求，提高了专间的硬件设施要求，增加了餐厨废弃物处理设施要求，强化了检验设施要求，规范了其他设施要求。例如：明确规定集体用餐配送单位和中央厨房应设置与生产品种和规模相适应的检验室，配备与产品检验项目相适应的检验设备和设施以及专用留样容器和冷藏设施。

该规范提高了关键岗位的人员配置要求，增补了关键环节的过程控制要求，完善了重点环节的加工制作要求；明确了采购验收、粗加工、切配、烹饪、备餐和供餐等一般餐饮服务加工操作工序以及凉菜配制、裱花操作、生食海产品加工、饮料现榨、水果拼盘制作、面点制作、烧烤加工、食品再加热、食品添加剂使用、餐用具清洗消毒保洁、集体用餐食品分装及配送、中央厨房食品包装及配送和食品留样与贮存等特殊餐饮服务加工操作工序的具体要求。例如：要求使用食品添加剂应达到专人采购、专人保管、专人领用、专人登记和专柜保存的要求。

（六）《餐饮服务食品安全监督抽检工作规范》

为加强餐饮服务食品安全监管，规范监督抽检工作，根据《食品安全法》及其实施条例和《餐饮服务食品安全监督管理办法》，国家食品药品监督管理局制定了《餐饮服务食品安全监督抽检工作规范》，于2010年8月23日印发，并自印发之日起施行。

该规范包括总则、计划和方案、抽样、检验、监督管理和附则共6章，明确了餐饮服务食品安全监督抽检的范围和原则等，并规定了监督抽检计划和方案的制定，实施过程中抽样和检验的具体程序和要求。规定国家食品药品监督管理局根据国家食品安全风险监测结果和食品安全监管部门食品安全风险通报、食品安全调查与评价结果以及餐饮服务食品安全监管工作需要，制定国家餐饮服务食品安全监督抽检工作计划；省级食品药品监管部门应当根据国家餐饮服务食品安全监督抽检工作计划和本区域餐饮服务食品安全监管工作中发现的突出问题，有针对性地制定本区域餐饮服务食品安全监督抽检工作方案，开展餐饮服务食品安全监督抽检工作。监督抽检实行抽与检分离制度，抽样任务主要由当地食品药品监管部门或其执法机构负责；承检机构应当具备食品检验机构资质，并由制定餐饮服务食品安全监督抽检工作方案的食品药品监管部门遴选和公告。

（七）《餐饮具集中消毒单位卫生监督规范（试行）》

为贯彻落实卫生部、工商总局和国家食品药品监督管理局印发《关于加强餐饮具集中消毒单位监督管理的通知》（卫监督发［2010］25号），卫生部组织制定了《餐饮具集中消毒单位卫生监督规范（试行）》，于2010年5月11日印发，并自印发之日起施行。

该规范规定县级以上地方卫生行政部门负责行使监督管理职权。这些职权包括对集中消毒单位进行现场监督检查、对餐饮具进行卫生监督抽检，以及依法查处不符合卫生标准的行为。卫生监管部门每年至少对餐饮具集中消毒单位的餐饮具抽检1次，每次采样不少于10件。

该规范规定餐饮具集中消毒单位有下列9种情形之一的，卫生监督检查结论为不合格：建于居民楼内的，与可能污染餐饮具的有害场所距离小于30米的，生产场所（包括清洗、消毒、包装）总面积小于200平方米的，消毒工艺流程未按回收、去残渣、浸泡、机洗、消毒、包装和储存设置的，生产用水不符合现行《生活饮用水卫生标准》（GB5749）的，消毒后的餐饮具不符合现行《食（饮）具消毒卫生标准》（GB14934）的，使用的消毒产品不符合国家卫生标准和卫生规范的，未提供餐饮具批次出厂检验报告的，不符合其他卫生要求，逾期未整改或整改后仍不符合要求的。

（八）《中央厨房许可审查规范》

为规范中央厨房许可工作，保障消费者饮食安全，根据《中央机构编制委员会办公室关于明确中央厨房和甜品站食品安全监管职责有关问题的通知》（中央编办发〔2011〕3号）的相关规定，以及《餐饮服务许可管理办法》、《餐饮服务食品安全监督管理办法》和《餐饮服务许可审查规范》要求，国家食品药品监督管理局制定了《中央厨房许可审查规范》，于2011年5月17日发布实施。

该规范明确中央厨房是指由餐饮连锁企业建立的，具有独立场所及设施设备，集中完成食品成品或半成品加工制作，并直接配送给餐饮服务单位的单位；规定开设中央厨房应当取得《餐饮服务许可证》，由餐饮连锁企业向食品药品监督管理部门提出中央厨房餐饮服务许可申请，与其他5类餐饮服务许可审查类别相比，作为新增的第6类许可审查类别，中央厨房许可审查规范特别强调了对食品安全管理人员、食品安全管理制度、配送食品品种和食品检验等方面的审查要求；要求中央厨房应当设置专职食品安全管理人员，申请人申请餐饮服务许可时应提交食品安全管理人员培训合格证明。

该规范提出，申请人必须建立健全中央厨房食品安全管理制度，在申请中央厨房餐饮服务许可时，应提交以下11方面的规章制度，即从业人员健康管理制度和培训管理制度；专职食品安全管理人员岗位职责规定；食品供应商遴选制度；加工制作场所环境及设施设备卫生管理制度；关键环节操作规程，包括采购、贮存、烹调温度控制、专间操作、包装、留样、运输和清洗消毒等；食品、食品添加剂和食品相关产品采购索证索票、进货查验和台账记录制度；食品添加剂使用管理制度；食品检验制度；问题食品召回和处理方案；食品安全突发事件应急处置方案；食品药品监督管理部门规定的其他制度。

该规范规定，中央厨房向餐饮服务单位配送的食品品种应当报受理餐饮服务许可申请的食品药品监督管理部门审核备案。禁止配送的高风险食品目录由省级食品药品监督管理部门确定。中央厨房应当设置与加工制作的食品品种相适应的检验室，配备与检验项目相适应的检验设施和检验人员。

（九）《餐饮服务食品采购索证索票管理规定》

为进一步规范餐饮服务环节食品采购索证索票、进货查验和采购记录行为，落实餐饮服务提供者主体责任，保障消费者饮食安全，依据《食品安全法》及其实施条例和《餐饮服务食品安全监督管理办法》，在认真总结《餐饮业食品索证管理规定》（卫监督发〔2007〕274号）实施情况的基础上，2011年4月18日，国家食品药品监督管理局颁布《餐饮服务食品采购索证索票管理规定》。

餐饮服务提供者对食品、食品添加剂和食品相关产品采购应索证索票，按照采购渠道从以下6方面进行了规定：一是从生产加工单位或生产基地直接采购；二是从流通经营单位（商场、超市和批发零售市场等）批量或长期采购；三是从流通经营单位（商场、超市和批发零售市场等）少量或临时采购；四是从农贸市场采购；五是从食品流通经营单位（商场、超市和批发零售市场等）和农贸市场采购畜禽肉类；六是统一配送经营方式的采购。此外，还对批量采购进口食品及食品添加剂、采购集中消毒企业供应的餐饮具和采购乳制品需要索取的材料提出了明确要求。

该规定的颁布，有利于强化餐饮服务环节食品采购溯源管理，有利于强化餐饮服务提供者食品安全主体责任落实，有利于提升公众饮食安全保障水平。

（十）《餐饮服务食品检验机构管理规范》

为加强餐饮服务食品检验机构管理，规范餐饮服务食品检验机构行为，提升技术能力和管理水平，根据《食品安全法》及其实施条例和《餐饮服务食品安全监督管理办法》等有关法律、法规、规章的规定，国家食品药品监督管理局于2011年8月8日发布了《餐饮服务食品检验机构管理规范》。

该规范对承担餐饮服务食品安全监管部门相关检验任务的食品检验机构在组织机构、人员、检验能力、质量管理、设施和环境、仪器设备和标准物质及监督管理等方面作出明确要求，以保障餐饮服务食品安全监督抽检、食品安全风险监测及食品安全调查与评价等检验工作科学和公证，确保餐饮服务食品检验结果准确和可靠，为餐饮服务食品安全监督执法提供必要的技术支持。

二、流通环节

为了加强流通环节食品安全监督管理，维护食品市场秩序，根据《食品安全法》及其实施条例等法律和法规的规定，国家工商总局制定了一系列部门规章和规范性文件。2009年7月，工商总局发布了《流通环节食品安全监督管理办法》和《食品流通许可证管理办法》。在此基础上，为更好地依法履行食品安全监管职责，切实维护食品市场秩序，国家工商总局在认真总结流通环节食品安全专项整顿和日常监管经验的基础上，研究制定了《食品市场主体准入登记管理制度》等流通环节食品安全监管8项制度。这8项制度包括：食品市场主体准入登记管理制度、食品市场质量监管制度、食品市场巡查监管制度、食品抽样检验工作制度、食品市场分类监管制度、食品安全预警和应急处置制度、食品广告监管制度和食品安全监管执法协调协作制度等。

（一）《流通环节食品安全监督管理办法》

该办法规定，在我国从事流通环节食品经营，均应当遵守本办法的规定。食品经营者应当依照法律、法规和食品安全标准从事食品经营活动，建立健全食品安全管理制度，采取有效管理措施，保证食品安全。食品经营者对其经营的食品安全负责，对社会和公众负责，承担社会责任。

该办法对禁止食品经营者经营的食品作了明确要求，包括用非食品原料生产的食品或者添加食品添加剂以外的化学物质和其他可能危害人体健康物质的食品，或者用回收食品作为原料生产的食品，致病性微生物、农药残留、兽药残留、重金属、污染物质以及其他危害人体健康的物质含量超过食品安全标准限量的食品，营养成分不符合食品安全标准的专供婴幼儿和其他特定人群的主辅食品，腐败变质、油脂酸败、霉变生虫、污秽不洁、混有异物、掺假掺杂或者感官性状异常的食品，病死、毒死或者死因不明的禽、畜、兽、水产动物肉类及其制品，未经动物卫生监督机构检疫或者检疫不合格的肉类，或者未经检验或者检验不合格的肉类制品，被包装材料、容器、运输工具等污染的食品，超过保质期的食品，无标签的预包装食品和国家为防病等特殊需要明令禁止经营的食品；食品的标签和说明书不符合《食品安全法》第四十八条第三款规定的食品、没有中文标签和中文说明书或者中文标签和中文说明书不符合《食品安全法》第六十六条规定的进口的预包装食品等。

该办法要求食品生产经营者应建立健全本单位的食品安全管理制度，包括从业人员健康检查制度和健康档案制度、食品进货查验记录制度和食品退市制度等。食品生产经营者应组织职工参加食品安全知识培训，学习食品安全法律、法规、规章、标准和其他食品安全知识，并建立培训档案；配备专职或者兼职食品安全管理人员，做好对所经营食品的检验工作，依法从事食品经营活动。

该办法对经营食品的标示要求作了规定。食品经营者贮存散装食品，应当在贮存位置标明食品的名称、生产日期、保质期、生产者名称及联系方式等内容。食品经营者销售散装食品，应当在散装食品的容器、外包装上标明食品的名称、生产日期、保质期、生产经营者名称及联系方式等内容。食品经营者应当按照食品标签标示的警示标志、警示说明或者注意事项的要求，销售预包装食品。

该办法对集贸市场、经营柜台出租、食品展销会经营方面提出了如下要求：审查入场食品经营者的《食品流通许可证》和营业执照；明确入场食品经营者的食品安全管理责任；定期对入场食品经营者的经营环境和条件进行检查；建立食品经营者档案，记载市场内食品经营者的基本情况、主要进货渠道、经营品种、品牌和供货商状况等信息；建立和完善食品经营管理制度，加强对食品经营者的培训；设置食品信息公示媒介，及时公开市场内或者行政机关公布的相关食品信息等。食品集中交易市场的开办者、食品经营柜台的出租者和食品展销会的举办者发现食品经营者不具备经营资格的，应当禁止其入场销售；发现食品经营者不具备与所经营食品相适应的经营环境和条件的，可以暂停或者取消其入场经营资格；发现经营不符合食品安全标准的食品或者有其他违法行为的，应当及时制止，并立即将有关情况报告辖区工商行政管理机关。

（二）《食品流通许可证管理办法》

该办法规定在流通环节从事食品经营的，应当依法取得食品流通许可。但是，取得食品生产许可的食品生产者在其生产场所销售其生产的食品，不需要取得食品流通的许可；取得餐饮服务许可的餐饮服务提供者在其餐饮服务场所出售其制作加工的食品，不需要取得食品流通的许可。食品经营者应当在依法取得《食品流通许可证》后，向有登记管辖权的工商行政管理机关申请办理工商登记。未取得《食品流通许可证》和营业执照，不得从事食品经营。

该办法规定了《食品流通许可证》申请的程序、申请要求、应当提交的材料，以及审查与批准的程序、许可的变更及注销和许可证的管理等内容。食品经营者在本办法施行前已领取《食品卫生许可证》的，原许可证继续有效。原许可证许可事项发生变化或者有效期届满，食品经营者应当按照本办法的规定提出申请，经许可机关审核后，缴销《食品卫生许可证》，领取《食品流通许可证》，并按照属地管辖的原则，由当地工商行政管理机关依法监督检查。

（三）流通环节食品安全监管制度

《食品市场主体准入登记管理制度》对市场主体准入登记作了严格要求。该制度要求各级工商行政部门要严格食品流通许可行为，切实规范食品经营者经营资格，严格规范对食品生产经营者的登记注册行为；切实把好食品市场主体准入关，严格食品流通许可与登记注册事项的监督检查；促进食品经营者健康发展，切实加强许可和登记注册机构间的协作配合，努力形成监管执法合力。

《食品市场质量监管制度》对经营环节监管的要求作了规定。该制度要求各级工商行政部门严格规范食品市场质量准入行为，切实监督食品经营者把好食品进货关，严格实施食品质量监督检查；切实维护食品市场秩序，严格实施食品质量分类监管；切实提升食品安全监管效能，严格监督不符合食品安全标准食品的退市，切实保障食品市场消费安全。

《食品市场巡查监管制度》规定了食品市场巡查监管的要求。该制度要求各级工商行政部门完善食品市场巡查工作，强化食品市场日常监管、突出食品市场巡查重点，提高日常监管规范化程度，创新巡查监管方式方法；提升食品市场监管水平，充分利用现代科技手段；切实提高食品市场监管效能，强化食品安全信用监管，严厉查处各种违法行为。

《食品抽样检验工作制度》对流通环节食品抽样检验工作作了规定。该制度要求各级工商行政部门认真实施食品抽样检验工作，严格抽样检验工作程序，积极引导和督促食品经营者建立食品自检体系；严格防范不合格食品进入市场，强化对抽样检验结果的综合分析和运用；依法报告和发布抽样检验信息，认真开展快速检测工作；依法保护消费者合法权益，加强专业技术人员培训，切实保障抽样检验经费的落实。

《食品市场分类监管制度》根据商场、超市、批发企业、批发市场、集贸市场和食品店等不同的食品经营场所和特点，有针对性地采取分类监管措施，明确对各类食品经营主体的监管重点、监管方式，以切实提高监管效能。该制度要求各级工商行政部门严格监督食品商场和超市等企业加强自律管理，确保入市食品质量合格，严格监督食品批发企业建立和完善食品销售台账；确保食品经营行为规范，严格监督批发市场和集贸市场履行食品安全管理责任；确保市场开办者切实承担法定义务，严格监督食品店履行查验义务；确保食品来源合法。

《食品安全预警和应急处置制度》对事故预警和处理作了规定。该制度要求各级工商行政部门坚持预防为主，有效防范食品安全事故、完善食品安全预警和应急方案，建立健全工作落实机制，积极构建食品安全隐患发现机制；健全食品安全事故报告制度，强化和创新食品安全预警和应急处置手段；切实做好物资和人员保障工作。

《食品广告监管制度》对食品广告的管理作了规定。该制度要求工商行政管理机关依法严格监管食品广告，严厉打击发布虚假违法食品广告的行为。食品广告监管应围绕食品广告的发布前规范、发布中指导和发布后监管等主要环节，会同有关部门不断完善相关管理制度和措施，强化对食品广告活动的监管。制度要求各级工商行政管理机关建立健全食品广告审查责任、食品广告监测、违法食品广告公告、食品广告暂停发布、食品广告案件查办移送通报、食品广告案件查办落实情况报告、食品广告市场退出和行业自律管理等制度。

《食品安全监管执法协调协作制度》对发挥食品安全监管执法部门的整体合力加强流通环节监管作了规定。该制度要求各级工商行政部门严格履行法定职责，建立健全流通环节食品安全监管执法协调协作体系，强化食品安全监管部门之间协调和协作机制；切实形成监管合力，完善工商行政管理机关内部机构分工协作和协调机制；切实提高食品市场监管能力，建立健全工商行政管理机关区域横向协作和通报制度；切实加强依法跟踪监管工作，加强社会监督，严格落实食品安全监管责任制度。

三、其他规章及规范性文件

本部分将对食品、食品添加剂、食品相关产品等涉及具体产品种类的监督管理要求做概要介绍，从进出口、市场准入、产品监管等角度介绍不同部门对上述产品的管理要求。

（一）食品产品

涉及具体食品产品的管理要求很多，此处仅对涉及产品的一些通用要求，如进出口食品的管理、食品生产许可的要求以及食品召回进行介绍。

1.《进出口食品安全管理办法》

为保证进出口食品安全，保护人类与动植物的生命和健康，根据《食品安全法》及其实施条例、《中华人民共和国进出口商品检验法》及其实施条例、《中华人民共和国进出境动植物检疫法》及其实施条例和《国务院关于加强食品等产品安全监督管理的特别规定》等法律法规的规定，国家质量监督检验检疫总局制定了《进出口食品安全管理办法》，已于2011年9月13日发布，自2012年3月1日起施行。全文共6章64条，第一章总则、第二章食品进口、第三章食品出口、第四章风险预警及相关措施、第五章法律责任、第六章附则。

该办法对进口食品建立了包括“食品安全管理体系和食品安全状况评估、明确标准、进口食品国外生产企业注册、出口商或者代理商备案、检疫审批、口岸检验检疫、收货人备案、安全监控、违法企业名单和食品召回”为主要内容的全方位管理体系；对出口食品建立了包括“监测计划、种植养殖场备案、生产企业备案、抽检和违法企业名单”为主要内容的管理体系；同时规定对进出口食品实施风险预警管理，按照第四十二条规定收集和整理食品安全信息、按照第四十三条规定进行食品安全信息通报、按照第四十四条规定进行风险分析以及按照第四十五至四十七条规定实施风险预警和控制措施。

2.《食品生产许可管理办法》

为了保障食品安全，加强食品生产监管，规范食品生产许可活动，根据《食品安全法》和其实施条例以及产品质量和生产许可等法律法规的规定，国家质量监督检验检疫总局制定了《食品生产许可管理办法》，已于2010年4月7日发布，自2010年6月1日起实施。全文共6章46条，第一章总则、第二章程序、第三章证书与标识、第四章监督检查、第五章法律责任、第六章附则。在中华人民共和国境内，企业从事食品生产活动以及质量技术监督部门实施食品生产许可，必须遵守《食品生产许可管理办法》。未取得食品生产许可的企业，不得从事食品生产活动。

3.《食品召回管理规定》

为加强食品安全监管，避免和减少不安全食品的危害，保护消费者的身体健康和生命安全，根据《中华人民共和国产品质量法》、《中华人民共和国食品卫生法》和《国务院关于加强食品等产品安全监督管理的特别规定》等法律法规，国家质量监督检验检疫总局制定了《食品召回管理规定》，经2007年7月24日国家质量监督检验检疫总局局务会议审议通过，自2007年8月27日发布实施。全文共5章45条，第一章总则、第二章食品安全危害调查和评估、第三章食品召回的实施、第四章法律责任、第五章附则。

2011年，为加强食品生产企业生产食品的安全监督，消除和减少不安全食品的危害，根据《食品安全法》及其实施条例等法律法规，国家质量监督检验检疫总局开始修订《食品召回管理规定》。根据征求意见稿规定，食品生产企业发现其生产的食品属于不安全食品的，应当立即停止生产，并在3日内向地方质量监督部门提交食品召回计划，并采取必要措施，将需召回食品信息通知有关生产经营者和消费者，采取退货等有效措施，召回已经销售的食品。与2007年公布的《食品召回管理规定》相比，修订的《食品召回管理规定》将明确，对被召回的食品采取无害化处理措施的，不得将无害化处理后的产品重新用于食品生产和销售；质量监督部门应当将食品生产企业召回食品的情况，记入食品生产经营者食品安全信用档案。

（二）食品添加剂

自2009年6月1日《食品安全法》正式实施以来，卫生部及其他相关部门根据《食品安全法》赋予的食品添加剂监管方面的职责和要求，在新旧法规的衔接、配套法规和标准的制定及监督管理等方面做了大量工作，先后出台了一系列相关规定。与《食品卫生法》相比，《食品安全法》不仅对食品生产者使用食品添加剂进行了规定，对于食品添加剂新品种的行政许可、生产经营、进出口及使用的全过程都提出了更高的要求。

1.《食品添加剂新品种管理办法》

《食品安全法》颁布实施后，卫生部为了规范食品添加剂新品种行政许可工作，及时根据《食品安全法》、《行政许可法》和《卫生行政许可管理办法》的要求，在原《食品添加剂卫生管理办法》基础上修改制定了《食品添加剂新品种管理办法》，并于2010年3月30日发布实施。

新的管理办法规定了哪些情况属于食品添加剂新品种，明确了食品添加剂新品种行政许可的资料要求和具体程序，并组织配套制定了《食品添加剂新品种申报与受理规定》和《食品添加剂新品种技术评价和审查规范》等配套文件，使食品添加剂新品种行政许可工作做到有法可依、要求明确和程序清晰。

该管理办法对企业在提交申请方面与原来的规定相比，更加简便。比如，在具体程序方面，取消了省级卫生行政部门的初审，减少了审评环节；在资料要求方面，毒理学安全性评价资料原来要求必须在国内的实验室做验证实验，现在规定，只要能够提供国际上充足的安全实验评价资料，可以不需要再做国内的验证报告；在毒理学实验和质量卫生学检验机构级别方面，也不再规定必须由省级以上的卫生行政部门认定的检验机构进行检验，只要取得资质认定的检验机构出具的报告都是被认可的，这使得企业的选择更多，使申报更加的便利。

2.《食品添加剂新品种申报与受理规定》

为了贯彻《食品添加剂新品种管理办法》，规范食品添加剂新品种申报与受理工作，卫生部组织制定了《食品添加剂新品种申报与受理规定》，于2010年5月25日发布实施。该规定主要是对申请人该如何准备申报资料提出了更加具体的要求。

3.《食品添加剂生产监督管理规定》

为了保障食品安全，加强对食品添加剂生产的监督管理，根据《中华人民共和国产品质量法》、《食品安全法》及其实施条例和《中华人民共和国工业产品生产许可证管理条例》等有关法律和法规，制定了《食品添加剂生产监督管理规定》，2010年4月4日由国家质量监督检验检疫总局发布，并于2010年6月1日起正式施行。全文共6章55条。在中华人民共和国境内从事食品添加剂生产、实施生产许可和监督管理的适用本规定。该规定的发布标志着自2009年6月1日起实施的《食品安全法》取消了食品添加剂卫生许可证后，食品添加剂将推行生产许可证管理，生产者必须取得生产许可证后方可从事食品添加剂的生产。

该规定细化了生产许可证制度，进一步提高了食品添加剂的生产准入门槛，对从业人员素质、产品场所环境、厂房设施、生产设备或设施的卫生管理以及出厂检验能力等方面要求更加严格。例如，目前作为化工品的食品添加剂存在试生产和试销售的环节，而该规定实施后，食品添加剂生产过程将不允许试生产和试销售，生产者必须取得生产许可证后，才能从事食品添加剂的生产。食品添加剂生产许可证有效期为5年。

该规定的一个亮点，是专门用了一个章节规定“生产者质量义务”，强调了生产者是产品质量安全的第一责任人。生产者的质量义务主要有：生产者应当对出厂销售的食品添加剂进行出厂检验，合格后方可销售；生产者应当建立原材料采购、生产过程控制、产品出厂检验以及售后服务等的质量管理体系，并做好生产管理记录；食品添加剂包装应当采用安全和无毒的材料，并保证食品添加剂不被污染；生产者应当对生产管理情况，重点是食品添加剂质量安全控制情况进行自查等。

该规定要求，生产者若发现其生产的食品添加剂存在安全隐患，应当依法实施召回，并将食品添加剂召回和召回产品的处理情况向质量技术监督部门报告。

该规定保障使用者知情权，要求成分全标注。要求食品添加剂应当有标签和说明书，并在标签上载明“食品添加剂”字样；有使用禁忌与安全注意事项的食品添加剂，还应当有警示标志或者中文警示说明。食品添加剂的标签和说明书，应当标明下列事项：产品名称、规格和净含量，生产者名称、地址和联系方式，成分或者配料表，生产日期、保质期限或安全使用期限，贮存条件，产品标准代号，生产许可证编号，食品安全标准以及国务院卫生行政部门公告批准的使用范围、使用量和使用方法，法律、法规或者食品添加剂安全标准规定必须标明的其他事项。

（三）《食品相关产品新品种行政许可管理规定》

为贯彻《食品安全法》及其实施条例，规范食品相关产品新品种的安全性评估和许可工作，卫生部组织制定了《食品相关产品新品种行政许可管理规定》，于2011年3月24日发布，2011年6月1日起实施。该管理规定共16条，对食品相关产品新品种的范围、食品相关产品应符合的要求、负责审评的机构和申请时所应提交的材料等内容做了具体的规定。

（四）《新资源食品管理办法》

为了规范新资源食品审批工作，卫生部依据相关法律要求，多次制定并发布新资源食品相关法规和文件。1987年卫生部发布《新食品资源卫生管理办法》，对新资源食品审批工作程序作出了具体要求；1990年卫生部对《新食品资源卫生管理办法》进行了修订，改名为《新资源食品卫生管理办法》，同时制定了《新资源食品审批工作程序》，对新资源食品审批工作进行了进一步强调和细化。为了适应日益发展的食品市场监管需求，2004年卫生部再次启动了《新资源食品管理办法》的修订工作，历经3年多的调查和研究，于2007年12月1日颁布施；为了加强新资源食品安全性评价和申报受理工作，卫生部又组织制定了系列配套法规文件，包括《新资源食品安全性评价规程》和《新资源食品卫生许可申报与受理规定》。

《新资源食品管理办法》全文共6章28条，第一章总则、第二章新资源食品的申请、第三章安全性评价和审批、第四章生产经营管理、第五章卫生监督、第六章附则。根据《新资源食品管理办法》规定，新资源食品包括：在我国无食用习惯的动物、植物和微生物，从动物、植物和微生物中分离的在我国无食用习惯的食品原料，在食品加工过程中使用的微生物新品种，因采用新工艺生产导致原有成分或者结构发生改变的食品原料。

2007年发布的《新资源食品管理办法》将审批的新资源食品明确定位在食品原料上，审核过程采用风险性评估原则，批准后以名单形式发布公告，对于相同产品不需要再次申请，采用实质等同原则即可生产。

第三节 食品安全标准

食品安全标准是食品安全法规的重要组成部分，包含了食品安全方方面面的技术要求，也是食品生产企业必须强制执行的内容。《食品安全法》规定，食品安全国家标准是惟一强制的食品类标准。我国目前正在构建以安全标准为基础，各类推荐性质量标准相配套的食品标准体系。

一、食品标准化管理的沿革

按照一般工业标准的概念，标准是对重复性事物和概念所做的统一规定。1988年颁布的《标准化法》规定，工业产品的品种、规格、质量、等级和设计等需要统一的技术要求，都应该制定标准。食品作为一种特殊的工业产品，需要以标准的形式规定蛋白含量或果汁浓度等质量要求，更需要对产品中可能危害人体健康的各类因素进行管理。其中，食品的质量要求由食品质量标准约束，而食品的安全和卫生要求则由卫生标准进行规定。长期以来，受《标准化法》的影响，上述强制或非强制的技术要求统称为标准。

在2003年以前，轻工、农业和质量等部门均可以制定涉及食品质量的标准，标准的效力既有强制性的，也有推荐性的。卫生标准则一直由国务院卫生行政部门依照《食品卫生法》负责制定并发布，不同于前述的质量标准，其本质是需要强制执行的技术法规。2003年，国务院重新调整了食品监管的分工，国家标准化管理委员会开始与卫生部联合发布标准，参与制定食品标准的部门越来越多，直接导致了我国食品标准重复、交叉矛盾的乱象。

2009年，新颁布实施的《食品安全法》提出了食品安全标准的概念，并将食品安全标准作为食品领域惟一强制执行的标准体系。食品安全标准是国家食品安全法规框架中的重要组成部分，其技术法规属性更加明确。《食品安全法》规定："食品生产经营者应当依照法律、法规和食品安全标准从事生产经营活动"。

二、标准体系

《食品安全法》颁布实施以后，在原有卫生部食品卫生标准体系基础上，我国已经初步建立了食品安全标准体系框架。《食品安全法》第二十条明确规定了食品安全标准应包括如下内容：①食品、食品相关产品中的致病性微生物、农药残留、兽药残留、重金属、污染物质以及其他危害人体健康物质的限量规定；②食品添加剂的品种、使用范围和用量；③专供婴幼儿和其他特定人群的主辅食品的营养成分要求；④对与食品安全、营养有关的标签、标识和说明书的要求；⑤食品生产经营过程的卫生要求；⑥与食品安全有关的质量要求；⑦食品检验方法与规程；⑧其他需要制定为食品安全标准的内容。

现行食品安全标准体系以上述8项内容为核心，共分为以下6大类别。

（一）基础（横向）标准

基础标准是一类最为重要的横向标准，适用于各类食品产品，包括食品中污染物和真菌毒素限量、食品中致病菌限量、食品中农药最大残留限量、食品中兽药最大残留限量、食品中添加剂与营养强化剂使用限量和食品标签标准等。

（二）食品产品标准

食品产品标准包括各类食品产品的食品安全标准，规定基础标准不能涵盖的食品产品中其他健康危害因素的限量；还包括特殊膳食类标准，规定了专供婴幼儿和其他特定人群的主辅食品的营养成分要求。

（三）食品添加剂标准

除食品添加剂的使用标准外，食品添加剂本身的质量规格也是食品安全标准体系的重要组成部分。在我国添加剂使用标准中，目前允许使用的有防腐剂、着色剂和甜味剂等332个，其中，274个已有产品标准，覆盖率已达82.5%。

（四）食品相关产品标准

食品相关产品的标准体系包括对各类食品包装材料允许使用的原料规定、食品包装材料产品的规格要求、食品包装材料生产加工中可以使用的添加剂规定和食品用洗涤剂与消毒剂的规格要求等。

（五）生产经营规范类标准

对食品生产经营过程的卫生管理是保证食品安全的重要环节。食品生产经营规范类标准是食品安全标准框架体系中的一个重要部分，规定从初级生产到最终消费的全过程中每一阶段的基本卫生要求和关键卫生控制措施。目前我国有食品生产过程卫生规范20余项，正在进行进一步的修订完善，升级为食品安全国家标准。

（六）检验方法与规程

检验方法类标准是标准体系的重要组成部分，是验证基础标准和产品标准是否得到执行的重要手段。我国已有食品理化检测方法、食品微生物学检验和食品安全毒理学评价程序三大系列的方法标准体系，食品安全标准中的各项指标均有相应的检验方法。

三、管理和制（修）订程序

为规范食品安全国家标准管理，卫生部制定了《食品安全国家标准管理办法》、《食品安全国家标准制（修）订项目管理规定》、《食品安全企业标准备案办法》、《进口无食品安全国家标准食品许可管理规定》、《食品安全地方标准管理办法》和《食品安全标准经费管理办法》等规范性文件。

2010年1月，按照《食品安全法》要求，卫生部组建了由多个领域的350名权威专家担任委员的食品安全国家标准审评委员会，负责食品安全国家标准的审查。该委员会在原卫生部食品卫生标准专业委员会和全国食品添加剂标准化技术委员的基础上，吸纳了医学、农业、食品、营养等方面的专家和食品安全监管部门的代表。为确保审评委员会成员选聘过程的公平公正以及所选人员的称职合格，审评委员会组成人员历经遴选及向社会公示等环节，最终由卫生部聘任，实行任期制，每届任期5年。审评委员会的单位委员是由国务院有关部门代表，不指定具体人员。该委员会的架构设置充分考虑食品安全标准体系的设置，委员会下设污染物、微生物、食品添加剂、农药残留、兽药残留、营养与特殊膳食食品、食品产品、生产经营规范、食品相关产品和检验方法与规程等10个分委会。

第一届委员会成立后，卫生部印发了《食品安全国家标准审评委员会章程》，明确了委员会职责、委员权利、义务和工作程序等。根据委员会工作需要，卫生部组建了委员会秘书处，挂靠国家食品安全风险评估中心，负责委员会会议和各专业分委会的组织协调、处理相关咨询和答复以及督促检查等日常工作等。

为完善食品安全国家标准管理工作，2010年10月20日卫生部发布了《食品安全国家标准管理办法》。其中规定了制定食品安全国家标准，应当以食品安全风险评估结果和食用农产品质量安全风险评估结果为主要依据，并参照相关的国际标准和国际食品安全风险评估结果。并强调标准制定的公开透明原则，要求标准在起草完成后，应当书面征求标准使用单位、科研院校、行业和企业、消费者、专家和监管部门等各方面意见。经审评委员会秘书处初审通过的标准，要在卫生部网站上公开征求意见。而为规范食品安全国家标准起草工作，加强食品安全国家标准制修订项目管理，卫生部又发布了《食品安全国家标准制（修）订项目管理规定》。此规定中，多处强调“广泛征求意见”，以期加大公众和企业参与标准制订的力度，体现食品安全国家标准起草过程的公开透明性。

同时，为做好委员会各项管理工作，秘书处起草了《食品安全国家标准编写要求及指南》、《食品安全国家标准审评委员会秘书处工作制度》，对公文、印章、档案以及承担委员会的各项工作等提出了制度要求。这些制度和规定为规范食品安全国家标准审评委员会各项活动提供了保障。

食品安全国家标准的制修订程序可以分为征集立项建议、确定项目计划、起草、征求意见、审查、批准发布、跟踪评价和修订等 8 个步骤。一项标准从立项到发布一般需要 1 ~3 年的时间。

（一）征集标准规划和计划的建议

卫生部会同国务院各相关部门制定食品安全国家标准规划及其实施计划。卫生部每年向各部门和社会公开征集国家标准立项建议，秘书处收集整理后提出年度立项计划建议。

（二）确定标准制修订计划

食品安全国家标准审评委员会根据食品安全标准工作需求，对食品安全国家标准立项建议进行研究，向卫生部提出制定食品安全国家标准制（修）订计划的咨询意见。根据食品安全国家标准审评委员会的咨询意见和社会各方面的意见和建议，形成食品安全国家标准规划或年度制（修）订计划。

（三）起草标准

卫生部择优选择具备相应技术能力的单位承担食品安全国家标准起草工作。标准起草单位在起草过程中深入调查研究，以食品安全风险评估结果和食用农产品质量安全风险评估结果为主要依据，充分考虑我国社会经济发展水平和客观实际的需要，参照相关的国际标准和国际食品安全风险评估结果，起草国家标准。

（四）公开征求意见

标准起草完成后，标准起草单位书面征求标准使用单位、科研院校、行业和企业、消费者、专家、监管部门等各方面意见。标准草案经秘书处初步审核后，在卫生部网站上公开征求意见，公开征求意见的期限一般为 2 个月。秘书处将收集到的反馈意见送交起草单位，以对标准送审稿进行完善。

（五）审查标准

食品安全国家标准审评委员会分委员会对标准科学性、实用性审查。获四分之三以上参会委员同意的标准，为审查通过。审查未通过的标准，专业分委员会向标准起草单位出具书面文件，说明未予通过的理由并提出修改意见。标准起草单位修改后，再次送审。专业分委员会审查通过的标准，由专业分委员会主任委员签署审查意见后，提交审评委员会主任会议审议。

（六）批准和发布标准

经过主任会议审议通过的标准，卫生部以公告的形式发布。标准自发布之日起20个工作日内在卫生部网站上公布，供公众免费查阅。

（七）跟踪评价标准

卫生部组织审评委员会、省级卫生行政部门和相关单位对标准的实施情况进行跟踪评价。任何公民、法人和其他组织均可以对标准实施过程中存在的问题提出意见和建议。

（八）修订和复审标准

食品安全国家标准公布后，个别内容需作调整时，以卫生部公告的形式发布食品安全国家标准修改单。食品安全国家标准实施后，审评委员会适时进行复审，提出继续有效、修订或者废止的建议。对需要修订的食品安全国家标准，及时纳入食品安全国家标准修订立项计划。

四、工作进展

截止2012年5月，卫生部共颁布实施食品安全国家标准258项，包括食品添加剂使用、真菌毒素限量和预包装食品标签等基础标准，68项乳品安全国家标准以及160余项食品添加剂产品标准。其中，食品添加剂使用标准规定了16大类食品中23类2000余种添加剂的使用范围和使用剂量；食品中真菌毒素限量标准涉及黄曲霉毒素、脱氧血腐镰刀菌烯醇和展青霉素等6个指标，包括谷物、油脂、豆类等约10类食品。会同农业部门发布2项（含66种农药）农药残留限量标准，废止了食品中锌、铜、铁限量标准，取消了食品污染物限量标准中的硒指标。依据食品工艺必要性和安全性审查情况，调整允许使用的食品添加剂品种，撤销了溴酸钾、过氧化苯甲酰和过氧化钙等食品添加剂品种。

（一）食品中污染物和真菌毒素的限量

《食品中污染物的限量》是一项针对食品中化学污染物污染而制定的重要基础标准。该标准涉及污染物指标18项，包括铅、镉、总汞及甲基汞、砷及无机砷、锡、镍、铬、亚硝酸盐及硝酸盐、苯并［a］芘、*N*－亚硝胺、多氯联苯、3－氯－1，2－丙二醇、氟、铝和稀土元素。标准根据我国食品中污染物的监测结果，结合我国居民膳食污染物的暴露量及主要食物的贡献率，将贡献率超过“周耐受摄入量（PTWI）”5%的食品以及热点关注的食品列入关注重点，按大类（如蔬菜）、亚类（如叶菜）、品种（如菠菜）、加工方式（如罐头菠菜、干食用菌）等为主线，尽量以大类和亚类为主制定限量，辅以品种和加工方式例外单列，提出我国需要制定限量指标的污染物项目和食品类别以及适合我国国情的食品污染物国家安全标准建议值。

《食品中真菌毒素限量》充分梳理分析我国现行有效的食用农产品质量安全标准、食品卫生标准、食品质量标准以及有关食品的行业标准中强制执行标准的真菌毒素限量指标，并比较分析国际食品法典委员会（CAC）、欧盟、澳大利亚、新西兰、日本、美国及我国香港、台湾地区等食品中真菌毒素限量标准的制标情况而制定。结合近年来的污染数据和膳食摄入数据，对目前标准中矛盾、重复以及不当的内容进行了清理。为扩大基础标准的通用性，新的标准中以大类（如谷物、坚果及籽类）、亚类（如坚果）、品种（如玉米、花生和稻谷）、加工方式（如熟制坚果、糙米或小麦粉）为主线，尽量以大类和亚类为主制定限量，辅以品种和加工方式例外单列，涉及黄曲霉毒素、脱氧血腐镰刀菌烯醇、展青霉素等 6 个指标，包括谷物、油脂、豆类等约 10 类食品。

（二）食品中致病菌的限量

食品中致病菌限量标准的制定优先解决目前我国食品卫生标准、食品质量标准、行业标准、农产品质量标准间重复交叉问题，是我国食品安全基础标准的重要组成部分。本标准将涉及 15 种/类致病菌指标，限量标准的指标和限量的选择参考了国际上通行标准，充分考虑我国的实际情况，注重标准的可操作性和一致性。参考的国际标准包括国际食品微生物标准委员会（ICMSF）、欧盟、澳大利亚、新西兰、美国、加拿大及主要贸易国的食品中致病菌限量标准。食品中致病菌限量标准将以食品大类为主，兼顾有特殊要求的单类别食品。为了避免由于食品分类导致的标准管理和使用过程中的混乱和歧义，致病菌限量标准的食品分类将依据 GB2760，但将按照致病菌指标本身的特点，结合加工工艺，对食品分类进行适当调整，并与食品添加剂和污染物工作组协调统一。

（三）食品添加剂使用标准

《食品添加剂使用标准》（GB2760）规定了我国食品添加剂的定义、范畴、允许使用的食品添加剂品种、使用范围、使用量和使用原则等，要求食品添加剂的使用不应掩盖食品本身或者加工过程中的质量缺陷，或以掺杂、掺假和伪造为目的使用食品添加剂。

食品添加剂按功能分为 23 个类别。GB2760 包括 2000 余个食品添加剂品种，其中加工助剂 158 种，食品用香料 1853 种，胶姆糖基础剂物质 55 种，其他类别的食品添加剂 357 种。

新版 GB2760 中加工助剂包括：可在各类食品加工过程中使用，残留量不需要限定的加工助剂 37 种；需要规定功能和使用范围的加工助剂 69 种；食品用酶制剂品种 52 种。除此之外，新版 GB2760 中增加了食品工业用加工助剂的使用原则。

修订后标准中食品用香料分为天然香料和合成香料两种，其中食品用天然香料 400 种，食品用合成香料 1453 种。此外，新版 GB2760 中增加了食品用香料和香精的使用原则和不得添加食品用香料和香精的食品名单。

其他类别的食品添加剂主要包括酸度调节剂、着色剂、乳化剂和增稠剂等，不包括食品工业用的加工助剂、胶基、食品用香料、消泡剂以及营养强化剂。

（四）预包装食品标签标准

预包装食品是指预先定量包装或者制作在包装材料和容器中的食品，消费者在商场和超市所购买的绝大部分食品都属于预包装食品。食品标签是指食品包装上的文字、图形、符号及一切说明物。

我国食品标签管理标准最早为1987年发布的《食品标签通用标准》（GB7718－87），其后分别在1994年、2004年和2011年进行了修订。卫生部于2011年4月20日正式发布了《食品安全国家标准·预包装食品标签通则》（GB7718－2011），该标准于发布当日起正式实施。GB7718－2011对食品标签上食品名称、配料表、净含量、生产者信息、贮存条件和日期标示等应标示的信息进行了规定，使食品标签能充分、科学并合理展示食品综合信息，保障消费者健康。此外，国家质量监督检验检疫总局还发布了《食品标识管理规定》，从管理的角度对食品标签应标示的内容作了要求。自2012年4月20日起，食品生产经营企业将执行GB7718－2011和国家质量监督检验检疫总局发布的《食品标识管理规定》中的要求来标示预包装食品。

GB7718－2011对现行涉及食品标签管理的法规和标准进行了清理整合。标准规定，直接向消费者提供的预包装食品标签需要标示食品名称、配料表、净含量和规格、生产者和（或）经销者的名称、地址和联系方式、生产日期和保质期、贮存条件、食品生产许可证编号、产品标准代号及其他需要标示的内容；非直接提供给消费者的预包装食品标签应按照其4.1项的相应要求标示食品名称、规格、净含量、生产日期、保质期和贮存条件，其他内容如未在标签上标注，则应在说明书或合同中注明。同时，GB7718－2011推荐标示产品批号、食用方法和可能导致过敏反应的致敏物质。

与旧版标准相比，GB7718－2011修改了原标准的适用范围，使其与《食品安全法》关于预包装食品定义中的涵盖范围一致。标准还修改了预包装食品的定义，并参照国家质量监督检验检疫总局《定量包装商品计量监督管理办法》对定量包装作了进一步的描述。由于加工助剂不再构成配料，GB7718－2011删除了加工助剂的定义，并明确加工助剂不需要在配料表中标示。为了与《食品安全法》要求标示“生产日期”的要求相一致，标准将过去使用的“包装日期（灌装日期）”和“生产日期（制造日期）”进行了合并，食品只需标示形成最终销售单元的日期。由于超过保质期的食品不得继续销售，GB7718－2011取消了过去使用的保存期的概念。按照《食品安全法》的要求，新增了“规格”的定义，将食品的规格定义为“同一预包装内含有多件预包装食品时，对净含量和内含件数关系的表述”。

思考题

1. 我国《食品安全法》和《食品安全法实施条例》确立了哪些重要制度？
2. 我国刑法修正案（八）确定了哪几项与食品安全相关的罪名？
3. 我国餐饮加工环节制定了哪些重要的部门规章或规范性文件？

4. 食品安全国家标准体系包括几个重要的组成部分？
5. 食品安全国家标准的制定过程一般包括哪些步骤？
6. 如何理解食品添加剂在餐饮加工环节的使用要求？

参考文献

[1] 王义，张永慧，马朝辉．《中华人民共和国食品安全法》知识读本［M］．北京：中国计量出版社，2009.

[2] 国家食品药品监督管理局食品安全监管司．餐饮服务食品安全监管［M］．北京：中国医药科技出版社，2010.

[3] 唐民皓．食品药品安全与监管政策研究报告·2011（蓝皮书）［M］．北京：社会科学文献出版社，2011.

[4] 刘钢．《刑法》中食品安全犯罪作重大调整［J］．医药经济报，2011年6月3日第003版．

[5] 顾加栋，姜柏生．食品安全监管渎职罪的几个问题［J］．中国卫生事业管理，2011（8）：599－600，609.

[6] 崔杰，钱超．食品安全刑法保护的不足与完善［J］．中国食品质量报，2010年7月3日第002版．

[7]《产品质量法》解读（一）产品质量的基本法律规范 http：//www.jsgsj.gov.cn/baweb/show/sj/bawebFile/76515.html，［2008－03－25］．

[8] 张俭波．食品添加剂新品种行政许可更加规范，企业申请更加便利—解读《食品添加剂新品种管理办法》［J］．中国卫生标准管理，2010（3）：37－39.

[9] 王永芳．我国新资源食品管理现状与分析［J］．中国卫生监督杂志，2011（18）：20－23.

第五章

餐饮安全监管技术支撑

学习要点

作为食品链监管的终末环节，餐饮服务成为食源性疾病等食品安全事件的高风险环节，对其科学高效的监督管理依赖于监管技术的支撑。学习本章，重点掌握食品安全检验、监测和评估三大技术间的关系以及三大技术的主要内容和框架，熟悉三大技术的应用领域和在实际应用中需注意的关键点，了解信息化管理技术在餐饮服务食品安全监管和餐饮业发展中的作用，把握在监督执法过程中运用技术手段的规律，善于处理监督管理与技术支撑的关系，善于在监督管理工作中运用检验、监测、评估结果和信息化管理手段，以提高科学监管的效能。

食品安全监管技术是餐饮服务食品安全（下文简称餐饮安全）保障的技术，也是餐饮服务保障食品安全的重要工具。餐饮安全危害因素的研究、控制以及控制效果的评估与分析，都需要食品安全监管技术的支撑。

从餐饮安全监管过程来看，监管技术涉及到检验技术、监测技术、风险评估技术、溯源技术、信息技术等，与监管目标和效果评价有关。其中风险评估技术是核心技术，检验检测技术是基础技术，而监测、溯源和信息化管理是应用技术。餐饮安全监管技术体系及其相互关系见图5－1。

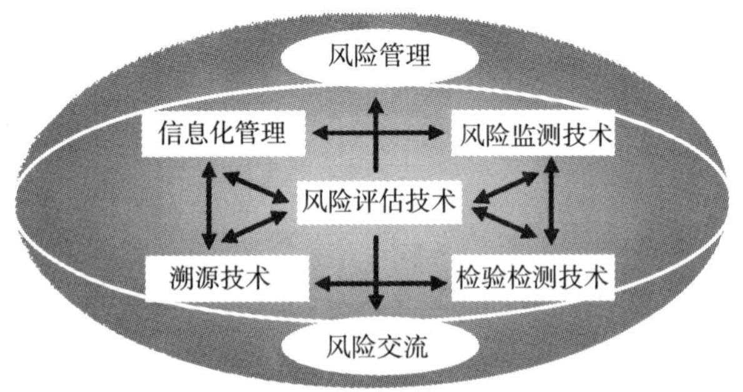

图5－1　餐饮安全监管技术体系及其相互关系

餐饮安全检验工作是餐饮安全风险监测、风险评估、标准制（修）订和风险监管的基础工作，是科学监管、依法行政的重要技术保障。没有坚实的检验工作基础，监测、预警、标准完善、监管与控制将难以建立在科学的基础之上。检验技术与监测评估、监督控制技术的关系见图5－2。当前，加强餐饮安全检验能力建设是检验工作的重要任务，检验技术与设备、人才培养和机制创新是提升检验能力的3个决定性因素。

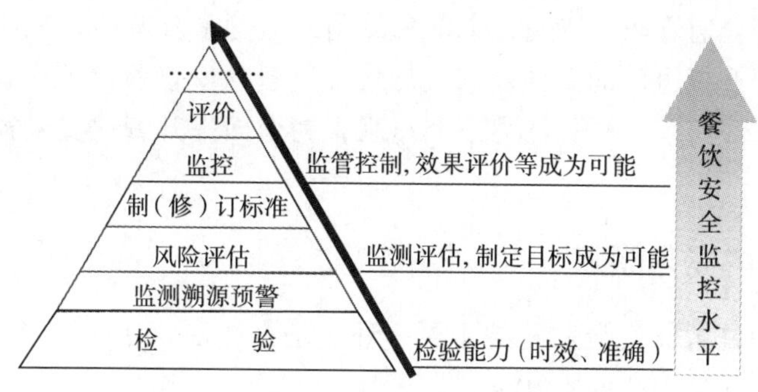

图5－2　检验技术与监测评估技术的关系

以风险分析为基础的餐饮安全科学控制能力，包括3个方面：一是检验、监测和监控能力，检验机构具备与国际水平相当的食品安全检验检测能力，依托检验检测能力形成对餐饮服务生产、加工、贮存、运输、消费全过程的主动和被动监测网络，并具有依据该网络实施抽检计划的监控能力；二是风险分析能力，在获得检验检测和监测监控数据及相关情况的基础上，有对影响餐饮服务行业食源性疾病、污染物、污染状态和相关风险因素进行风险评估、管理与交流的能力，包括针对评估结果有调整检验检测和监测监控计划、控制和管理风险、科学公布信息、教育引导公众以及国际合作交流的能力；三是不断完善餐饮安全相关法律、法规和标准体系的能力。

与其他监管环节相比，餐饮服务具有标准化程度低和技术研究水平弱等显著特点。目前，餐饮食品储藏加工方式因人因地而异，餐饮业从业人员良莠不齐，多数从业人员缺乏系统的食品安全知识，这些都为餐饮安全埋下了重大安全隐患。信息化管理，是应对当前餐饮安全这种特有形势的现代化技术手段。

本章仅就作为食品安全技术中最具基石意义的餐饮安全检验、基于检验的监测、基于检验和监测技术的风险分析，以及餐饮安全信息化管理，做一简述。

第一节　食品安全检验

《食品安全法》第六十条和第六十一条规定，食品安全监督管理部门对食品不得实施免检；县级以上质量监督、工商行政管理和食品药品监督管理部门应当对食品进行定期或者不定期的抽样检验。食品生产经营企业可以自行对所生产的食品进行检验，也可以委托符合本法规定的食品检验机构进行检验。《餐饮服务食品安全监督管理办法》（卫生部令第71号）第二十九条规定，食品药品监督管理部门依法开展抽样检验，县级以上食品药品监督管理部门负责组织实施本辖区餐饮服务环节的抽样检验工作。

餐饮安全直接关系到每一个消费者的健康和生命安全，为此食品安全检验的结果以及检验结果的精确性至关重要，具有较强的时间特定性、环境影响性和直接相关性。

自履行餐饮安全监管职责以来，全国食品药品监管系统按照“完善体系、创新机制、夯实基础、提升能力”的总体要求，加快推进餐饮安全检验工作，检验体系基本建立，检验制度不断完善，检验能力不断增强，为全面提升餐饮安全科学监管水平打下了良好基础。

一、概念、内涵与原则

餐饮安全检验是餐饮安全监管的重要一环，是有计划、有目的、有序的一种食品安全控制活动，该活动含有多层内涵。

（一）概念

餐饮安全检验，与其他领域的检验，甚至其他食品安全监管环节的检验比较，既有共同性，又有特殊性。其特点与餐饮服务环节在食品安全全过程中所处的阶段及其特点相关。

1. 餐饮安全检验定义

餐饮安全检验是指依法取得检验资质的食品检验机构，根据法律、法规、食品安全标准和技术规范，运用科学的检验技术和方法，对餐饮服务及其产品的一种或多种食品安全性特性进行检测，并将检测结果与法律、法规、食品安全标准和技术规范的规定进行比较，以确定其符合性的评定活动。餐饮服务具有饮食习惯的多样性、食物链的复杂性和安全风险的累积性等特质，给其检验也带来相应的挑战。

2. 检验与检测的关系

检测是指用指定的方法测定餐饮服务环节的食品安全指标，包括预处理、预测定、初始试验、条件试验和最后测定等操作过程，通常指对从餐饮服务各环节中采得的样品进行测定，仅具有测量的操作属性；检验的范围更广，除包括采用指定方法的测定之外，还包括如何取样更具代表性、用哪种或哪些指标更能说明问题、用何种技术或测定方法更灵敏准确，以及结果如何验证和如何运用等内容。这里讲的测定就是检测，因此，检测是检验必经的步骤之一，检验离不开检测。

3. 检验的责任制

餐饮安全检验实行检验机构与检验人负责制。检验机构应当按照相关要求，对检测方法进行方法学验证，按照相应标准建立本实验室的标准操作程序，并经检验机构技术负责人审核发布。检验人由检验机构指定，检验由被指定的检验人依照有关法律和法规规定，并依照食品安全标准和检验规范，秉承尊重科学和恪守职业道德的原则，对食品独立进行检验，保证出具的检验数据和结论客观和公正，不得出具虚假的检验报告。对出具的食品检验报告，由食品检验机构和检验人负责。

（二）内涵

从餐饮安全检验的定义可以体现出以下 4 点基本含义：①餐饮安全检验是从农田到餐桌全过程的终末环节检验，又是与食源性疾病最为接近的环节的检验；②其检验的对象是各种各样的，不仅限于摆在餐桌上的食物（终产品）；③其检验的样品特征范围，涵盖全过程、各环节和多领域；④适用于餐饮安全检验的方法和限量标准，相比之下，还有很大的完善空间，需要通过研究与实践尽快完善。

1. 检验对象

餐饮安全检验是对“餐饮服务及其产品”进行检验，餐饮服务及其产品即为检验对象；本质上是影响餐饮安全的风险因素，如食品、餐器具、场所、环境和从业人员等。针对餐饮安全的风险来源和服务阶段性，可将其餐饮安全检验对象分成三大类，即餐饮原料、制作加工和餐桌消费相关的检验对象。

（1）餐饮原料相关因素　餐饮服务的原料相关产品由上游监管部门监管，故当建立和完善餐饮服务单位索证索票制度，制定合理的以保藏与使用规范为主、检验为辅的安全控制策略。但当餐饮服务环节发生食品安全事故、在本环节未发现风险原因时，应对原料相关产品进行追溯性检验。

（2）制作加工相关因素　餐饮服务食品加工环节是保障餐饮安全的重点，这一环节与餐饮服务单位能力水平密切相关，也是通过餐饮服务单位自己的努力和监管督促可能提高的部分。针对餐饮食品加工环节的检验也是针对餐饮食品加工过程的监控。食品药品监督管理部门在餐饮安全检验中，应将与加工过程密切相关的因素，作为重点检验品种。通过针对性的监督抽检，发现可能存在的问题，并积极进行监督整改，提升餐饮安全水平。加工环节相关的重要检验因素包括：人员、场所、环境、餐器具、半成品、自制调料、加工用水和再分装与包装、储存及使用中的产品等。

（3）餐桌消费相关因素　餐饮服务的食品消费与消费者的健康直接相关，餐桌消费是否安全也与前面两个环节的关系极其密切。本环节检验对象的选择应以前面两个环节为基础，并有所侧重，主要是检验在餐饮服务加工过程中是否产生了有害因素。用于此阶段食品安全检验的重要品种有：即食食品、凉拌蔬菜和冷荤菜、生食水产品、鲜榨果汁、畜（水、禽）产品原料的热菜、自制蛋乳糕点食品、含天然有毒物质的食品、餐器具、场所和环境等。

2. 安全特性

餐饮安全检验对象的安全特性是指其品质和安全性指标，也即针对安全特性的检验项目。与其他监管环节不同，餐饮安全监管环节的检验项目，既涵盖种植（养殖）源头，如农（兽）药残留的指标项目，又涵盖生产加工过程，如食品添加剂使用和微生物污染等的指标项目，还涵盖“前售后制”和各种包装、销售的服务过程可能产生的危害指标等项目；指标项目的专业技术领域是物理学、化学和生物学等的大集合。同时，餐饮加工和储存方式因人因地而异，企业发展高低不一，从业人员良莠不齐，这些都增加了餐饮安全检验项目的多元性和复杂性。检验时要充分考虑这种复杂性和多元性的影响，依据不同检验对象可能携带的风险因素选择合适的检验指标和项目。一般餐饮安全检验项目，针对检验对象的特性而设定，总体上分为生物性、化学性和物理性三大类。

（1）人员　餐饮业从业人员的个人卫生状况对餐饮安全具有直接影响。患有痢疾、伤寒、病毒性肝炎等消化道传染病的人员，以及患有活动性肺结核、化脓性或者渗出性皮肤病等有碍食品安全的疾病的人员，不得从事接触直接入口食品的工作。除此之外，从业人员的手、上呼吸道、皮肤（尤其是裸露在外的皮肤）和着装的微生物指标状况，也常常与食品安全事故，尤其是细菌性食源性疾病密切相关。

（2）食物　①对食物原料检验的生物性指标，主要关注的是十余种致病微生物检验项目；化学性指标主要关注的是：与初级农（畜、水）产品种植（养殖）相关的如农（兽）药等农业投入品残留检验项目、与非法添加相关的有毒物质如甲醛等检验项目；物理性指标主要是杂质、酸碱度和放射性等项目。②食物加工过程检验，主要关注的是：与生物污染程度和污染性质相关的菌落总数、大肠菌群和致病菌以及寄生虫虫卵等项目，可能存在的滥用食品添加剂或非法添加非食用成分相关的项目等。③食物消费环节检验的主要项目有：凉菜、即食食品和动物性食品的微生物相关检验项目，如致病菌、病毒和寄生虫等；热菜食品安全检验项目，如热菜中心温度等；餐桌食品中非法添加的成分，如火锅底料中的罂粟等。

（3）环境和餐器具　对环境的检验项目主要关注的有：与原料生长环境相关的重金属污染和与原料储藏环境相关的黄曲霉毒素 B_1 含量等，与加工餐器具相关的重金属溶出等和加工环境相关的空气质量等，与餐桌食品用具卫生相关的餐饮具灭菌效果评价和餐饮环境空气菌落总数等。

3. 检测测量

对检验对象的特性进行测量、检查、试验和计量，需选择方法和技术。检验方法的选择是检验工作不可缺少的过程。在开始进行餐饮安全检验工作之前，一般应完成以下工作：①选择检验方法标准，有国家标准的必须选择国家标准，没有时首先选择行业标准，其次选择地方标准，再其次选择备案有效的企业标准，最后考虑知名的技术组织或文献报道的方法；②选择合适的方法和验证程序，并规范职责范围内的各项活动，制定标准操作步骤、实施细则和工作指南，以保证检验结果的准确性与有关标准或规定一致；③使用非标准检验方法时，需经验证和审定后确认其符合相应用途，并由食品药品监督管理部门成文公布后使用。

（1）方法的选择　一般方法选择时需考虑以下 4 方面因素：①是否适用于含有待测成分的样品及其数据结果可报告范围；②方法的灵敏度是否符合要求；③检验周期及方法难易程度是否适合；④是否具备齐全的仪器设备并经过必要的检定、校准。检验方法一经确定，所有人员都必须遵照执行，不得任意修改和变通。目前，餐饮安全主要风险产品（因素）的主要检验项目，都已有国家标准方法，但也有一些主要的风险因素没有国家标准检验方法，如餐饮服务人员和餐器具的带菌状况、盒饭中致病微生物、生食水产品的寄生虫囊蚴、动物源性食品中 β－内酰胺类药物残留以及地沟油的检验方法等。对这些检验方法的采标或为地方标准，或为行业标准，或没有标准，对相应风险的监管极为不利。

知识链接与拓展

国标、行业标准、地方标准和企业标准

《中华人民共和国标准化法》第六条规定：凡需要统一的技术要求，应当制定标准。对需要在全国范围内统一的技术要求，应当按照规定制定国家标准。国家标准由国务院标准化行政主管部门制定。对没有国家标准而又需要在全国某个行业范围内统一的技术要求，可以按规定制定行业标准。行业标准由国务院有关行政主管部门制定，并报国务院标准化行政主管部门备案，在公布国家标准之后，该项行业标准即行废止。对没有国家标准和行业标准而又需要在省、自治区、直辖市范围内统一的工业产品的安全、卫生要求，可以按规定制定地方标准。地方标准由省、自治区、直辖市标准化行政主管部门制定，并报国务院标准化行政主管部门和国务院有关行政主管部门备案，在公布国家标准或者行业标准之后，该项地方标准即行废止。

一般来说，国家标准是最基本的标准，其他任何标准的要求只能高于国家标准，而不能低于国家标准。国家标准在全国和全行业通用，行业标准在该行业内通用，地方标准在标准制定地通用，企业标准和协会标准只在该企业和协会内通用。《食品安全法》规定的食品安全标准只包括国家标准、地方标准和企业标准，而没有行业标准。食品安全标准为国家强制性标准。

（2）快速检测与常规检测　快速检测是相对于实验室常规检测方法而言，指在短时间内可出具检测结果的方法。快速检测可扩大检测范围和增加检测数量，并及时发现问题和迅速采取控制措施。快速检测方法与常规检测方法彼此互补，可形成时空上的覆盖。快速检测方法需按照《餐饮服务食品安全快速检测方法认定管理办法》（国食药监食［2011］294 号）的规定，经审定公布后方可使用，按照《关于印发餐饮服务食品安全检验机构技术装备基本标准和现场快速检测设备配备基本标准的通知》（国食药监食［2011］130 号），进行配备。《餐饮服务食品安全监督管理办法》（卫生部令第 71 号）第三十条规定，使用现场快速检测技术发现和筛查的结果不得直接作为执法依据。对初步筛查结果表明可能不符合食品安全标准及有关要求的食品，应当依照《食品安全法》的有关规定进行检验；餐饮服务提供者应当根据实际情况采取食品安全保障措施。

（3）方法验证　除国家标准与行业标准规定的检验方法外，实验室中采用任何一个方法都应进行认真并细致的验证。验证程序包括对新方法的精密度、准确度、结果可报告范围、灵敏度、特异性、参考区间等基本性能进行评估、确认和核实。验证内容包括：①检验方法描述是否详尽并无歧义，以免造成操作误差；②用已知样品或标准样品验证方法的准确性；③在室内、室间和不同检验人员间，对同一样品进行检验，以验证方法的重现性和稳定性；④与标准方法、经典方法或已有类似方法进行比对，验证其优劣性和可行性；⑤如有多个方法时，可优先考虑干扰因素少和变量影响小的方法。

4. 符合性确定

检验结果的符合性确定，即检验人员通过检验，获取准确的检测数据，在与国家标准规定相比较的基础上，判定该产品是否合格，是否对人民群众的健康和生命安全造成威胁。检验是一项严肃细致和公平公正的工作，每一项结论的判定，都要做到有据可查，有源可溯，以保证其检验的严肃性和客观公正性。检验结果要通过检验报告来反映，检验报告是检验的最终产物，反映的是检验全过程的信息，只有客观公正、准确可靠和填写清晰完整，检验结果才有意义。

餐饮安全检验中，符合性判定活动一般包括以下3种类型。

（1）感官检验结果判定　感官检验就是凭借人体自身的感觉器官和手，对食品的质量状况作出客观的评价，包括眼看、鼻嗅、耳听、口尝和手摸等方式，对食品的色、香、味和外观形态进行综合性鉴别和评价。在食品安全检验标准中，第一项内容往往都是感官指标，通过这些指标不仅能够直接对食品的感官性状作出判断，而且还能据此提出必要的理化和微生物检验项目，以便进一步判定产品的安全性。感官检验能否真实并准确地反映样品的本质，除与人体感觉器官的健全和灵敏程度有关外，还与检验人员对检样的认知水平直接相关。“感官性状异常”不单单是判定食品感官性状的专用术语，而且作为法律规定的内容而具有严肃性。对感官检验结果的报告，应使用规范的描述术语。

（2）定量定性结果判定　定量检验需要判定检验样品中待检物的含量是多少。食品安全危害因素的国标检验方法中，对许多危害物，尤其是有害化学物质（病原体较少）在食品中的存在，都规定了限量值。需要注意的是，报告检出限、实测值和限量值的单位，必须与标准规定的单位一致；数值与标准规定的小数位数保持一致。一般统计分析数据的人员不是检验人员，对数据不完整的情况无从判定和使用，尤其是对全国性数据的大量分析时，常将其作为无效数据而失去这些检验数据的价值。定性检验是检验某种物质或微生物与寄生虫存在与否的检验，包括理化分析测试和生物鉴定实验，主要是看送检的样本中有没有“待检物”，有待检物存在，一般报告为“检出”，反之报告“未检出”；待测物有多个类型或型别时应报告具体类别或型别等。

（3）检验结果报告方式　对检验结果进行判定时，以该检验标准为依据。检验项目要根据所检情况填明共检几项、合格几项、不合格几项。所检项目只要有一项不合格即可判定该产品不合格。委托检验只对送检样品负责，判定时填写该样品所检项目符合或不符合标准要求，监督抽检填写该批产品所检项目符合或不符合标准要求，全项检验填写综合判定该产品符合或不符合标准要求。

知识链接与拓展

数据修约规则

实测值与标准值比较时，若实测值非临界值，一般采用修约值比较法。修约时遵循“四舍六入五入单（前面是单数则入，双数则不入）”的数据修约规则。实际检测值若为临界值，一般采用全数值修约法。例：标准规定值为0.05，实际检出值为0.054，若用上述修约值比较法修约成为0.05，则应判定为合格，但与实际情况不符。若用全数值修约法修约为0.05（+），判定为不合格，与实际情况相符，判定客观真实。又例：标准规定值为5.0±0.5，实际检出值为4.46，用修约值比较法修约为4.5，应判定为合格，与实际情况不符。若用全数值修约法修约为4.5（-），判定为不合格，与实际情况相符，判定客观真实。

检验结果为0时，报告时填未检出。检验结果小于最低检出限时，填小于最低检出限，而不填真实检出值。如：肉制品中亚硝酸盐含量的最低检出限为1.0mg/kg，实际检出值为0.6mg/kg，则填报<1.0mg/kg，而不填报0.6mg/kg。

（三）原则

《关于印发餐饮服务食品检验机构管理规范的通知》（国食药监食［2011］372 号）第五条规定，“餐饮服务食品检验机构及其检验人员，应依照有关法律、法规、规章和食品安全标准、检验规范等规定，遵循科学、公正、诚信、独立的原则，开展餐饮服务食品检验活动，保证出具的检验数据和结果真实、客观、公正、准确。”因此，检验机构依法出具具有科学性、公正性和权威性（下文简称“三性”）的检验结果，是其工作的根本宗旨。

食品法律的管理及实施依赖于高效、公正、可靠的检测和监测服务。其信誉及公正性在很大程度上取决于从事该项工作的工作人员的公正性和工作技能。食品检验实验室是食品安全体系的必要和重要组成部分，因此，必须尽可能确保实验室能够高效率和公正地运行。

如何保证检验工作的“三性”将直接关系到餐饮安全的经济效益和质量声誉。检验机构的人员素质能力、设备与环境、内部管理、工作质量、工作作风和法制观念等“六要素”，是直接影响“三性”的主要因素。检验机构只有切实做到以上“六要素”，检验工作才能得到可靠的保证，才能真正体现出检验中的“三性”。

1. 科学性

检验机构通过科学的方法和手段，检验产品的各项安全特性，取得科学的依据，以求准确、客观地评价产品安全水平。同时要提高工作效率，来保障检验报告的时效性，确保检验报告的科学性。

对检验机构进行科学合理的定岗定编定责、对检验和试验人员进行培训和进行资格认证、健全和完善质量管理和规章制度、有明确无误的检验标准以及不断完善检测手段和提高检测水平，是提高检验工作科学性的措施和手段。

科学性与公正性和权威性紧密相关，没有科学性也无法保证公正性和权威性。

2. 公正性

检验工作的公正性，是指检验机构和人员在开展检验工作时，严格履行自己的职责，独立行使产品检验的职权，坚持原则，实事求是，不徇私情，秉公办事，认真负责。

公正性是检验机构最重要、最本质的特性。只有作风公正，才能数据公正，公正的数据才有真正的法律效力。如果检验报告不公正，不仅危及检验机构的权威性，也将严重影响餐饮安全监督管理工作。必须严格认真地对待各项检验工作，对所有的受检（服务）对象提供相同的服务质量，严格遵守有关质检工作纪律规定，以标准为依据，坚持原则、实事求是，不受外界干扰。

原则性是公正性的基础，坚持原则就是要严格执行技术标准，严格执行检验制度。检验人员要有高度的思想素质，有高度的原则性和政策性，要在处理问题中根据事实和客观标准作出公正的裁决。

《关于印发餐饮服务食品检验机构管理规范的通知》（国食药监食［2011］372 号）规定，餐饮服务食品检验机构及其人员不得从事与其出具的数据和结果存在利益关系的检验活动；超越食品检验机构资质认定范围开展监督性食品检验工作；其他有损于检验独立性、公正性和诚信度的活动。

3. 权威性

所谓检验的权威性实质上是对检验人员和检验结果的信任感和尊重程度。树立检验工作的权威是十分必要的，是保证产品质量和生产工作正常进行的重要条件。

检验工作的权威性来自科学而严格的实验室和检验工作管理制度，更来自检验人员过硬的技能、高度的责任感、原则性和政策性，要在处理问题中根据事实和客观标准作出公正的裁决。检验工作的权威性是在长期工作实践中坚持科学性和公正性的结果，工作作风令人信服，能用准确的数据作出准确的判断，所出具检验报告的真实性和客观性能经得起考验。

二、机构、人员与能力

在工业生产的早期，生产和检验本是一体的，生产者也就是检验者。后来由于工业发展和劳动分工的细化，检验才从生产加工中分离出来。但在工业制造领域，检验仍然是生产中不可缺少的部分。餐饮安全检验体系，与其他行业类似，即也分为企业自检和专业机构检验两种。

尽管食品安全的分段监管体制，使食品安全的检验体系较为庞大和复杂，但一样必须具备符合资质的检验机构、足够数量的检验队伍和适应需求的检验能力以及科学而严谨的检验管理制度。2011 年 3 月 10 日发布的《关于加快推进餐饮服务食品安全检验能力建设的意见》（国食药监食［2011］122 号），对机构建设规划的编制、检验仪器设备投入、人才队伍的建设等提出了明确的要求；3 月 28 日又发布了《关于印发餐饮服务食品安全检验机构技术装备基本标准和现场快速检测设备配备基本标准的通知》（国食药监食［2011］130 号），并要求各级食品药品监督管理局提高认识，加快实施；优化配置，提升效能；争取支持，强化检查。

（一）组织机构

餐饮服务食品检验机构是指依法设立，符合《食品检验机构资质认定条件》（卫监督发［2010］29 号），通过食品检验机构资质认定，受餐饮安全监管部门委托，开展餐饮服务食品检验工作的检验机构。

1. 机构资质

依照 2010 年 8 月 5 日公布的国家质量监督检验检疫总局令第 131 号《食品检验机构资质认定管理办法》规定，国务院有关主管部门所属和经其批准设立的食品检验机构资质认定，由国家认证认可监督管理委员会负责实施；除上述机构外的食品检验机构资质认定，由省级质量监督部门负责实施。国家认监委和省级质量监督部门定期公布依法取得资质认定的食品检验机构名录及其检验范围、技术能力等信息，并向公众提供查询渠道。食品检验机构资质认定证书有效期为 3 年。食品检验机构变更资质认定检验项目、检验方法的，应当依法向资质认定部门申请办理相关变更手续。

餐饮服务食品检验机构应按照《餐饮服务食品检验机构管理规范》（国食药监食［2011］372 号）的规定，依法管理和规范机构的人员、检验能力和相关行为等。

2. 机构现状

餐饮安全技术监管属于专业活动，日常监管工作中经常会遇到复杂的技术性难题，必须依靠专业技术机构和专业技术人员提供专业意见，因此必须加快建立适应监管需要的餐饮安全检验体系。

为提高餐饮安全检验能力，出台了《关于加快推进餐饮服务食品安全检验能力建设的意见》（国食药监食［2011］122号），明确了各级检验机构餐饮安全检验能力建设的原则和标准。

中国食品药品检定研究院作为检验系统的龙头，于2009年成立食品化妆品检验中心，大力完善设施设备，并在2011年通过实验室认可、实验室资质认定和食品检验机构资质认定，食品检验项目达370多项，并从2011年起承担全国餐饮安全监督抽检数据汇总、餐饮安全调查评价和快速检验方法认定工作。各地也积极推进餐饮安全检验体系建设，积极争取地方政府支持，完善机制体制，投入设施设备，全国已有170多家食品药品检验机构取得食品检验机构资质，检验队伍得到壮大和充实，检验能力不断提高。

按照国家食品药品监督管理局的部署，各级食品药品监管部门深入分析餐饮安全监管工作面临的新形势、新任务，高度重视餐饮安全检验工作，对行政监管、技术支撑和社会监督三大体系统筹兼顾、协调发展；深入研究餐饮安全检验工作的内在规律，以确保检验质量和效率为核心，加强餐饮安全检验体系、制度、能力和队伍建设；大力推进食品药品检验机构食品安全检验资质认定，为依法行政提供强有力的技术支撑保障；大力加强检验能力培训，高度重视人才建设；大力加强信息化建设，推进餐饮安全检验信息化和规范化；大力推进检验文化建设，弘扬以"监管为民"为核心价值的监管文化，提高检验队伍的凝聚力和战斗力；不断提高餐饮安全检验的科学性和公信力，全面加强行政监管、技术支撑和社会监督工作，努力实现餐饮安全监管由传统监管向现代监管转变，不断提升监管工作的科学化和现代化水平，以确保公众饮食安全。

目前，以国家级食品检验机构为统领、省（区、市）食品检验机构为主体、县区快检为补充的全国餐饮安全检验体系正在加快建立并已初具规模。当前及今后一段时期，餐饮安全检验工作将按照科学布局、协调配套的原则，以现有的食品药品检验机构为基础，着力完善功能，逐步建立起协调统一、权威高效的餐饮安全检验体系。到"十二五"末，餐饮安全检验体系基本形成，力争国家、省、市三级食品药品检验机构检验装备全部达标，县级餐饮安全快速检验装备按标准配备到位，餐饮安全检验能力能够满足餐饮安全风险防控和监督管理的需要。

3. 其他部门现状

我国各部门，如卫生、质检、农业、商务、食品药品、粮食、科技、轻工、工商、进出口等行业主管部门，均建有各级食品安全检验机构，并且各部门的食品检验机构资质认定标准都由自己制定。迄今为止，全国具有食品相关检验能力的技术机构近7000家，从事食品安全检验检测工作的实验室已有万余家，从业总人数达15.04万。

农业部《中国农产品质量安全检验检测体系建设》（2006～2010）项目总投资

59.06亿元，投资的70%将用于装备检测用的仪器设备，其中县级质检站1200个，对于重点县，每个县投资300～400万元。目前，农业部门已拥有了13个国家级质检中心，179个部级、480多个省级和1200多个地（市）县级农业投入品和产地环境类质检站（室）等，形成了国家、部、省、地（市）、县级的检验检测体系。

国家质量监督检验检疫总局设置并认定了3913个食品质量检测实验室，其中建立了约48个国家级质量监督检测中心，35个食品类重点试验室；173个省部级食品检测技术机构、163个食品检验检疫中心和300多个进出口食品质量安全检测室。

自建国以来，卫生部门按行政区划逐步建立了从中央到省、市、县的四级疾病预防控制机构，配备了食品检测实验室，形成了覆盖全国的食品卫生检验检测体系。

总的来说，我国的食品检测机构资源分散、重复建设、利用率不高，缺乏国际参比实验室和存在各部门检验结果相互矛盾等问题，同时，还存在基层技术力量不足和东西部地区差距较大等问题。

4. 第三方机构

目前，我国食品检测机构均隶属于政府部门。第三方检验机构可以独立于两个主体之外，以公正、权威的非当事人身份，根据有关法律、标准或合同进行检验活动。

欧美于15世纪开始出现，19世纪中叶已经很普遍，并发挥着公正、独立而权威的检验作用。我国第三方检测机构起步很晚，约在2000年以后才出现，具有起步晚、起点低和规模小等问题。目前已有数家跨国公司在华设立第三方检验的分支机构，如总部设在瑞士日内瓦的SGS等。

有关部门正在加快推进检验检测资源和信息共享，并积极推进第三方技术机构建设。大力培育和发展社会中介机构，食品安全检验检测体系建设才能取得突破性的进展，检验检测市场才能充满生机和活力，检验检测能力才能完全满足食品安全监管的需要。

（二）队伍建设

人才资源是第一资源，也是职能水平提升的后劲所在。专业技术人才是餐饮安全人才队伍的重要组成部分，是实现科学监管的重要推动力量。拥有一支规模适度、素质优良、结构合理并具有竞争力的专业技术人才队伍，对于加强食品安全治理、提升食品安全水平和破解食品安全监管难题意义重大。

检验机构承担着为行政监管提供技术支撑、为产业发展提供技术服务和为社会安全提供技术保障三大职能。建立一支与检验事业发展相适应、层次分明、技术全面并质量过硬的检验人才队伍，是检验机构人才建设的当务之急。

《关于印发餐饮服务食品检验机构管理规范的通知》（国食药监食［2011］372号）对检验机构人员要求作了具体规定。技术人才短缺，基层专业技术人才队伍建设相对薄弱，是检验机构普遍存在的软肋。推进专业技术人才队伍建设，需重点考虑以下3方面。

1. 提出目标任务

首先应制定发展规划，明确指导思想、基本原则、目标任务和总体要求。

（1）确定基本原则　从工作定位上来说，要把服务发展作为专业技术人才队伍建设的出发点和落脚点；从工作重点来说，要围绕“用”这个中心环节，以政策创新带动专业技术人员管理体制机制创新，为广大专业技术人员充分发挥作用创造良好的制度环境；从工作主体上来说，要以高层次人才为重点，以基层人才为基础、主体和高层次人才的来源，整体推进专业技术人才队伍建设；从工作方法上来说，要统筹不同层次、区域、领域等各类人才的发展，形成各类人才持续成长和协调发展的局面。

（2）明确总体目标　将总体发展目标分阶段设计，这样有利于摆布好长期目标和近期目标的关系，把握工作轻重缓急；也有利于摆布好完成既定目标和适当调整之间的关系，充分考虑环境形势变化对规划任务可能产生的影响，体现规划的科学性。规划所提出的发展目标要体现引导性、突出前瞻性和具备切实可行性。

（3）确定主要任务　从素质能力、队伍规模、整体结构、体制机制、发展环境5个方面明确专业技术队伍建设的主要任务。①着力提升专业技术人才素质能力，建立以素质能力建设为核心的人才培养体系。②着力扩大专业技术人才队伍规模，使检验机构达到规定的人员标准和认定认可条件。③着力调整专业技术人才队伍整体结构，完善不同层次、不同类别和不同地区的人才培养计划。④着力创新专业技术人才管理体制机制，建立完善人才选拔、任用和培训机制，解决投入不足、激励不够和使用不力等问题。⑤着力优化专业技术人才发展环境，制定和完善政策措施，提高专业技术人才的社会地位，营造公平、公正和公开的竞争环境。

2. 明确总体要求

专业技术人才队伍建设应以科学发展观为统领、科学人才观为指导、能力建设为主题、高层次创新型人才为重点和制度创新为动力。

（1）以科学发展观为统领　以人为本，创新体制，完善机制，健全法制，优化环境，统筹各类专业技术人才发展，实现专业技术人才发展与餐饮安全科学监管职能的协调一致，相互促进。遵循专业技术人才成长规律，为专业技术人才服务餐饮安全提供有力保障。

（2）以科学人才观为指导　坚持德才兼备、以德为先的识才、选才和用才标准。把品德、知识、能力、业绩和贡献作为衡量人才的主要标准，不唯学历、不唯职称、不唯资历和不唯身份，不拘一格选人才。牢固树立人人都可以成才的观念，积极为广大专业技术人员成才创造有利条件，鼓励多出人才、快出人才和出好人才。

（3）以能力建设为主题　创新专业技术人才培养模式，以保证餐饮安全需要为依据，坚持学习与实践相结合、培养与使用相结合，在提高综合素质基础上，着力培养专业技术人才的学习能力、实践能力和创新创业能力，提高他们的专业化和国际化水平。

（4）以高层次创新型人才为重点。以加大人才投入为支撑，以建设事业平台为重点，以市场配置人才资源为基础，以创新体制机制为动力，努力培养造就一批高水平学科带头人与科技领军人才，带动专业技术人才队伍整体发展。

（5）以制度创新为动力　制度创新是加强专业技术人才队伍建设的根本保证。通过深化改革、创新制度、规范管理和优化环境，构建与社会主义市场经济体制相适应，有利于专业技术人才科学发展的制度和政策体系，最大限度地激发人才的创新创造活力。

3. 制定实施措施

实施措施可以分为3类。

(1) 队伍建设方面 紧扣“高端引领、服务基层”原则，提出以构建国家高级专家培养选拔体系为核心，加强高层次创新型专业技术人才队伍建设；以“基层行动计划”为平台，加强基层专业技术人才队伍建设。

(2) 制度建设方面 围绕人才培养、吸引、使用、评价、配置和激励等多个环节，科学评价专业技术人才；以完善资源配置机制为导向，促进专业技术人才的合理流动；以深化人事制度改革为保障，完善专业技术人才用人制度；以加大投入为根本，完善专业技术人才保障激励机制。大力加强青年专业技术人才培养，全面提升专业技术人才的能力素质，加大人才吸引力度。

(3) 服务体系建设方面 以建设专家服务基地和继续教育基地为载体，加强专业技术人才公共服务体系建设。

(三) 能力建设

《关于印发餐饮服务食品检验机构管理规范的通知》(国食药监食［2011］372号)对检验机构的检验能力作了具体规定。对食品检验和监测人员的业务能力进行及时和适当的培训，是保证一个高效的食品控制体系正常运转的首要前提。培训的内容和目的有两方面，一是进行食品科学和技术的培训，以便让他们了解食品产业化加工的过程，提高辨别潜在的食品安全和质量问题的能力，并使他们具有检验经营场所、收集食品样品和开展全面评估的技能和经验；二是进行食品法律和法规的培训，了解这些法律、法规赋予他们的权力，以及这些法律、法规对食品行业所规定的责任和义务。

对餐饮安全实施科学、有效的技术监督和对重大食品安全事件的准确预警，需要以强有力的检验能力为基础。餐饮安全检验与监管的水平不仅是衡量一个国家发达程度和公民生活水平的重要指标，也是衡量政府公共安全服务能力的重要标志。

1. 研发技术与设备能力

技术和设备代表检验能力的先进性。食品检验实验室除要具备使用资质认定的检验项目和方法开展工作的能力，还应具有针对工作中发现的技术问题开展研发和攻克难题的能力。

当前，我国食品检验机构的仪器装备、人员配备及技术水平有了长足的进步，但尚未从根本上解决“检不了、检不出、检不准、检得慢”的问题，可开展的食品检验项目以常规项目为主，自主建立新的检验方法的能力不强，新项目和技术含量高的项目储备少，在应对突发性食品安全事件时，难以及时准确地出具相应的检测数据。

检验方法是实施检验的技术依据，是实验室开展检验服务的重要资源。但随着科学技术的不断进步，新产品的不断涌现，方法标准也需要不断地更新；另外，检验技术及手段的不断完善，突破了标准方法的限制，使建立新的标准方法成为必然需求。因此，研发新技术、方法和设备，加强技术储备，进一步提高检验的适用度和结果的准确度及精密度，最大限度地满足技术监管的要求，是检验能力建设的重要组成部分。

(1) 微生物学技术设备 微生物学检验方法和技术是掌握食品微生物污染状况，

识别新发病原体，确定食物中毒微生物，分析从不同时间、地点、人群和事件检出微生物的同源性，记录和分析病原体流行轨迹和趋势，进而进行危险性分析等的基础。当前新发和再发食源性病原体不断出现，实验室应具备针对新发食源性病原体及其对食品污染问题的技术更新能力。中国的食品安全关键技术还很缺乏，环境和食品中病原体的多重检测技术和设备，还完全依赖于国外先进技术，针对餐饮风险因素特点的生物学检验，包括抽样计划、方法和技术以及限量标准等还有许多不足和不完善的地方，作为餐饮安全检验机构应在这些方面加强能力建设，力争创新突破。

（2）化学检验技术设备　我国食品理化检测技术紧跟国际前沿，自主研发，在农药多残留分析技术方面取得了长足进展，并已发布了《水果和蔬菜中446种农药多残留测定》（GB/T19648－2005）、《粮食中405种农药多残留测定》（GB/T19649－2005）、《动物组织中437种农药多残留测定》（GB/T19650－2005）和《蜂蜜、果汁和果酒中450种农药多残留测定》（GB/T19429－2005）。但这些检测项目所用国产仪器的精密度、耐用性和其他品质性能等，均有较大的改进空间，相当数量的仪器还完全依靠进口。

（3）快速检测技术设备　由于实验室的设置运行成本较高、检验周期较长、所需样本量大、检测数量有限，远远满足不了技术监督的需要，尤其在需要现场检测、需要快速了解情况和需要初步了解情况时，更需要快速检测技术设备。一旦发现超标或其他问题，可将复检样品送实验室做进一步检测，可大大缩小实验室检验范围、减轻工作强度并提高工作效率，尤其是可大大提高技术监督的时效性和公信力。餐饮安全检验和技术监督过程中，尚有许多快检技术设备研发的空间。

2. 自检、抽检与事故检

自检、抽检、事故检、快检和复检代表检验能力的功能性。按照《餐饮服务食品安全监督管理办法》（卫生部第71号令）的规定，为保障餐饮服务的正常有序进行，检验机构承担着抽检、事故检、快检和复检等技术支撑功能，以及鼓励和支持餐饮服务提供者开展自检的功能。

（1）自检　一些餐饮服务提供者，对如何采用先进技术和先进的管理规范、如何实施危害分析与关键控制点体系以及如何有效地进行自检等，缺乏必要的认知、理解和基本技能。食品安全教育是食品安全体系中的重要部分，也是食品安全防御措施的基本环节。广泛、深入的食品安全教育可使餐饮服务提供者具有食品安全意识，使安全防范成为其责任自律的自觉行动。检验系统作为专业技术的主体，应该大力普及食品安全基本知识、技能和先进的措施，努力使餐饮服务提供者成为食品安全的支持者、维护者和创造者，促进依法生产、规范经营、科学消费。深入研究层次分明、针对性强的教育培训方式和体系，提高餐饮服务提供者的自律性和诚信度，将大大提高餐饮安全监督管理的水平。

（2）抽检　食品药品监督管理部门依法对餐饮服务业开展抽样检验。制定评价性抽检计划及其实施方案，其目的、内容、程序、方法、技术和注意事项，与国家食品安全风险监测计划及其实施方案完全一致，惟一不同的是责任主体和监管环节不同。抽样安全监督性抽检，每年由国家食品药品监督管理局下发抽检计划通知；各地方监督管理部门按照抽检计划制定本地抽检方案，并组织实施，按季度向中国食品药品检定研究院报送抽检结果和数据；国家食品药品监督管理局组织中国食品药品检定研究院对全国数据进行整理分析并经专家论证后，将适当用于风险管理和风险交流。制定一份科学的抽样安全抽检计划或实施方案，需要深入研究并掌握餐饮安全的特殊规律、敏锐洞悉餐饮安全的新动向并迅速确定应对策略与方法技术以及灵活运用抽检原理并使其在餐饮安全中发挥基础作用和预警导向作用。加强食品安全抽检工作的有效性，需要充分发挥食品检验机构在制定监督抽检方案中的技术主导作用，改变以往食品检验机构被动接受任务的方式，变为“主动式”工作方式；需要鼓励食品检验机构将科技成果（如新的检测技术、检测指标）应用于食品安全监管中，制定切合地方实际的有针对性的监督抽检方案。餐饮安全检验机构在检验工作中发现带有区域性、普遍性及社会关注的重大食品安全信息，应当立即向所在地食品药品监督管理部门报告，并协助进行食品安全风险分析、评估和监测等。全国监督抽检分析报告审核通过后，国家食品药品监督管理局将根据报告内容和具体情况反馈各省级食品药品监督部门，或同时通报相关部委，或通过媒体向公众发布。

（3）事故检　事故检是县级以上食品药品监督管理部门，按照有关规定，在餐饮安全事故发生时的应急检验，考验的是监管部门及其检验机构对餐饮安全事故的应急处置能力。对于检验能力来说，需要提高事故应急检验的针对性、准确性、时效性和权威性，研究餐饮安全各种事故的特点和检验要素，科学部署日常检验、科学研究和应急检验工作。突发餐饮安全事故时，要求检验机构在最短的时间内作出准确判断，为行政执法提供可靠的技术依据，在关键时刻凸显技术支撑不可替代的作用。

3. 创新与技术储备能力

创新与技术储备能力代表检验能力的创新性。目前许多食品检验机构仍以完成日常检验工作作为其主要工作内容，无暇对检验工作中遇到的各种问题进行研究和探讨，导致当前许多食品检验机构在技术储备上仍然不足，不能满足当前食品安全形势的需要。各级食品检验机构在完成日常检验工作的同时，要加大科技攻关的力度。有条件的食品检验机构可设专职科研人员岗位，将部分业务能力强的技术骨干从一线检测工作中脱离出来，培养一批精通检验业务、检测技术、标准制定以及科技攻关能力强的技术专家队伍，结合食品安全检验工作需求，重点开展食品检验新技术研究、食品中潜在危害因素分析以及当前食品检验中急需的标准制修订等工作。鼓励食品检验机构采用非标准方法进行探索性项目的检测或风险监测工作，与现行标准方法相互配合，真正达到“早发现、早预防和早处置”的目的。

风险分析方法是食品安全控制的科学基础，对食品安全风险因素缺乏系统的风险评估、管理和交流，将导致对危害和风险没有科学的定性，管理存在盲目性，使生产者、消费者和管理者都相当程度地缺少必要的信息和知识。对餐饮安全各种主要风险因素的检验方法、监测数据应建立数据库，连续积累相关资料；应当充分利用国际数据、专业知识以及其他国家和国际上一致公认的方法获得数据。应当具备研究这些数据和评估结果的能力，参考利用这些信息，为餐饮安全监督管理提供必要的科学支撑。

4. 分工协作与资源共享

分工协作与资源共享代表检验能力的效能性。当前，新的食品安全问题不断出现，新的检测指标层出不穷，检测工作对仪器、技术和方法的要求越来越高。面对纷繁复杂的食品检验工作，各检验机构要想开展“大而全”的食品检验，将面临资金、人员、成本和周期等许多困难，同时也将造成检验资源的浪费。因此，各食品检验机构在满足职能要求基础上，结合其自身条件，有针对性地提升其食品检验能力，形成其独特的技术优势。各检验机构间应建立必要的、经常性的联系和协作机制，加强信息和技术沟通。

三、检验的效用

食品安全性首先体现在检验技术上，检验技术是保证食品安全的技术支撑手段。如果没有检验技术，无法知道食品中是否存在不安全因素，也无法知道这种不安全因素对食品的影响程度。在食品不安全因素无法检出的情况下，安全是无法保证的。对于餐饮安全，检验通过有效把关、关键点预防、数据性报告和反馈性整改四大职能发挥作用；而检验机构具有监督职能、指导职能、仲裁职能和技术职能。具体体现在监管技术的精确性、监管方法的科学性和监管目标的有效性三个方面。

餐饮服务环节是食源性疾病等食品安全事件频发的环节。餐饮安全检验是法律赋予食品药品监督管理部门的一项法定职责，是贯彻落实国务院关于食品安全重点工作安排与要求的措施。做好检验工作具有重大而深远的意义。

（一）监测的基础

监测工作以检验工作为基础，是一种连续的和多点位的检验。按统计学原理布设监测点，进而形成监测网络。通过监测可以了解某种食品是否存在安全问题，在什么情况下会对人体产生危害，还可以把握农畜产品从“农田到餐桌”全程食品安全状况，避免食源性疾病的发生。

检验是探知餐饮安全状况的哨兵。检验数据是评估餐饮服务及其产品安全性依据。通过组织落实好各项检验工作，以关注餐饮环节高风险危害因素、发现和解决问题为重点，可以及时掌握餐饮安全动态，提高对食品加工生产中不安全因素的全面认识，发现当前餐饮安全中存在的主要问题和安全隐患，加强对重点和热点问题跟踪与监督，为餐饮服务食品高危风险因素的预判提供科学依据，为预防餐饮业突发的和潜在的食源性疾病奠定基础，为食品安全监督管理部门执法提供技术支撑。

（二）监管的依据

检验是提升监管能力的有效技术手段。检验必须坚持检以致用的原则，对餐饮安全检验数据认真分析，对抽检不合格的餐饮单位依法处理，使监督抽检成为餐饮安全监管的利器，通过科学地分析和研判检验数据，不断提升执法效能。将监督抽检与日常监管有机结合，充分利用监督检验结果，使具有普遍性且危害大的餐饮安全违法行为得到严肃查处；加大违法线索移交力度，形成监管合力，及时将线索移交农业、质监、工商等部门，从源头上治理餐饮安全；与各监管部门建立食品检验结果互认和信息共享机制，有效利用检验数据，对问题食品全程追溯，跟踪问效，实现检打联合，上下联动，提高食品安全案件查办效果；将餐饮食品安全检验工作与重大活动保障紧密结合，并根据快检结果，及时敦促餐饮服务单位采取相应控制措施，确保重大活动期间餐饮食品100%安全；及时向社会公布餐饮安全状况，并发挥社会舆论监督作用，指导消费者科学合理消费，提升监管部门的公信力。

（三）评估的基石

风险评估始于危害识别，危害识别是风险评估的第一个要素（图5－3）。所谓“危害识别”，本质上就是对各种食品安全风险因素的依法科学检验；在按地域设置的多个哨点，系统和连续地进行这种检验（主动监测）后，获得大量数据，再将这些检验数据与人或动物的健康（来自关于疾病的检验和监测的数据）关系进行描述，即完成风险评估的第二个要素；其他第三、第四个要素的完成，也离不开检验的定性和定量分析。因此，可以说，在强有力的检验体系基础上，才可启动风险评估，科学有效的检验数据是食品安全风险评估的基石。

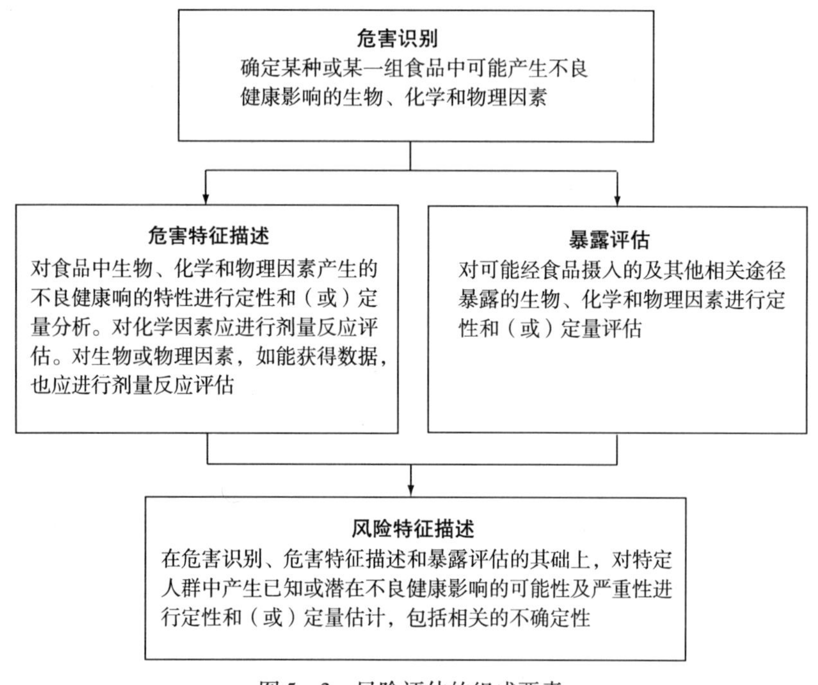

图5－3　风险评估的组成要素

检验数据不仅仅成为评估该食品的安全性依据，也是食品安全风险监测与评估的基础。来自实验室的检测数据、资料既是监测和危险性评估的基础，又与流行病学监测数据和资料共同成为危险性分析的基础。

第二节　风险监测与风险分析

《食品安全法》借鉴目前国际通行的做法，首次确立了食品安全风险监测和评估制度。通过食品安全风险监测和评估可以为制定或者修订食品安全国家标准提供科学依据、确定监督管理的重点领域、发现食品安全隐患。同时，通过将风险监测和评估结果及时通报各食品安全监管部门，可以预防控制食品安全事故的发生，提高监督执法的针对性。2010 年 1 月 25 日卫生部印发《食品安全风险监测管理规定（试行）》的通知（卫监督发［2010］17 号），对国家监测计划的制定和计划的实施，作出了具体规定。

要控制食品污染，预防食源性疾病，保障食品安全就必须先了解食品污染物和食源性疾病状况。这依赖于特异、灵敏、先进的检验技术以及地方、国家及其与国际合作的监测网络，利用所获检测和监测数据进行危险性评估和分析，制定出危害因素的限量标准和有针对性的控制措施；对可能发生的食品污染事件和食源性疾病提前进行预测和预报，防患于未然；对已发生的重大污染事件或已暴发流行的食源性疾病迅速高效地溯源和分析流行趋势，控制事态的发展。

一、食品安全风险监测

食品安全风险监测是通过系统地和持续地收集食品污染和食品中有害因素以及食源性疾病的监测数据及相关信息，并进行综合分析和及时通报的活动。食源性疾病监测是指通过医疗机构、疾病控制机构对食源性疾病、症状（甚至是尚不能确诊的相关症状）及其致病因素的报告、检验检测和收集，以获得人群食源性疾病发病信息，并进行综合分析和及时通报的活动。

国际上对食源性疾病和食品污染物的监测，属于通行做法，已经积累了相当丰富的经验，做法也相当地成熟。监测网内各实验室的检验方法统一并一致，实验室质量控制严格，监测哨点（即实验室）的分布具有均衡性（全覆盖），抽样计划具有代表性，监测数据信息化收集、分析和处理。

（一）目的、类型与模式

监测是掌握污染和发病等危害背景资料的惟一途径和手段，监测资料是确立应对决策、食品安全政策、法规和标准的重要依据。

1. 风险监测的目的

食品污染物和食源性疾病监测的目的是为了更好地控制疾病，保障人民群众的健康和生命安全。通过监测，建立资料库，掌握不同因素、疾病和地域的基线值，确定相关食品中危害因素或风险因素及其存在区域、食源性疾病及其流行区域、污染和疾病扩散方向等；以控制污染的扩散和食源性疾病的流行，制定和评价干预措施。因此，监测不仅仅是收集数据和准备年度报告等资料，而应该以促进相关部门采取合适的监管控制行动为目的，这些行动包括政策、法规、标准和措施等。

（1）收集风险信息　通过风险监测，及时了解、研究和分析我国食品安全形式，及早发现和控制食品安全事故；科学评价食品污染和食源性疾病对健康带来的危害及其造成的经济负担，为有效制定食品安全管理政策提供技术依据。

（2）建立数据库　通过风险监测，了解掌握国家或地区特定食品及特定污染物的水平，掌握污染物和食源性疾病的变化趋势，为制定食品安全标准、开展风险评估提供数据支持，适时制修订食品安全标准。

（3）指导监督管理　通过风险监测，反映一个地区食品安全监管工作的水平，指导确定监督抽检重点领域，对食品安全问题做到早发现、早预防、早整治和早解决；评价干预措施效果，为政府食品安全监管提供科学信息。

（4）信息利用和交流　通过风险监测，为食品安全监督管理、发布预警信息提供技术依据；指导科学发布食品安全信息，客观评价并发布食品安全情况，科学宣传食品安全知识，维护人民群众的知情权，增强国内消费者信心，促进国际食品贸易发展。

（5）评价监控效果　通过风险监测，衡量发现危害因素污染和食源性疾病暴发趋势的能力、监督管理和控制活动效果以及实现预定管理和控制目标的进展，向相关者提供适当反馈，追踪污染来源，制（修）订食品安全标准等。

可以形象地将食品安全监测的作用或目的概括为：

“摸家底”——通过监测，摸清食品化学和生物污染物污染的本底水平、污染的区域分布、时间动态和污染水平等污染状况的动态规律；

“找根源”——根据监测数据查找污染问题的来源源头；

“看趋势”——根据多年监测数据追踪污染物的变化趋势；

“评危害”——通过对各种消费人群进行暴露（即污染物的接触水平与程度）评估，得出危险性评价的最终结果；

“堵漏洞”——根据污染水平和严重程度确定优先采取措施控制的领域和问题。

要想使监测网获得较理想的监测目的和作用，抽样计划和方案至关重要，抽样计划若不具有针对性、代表性和目的性，将使监测结果既对回答该地区、该食品风险概况如何贡献不大，也无法用于风险评估，更无从考核风险管理效果如何。换句话说，就是没有通过监测起到监控的作用。

2. 风险监测的类型

风险监测的类型有 4 种，也可以说是 4 个层级。

（1）非正式监测　也是最初级的监测。常用于灾难、贫困、战争和动荡等公共卫生条件较为恶劣的情况下，或公共卫生设施薄弱的地区，以发现并防止大的或不寻常的事件暴发为目的，相应的应对和控制措施常常需要外部的援助（包括大规模的消毒和医疗队的援助等）。这种监测类型常可发现大的或不寻常的暴发，并采取相应的应对措施。

（2）症状监测　是比非正式监测高一级的监测。多为发现病人聚集或污染情况较突出时的被动监测，由于是尚未引起大规模暴发的前兆性监测，故比非正式监测级别要高。对发现有可能是同一类情况的体征或食品进行监测，并进行流行病学的人群、地区和时间分布（“三间分布”）分析，辅以实验室验证，对于发现食物中毒等食源性疾病的暴发并采取控制措施作用较大。这种监测类型可以发现危害或疾病发生的时间或季节趋势，确定危险人群，及时发现并响应可能的暴发或事件。

（3）实验室监测　是比症状监测更高一级的监测。这类监测依据实验室检验检测结果作出判断，实验室人员、食品安全监管人员和流行病学专家共享实验室资料，分析危害因素的特征、污染或流行轨迹和趋势，对于高危食物和肠道疾病监测并采取控制措施非常有效。这种监测类型可以通过实验室检验检测，确定危害因素或病原体的特征、时间或季节趋势，并及早发现事故（或疾病暴发）及其源头，同时针对高风险食物采取控制措施。我国食品安全风险监测体系实质是此类型。

（4）食物链全程监测 是最高级的监测类型。为持续地收集和分析来自食物链的资料，以实验室检验资料为依据，综合考虑动物、食物和人群的资料，进而对干预措施作出评价，用于国家级的哨点主动监测。可识别危险因素，分析其与食物、动物和人群疾病间的内在联系，评估食品安全控制的效果；估计不同食物、动物类别所致食源性疾病的负担等。这种类型的监测，对食物、动物和人的标本进行常规性实验室监测，将人间疾病的趋势同动物和食物相关资料进行比较，以识别其间的联系；通过人间疾病监测数据，来评价控制动物和食物中危险因素的措施是否有效。

上述4种监测类型之间的关系见图5－4。

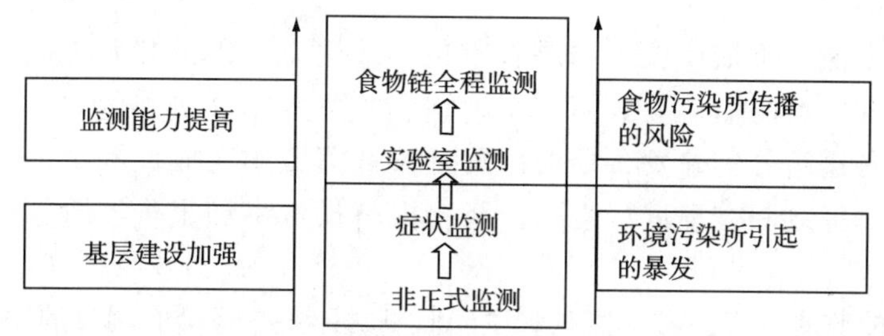

图5－4 食品安全风险监测4种类型的关系

以上每一种监测类型都可能监测到即将暴发的事态，但第一和第二种类型一般多可监测到食品之外各种环境污染引起的暴发风险及其因素，如水源污染引起的疾病暴发等；第三和第四类监测常监测到经食物传播的危险因素和疾病暴发的风险。从类型一到类型四的演变，表明基层检验监测能力的加强，随之风险监测的能力逐级提高。

值得说明的是，第四种风险监测类型，侧重于监测食源性疾病的状况，并通过疾病的状况来追溯食物和动物的风险或危害，以及对它们的控制措施是否有效。这种类型的监测，更符合成本效益原则，因为即使监测了数百份食品，也不见得会发现导致食源性疾病的原因食品，并指证这些食品就是引起某次或某个疾病的证据。而如果建立灵敏的食源性疾病监测网，则可在早期（甚至是首症或首个病例时）即发现食源性疾病的患者，通过对患者资料的分析与溯源，而迅速追溯到并控制住原因食品的类别和品种。因此，疾病的监测，比污染物的监测更为重要。

3. 风险监测的模式

根据监测是常规普遍的，还是针对性较强的或专门性的，可将风险监测的模式分为两种。

（1）常规监测 是一种带有普遍性的监测模式。根据以往监测的食品类型和项目在各地区、各哨点开展全面抽样监测的模式，以了解地方和国家级的污染水平和疾病状况，掌握基线值。餐饮安全连续性评价性抽检类似于这种常规监测。

（2）专项监测　是一种专题性的，带有针对性的监测模式。针对某些重大食品安全事件、重点危害因素以及重点地区、重点人群或重点时间段等，开展专项监测模式，以确定某一或某些污染状况，为有针对性地开展风险评估、控制效果评价及制定相关政策、标准提供依据。餐饮安全监督性抽检类似于这种专题监测。

根据监测数据和资料的获得方式，还可将监测模式分为以下两种。

（1）被动监测　监测哨点或下级单位，常规性向上级机构报告监测数据和资料，而上级单位或数据分析统计部门被动接受数据和资料的监测模式，称为被动监测。被动监测具有报告不及时、漏报率高、缺乏敏感性、准确性和特异性等不足，但成本低，工作量小。SARS疫情之后，我国于2003年5月9日公布实施了《突发公共卫生事件应急条例》，2004年又对《中华人民共和国传染病防治法》进行了修订，都对报告制度及其法律责任作了明确规定。但我国的食源性疾病监测仍然具有许多被动监测的弊病，漏报率较高。

（2）主动监测　上级单位主动调查收集，或建立报告机制并督促要求下级单位尽力收集数据和资料的监测模式。如采取措施加强数据和资料的收集，实行日报制和月报制，每月进行分析并发布月报；及时核查信息的完成性和全面性；开展漏报调查；按照统一计划和方案进行监测，努力提高报告率和报告质量等，均属主动监测模式。

对于同样的监测内容，被动监测和主动监测的结果往往会有明显的质和量的差别。

（二）内容、计划与方案

《食品安全法》第十一条规定，国家建立食品安全风险监测制度，对食源性疾病、食品污染以及食品中的有害因素进行监测。国务院卫生行政部门会同国务院有关部门（包括工业和信息化部、商务部、国家工商总局、国家质检总局、国家食品药品监督管理局和农业部等）制定、实施国家食品安全风险监测计划。省、自治区、直辖市人民政府卫生行政部门根据国家食品安全风险监测计划，结合本行政区域的具体情况，组织制定、实施本行政区域的食品安全风险监测方案。

1. 风险监测的内容

我国食品安全风险监测网络体系主要包括4方面监测内容：食品污染物、食源性疾病、辐射污染物及优先监测内容。在专题监测中，还会依据不同的专题，选择确定专门的监测内容。

（1）食品污染物　监测内容又分为两类，一类是化学污染物和食品中非法添加物，一般包括重金属污染物、农药残留、兽药残留、有机污染物、真菌毒素和超范围或超剂量使用的食品添加剂；另一类是食源性病原体，一般包括沙门菌、大肠埃希菌 O_{157}、单核细胞增生李斯特菌、金黄色葡萄球菌、志贺菌、副溶血性弧菌、蜡样芽孢杆菌、阪崎肠杆菌等致病菌和诺如病毒及寄生虫等。涵盖生产、加工、流通和餐饮环节的规定食品类别的规定食品品种。

（2）食源性疾病　我国的做法是，在全国部分医疗机构设立临床监测点，收集分析可疑食源性疾病信息，报告给国家食品安全信息系统，具有被动监测模式特征，并且对散发病例一般不做调查，仅仅对暴发事件进行调查，所以对疾病的监测能力有限。

其信息报告和主动监测系统还需进一步完善，需要逐步建立主动监测的制度和机制，实现与国际接轨的食源性疾病监测、调查、报告和数据分析模式。国际上食源性疾病监测分为常规被动监测和主动监测，常规被动监测主要由临床病例报告、实验室监测报告和暴发事件调查报告等3个互为联系又相对独立的监测系统组成；主动监测网络，主要由专属机构或专门人员进行的实验室确诊病例调查、实验室基本情况调查、内科医生调查、人群调查和流行病学研究5大部分组成。

（3）辐射污染物　在部分省（区），针对在建和已投入运行的核电站，对食品中放射性核素进行监测。

（4）优先监测内容　国家食品安全风险监测应遵循优先选择原则，兼顾常规监测范围和年度重点，以下情况优先监测：①健康危害较大、风险程度较高以及污染水平呈上升趋势的；②易于对婴幼儿、孕产妇、老年人和病人造成健康影响的；③流通范围广和消费量大的；④以往在国内导致食品安全事故或者受到消费者关注的；⑤已在国外导致健康危害并有证据表明可能在国内存在的。

2. 风险监测计划

监测计划的制定，一般是在各食品安全监管部门充分研讨和征求书面意见的基础上和在不断总结往年工作基础上，本着及时性、代表性、客观性和准确性的原则制定形成。

（1）计划的主要构成　监测计划的构成，一般包括以下6方面：监测目的；监测内容；监测方法；结果报告；质量控制；食品类别品种和样品总量、检验项目、检验方法标准和要求、各地任务分配、报告和数据上报时间、抽样设计方案、工作要求、组织保障措施和考核等内容。

（2）制订计划的要求　国家食品安全风险监测计划应根据食品安全风险评估、食品安全标准制定与修订和食品安全监督管理等工作的需要制定；应征求行业协会、国家食品安全标准审评委员会以及农产品质量安全评估专家委员会的意见，并同时制订国家食品安全风险监测计划实施指南和工作手册，供相关技术机构参照执行；要充分考虑食物链各环节和各危害因素的特点，按照各部门和各地监管工作需求和风险监测优先顺序原则设定品种、项目和样本量；抽样设计需在广泛征求统计学家意见的基础上，根据监测目的，结合我国国情制定，一般采用国际通用的多级分层抽样原则；食品安全风险监测采用的评判依据应经卫生部会同国务院有关部门确认。

（3）制订计划的注意事项　综合考虑现有机构条件、能力和经费情况，满足评估、监管和制订标准需要，按照各部门的需求和风险监测的优先原则，建立在国家水平上的监测计划；国务院农业行政、质量监督、工商行政管理和国家食品药品监督管理等有关部门获知有关食品安全风险信息后，应当立即向国务院卫生行政部门通报，国务院卫生行政部门会同有关部门对信息核实后，应当及时调整食品安全风险监测计划；根据风险监测数据分析结果，适时制订修订食品安全标准，指导个相关部门好食品安全管理工作。

3. 风险监测方案

各地制订实施方案时，必须满足和服务于监测的目的性要求：即抽样计划在各省

(区市)基本相同、抽样量在各省(区市)基本相同、结果在各省(区市)间可统计分析和数据可用于风险评估。否则，再好的监测方案，也起不到应有的作用。

在当前各地的食品安全风险监测方案的制订中，存在"个性不足"的问题，具体表现为，各地的风险监测机构在制订本地的食品安全风险监测方案时，存在被动实施上级制订的监测计划，本地特色不够强，新的探索性监测项目少等问题，从而使得监测效果大打折扣。

(1) 方案的主要构成　包括抽样设计、样本采集、样本检验和数据报告与上报及质量控制等5方面构成。

(2) 制订方案的要求　抽样设计是实施方案的核心，要充分考虑统计学意义和价值，结合国情和抽检目的，各地可采用国际通用的多级分层抽样法；坚持有代表性、系统性和时效性的原则，按步实施。①抽取的城市/城镇；②抽取城市/城镇中的场所类型与比例；③抽取各场所品种类型和比例；④每一类型品种抽取的样本量和品种及采集部位；⑤确定样本在一年中的均匀分布比例等。这5个步骤缺一不可。

(3) 制订方案的注意事项

①多级分层设计。第一层：抽取地级市县，必须涵盖大中小城市和城镇，城镇比例适当，每省(区市)最少抽取5个，覆盖人口数要占本省区市人口数30%以上；第二层：抽取各地级市县的场所，选择当地居民的主要和典型的场所，选择抽检品种市场份额大的场所(使其覆盖至少一定比例的同类品种)，选择覆盖高中低风险的场所，同时，计划从每类场所抽取的同类食品样本量应与这类场所消费份额成比例；第三层：抽取各场所中的各类品种，可根据每个场所某一品种的估计消费量确定品种，确定采样的某一品种在某一或某些场所中应具有代表性，即消费量应较大。

②抽样时间确定。一年4个季度，每季度抽检1次，每个季度的样本量应占总样本量的1/4。

③样本量确定。可按公式 $n_0=\frac{(z_{\alpha/2})^2P\ (1-P)}{L^2}$ 计算最小样本量，式中 $Z_{\alpha/2}$ 是选定的可信限所对应的 Z 值，可采用95%可信限对应的 Z 值1.96，P 是以往检出率或超标率，L 是要求的准确度或标准误差，一般为5%。

④样本采集。关键要注意样本的代表性和惟一性，代表性如样本的上中下部位的多点混合采样，样本的惟一性如分装并防止污染等；采样的信息完整性也至关重要，一般包括企业信息(如自制、预包装的企业信息是不同的)、产品标签信息、样品时态信息(如分装、散装、使用中、拆装时间等)和采集信息(如采集时的保存温度)等。这些信息有助于判断检样的安全特性和风险危害及其控制措施。

⑤数据报告。报告的数据，实际上是监测全过程的最终信息，不只包括检测结果的数据。因此，监测的全过程都需要注意数据的代表性、时间性、完整性、详细性、准确性和一致性。

⑥质控措施。加强实验室室内、室间和区域间的质控考核，信息化录入采集数据、加强质控培训和现场督察等，都将提高监测效能。

（三）国内外现状

1. 我国取得的成绩

《食品安全法》公布实施以来，国家食品安全风险监测体系初步建立，国家食品安全风险监测计划已从2010年起每年连续实施，对全面掌握全国食品安全状况和开展针对性监管执法提供了重要依据。目前，全国共设置化学污染物和食品中非法添加物以及食源性致病微生物监测点1196个，覆盖了100%的省份、73%的市和25%的县，在416个医疗机构主动监测食源性异常病例或健康事件。常规监测食品污染物和有害物质项目近140项、10类食品中12种微生物指标、8个省（区）的食品放射性核素和10个县级以上试点医院的食源性疾病（包括食源性异常病例/异常健康事件）监测。

在构建食品安全风险监测网的同时，努力提高我国食品安全风险监测评估工作水平。建立健全风险监测评估制度规范，完善相应工作机制和程序；建设国家食品安全风险监测参比实验室、食品中非法添加物和放射性物质检测等实验室；建立监测数据共享平台，研究设立风险评估模型，不断提高食品安全风险监测评估能力。

20世纪80年代，我国加入1976年由联合国环境保护署（UNEP）/国际粮农组织（FAO）/世界卫生组织（WHO）设立的“全球环境监测规划/食品污染监测与评估计划（GEMS/FOOD）”，是全球食品污染物监测计划参加国。1992年起开展食品污染物的监测，积累了部分数据，为制定我国食品中污染物限量标准提供了依据；提供的海鱼中铅和酱油中三氯丙醇（3－MCPD）的污染数据，由中国代表团提交到第34届国际食品添加剂和污染物法典（CCFAC）年会，为国际标准采纳中国数据做出贡献。

但从整体上看，我国食品安全风险监测仍处于起步阶段，食品安全风险监测评估和标准基础还较薄弱，需要各监管环节进一步加强检验、监测和评估工作。

2. 我国发展趋势

我国污染物监测工作，无论是化学污染物、食物病原菌和生物毒素的检测技术等，还是我国目前从中央到地方技术队伍所具备的能力，均与国际先进水平存在一定差距。监测数据资料还不能达到科学预警的要求，覆盖全国的监测网络缺乏统一协调，缺乏常见重要致病菌风险评估的背景资料，预警停留在经验阶段，溯源技术体系尚未建立。

食源性疾病监测工作更尚处于试点阶段，食品放射性核素污染监测也还处于特殊时期的应急监测阶段。食源性疾病的统计数据主要源于法定报告、暴发调查、哨点监测、以实验室为基础的监测系统和死亡证明等，统计数据因监测系统不同而不同。尽管多种食源性疾病属于法定报告的疾病，然而依从性很差。传统意义的监测系统主要是被动监测，仅在极少情况下才是主动监测，因而，漏报率过高是不容忽视的问题。

食品污染物监测必须具备稳定性、常规性和连续性，才能长久有效地发挥作用。发达国家如美、日和欧盟等国都能拿出20年以上污染物检测结果，以便制定符合他们国家的国际标准，或以他们的标准作为国际标准。因此，包括我国在内的发展中国家，由于不能提供足够的科学数据，而在国际标准的制定中，不得不受制于发达国家，不利于发展中国家的经济发展、国际贸易和国际地位。

3. 国际成熟经验

（1）GEMS/FOOD 1976 年由联合国环境保护署（UNEP）/国际粮农组织（FAO）/世界卫生组织（WHO）设立了“全球环境监测规划/食品污染监测与评估计划（GEMS/FOOD）”，并与相关国际组织制定了庞大的污染物监测项目与分析质量保证体系（AQA），其主要目的是监测全球食品中主要污染物的污染水平及其变化趋势，了解食品污染物的摄入量，并与参加国共享资源与信息，保护人体健康，促进贸易发展，至今已积累有 36 年的数据。2001 年 WHO 已将食品污染物监测列入其战略发展计划。

（2）GSS WHO 全球沙门菌监测网（GSS）有计划地开展了对全球各地区及其实验室的持续培训，强化实验室能力，指导微生物学家和流行病学家间协作，鼓励和支持跨地区协作、交流和数据库资源共享；对全球各区域食品污染和食源性疾病案例进行追踪和溯源，以评估食源性疾病的全球负担；帮助成员国及其实验室完善政策法规和操作指南，如提供《WHO 遏制耐药性全球准则》和《食源性疾病暴发调查控制指南》等；帮助提高区域和全球紧急事件和食源性疾病暴发的响应效率。WHO 全球食源性疾病监测战略的目标是旨在强化全球食源性疾病的监测。

（3）FoodNet 美国疾病预防控制中心（下文简称 USCDC）于 1995 年设立的食源性疾病主动监测网（FoodNet），就美国对疾病负担贡献率最大的是 10 种左右食源性病原体和食源性疾病开展主动监测。具体的监测方法是 USCDC 主动联络和收集各监测点（医院和诊所）腹泻病人的便检数据，也要求定期上报相关数据；同时，对网络实验室开展基础设施与检测能力的培训与质控、对临床医生开展诊治腹泻病人的问卷调查和培训、对监测点开展全人口的腹泻和高危食物的电话调查和开展食源性病原体的流行病学研究等。USCDC 及时对上述调查和研究结果汇总分析，并在此基础上发布食源性疾病的预警及预防措施和相关政策的调整。

（4）PulseNet USCDC 联合美国食品安全与检验局（FSIS）和美国食品药品监督管理局（USFDA），于 1996 年为提高对食源性疾病病原体的快速检测和细菌分型能力并预防大规模食物中毒的暴发，建立了国家食源性疾病分子亚型监测网（PulseNet）。该网是一个食源性疾病早期预警系统，对常见食源性疾病致病菌，用脉冲场电泳方法（PFGE）进行分型，从而开展基因水平监测，目前已成为国际化的监测网络。USCDC 利用网络对实验室进行技术指导、质量控制和资源共享，制作了常见致病菌的基因图谱和标准检测方法提供给网络实验室。这些实验室随时可以进入 USCDC 的 PulseNet 数据库，将可疑菌的检测结果与电子数据库中致病菌基因图谱比对，及时快速地识别致病菌的致病特性和流行特性，判断暴发和流行的可能性，以便进一步展开调查和控制。PulseNet 为准确确定食源性疾病患者排泄物中检出的细菌与可疑中毒食品中检出的细菌的同源性提供了重要的手段，也为开展食源性致病菌的定量风险评估提供了必不可少的技术支撑，还使食源性疾病病原菌检测基本满足了准确和快速的要求，使引起食物中毒暴发的病原菌分离的时间由几天缩短为几小时，从而大大提高了美国对食源性疾病快速诊断和溯源的能力。

知识链接与拓展

食源性疾病监测成功案例

2006 年 FoodNet 通过食源性疾病报告系统监测到，美国境内发生大范围的食物中毒事件，波及 26 个州，造成多人感染，甚至有死亡病例。FoodNet 监测到该情况，立即启动了 PulseNet 展开病原分析和溯源分析。对 10 个州病人提交的 13 份袋装菠菜样本进行分析，发现所含污染 O_{157}：H_7 大肠埃希菌与本次暴发流行患者所感染菌株完全一致，从而确定这次食物中毒是因食用新鲜菠菜导致的大范围污染事件。监管部门于 9 月公告此次“毒菠菜”流行来源为一家位于加州的某一食品处理加工厂，该食品公司立即经媒体公告召回市面上所有问题袋装菠菜，而另外 4 家公司也发布第二公告召回与该公司有关联的袋装菠菜；各相关当局建议民众对这些公司的莴苣等可用于做沙拉的其他绿叶植物产品也尽量避免食用或慎用。至此，这套监测系统快速高效地配合监管部门控制了这起大范围且大规模的食物中毒事件，最大程度地降低了危害和损失。

（5）美国的其他监测网　CaliciNet 是 USCDC 的一个电子系统，该系统利用指纹图谱技术快速分型引起食物中毒暴发的杯状病毒，允许共享实验室直接输入本实验室的毒株信息，当突发事件发生时，还可立即接到相关信息的通告，并可帮助相关人员更快地识别出与暴发相关的污染食品的产物。DPDx 是美国公共卫生相关寄生虫鉴定诊断网，由 USCDC 寄生虫病分部建立和维护，该网通过互联网提供寄生虫病诊断标准资源，旨在强化美国和其他国家的寄生虫病诊断能力和解决全球寄生虫病问题的能力。此外，USCDC 还建有国家抗生素耐药性监测系统（NARMS）、公共卫生实验室信息系统（PHLIS）、国家实验室培训网络（NLTN）、国家呼肠病毒监测系统（NREVSS）、国家法定传染病监测网（NNDSS）和沙门菌与志贺菌监测数据库、公共卫生监测感染性病例定义网等。

（6）欧洲和中南美洲　欧盟资助的沙门菌、产志贺样毒素的 O_{157} 国际监测网（Enter－Net）于 1994 年启动，监测数据报告至欧洲 CDC（UCDC），并被纳入欧洲监测系统（TESSy）。欧盟资助建立的弯曲菌监测网（CampyNet）是一个单病种监测网络，提供食源性病原体空肠弯曲菌和结肠弯曲菌的标准分子分型方法，以此有效地促进弯曲菌的流行病学研究。欧洲抗生素耐药性监测系统（EARSS）于 1998 年启动，是一个基于实验室的收集金黄色葡萄球菌和肺炎链球菌及其耐药性数据的国家监测网络。丹麦 1999 年建立的耐药性监测和研究项目——DaNMAP，对来自动物、食品和人群的细菌进行监测。此外，欧洲许多国家都建有细菌耐药性监测网。阿根廷、巴西、智利、哥伦比亚、牙买加、秘鲁、尼加拉瓜、墨西哥和巴哈马群岛等美洲的 20 个发展中国家，于 1996 年共同组建了对沙门菌、志贺菌和霍乱弧菌耐药性进行监测的网络——PAHO/INPAZZ 和食源性疾病监测网—SIRVETA。

（7）亚洲其他国家　日本于 1981 年启动国家传染病流行病学监测网（NESID），1997 年以来由日本国家感染症研究所（NIID）的感染症监测中心（IDSC）负责，依据日本传染病法对法定传染病和食源性疾病患者发病情况、病原体和流行趋势以及国民疫苗免疫状况进行监测；定期发布感染性疾病周报告（IDWR）和病原体监测月报告（IASR）。必要时，IDSC 还负责与 WHO 全球警报和反应网络（GOARAN）联系。泰国的食源性和水源性疾病监测始于 1969 年，1980 年纳入传染病法加以监测和控制，并建立了流行病学监测网（NES），负责监测食源性疾病、法定传染病和食品安全，定期发布流行病学监测周报、月报和年报等 3 种国家流行病学报告。泰国的国家级食品污染和食源性疾病监测，尚需要完善各相关方能力建设的战略方针、强化流行病学监测网的实效性以提高政府应对新发食源性疾病的能力和提高监测人员的专业能力，加强实验室能力建设（包括研发应对新发食源性疾病和食品污染物试剂盒），完善信息网络和数据库系统等。

（8）监测系统的评估　为改进监测系统、优化可利用的资源，切实发挥监测系统的作用，WHO 常有计划地对监测系统进行评估。评估计划包括：①对监测系统的一般描述，如监测的污染物和疾病的公共卫生重要性、合理性和针对性，监测内容是否明确、系统、清晰以及是否对采取措施有指导意义，系统的运转是否顺畅以及支持系统运转的资源是否足够等；②对监测系统有效性评估，如有效的监管措施是否源自系统监测结果、监测资料曾被谁使用，是否成为其决策的重要依据、系统是否能够发现疾病发生或流行的趋势、提供发病率和死亡率等的准确性、识别危险因素情况、流行病学研究利用情况、评价控制措施的效果、影响临床实践和获得更多的认可度与资金支持情况等；③对监测系统的特征评估，如在符合需求的基础上程序和操作是否简便、对特殊案例的监测是否具有灵活性、数据的质量是否具有完整性和准确性、系统是否具有开放性和可接受性、系统发现的暴发与真正的暴发比例以及系统的敏感性、代表性和时效性等；④提出相关建议，如系统是否需要和在哪些方面作何改进等，常常是一个综合考虑后的折中方案，即在敏感性、代表性和阳性预测率与及时性、易于接受性、灵活性、简便性和经济性两组特性间找到平衡点。

二、食品安全风险分析

食品安全风险分析是目前国际通行的食品安全防范方式，在美国、欧盟、日本等国家和地区食品、农产品质量安全管理中得到广泛应用。目前，我国食品安全风险评估刚刚起步。风险评估是风险分析的科学核心，可以为食品安全监管措施的制定和食品安全重点工作的确定提供科学依据，也是风险交流信息的来源和依据。

食品安全风险分析是一种评价食物链中危害因素与人体健康风险相关性的、为制（修）订食品安全标准和对食品安全实施监督管理提供系统化与规范化依据的以及为社会提供可靠信息的科学方法。这种方法较全面地考虑了食品安全控制过程中的各种因素，促进了危害评估的科学性、透明性和一致性，使政策、法规、标准和措施的制定更具有系统性。此外。各国采用协调统一的风险分析原则与方法也促进了国际食品贸易。风险分析是进行以科学为基础的分析、合理有效地解决食品安全问题的强有力的手段。

（一）依据、框架与原则

1. 法律依据

《食品安全法》及其实施条例和《中华人民共和国农产品质量安全法》，都将风险评估纳入了法制轨道，用法律的形式来保证风险评估的实施。从两法规定来看，风险评估的目的原则和技术方法基本是一致的，而组织开展风险评估工作的农产品质量安全风险评估专家委员会和食品安全风险评估专家委员会，在设立主体方面有所不同，分属两个职能部门；所评估的领域范围也各有侧重，互通有无。因此，在确保食品安全的高标准要求下，两个委员会必须加强合作，共同做好食品安全风险评估工作。

（1）《食品安全法》 2009 年 6 月 1 日起施行的《食品安全法》规定，“国家建立食品安全风险评估制度，对食品、食品添加剂中生物性、化学性和物理性危害进行风险评估。国务院卫生行政部门负责组织食品安全风险评估工作，成立由医学、农业、食品、营养等方面的专家组成的食品安全风险评估专家委员会进行食品安全风险评估。”同时规定，“国务院卫生行政部门应当及时向国务院有关部门通报食品安全风险评估的结果。”《食品安全法》还对食品安全风险评估的启动、具体操作以及评估结果的用途等食品安全风险评估制度做了具体的规定。

（2）《食品安全法实施条例》 依据《食品安全法》及其实施条例，以下 6 种情形下，需启动食品安全风险评估制度：①为制订或者修订食品安全国家标准提供科学依据需要进行风险评估的；②为确定监督管理的重点领域、重点品种需要进行风险评估的；③发现新的可能危害食品安全的因素的；④需要判断某一因素是否构成食品安全隐患的；⑤国务院农业行政、质量监督、工商行政管理和国家食品药品监督管理等有关部门提出食品安全风险评估的建议的；⑥国务院卫生行政部门认为需要进行风险评估的其他情形。

（3）《中华人民共和国农产品质量安全法》 2006 年 11 月 1 日起施行的《中华人民共和国农产品质量安全法》第六条规定，国务院农业行政主管部门应当设立由有关方面专家组成的农产品质量安全风险评估专家委员会，对可能影响农产品质量安全的潜在危害进行风险分析和评估。第十三条规定，制订农产品质量安全标准应当充分考虑农产品质量安全风险评估结果。该法还规定，国务院农业行政主管部门应当根据农产品质量安全风险评估结果采取相应的管理措施，并将农产品质量安全风险评估结果及时通报国务院有关部门。

尽管《食品安全法》仅规定了风险评估的启动、操作、结果用途等，并没有就风险分析中与风险评估紧密关联的风险管理和风险交流进行明确界定和规定，但与之相关的风险管理和交流的内容已有体现，如规定“食品安全风险评估结果是制订、修订食品安全标准和对食品安全实施监督管理的科学依据”、“对经综合分析表明可能具有较高程度安全风险的食品，国务院卫生行政部门应当及时提出食品安全风险警示，并予以公布。”

2. 风险分析框架

风险分析是一个连续模块结构式的决策过程，由 3 个相互区别且紧密相关的模块组成：风险评估、风险管理和风险交流（图 5－5）。风险评估是风险分析框架中一个很重要和很关键的环节，具有基础与核心的作用。没有风险评估的结论，就不能制定基于科学的管理措施，也不能进行基于科学的风险交流。

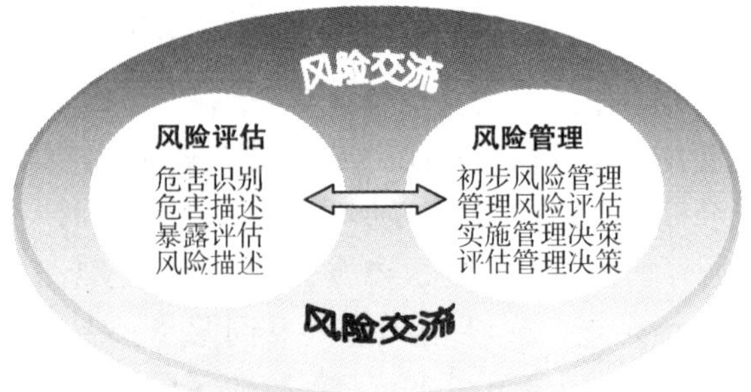

图5－5　风险分析的3个模块

风险分析中的3个模块是一个高度统一的整体，它们是风险分析框架中互相补充和互不可分的组成部分。在成功的食品安全风险分析案例中，管理者委托评估者进行风险评估，在整个过程中，管理者与评估者和社会之间，都始终处于互动交流之中。所以，当上述3个模块的工作在管理者的领导下，能够成功整合时，风险分析是最为有效的。

（1）风险评估　风险评估是一个纯粹的专家行为。

风险评估指通过使用毒理检测数据、污染物检测数据和人群食源性疾病数据，暴露量及相关参数，运用分析、统计手段，进行评估等系统科学的步骤，以决定某种食品有害物质的风险及其与人的健康关系。评估过程分为4个步骤：①危害识别（污染物及其危害性是否存在）；②危害描述（危害的剂量－反应关系）；③暴露评估（接触或摄入多少会有风险）；④风险描述（人群摄入量是否大于安全摄入量）。这4个步骤必须按顺序进行，作为风险评估的第一步和第二步，危害识别和危害描述可以参考国际专家组的评估结果，但各个国家都必须开展自己的膳食暴露评估。

知识链接与拓展

风险评估专家团队　风险评估的优势

风险评估的专家团队，至少包括流行病学专家、实验室专家、公共卫生专家、临床专家、统计学专家及食品安全专家。就某个评估来说，污染物及其危害是否存在（危害识别），对实验室专家来说就是是否“检出”，对临床专家就是是否出现临床表现和病理表现即治疗方法的可及性等，对于流行病学专家就是人群和个案的特征（如病例对照研究结果等），对食品安全专家就是该风险在食物链中的特性等。

风险评估的优势就在于较全面地考虑了食品安全控制过程中的各种因素和各方因素，评估结果不论对谁都是一样的。但对于暴露评估，由于不同国家、民族和地域人群饮食习惯或身体条件等不同，必须做本地或本民族自己的暴露评估，不能照搬国外的数据资料。

（2）风险管理　风险管理是一个纯粹的政府行为。

管理者根据专家组的风险评估结果，结合当时当地的国情和食品安全形势及饮食习惯等情况，制定政府的监管控制措施，包括制修订法规或标准、开展专项整治或完善监管措施以及推进 HACCP 管理等，都属于政府基于风险评估的科学监管行为。

（3）风险交流　实际上，在风险分析的全过程，都应当积极进行风险交流。

风险交流就是把所有的风险评估信息和风险管理信息都在第一时间，或“黄金时间”内，告诉食品安全的所有利益相关者。这些利益相关者即风险交流的对象，包括：消费者、公众、媒体、食品生产经营加工销售者，也包括政府各有关部门、消费者权益保护组织、行业协会、学术界和研究机构等。尤其是在突发食品安全事故或引起公众恐慌的食品事件发生时，第一时间进行充分的风险交流，将信息全部告诉公众，往往是控制事态发展的有效措施。有效的风险交流应包括风险的性质、利益的性质、风险评估的不确定性和风险管理的选择 4 个方面的要素。

风险分析包含并发挥了评估者（专家）、管理者（政府）和交流者（食品提供者或企业、消费者、媒体以及行业协会……）等各方各面的不可替代的独特作用，因而能够最大限度解决当前食品安全形势所面临的复杂问题。

知识链接与拓展

CAC 对风险分析的一系列定义

国际食品法典委员会（CAC）对风险分析的一系列定义如下。

（1）危害：食品中含有的或潜在的将对健康造成副作用的生物、化学和物理的致病因子。

（2）风险：由于食品中的某种危害而导致的有害于个人或群体健康的可能性和副作用的严重性。也称为危险性。

（3）风险分析：是通过对影响食品安全质量的各种生物、物理和化学危害进行评估，定性或定量的描述风险的特征，在参考有关因素的前提下，提出和实施风险管理措施，并对风险信息进行交流的过程。也称为危险性分析。

（4）风险评估：是评估食品、饮料、饲料中的添加剂、污染物、毒素或病原菌对人群或动物潜在风险作用的科学程序。风险评估包括危害确定、危害描述、暴露评估和风险描述 4 个步骤。也称为危险性评估。

（5）危害确定：对可能在食品或食品系列中存在的，能够对健康产生副作用的生物、化学和物理的致病因子进行鉴定。也称为危害识别、危害鉴别。

（6）危害描述：定性、定量地评价危害对健康产生的副作用及其性质。对于化学性致病因子要进行剂量 - 反应评估，对于生物或物理因子在可以获得资料的情况下也应进行剂量 - 反应评估。也称为危害特征描述、危害定性。

（7）剂量 - 反应评估：确定化学的、生物的或物理的致病因子的剂量与相关的对健康副作用的严重性和频度之间的关系。

知识链接与拓展

(8) 暴露评估：定量、定性地评价由食品以及其他相关方式对生物的、化学的和物理的致病因子的可能摄入量。也称为暴露特性评估、影响评估。

(9) 风险描述：在危害确定、危害描述和暴露评估的基础上，对给定人群中产生已知或潜在副作用的可能性和严重性做出定量或定性估价的过程，包括伴随的不确定性的描述。也称为风险特征描述、风险定性。

(10) 风险管理：也称为危险性管理，根据危险性评估的结果，选择适宜的控制点，制定政策进行科学管理，为保护消费者健康、促进国际食品贸易而采取的必要的预防和控制措施。

(11) 风险信息交流：也称为危险性信息交流，是风险评估者、管理者、消费者及某些相关团体之间，就风险问题等有关信息和观点进行相互交流。风险信息交流贯穿于风险分析的整个过程。

(12) 点估计：定量风险评估可分为确定性评估（点估计）和可能性评估（概率评估）。点估计即 worst case 分析，以食品消费量和食品中化学物浓度计算暴露量。一般表示“最坏的情况”。

(13) 概率评估：描述食品化学物的暴露。是对健康影响发生的概率，考虑了几乎所有的可能性及其可能的发生方式，概率评估的结果尤其强调数据的“变异性”和“不确定性”。

3. 风险分析基本原则

风险分析与风险评估具有许多相似的基本特征，适用相同的实施原则。

(1) 总体原则　总体原则针对风险分析全过程而言，即涵盖风险评估、风险管理和风险交流 3 个模块的实施和不断完善过程。①逐级递进。风险分析的实施步骤，必须按模块逐级递进，连续完成。②反馈调整。风险分析实际上是一个循环往复的过程，在过程中和完成后，必须不断反馈和调整完善工作和结论。③反馈调整的情形。一是风险分析 3 个模块的实施主体，即管理者、评估者和交流者之间要不断地广泛交流互动，互相反馈信息，评估者据此对正在评估和完成评估的内容进行调整和完善；二是即使达成或实施了某项管理决策，如果获得了新的信息，也应针对分析结论和已实施的控制措施作出相应调整。

(2) 实施原则　①客观透明。虽然风险管理者委托和管理风险评估，并对评估结果进行评价，但一般情况下，风险评估本身是一个客观工作，由科学家独立完成。评估者“独立”完成的含义，不能被误解为评估者与管理者和交流者之间不联系，而是指评估者应该是客观、无偏见和依据科学技术手段实施评估，不受经济、政治、法律或环境等因素的影响，实施过程具有公开性、透明性和翔实的文件记录。②职能分离。即风险评估和风险管理职能分离，一般不可用一批人来做，这样科学才能独立于法规政策和价值标准之外；若受条件、人力或资源等限制，有些人承担着风险评估者和风险管理者双重角色时，应采取措施使“职能分离”。③逐级递进。当没有识别危害时，即未确定风险因素是否存在时，不能直接进行危害描述及其以后的步骤和模块。尽管对每一步骤和模块都可进行重新调整和完善，但风险评估的步骤进程必须是按序递进的连续过程。④以科学为基础。充分依据科学数据是风险评估的一个主要原则。一般数据来自实验室检验检测报告、国内外监测网收集的数据和文献发表的数据等。完整、具有代表性和经过系统地整理的数据，是质量好的数据。⑤明确处理和说明不确定性和变异性。评估中，常因资料和数据不足，无法评估风险性而出现不确定性；变异性是上下数据值之间差异大，可由风险因素在不同食品或食物链阶段或时间地域等，其特性的数值不同造成，也可能是数据质量问题。如有可能，风险的估计应包括将不确定性量化，并且以易于理解的形式提交给风险管理人员，以便他们在决策时能充分考虑不确定性的范围。如果风险的估计很不确定，风险管理决策将更加保守。评估者必须使管理者清楚现有数据的局限性及其对风险评估结果的影响。例如，评估者发现单核细胞增生李斯特菌在不同食品中的风险有很大的不确定性。因此，风险管理者决定收集更多的数据，并进行更详细的风险评估，因为这种情形更为充分明确地提示了优先监管顺序。⑥一致性。指保证分析评估结果在各国各地的情形都适用，即保证结果适用性的一致性。⑦再分析。如有新的信息，能够基于新信息适当进行再分析或在评估。⑧同行评议。实施中，应进行同行评议，这样可以增强透明度，并能对评估的问题有更广泛的科学交流与探讨。

（3）风险管理总则　所谓“风险管理者”即政府行政监管部门。他们不需要详细了解如何实施风险评估，也不必是风险交流方面的专家，但他们在风险分析中负有以下责任：①对风险分析及其实施负全责；②负责适时委托风险评估任务，并跟踪实施的全过程；③依据风险分析结果，负责作出正确的风险管理决策，选择和实施食品安全控制措施；④了解风险交流对促进风险分析成功实施的作用，确保在风险评估和管理的所有步骤中都有恰当而充分的风险交流。风险交流不仅仅是信息的传播，而更重要的功能是将对有效进行风险管理至关重要的信息和意见并入决策的过程。

（二）风险管理

风险管理由承担监管职能的行政部门负责。风险评估是纯学术的专家行为，但风险评估的启动命令，是由风险管理者发出的，并且风险评估工作的进行、保障和相关法律法规的制定等，也是由政府有关部门负全责。因此，餐饮安全监管者的各项管理工作，实际上都与风险评估密切相关。用风险管理的理念和构架来开展工作，将有效提高监管的效能。

1. 整体构架与初步管理

风险管理的框架包括初步风险管理、风险评估管理和监管决策与实施等三大部分内容（图5-6）。

风险管理框架结构可以在制（修）订标准、制定中长期规划时，参考使用，也可以在突发事件或短期工作中参考使用。无论哪种情形都需要努力得到最科学的信息资料，对于前者，风险管理者可以组织风险评估，并从风险评估报告中获得丰富的科学信息资料；而对于后者，由于风险管理者不可能得到完备的风险评估报告，因此需要依赖于已有的有关风险的科学资料，例如监测网和食物中毒等食源性疾病暴发数据等，来作为实施初步控制措施的依据。

（1）发现风险问题　餐饮安全中有些问题已经比较清楚，有些是新的。问题源自于监管工作，在日常监督管理过程中发现问题，并善于判断哪些问题是比较严重的。

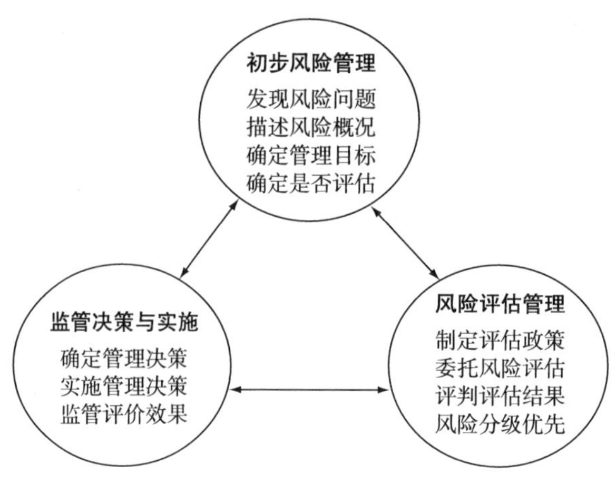

图 5－6　风险管理框架

如风险水平未知的新出现的危害或潜在危害（餐馆出现以前较少见的某种动物性食品）、熟肉中的单核细胞增生李斯特菌、餐馆内新的饲养养殖鲜活食品的方法、食品处理新技术如作为热处理食品巴氏杀菌法的替代方法等，都可能需要进行评价后，确定风险性。发现问题的途径很多，如国内和国际（进口）检查、食品监控计划、环境监测、实验室检测、流行病学和临床与毒理学研究、疾病监测、食源性疾病暴发调查等，有时还可通过媒体或业内披露的问题等。

（2）描述风险概况　须收集资料分析问题，一般而言，需要委托风险评估者或其他熟悉该问题的技术专家来完成。

知识链接与拓展

对问题的描述材料内容举例

1. 情况简述；
2. 所涉及的危害及食品；
3. 危害是怎样和在何处进入食物供应链中的；
4. 哪些食品使消费者受到危害影响或不同人群的食品消费量；
5. 食品中危害发生的频率和分布情况与水平；
6. 从文献中发现可能存在的风险；
7. 风险的价值属性（人体健康、经济、文化等方面）；
8. 风险分布情况（由谁导致、谁从中受益、谁承担该风险）；
9. 影响风险管理措施实施的商品或危害因素的特性；
10. 与问题相关的当前风险管理行为（包括现有的监管标准）；
11. 公众对潜在风险的认识；
12. 有关风险管理（控制）措施的信息；
13. 风险评估能（否）解决问题的初步迹象；
14. 初步发现如进行风险评估重要数据是否存在或有哪些缺失等。

一份好的问题分析材料，一方面能够为必要时委托专家团队风险评估提供基础，有助于确定风险评估需要回答的问题，这些问题的形成通常需要风险管理者与风险评估者反复进行有效的交流；另一方面能够在不需要风险评估的情况下，为实施监管措施提供基础。

（3）确定风险管理目标　对问题有了较清楚的了解后，可能出现3种情况，一是不需要进行风险评估，通过监管措施或加强卫生规范实施等即可解决的问题，此时问题分析材料就是风险管理的依据和基础，据此制定合适的监管目标。二是考虑需要进行风险评估（下面将介绍）；三是当问题分析显示食源性风险影响重大且紧迫时，监管者可以在进行风险评估的同时决定实施临时监管控制措施。

（4）确定是否进行风险评估　需要进行风险评估的情形有：风险的属性及影响程度不明确，风险涉及的社会价值相互冲突，风险受到公众密切关注，风险管理措施会对贸易产生较大影响；影响风险评估必要性的实际问题有：现有的时间与资源、采取风险管理措施的紧迫性、与处理类似问题的措施一致性、科学信息的有效性等。

知识链接与拓展

需要和可能不需要风险评估的情形

可能不需要风险评估的情形	需要风险评估的情形
1. 有明确资料对风险进行了科学描述 2. 食品安全问题相对简单 3. 通过良好卫生规范可以解决的 4. 食品安全问题不是法规所关注的或者不属于强制管理范畴 5. 要求作出紧急的监管措施的	1. 危害暴露途径很复杂 2. 有关危害和（或）健康影响的资料不完善 3. 该问题引起了监管部门和（或）利益相关方的高度关注 4. 对风险评估有强制的法规要求 5. 需要证实针对紧急食品安全问题所采取的临时（或预防性）管理措施科学合理性的

2. 风险评估管理

风险管理者依据风险评估结果来决策风险管理措施，又全面负责风险评估工作。在上述初步风险管理基础上，如确定需要启动风险评估时，则按照步骤递进实施下述对风险评估的管理。

（1）委托风险评估　风险管理者负责组织和管理风险评估，保障风险评估的顺利开展，确保任务完成。所有委托任务和评估内容及过程都应形成文件。风险管理者对风险评估的管理责任包括以下4方面。①组建风险评估团队。确保风险评估队伍中专家的合理平衡，不存在利益冲突与其他偏见；对评估者所开展工作进行明确指导，与评估者之间保持有效的交流沟通，同时保证风险评估与风险管理工作的“功能分离”。②明确规定评估目标、范畴和需要解决的问题。即明确要求应达到的预期风险管理目标和要解决的问题，这些问题对于选用何种风险评估方法有着重要影响。③对结果形式的规定。明确要求是定性还是定量结果，定量结果是点估计还是概率风险估计等。④规定时间和保证评估者获得必需的资源，如时间、经费、人力和专业技术力量等，并为完成该工作制定一个切实可行的时间表。

知识链接与拓展

管理者向评估者提出的问题举例

• 烤鸡中弯曲杆菌风险评估拟解决的问题（可以其中任一问题）：

（1）定量确定针对烤鸡中弯曲杆菌的具体食品安全控制措施在独立或联合作用时对消费者风险水平的相对影响；

（2）定量确定在食物生产过程的特定阶段（包括在农场流行阶段）中不同危害控制水平对风险影响的估计（例如，如果禽类患病率减少了50%，那么对消费者风险的影响是怎样的）；

（3）通过比较其他食品传播途径，估计通过烤鸡传播的人类弯曲杆菌病的可能比例。

• 如果某一农作物污染了黄曲霉毒素，要求风险评估者解决以下任一问题：

（1）在黄曲霉毒素的平均浓度从10μg/kg下降到1μg/kg情况下，定量确定普通人群食用该农作物的相对终生癌症风险；

（2）在相同情况下，定量确定因患甲肝而引起明显肝损伤的人群食用该农作物的相对终生癌症风险；

（3）与膳食中黄曲霉毒素的其他重要来源（例如其他农作物和坚果）相比，评估该农作物中当前黄曲霉毒素污染水平下，按比例的终生癌症风险。

（2）组织制定风险评估政策　分析评估过程中会产生许多主观判断与选择，为避免这种情况发生，需要制定风险评估政策。风险评估政策由风险管理者负责组织各方研究制定并形成文件。风险评估政策是清楚理解风险评估范围及其操作方式的基础，它给价值判断和政策选择制定准则，这些准则将在风险评估的特定决定点上应用；还给风险分级条件和应用不确定因素的程序制定规则，如评估涉及同种污染物带来的不同风险，或者不同食品中的污染物带来的风险等。风险评估政策能够为确定合适的保护水平与风险评估的范围提供指导。

（3）评判风险评估结果　基于现有数据，风险评估应该清晰且完整地回答风险管理者所提出的问题，并在合适的情形下对风险评估中的不确定性来源进行识别与量化。当判断风险评估是否完善时，风险管理者需要做到以下几点：完全了解该风险评估的优缺点以及结果；熟悉风险评估中使用的技术，便于向外界的利益相关方进行详细说明；了解风险评估中的不确定度和变异度的本质、来源及范围；熟悉并确定风险评估过程中所有重要的假设，了解它们对结果产生的影响。

（4）风险分级并确立管理优先顺序　食品安全管理机构常常需要同时处理大量的食品安全问题，在特定的时间内管理所有问题不可避免地会出现资源不足的情况。因此，对于食品安全监管者而言，对问题进行分级，建立风险管理的优先次序以及为所评估的风险进行分级是非常重要。分级的主要条件，通常需要参考消费者对事件认识的相对水平，并应将资源用于减少总体风险，即公众卫生风险上。将某个问题定为优先处理问题的依据，还包括解决该问题的难易程度等，有时也迫于公众或政治的压力需要对某些问题或事件给予优先考虑。

3. 监管决策与实施

监管决策选择与实施的过程和原则，既包括风险评估之后的，也包括需要风险评估的情形。

（1）风险管理措施选定　首先确定现有的管理措施选项，如 GMP、HACCP 等；然后从中选择最佳措施，对所选措施与降低风险水平和（或）保护消费者水平之间是否有清晰而显著的关联进行评价，考量这些措施的实施，对达到既定管理目标的贡献率；最后确定选择的风险管理措施。实际上，没有最好的，只有最合适的措施。风险管理者应将重点集中在选择能最大程度降低风险影响的管理措施上，并将管理效果与其他影响决策的因素进行权衡，这些因素包括：措施的可行性和实用性、成本效益因素、利益相关方平衡性、宗教伦理以及产生的负面影响（如食品食用价值或营养质量降低）等。因此，从根本上看，最合适的风险管理措施其实是一个政治性与社会性的产物。风险管理措施提供的消费者健康保护水平常被称之为“适当保护水平”，英文缩写为“ALOP”，是一种基于风险评估的保护水平，也即风险的危害与暴露水平及安全剂量有关，只有风险危害较大，暴露剂量较高，接近或超过了安全剂量时，才是有害的，而不能简单地理解为“存在即是危害”。

（2）实施风险管理决策　风险管理决策一旦确定，即由多方实施，包括行政监管人员、食品企业与消费者，实施类型依食品安全问题、具体情况不同而不同。一般应考虑食物链全过程实施风险管理措施，但由于没有一个系统可以对全过程进行监管，因此常常只能对某一环节的风险进行控制。

（3）监控与回顾　在决策和实施后，风险管理并没有因此结束。风险管理者还应确认降低风险的措施是否达到预期的结果、是否产生与所采取措施有关的非预期后果、风险管理目标是否可以长期维持以及成本效益关系等。当获得新的科学数据或有新观点时，需要对风险管理决策进行再评估。同样，在监督与监测过程中收集到数据表明需要评估时，也要再开展评估。风险管理措施实施阶段，对控制措施的有效性以及对暴露人群的风险影响进行监控，以确保食品安全目标的实现。

4. 风险评估效益比较

风险评估与经济学评估，两者的评估结果确定和管理决策选择，都存在不确定性问题。因此，如果整合风险评估和经济学评估的结果，将对风险管理的决策更有意义。一般需将两者的评估结果转换成为可以相互比较的单位，如成本值和现在盛行的“伤残调整寿命年（DALYs）”及“质量调整寿命年（QALYs）”等。例如，荷兰估计了减少烤鸡中弯曲杆菌污染的不同干预措施成本 - 效益比，如图5 - 7 所示，非常利于管理者决策如何制定控制措施，图 5 - 7 表明减少烫洗罐的污染、烹饪（肉品预处理）和良好的厨房卫生习惯是成本 - 效益最高的措施。

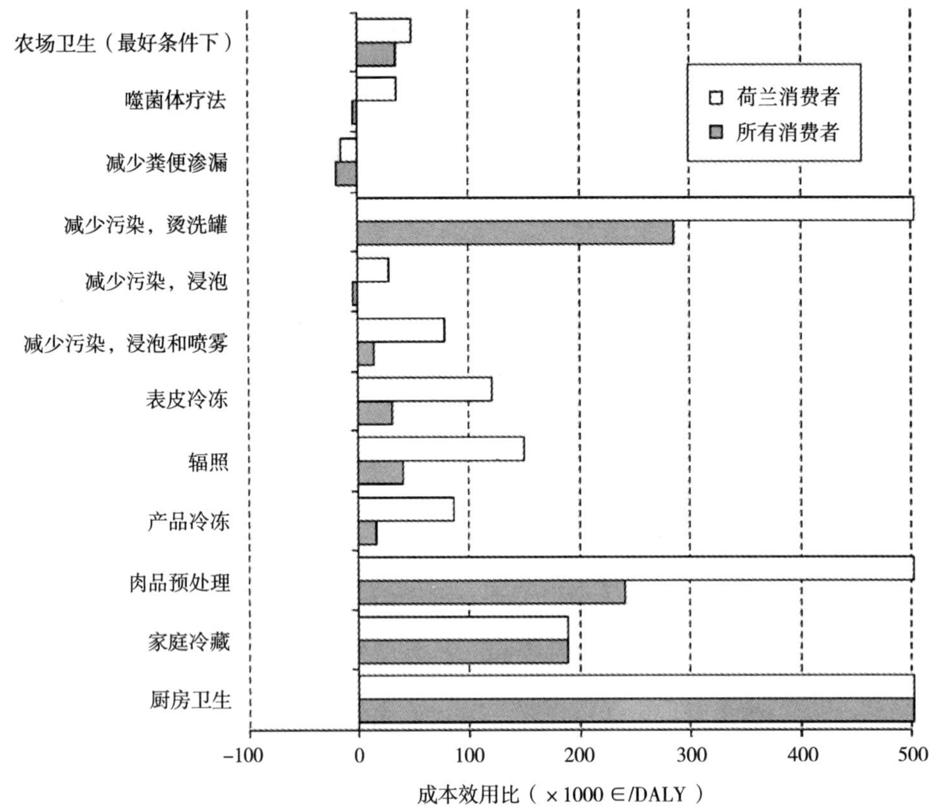

图5－7　不同干预措施对减少烤鸡中弯曲杆菌污染的成本－效益比

（三）国内外现状

食品安全风险评估是目前国际通行的食品安全防范方式，在美国、欧盟、日本等国家和地区食品、农产品质量安全管理中得到广泛应用。目前，我国农业和卫生行政管理部门开展了初步食品安全风险评估工作，食品安全风险评估刚刚起步，需要向发达国家学习。

1. 国内现状

风险分析最初应用于我国食品安全管理方面，始于20世纪90年代中后期，主要实施的是风险评估，至今已在农产品、水产品和食品等领域内取得了一些效果。

（1）基本建立了风险评估制度体系　《中华人民共和国农产品质量安全法》于2006年11月1日起施，着重加强对影响农产品质量安全的潜在危害进行风险分析和评估。《食品安全法》已于2009年6月1日起正式实施，着重加强中国食品风险评估体系体系建设。先后出台了《国家农产品质量安全风险评估专家委员会章程》（农办市［2007］46号）、《食品安全风险评估管理规定（试行）》（卫监督发［2010］8号）和《食品安全风险监测管理规定（试行）》（卫监督发［2010］17号）等系列管理制度。《食品中农药最大残留限量标准》（GB2763－2005）、《食品中染物限量》（GB2762－2005）和《中华人民共和国兽药典》2005年版等均较大程度地引用了CAC风险评估数据。同时，制定了《农产品质量安全风险评估－总则》、《农产品中化学污染物剂量－

反应评估指南》、《农产品中化学污染物暴露评估指南》、《农产品中化学污染物风险评估模型建立指南》等技术规范，主要用于指导科学开展农产品质量安全风险评估工作。

（2）基本形成了风险评估工作体系

①国家农产品质量安全风险评估专家委员会。按照《中华人民共和国农产品质量安全法》有关规定，2007 年 5 月 17 日，农业部成立了我国农产品质量安全风险评估工作的最高学术和咨询机构——国家农产品质量安全风险评估专家委员会，该委员会涵盖了农业、卫生、商务、工商、质检、环保和食品药品等部门，汇集了农学、兽医学、毒理学、流行病学、微生物学、经济学等学科领域的专家。受农业部委托，研究提出国家农产品质量安全风险评估政策建议、组织制定国家农产品质量安全风险评估规划和计划、组织制定农产品质量安全风险评估准则等有关规范性技术文件、组织协调国内农产品质量安全风险评估工作的开展和提供风险评估报告并提出有关农产品质量安全风险管理措施的建议、组织开展农产品质量安全风险评估工作的国内外学术交流与合作等。

②农业转基因生物安全委员会。按照 2002 年 3 月 20 日起施行的《农业转基因生物安全评价管理办法》，农业转基因生物的安全评价工作由农业转基因生物安全委员会负责，委员由农业转基因生物安全部际联席会议成员单位推荐，农业部聘任组建，每届任期 3 年。2002 年 5 月 21 日成立第一届国家农业转基因生物安全委员会，58 名专家组成，涉及农业转基因生物技术研究、生产、加工、检验检疫、卫生、环境保护、贸易等多个领域；2005 年 6 月 22 日成立第二届国家农业转基因生物安全委员会，74 位专家被选为委员，增加了食用安全、环境安全、技术经济、农业推广和相关法规管理方面的专家；2009 年 12 月 4 日成立第三届农业转基因生物安全委员会，60 名专家。

③全国动物卫生风险评估专家委员会。按照自 2007 年 3 月 1 日起施行的《无规定动物疫病区评估管理办法》，农业部畜牧兽医局于 2007 年 11 月 15 日成立了第一届全国动物卫生风险评估专家委员会，来自国家有关部门、高等院校、科研单位、农业系统和社会有关方面的 62 名资深专家组成，是一个依法开展动物卫生风险评估和兽医管理决策咨询的专家组织。该委员会于 2010 年 11 月 29 日进行了换届。

④农业部农产品质量标准研究中心。按照《中华人民共和国农产品质量安全法》，2007 年 01 月 22 日，农业部在中国农科院农业质量标准与检测技术研究所，挂牌成立了农业部农产品质量标准研究中心，主要承担农产品质量安全风险分析理论和关键技术研究、农产品贸易技术壁垒预警体系建设和快速反应机制研究等。

⑤国家食品安全风险评估专家委员会。按照《食品安全法》及其实施条例的有关规定，卫生部于 2009 年 12 月 8 日，建立了第一届国家食品安全风险评估专家委员会，参与制定与食品安全风险评估相关的监测和评估计划；拟定国家食品安全风险评估技术规则；解释食品安全风险评估结果，开展风险评估交流；承担卫生部委托的其他风险评估相关任务。

⑥国家食品安全风险评估中心。该中心于 2011 年 10 月 13 日挂牌成立，负责食品安全风险评估、监测、预警、交流等技术支持工作。国务院食品安全办牵头制定的《“十二五”期间国家食品安全监管体系规划（2011 ~2015 年）》已决定将评估中心建

设纳入重点建设项目，到“十二五”末，建立国家食品安全风险评估中心为龙头、地方风险评估技术支持机构为支撑，协同高效、运转顺畅的全国食品安全风险评估体系。

同时，农业系统依托农业部农药检定所、中国兽医药品监察所、中国水产科学院、中国热带农业科学院和农业教学推广单位等多个技术机构，以及300多个部级质检中心作为技术支撑，初步建立了一支风险监测与评估专家队伍，基本形成了农产品质量安全风险评估工作格局。

（3）初步搭建了风险监测信息平台　为有效开展农产品质量安全风险评估和预警工作，在充分利用农业部多年积累的例行监测和普查数据资源基础上建立了“农产品质量安全风险监测信息平台”。平台主体包括数据采集与标准化系统、监测分析系统、风险评估与预警系统等。目前该平台已全面完成硬件设备采购、机房改造和试运行工作，同时实现了数据上传汇总和智能标准化功能，并在此基础上实现数据统计分析和可视化展示功能，为农业部门例行监测和普查数据汇总，风险初步排序和摸底排查提供强大的技术支撑。卫生部建立了国家食品安全监测信息系统（http：//www. chinafoodsafety. net），实现食源性疾病、食品污染物（化学和生物）和食源性致病菌分子溯源监测信息的网络直报。

（4）初步开展了风险评估工作

①农业部门。开展的农产品质量安全风险评估，主要是针对我国农产品质量安全现状、动态及其发展趋势，以农药残留、兽药残留、外源添加物、环境污染物和天然毒素等有毒有害物质为主要评估领域，重点开展农产品质量安全风险监测、农兽药残留消除试验及暴露评估、针对农兽药残留及其他污染物限量值制定过程中的风险评估等研究工作，目的是对农产品中的已知危害因素进行科学评价，并对将来可能影响农产品质量安全的未知危害因素进行科学探索，用于指导农业生产和食用农产品的健康消费。农业部开展了茶叶中硫丹、稻米中三唑磷、生鲜乳中菌落总数、海藻产品中无机砷和贝类中重金属镉等风险评估工作，并组织开展莱克多巴胺在猪体内的残留消除试验，向国际食品法典兽药残留委员会（CCRVDF）第18届会议提交了试验报告，成功阻止了CAC对莱克多巴胺残留限量标准的实施，有效遏制了美国等国家为满足国内政治需要，而扩大猪肉及内脏出口的势头；同时，完成了农业部“948”重大项目、国家科技支撑计划以及农业行业标准制修订等有关农产品质量安全风险评估项目的研究，为开展农产品质量安全风险评估提供了重要的技术支撑。

②卫生部门。开展食品安全风险评估，主要针对微生物、生物毒素、环境污染物、营养素等评估领域，重点开展全国食品污染物水平监测、全国居民营养与健康状况调查、全国总膳食研究等评估研究工作。为了科学指导食品安全监督管理工作，卫生部组织开展了4次全国膳食与营养调查和4次总膳食调查，基本掌握了全国居民膳食结构、饮食和疾病谱变化趋势。在基于科学数据分析的基础上，初步采用国际通用的风险评估原则和方法，借鉴国外发达国家的经验，对国内外部分食品安全热点问题进行了风险评估。在2008年处置三鹿牌婴幼儿奶粉事件中，我国在参考国外对三聚氰胺的毒理学评估数据基础上，通过风险评估，制订了三聚氰胺临时管理限量值，为有效控制三聚氰胺污染带来的健康危害、开展乳品市场清理、规范乳品市场生产经营秩序、

有效应对国际乳品贸易争议提供了技术法规依据。我国的丙烯酰胺风险评估基本达到国际水平，得出的结论很科学，已作为卫生部2005年第4号公告的依据。

2. 我国发展趋势

我国的食品安全风险评估还没有发挥应有的作用，在食品安全监管中的作用尚未得到充分发挥，各项工作仍处于起步阶段，风险评估运行机制还不够完善，食品风险评估工作与发达国家之间还存在很大差距，需要认真向发达国家学习，依法履行职责，确保食品安全风险评估制度的有效实施。

（1）存在的主要问题　多年来，在制订食品卫生标准的过程中，我国也试图运用风险评估的做法。但由于样本量小，检测监测手段有限，技术人员少，获得的相关数据少而不全，对于评价水平、评价结果有一定的影响。因此，目前，我国只有一部分食品卫生标准的制订是建立在低水平的风险评估基础上的，而另一部分的标准则没有进行风险评估。我们制订食品安全标准的时候，风险评估、调查、数据积累乃至起草制定标准都是同一批人，这是不符合国际惯例的。从发展的趋势来看，将来一定要分开。我国食品安全风险评估存在的主要问题表现在：一是缺乏专门从事食品安全风险评估工作国家级机构的技术支持，尚未形成开展风险评估所需要的实验室网络，技术保障能力不足，缺乏整体设计与规划；二是缺乏食品安全风险监测信息和食品安全监督管理信息收集机制，难以主动发现食品安全风险隐患和主动开展评估；三是掌握食品安全风险评估技术的人员较少，难以承担系统完整的食品安全风险评估任务，整体研究力量薄弱。具体表现在：检测技术相对落后，获得评估数据和评估结果缺少可信度；管理透明度和评估工作独立性有待进一步加强；风险评估标准多为从国外直接引入，没有真正地了解标准制订的详细过程、重要依据、现实情况以及国外的相关规定，导致了错误食品安全信息的存在和流传。上述情况表明，风险评估工作的现状与当前食品安全监管工作的需要极不适应，与《食品安全法》规定的风险评估制度要求还有很大的差距。

（2）需重点做好的工作

①加强食品安全风险监测的能力。依托现有的疾病预防控制体系和医疗救治体系，充分利用各食品安全监管部门现有资源，在全国建立起覆盖食品生产经营各环节和各省、市、县，并逐步延伸到农村的食品污染物、食源性疾病监测和总膳食调查体系。各省要建立食品安全重点检验室，建立食品安全有害因素与食源性疾病监测数据库，形成上下互联、资源共享的数据平台，进一步提高食品检验检测、有毒有害物质鉴定排查、风险评估和预警、技术仲裁等方面的能力，并逐步建立与国际接轨的食源性疾病监测、调查、报告和数据分析机制。

②加强食品安全风险评估机构建设。积极筹备组建国家食品安全风险评估中心，合理规划，在有能力的省份成立国家食品安全风险评估分中心，与全国风险监测网络实验室建立有效工作机制，为风险评估提供足够技术和信息支持。

③加快队伍和能力建设。加快培养掌握国际食品安全风险评估、风险管理和风险交流方法的高水平专业人员，不断提高承担食品安全风险评估工作的能力。

④加强食品安全信息收集分析能力。建立部门间协调机制，收集、整合各环节的

食品安全监督管理信息，调动各方资源，提高信息管理水平和综合利用效率，做到对食品安全隐患的早发现、早预防、早处置。

⑤不断完善食品安全风险评估制度。卫生部正在会同国务院有关部门抓紧制定《食品安全风险评估管理规定》，在收集分析食品安全风险评估建议、制定风险评估优先项目和计划、开展风险评估活动以及利用风险分析结果等方面进一步完善相关制度，使风险评估工作更加规范、科学、高效。

总体来讲，当前不仅要在关键支撑技术上寻求突破，而且要把各项保障条件的建立完善作为首要任务，做足准备。

3. 国际现状

发达国家风险分析的特点是法律基础坚实，风险评估与风险管理职能分离，职责分工明确，食品安全检测监测体系完整，基础数据全面充分，风险管理以科学为依据，风险交流充分，风险评估与管理透明度强，风险预警快速及时。风险分析已经在化学危害物、微生物、真菌毒素等方面形成成熟的指南和程序，一些国际卫生组织和发达国家开展了疯牛病、沙门菌、李斯特菌、空肠弯曲菌、大肠埃希菌 O_{157}、二噁英、多氯联苯和丙烯酰胺等的系统研究，并且风险评估技术已发展到能够对多种危害物同时形成的复合效应进行评估，更加注重随机暴露量的评估。

（1）国际组织 国际组织和发达国家在食品安全风险分析方面设立有独立、专门机构。如 WHO/FAO 在食品法典委员会（CAC）下设立了食品添加剂联合专家委员会（JECFA）、农药残留联席会议（JMPR）及微生物风险评估专家会议（JEMRA），分别负责食品添加剂、化学、天然毒素、兽药残留的风险评估，农药的风险评估和微生物的风险评估，为 CAC 决策提供科学技术信息。这些组织中所有的专家，是代表个人，不代表政府，也不代表哪一个单位，以个人的身份被世界卫生组织或联合国粮农组织的总干事聘请来参加。FAO/WHO 通过 GEMS/FOOD 的实施，在化学物质以及地区和国际层面的总膳食情况数据的收集、整理和评价方面发挥着领导作用。

（2）美国 负责食品安全及相关风险评估工作的主要有食品与药品管理局（FDA）、食品安全检查局（FSIS）、环境保护署（EPA）以及 CDC。食品安全机构每年通过广泛地采样、检测开展风险分析，其中高危食品即有害物质作为制定标准、强制管理的工作重点。多年来比较关注化学品危害，例如添加剂、药品、杀虫剂等可能对人造成潜在危害，近些年更多地关注与微生物病原菌有关的风险分析，已完成了首例从农田到餐桌的食物微生物风险评价的模型，即蛋和蛋制品中沙门菌的风险分析，还进行了牛肉中大肠埃希菌 O_{157} 的风险分析、多种即食食品李斯特菌风险分析、禽类食品的空肠弯曲菌风险分析以及食品恐怖和其他食品安全事件的风险评估。美国近期研究的还有：完整的食源性疾病负担评估、风险分析理论模型的建立及在食品安全风险管理中的应用、构建基于内科医生组织的食源性疾病监测系统、食源性疾病症状监测系统、不明原因食源性致死因子研究等。2007 年美国 FDA 正式向外界公布了克隆动物食品风险评估报告，同时还公布了克隆技术应用风险管理计划和克隆动物食品产业化指南。

（3）欧盟 欧盟于 2004 年新设独立的科学咨询机构 EFSA（欧盟食品安全局），主要是应欧盟委员会、欧洲议会和欧盟成员国的请求进行风险评估，并向公众提供风险评估结果和信息。风险管理与风险评估分别在不同的机构进行，以保证以科学为基础的风险评估不受行政干扰。丹麦的监测范围涵盖了从农田到餐桌的全过程病原物质监测，尤其是启动了沙门菌监测、微生物源追踪技术应用、风险评估在特别病原物和特殊食品中的应用等监测项目。英国食品标准局近几年食品安全方面的研究项目涵盖了所有食品安全热点领域，内容包括：微生物风险管理，鸡蛋与禽类操作规范，食品生产中化学污染、微生物监测，食品可接受性与选择性的调查，食品选择权不平等以及食品真实性的调查等。

（4）澳大利亚和新西兰　两国食品标准局2003年修订了《食品相关的健康危险评估和管理框架》，目前进行的微生物性危险性评估项目主要有：婴儿配方食品中的蜡样芽孢杆菌限量标准、蒸煮对虾中的李斯特菌限量标准、发酵肉产品中的大肠埃希菌限量标准的制修订。

澳大利亚的风险评估系统用于进口食品中的化学剧毒物和有害微生物，进口食品被分为风险食品和监督食品两类，典型的风险食品包括冷冻海鲜（微生物）、花生（黄曲霉毒素）及罐头食品（铅）。

（5）日本　日本食品安全委员会自2003年以来接收到风险评估提议470项，业已完成其中208项评估，典型的风险评估案例有疯牛病相关食品安全风险评估、海产品中甲基汞的风险评估、茜草素（Madder color）风险评估等。

三、风险评估实例简介

餐饮安全问题中，有毒有害物质多来自食材的种植（养殖）过程，或餐饮加工环节的非法违规添加等，通过加强索证索票制度实施和良好操作规范实施及监督管理措施实施等可有效解决。因此，对于餐饮安全问题，需要启动风险评估的建议，多为食源性微生物的污染问题。

微生物风险评估是利用现有的科学资料以及适当的试验方式，对食品中某些微生物因素对消费者健康产生的不良后果进行识别、确认以及定性和（或）定量，并最终作出风险特征描述的过程。其评估方法多种多样，但大体上可以分为定性风险评估和定量风险评估两类。定性风险评估是根据风险的大小，将风险分为低风险、中风险或高风险性质的类别。但早在1988年，国际食品微生物标准委员会（ICMSF）就特别指出："如果想让危害分析有意义就必须定量"。所谓定量风险评估，是根据危害的毒理学特征、感染性和中毒性作用特征以及其他有用的资料，确定污染物的摄入量及其对人体产生不良作用概率之间关系的描述。它是风险评估最理想的方式，因为它的结果大大方便了风险管理政策的制定。

（一）蒸煮对虾中单核细胞增生李斯特菌的风险评估

1. 危害识别

单核细胞增生李斯特菌是一种有害菌。

2. 危害描述

对摄入含单核细胞增生李斯特菌的对虾可能会造成危害的严重性和持续时间方面进行的定量、定性描述。

3. 暴露评估

当地因食用含单核细胞增生李斯特菌蒸煮对虾引起的事件发生率资料。

4. 风险描述

因单核细胞增生李斯特菌被发现的量极低（≤50 个菌落/g），产品加工包括一个杀菌的过程，且货架期短，抑制了病原菌的生长。评估结果为当地蒸煮对虾中存在单核细胞增生李斯特菌的风险很低。

（二）肉鸡中的沙门菌的风险评估

1. 危害识别

（1）病原体识别　沙门菌是嗜温性细菌，在 pH 中性、低盐和高水分活性（A_w）条件下生长最佳。生长最低 A_w 为 0.94。兼性厌氧，对中等加热敏感，能适应酸性环境。

（2）对健康危害识别　沙门菌胃肠炎潜伏期一般 6～72 小时，主要症状为恶心呕吐、腹痛腹泻、发热寒战、头痛。病程一般 1～2 天或更长。感染剂量为 15～20 个菌，死亡率达 1%～4%。最易感群体是年幼儿童、虚弱者、高龄老人、免疫缺陷者等。

（3）污染源识别　污染源主要是人和家畜的粪便。常存在于动物中，特别是禽类中，在许多环境中也有存在，如水、土壤、昆虫中，工厂和厨房设施的表面和动物粪便中均已发现该类细菌。它们可以存在于多类食品中。

2. 危害描述

（1）对致病菌影响的说明　致病菌的传染性、毒力和致病性，致病菌的感染获得性、宿主和媒介物特性等。

（2）对相关食品成分影响的说明　相关食品对致病菌感染、生存、繁殖和产毒的影响等。

（3）对人体健康的及其他影响　致病菌造成的疾病和并发症、致病菌引起的免疫作用、致病菌所产生的抗生素抗性等。

（4）剂量－反应调查和评估　这部分是风险评估专家团队的主要任务。许多食源性致病菌的剂量－反应评估资料很有限或者根本不存在。因此，剂量－反应评估资料难以得到或者由于多种原因而不准确。这些原因诸如：①致病性细菌的宿主敏感性差异；②同一种特定致病菌的感染率变化差异；③同一种致病性细菌的不同种的毒力差异；④致病菌频繁的变异导致致病性发生遗传学方面的变化；⑤食品中或消化系统中的其他细菌的拮抗作用可能影响致病菌致病性；⑥食品可以调节细菌感染和（或）在其他方面影响宿主的能力。在定量的剂量－反应分析中，如果条件允许，可以利用两种类型的数据：一是有关流行病爆发的资料，二是对人摄取食物的跟踪调查。流行病学资料如果能收集齐全，得到像发病率与摄取量关系这样完美的资料，是非常难的，需要连续多年的食品、疾病、人类与动物的检验、监测的完整资料。

3. 暴露评估

假如对肉鸡中沙门菌暴露风险的评估，是从屠宰过程的终结开始的，则可进行两种暴露评估。一是生鸡肉的暴露评估：利用现有数据，给受污染的肉鸡胴体假设一个感染的细菌数量水平，从这一点开始直到食用，根据零售商店储存时间、运输时间、家庭储存时间、肉鸡胴体在上述过程中保存温度变化等，来预测沙门菌的增殖或死亡变化。二是熟鸡肉的暴露评估：根据鸡体是否充分煮熟、沙门菌附着于不直接受热鸡体部位的比例及该部位的温度和持续时间等，对烹饪过程中沙门菌菌量进行预测，最后根据每份鸡肉的质量来确定所摄入的沙门菌数量。

4. 风险描述

这部分也是专家组评估的核心部分。将暴露评估得出的数据与剂量－反应模型比较，产生每份食品的风险（生鸡肉）和通过交叉污染（熟鸡肉）引起的风险。首先使用一个风险估计值，假设受污染肉鸡的带菌率为20%，图5－8显示了每份鸡肉平均风险的估计频率和累计分布。每份鸡肉的预期风险是1.13×10^{-5}，即每10万份鸡肉可导致1.13个病例。这个数值代表了储存、运输和烹饪方式给食用的每一个人带来的平均风险。还可以假设，如果每一次暴露的风险与任何其他暴露无关，1年中所食用的每一份鸡肉中都具有完全相同的这种预期风险，1年中食用26餐鸡肉（也就是每2周食用1次鸡肉）的话，年度风险是多少。以考虑两千万人的群体风险为例，其中75%的人食用鸡肉，根据模型假设的沙门菌病发病估计数是4400人，相当于10万人中有29例。

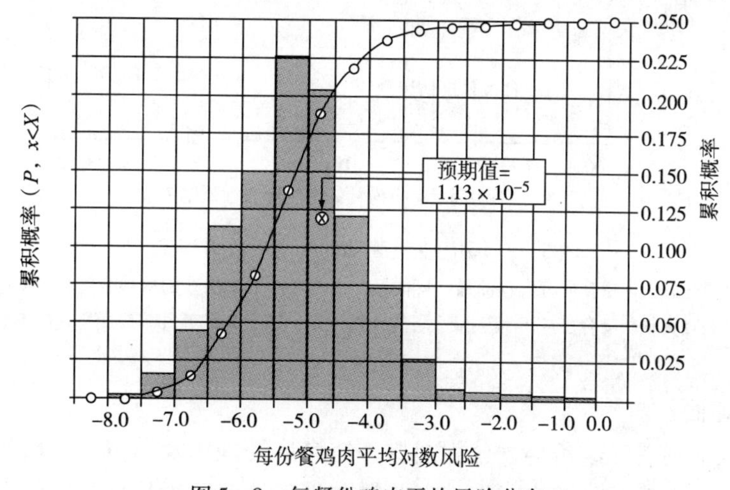

图5－8　每餐份鸡肉平均风险分布

（三）牡蛎中的副溶血性弧菌的风险评估

1. 危害识别

（1）病原体识别　副溶血性弧菌又称嗜盐菌，为革兰阴性杆菌，在温度37℃、pH7.7左右、含盐3%～4%的食物和培养基中发育良好，在无盐条件下不能生长。该菌对酸敏感，不耐高温，56℃时5分钟即可死亡。

（2）对健康危害识别　副溶血性弧菌食物中毒的潜伏期为2～40小时不等，大多为10小时左右。主要症状为呕吐、腹痛腹泻，粪便呈洗肉水样或脓血样，里急后重不明显，发热轻，重者可有脱水、意识不清、血压下降等，病程约1周左右。

（3）污染源识别　副溶血性弧菌广泛生存于近岸海水和鱼贝类食物中。我国华东沿海该菌的检出率为57.4%～66.5%，尤以夏秋季较高。海产鱼虾的带菌率平均为

45%～48%，夏季高达90%。腌制的鱼贝类带菌率也达42.4%。目前，副溶血性弧菌是食物中毒的主要病原菌，有的沿海城市可占第一位。

2. 危害描述

副溶血性弧菌的剂量－反应曲线是在对人所摄取食物跟踪调查的基础上建立起来的，从食用被污染牡蛎的剂量及其发病率的研究中外推出来的，有人根据美国疾病预防控制中心（USCDC）调查的每年因此暴发2800例的数据，绘制出剂量－反应曲线（图5－9）。由于流行病学数据有限，这个剂量－反应曲线存在着不确定性。这个不确定性通过对资料进行大量的曲线拟合可得以减小。

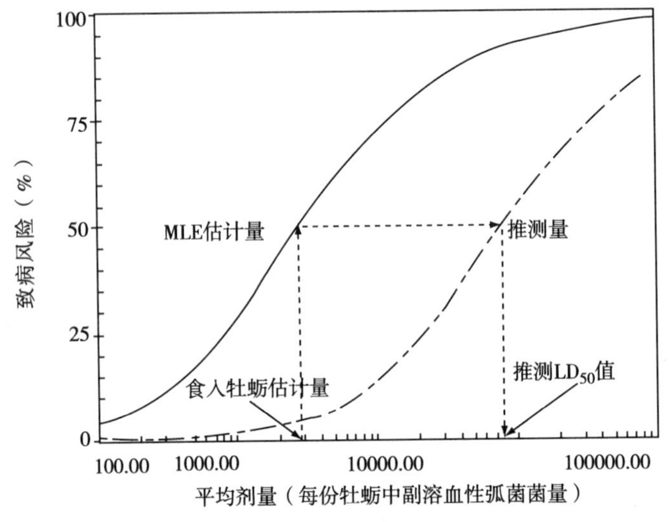

图5－9　副溶血性弧菌的剂量－反应模型

实线为拟合总人体摄食研究实验的最佳模估量，虚线表示对此曲线的偏移调整，以便同流行病学的调查资料相吻合。MLE代表最大可能性估计量，LD_{50}为50%几率患肠胃炎的剂量。

3. 暴露评估

从捕捞牡蛎到消费这条链，分为捕捞、捕捞后处理以及消费3个阶段，通过预测每个阶段副溶血性弧菌数量的变化，来获得在最后消费阶段牡蛎中所带有的副溶血性弧菌数量。

（1）捕捞阶段　在生长阶段，影响牡蛎中副溶血性弧菌数量的首要因素为它所处的水温环境，其次为盐度。其他因素还有潮汐的频率、水中的含氧量以及牡蛎本身的情况等。

（2）捕捞后处理阶段　从捕捞之后到零售终端过程中的运输、销售和储藏对牡蛎中副溶血性弧菌数量的影响情况。牡蛎捕捞之后到冷冻储藏前这一时间段，是没有冷藏的，此时牡蛎中的副溶血性弧菌数量会增加。在冷冻初期，牡蛎中的副溶血性弧菌会因为温度的不均一性而适应一定量的增长；但当牡蛎的中心温度降至不利副溶血性弧菌生长时，菌落的生长和死亡达到平衡；随后死亡大于生长，菌落数呈下降趋势；在随后的过程中，主要考虑牡蛎所处的温度对副溶血性弧菌数量的影响。

（3）消费阶段　对牡蛎的蒸煮方式、食用量都是本阶段要考虑的因素。

将暴露评估的结果输入剂量－反应的模型中。它描述了消费食品的分布量，即每餐份食品中，副溶血性弧菌落数的对数值（lgcfu/餐份）与消费量的关系。

4. 风险描述

将暴露评估数据与剂量－反应模型比对，同样可以评估副溶血性弧菌污染牡蛎后导致对人体健康影响的概率。在上述剂量－反应模型中，预测每年因食用感染副溶血性弧菌的牡蛎而患病的有 2826 例，平均食用 1 餐带牡蛎的饭可能引发疾病的概率为 0.00237%；因食用感染副溶血性弧菌而引发肠胃病的高风险期为春夏季节；任何暴露于副溶血性弧菌的情况都可能导致感染并引发肠胃病，但是患有潜在疾病的人比健康人由肠胃病发展成败血病的几率要高出 40%；模型预测每年都有 7 例患者由肠胃病转化为败血病，有 2 例是发生在健康人身上，而另外 5 例则发生在免疫系统有缺陷的患者身上。

影响风险评估结果的主要因素，包括用于建立暴露评估和剂量－反应模型的资料是否完整、充足和系统。流行病学监控资料越完善，评估过程中的不确定性就越低。

第三节　信息化管理技术

一、地位与作用

（一）在餐饮企业发展中的地位

伴随着全球信息化、网络化和数字化速度的加快，一个以知识和信息为核心的知识经济时代已经来临，在这一崭新的历史时代中，餐饮业正从传统的劳动密集型行业，向知识密集型行业转变。随着网络时代的到来，全球餐饮也进入了数字化餐饮时代。数字化餐饮时代的基本特征是：个性化、多样化、营养化和生态化，给中国餐饮业及中国传统产业带来了前所未有的发展机遇。固然，餐饮业综合竞争力的提升有赖于人才、管理、体制、观念等多方面的因素，但信息技术的应用是餐饮业重塑其综合竞争力，适应并紧跟时代潮流的一个关键环节。

1. 提升管理水平

虽然餐饮业有不少自己的个性，但也是有产、供、销和人、财、物，一样有质量控制、标准化、成本分析、市场营销和人力资源等管理问题。因此，在当今社会已经切身感受到信息化浪潮的冲击的情况下，在我国上上下下都普遍认可并积极实施“信息化带动工业化”战略的情况下，餐饮业也不能置身度外，凡是有眼光、有抱负的餐饮企业家都应当主动投身到这一信息化的浪潮中来。通过实施信息化，带动自己的餐饮企业在管理水平更上一个新台阶，为今后企业迈向全国乃至全球打下扎实的基础。

2. 提升品牌与形象

品牌是一种口碑，一种品位，一种格调。品牌还是一种象征，从品牌文化或心理意义上说，品牌就是档次、名声、美誉和给人的好感等，品牌不仅能赢得市场和占领市场，而且还关系到一个企业的形象和实力。现在餐饮企业的大多数老板都认识到菜肴的质量和特色，环境的装潢和气氛对餐饮企业树立良好形象的重要性，但只有较少餐饮企业家认识到企业管理水平、信息技术的手段、企业文化的建设乃至员工的教育水平和综合素质等也同样是影响品牌与形象的重要因素。在餐饮企业实施信息化不仅带来管理水平的提高，同时带来员工素质的提高，带来对顾客更好和更周到的服务与关怀，当然会有助于企业品牌与形象的提升。

3. 吸纳优秀人才

餐饮业是一个永不衰败，永远古老而又年轻的产业，是一个持续高增长、充满活力的行业。但餐饮业比较难于吸引并留住高级人才也是不争的事实。如果餐饮企业也是一个充分利用现代高科技的场所，也是一个让信息技术、互联网和现代市场营销技术，如数据库营销、企业资源计划（ERP）和客户关系管理（CRM）等充分施展身手的舞台，让信息技术帮助企业轻松掌握大规模经营餐饮的规律，让餐饮企业获得良好的经济效益和社会效益，不仅可以提升企业自身的科学管理水平，提高效率、减低成本，更重要的是还可以提升餐饮企业的品牌形象，从而吸引更多优秀的人才加盟，进而增强企业的综合竞争力。

（二）对餐饮业整体效益的作用

1. 成本效益

运用信息化技术可以对餐饮企业的人流、物流和资金流实现全面的跟踪与控制。从员工的考勤、考核、计时和排班到购货和库存管理，从原材料到出品的消耗率控制，从点菜管理到对各类重要顾客的优惠服务，从现金的支出管理到应收账管理，每一个环节都可以杜绝各种形式的滴漏跑冒和贪污浪费。从国内外各类餐饮企业实施信息化的经验来看，投资信息化的费用仅从获得的管理效益就可在一年之内收回，尤其是大型连锁型餐饮企业则更为显著。

2. 客户管理

信息化技术的运用，是餐饮企业对目标市场顾客进行深入分析的基础和前提。顾客是餐饮企业生存与发展的基础。凡是世界上成功的连锁餐饮店，无一不花巨资投入到自己的信息系统建设中去。比如必胜客，在全球范围内每天要完成 40 万笔交易，一年要卖 48 亿美元的比萨。因此，他们就不得不依靠信息系统中的客户数据库来了解他们的顾客，知道他们的需求，并可从中掌握哪些顾客是带来最大利润的，哪些顾客是最有潜力的，他们的习惯、兴趣和需求发生了怎样的变化等。通过使用这样的信息系统客户数据库，可以得知 80/20 法则中，究竟是哪些 20% 的顾客，给自己的餐厅带来了 80% 的利润，因此，可以对真正重要的顾客采取一些必要的市场营销措施，让他们成为忠诚顾客。创造一个新顾客的费用通常是留住一个老顾客费用的 5 倍到 7 倍，留住一个有价值的老顾客，会给公司带来成倍增长的利润。

3. 优化产品

比如通过信息系统数据库在一年中的什么季节、一季度中的哪些月份或一周中的哪几天，什么产品最好卖，产品的销售呈现什么样的规律，应当如何采购与库存等，可以以最小的成本满足最大的市场需求。对于连锁业态的餐饮企业，通过掌握各个连锁分店的产品需求，可以合理安排资金、人员和货品采购等，可以将企业的成本控制在最低的水平上。通过对目标市场顾客的准确分析，还可以有针对性地开展市场营销与推广活动，大大提高市场营销的效率，节省广告与促销费用。

4. 科学决策

实施信息化可对大量的经营数据进行分析，带来决策的科学化。通过运用完整的信息系统，得来的大量准确并可靠的各类数据，又可进行准确的顾客定位分析、企业财务分析、经营趋势分析和成本效益分析等；反过来又有助于开展商圈调查和新店选址工作，使得企业的扩张、科学的管理与保证成功的经营进入一个良性循环之中，使得餐饮企业的投资决策和经营决策有了科学可靠的依据。

（三）对餐饮安全监管的意义

1. 推进监管机制建设

信息化是一场革命，它以独有的数字化特性渗透到社会生活、经济活动和生产建设中，既给我们提高行政效率、提升公众形象提供了有效的手段和途径，同时也给我们提出了政务公开、阳光透明的要求和考验。加快信息化建设，运用计算机网络等技术，规范、完善办事程序是餐饮安全监管的重点工作之一。

2. 提升监管执法能力

面对正在蓬勃发展的餐饮业形势，食品药品监管部门在法制建设、监管方式和执法手段等方面都面临新的挑战。在餐饮服务实际监管过程中，突出的是餐饮业经营主体众多和监管力量相对薄弱的矛盾，个别企业在生产经营过程中重经济效益和自身利益，轻质量管理和饮食安全，增加了餐饮安全风险。利用信息化技术改进餐饮服务监管工作，有利于提高监管效率，增强监管部门发现问题和处置问题的能力。使我们原来很难做到的事不仅可以做到，而且可以做得更好、更快，实现食品药品监管部门对餐饮食品安全的有效管理。

3. 提高为社会公众服务水平

从餐饮安全监管工作来说，信息化可以使监管部门简化办事程序，使企业、消费者与监管部门打交道更容易、更透明和更有效率，促进政府、企业与消费者的和谐关系。

二、基本内容

（一）电子政务

1. 概念及意义

所谓电子政务，就是运用计算机、互联网和通信等现代信息技术手段，实现政府组织结构和工作流程的优化重组，超越时间、空间和部门分隔的限制，建成一个精简、高效、廉洁和公平的政府运作模式，向社会提供优质和全方位的、规范而透明的、符合国际水准的管理和服务。

电子政务是在现代计算机、网络通信等技术支撑下，政府机构日常办公、信息收集与发布、公共管理等事务在数字化、网络化的环境下进行的国家行政管理形式。它包含多方面的内容，如政府办公自动化、政府部门间的信息共建共享、政府实时信息发布和各级政府间召开的远程视频会议、公民在网上查询政府发布的各种信息、电子化民意调查和社会经济统计公告等。

在政府机关内部，各级领导可以在网上及时了解、指导和监督各部门的工作，并向各部门做出各项指示。这将带来办公模式与行政观念上的一次革命。政府各部门之间可以通过网络实现信息资源的共建共享联系，既能提高办事效率、质量和标准，又能节省政府开支、起到反腐倡廉作用。

政府机关作为国家行政管理部门，其本身上网开展电子政务，有助于政府管理的现代化，实现政府办公电子化、自动化和网络化。通过互联网这种快捷、廉价的通信手段，政府可以让公众迅速了解政府机构的组成、职能、办事章程和程序，以及各项政策、法规，增加办事执法的透明度，做到阳光行政，并自觉接受公众的监督。

在电子政务中，政府机关的各种数据、文件、档案以及社会经济数据都以数字形式存贮于网络服务器中，可通过计算机检索机制快速查询、即用即调。

2. 主要功能

（1）获取信息　政府以及各职能部门从网上获取信息。

（2）政务公开　政府以及各职能部门设立网站和主页，向公众提供可能的信息服务，实现政务公开，如各级食品药品监督管理局的网站和主页。

（3）网上办理　建立网上服务体系，使政务在网上与公众互动处理，如国家食品药品监督管理局网站上的“受理中心”。

（4）无纸化办公　相对于传统的政府行政方式，电子政务的最大特点就在于其行政方式的电子化，即行政方式的无纸化、信息传递的网络化、行政法律关系的虚拟化等。电子政务并不是简单地将传统的政府管理事务原封不动地搬到互联网上，而是要对其进行组织结构的重组和业务流程的再造。因此，电子政府在管理方面与传统政府管理之间有着显著的区别。

3. 主要类型

电子政务的内容非常广泛，国内外也有不同的内容规范，根据国家所规划的项目来看，电子政务主要包括这样几个类型。

（1）政府机关间的电子政务　政府机关间的电子政务是上下级政府、不同地方政府、不同政府部门之间的电子政务。主要包括以下内容：①电子法规政策系统、②电子公文系统、③电子办公系统、④电子培训系统和⑤业绩评价系统等。

（2）政府机关与企业间电子政务　政府对企业的电子政务是指政府通过电子网络系统精简管理业务流程，快捷迅速地为企业提供各种信息服务。主要包括电子证照办理和信息咨询服务等。

（3）政府机关与公民间电子政务　政府对公民的电子政务是指政府通过电子网络系统为公民提供的各种服务，主要包括教育培训服务、就业服务、公民信息服务等。

（二）电子监管

1. 电子监管的概念

餐饮安全监督管理电子化，简称电子监管。它以监督管理电子化模式为基础，以信息化为手段，构建一个餐饮企业与食品安全监管部门紧密结合的全程电子化网络，对监管部门内部和餐饮企业实施电子化管理。通过及时对餐饮服务许可和监督及原料采购、初加工、烹调工艺、半成品加工、成品、备餐、自制饮料和餐饮具洗消毒等关键控制点的数据采集和监控，实现食品安全源头控制，加工过程把关，把食品安全隐患消灭在萌芽状态。

电子监管是提高餐饮服务监管能力和水平的重要举措，是食品药品监督管理业务模式的重要变革。通过实施餐饮服务食品安全监督管理电子化，一是达到“提速、减负、增效和严密监管”的工作目标；二是通过信息化手段帮助餐饮企业提升食品安全管理水平，方便餐饮单位高效完成食品及原料进货的查验、台账登记工作，确保饮食安全。

电子监管技术在餐饮安全中的应用，目前主要有餐饮安全监督信息化管理系统、“数据远程监控”和“视频远程监控”等。

2. 餐饮安全监督信息化管理系统

目前，国家、省、市和县四级食品药品监督管理部门都在开发餐饮安全监督信息化管理系统，该系统包括许可管理、日常监督管理、健康检查管理、索证索票管理、统计报表管理、举报管理、行政处罚管理、配置管理、决策分析管理和综合查询管理等子系统。该系统不仅为餐饮企业节约了时间和成本，更使监管部门可即时掌握各餐饮企业的相关信息，实现对餐饮业全过程和多方位的信息化实时监管，大幅增强其行政监管效能。并产生食品量化评分表，避免了监管盲点的出现。

该系统还具有网上查询、监督、审查、打印、办公自动化操作和对基本资料信息备份等功能。

（1）各子系统功能

①许可管理子系统。从咨询、受理、监督核查到最后的许可证打印，实现了企业各项申报事项网上填报和各业务审批环节的自动流转，并保存了适时有效的企业信息以及各环节的审批信息等，规范审批流程的同时为企业、政府部门提供了极大的便利，节省了大量的人力财力，提高了工作效率。

②健康检查子系统。实现了数据共享、远程办公。系统采用现场拍照、现场采集信息，凭信息单进行查体，避免了冒名顶替现象的发生，并为体检合格者打印健康证，对不合格者调离。此系统为从业人员的情况数据，提供了共享接口，监管人员根据查体人员的姓名、查体时间、健康证号、单位等其中之一的条件就能查出相应信息。该系统不但方便了广大办理健康证的从业人员，且提高了监管工作效率，使健康证管理工作更加规范有序，体检结果更透明并更具可信度，实现了体检流程的精细化监管。

③索证索票管理子系统。用于规范餐饮业（含集体用餐配送单位）食品原料索证索票和进货验收，操作简单、界面直观，采购食品项目一目了然，既可为餐饮经营者节约时间和成本，提高工作效率，也使监管部门可以即时掌握各餐饮企业的相关采购信息，大幅增强其行政监管效能。

④日常监督子系统。记录并管理日常监督工作中发现的、举报受理的、各种监督

活动中发现的食物中毒及其他有关工作，重点强化事前防范、事中监督，构筑了风险防火墙，真正实现全方位无缝监管。

⑤行政处罚子系统。行政处罚案件来源于现场监督、其他单位案件移交、本单位举报受理案件。该子系统以其强大的数据分析、清晰简洁的界面来展示处罚基础信息及处理结果的记录，从而降低文档资料带来的遗漏和泄密等风险。

⑥举报受理子系统。结合投诉举报工作的实际应用经验和工作特点，基于各个机构举报投诉处理流程，加入了符合举报投诉要求的功能模块，既可满足监督举报投诉中心日常相关监督信息的需要，也能在出现突发事件时为政府领导实时、准确掌握情况，迅速分析决策，实施不间断的指挥提供保障。该子系统符合“统一受理、分级处理、联网统计、数据共享”的目标，使数据资源得以有效利用和共享。

⑦食品添加剂备案子系统。设置食品添加剂功能模块，对餐饮服务企业所使用的食品添加剂名称进行备案，保证了监管执法人员按照《食品添加使用标准》（GB2760－2011），在日常监督时能准确掌握食品添加剂的功能、使用范围和使用量，做到科学监管，提高监管效能。

⑧管理子系统。系统配置管理能够满足对系统的初始设置、操作人员的管理、流程和数据的管理等，且变动后不会影响现有数据。可分为三级管理权限，如省级、地市级、区县级食品药品监督管理局；每级又分为许可证操作和监督管理操作两个管理版块。在该系统上能掌握辖区餐饮服务许可总体情况以及餐饮业的底数，如到底有多少家餐饮企业，餐饮业包括哪些业态等。

（2）应用的意义　研发并应用餐饮安全监督信息化管理系统，对监管部门来说意义重大。主要为促进建立规范的长效监管机制、完善政府绩效考核和责任追究制度、提供方便快捷的食品溯源机制和手段。此外，可使餐饮安全监管数据资源共享，查询方便快捷，决策依据充足。对餐饮业来说，也有直达意义，一是抛弃了传统餐饮运作模式，实现信息化管理，提高企业自身素质和行业竞争力。二是索证索票管理子系统可及时为原材料进行“身份登记”，既便于监管部门的监管，又使餐饮业减少不必要的经济和名誉损失。三是强化企业的行业自律意识、安全责任人意识与食品安全诚信意识，为营造餐饮安全诚信环境、创建餐饮安全诚信文化打下坚实基础。

在餐饮服务食品安全监督中实施电子监管，有助于进一步提高餐饮食品安全监管水平，高效管理各类餐饮单位的相关信息，全面提升餐饮服务许可管理水平，实现动态监控，提高办公效率。还可以实现国家、省、市（地）、县（区）餐饮企业的基本数据汇总、餐饮服务许可、日常监管、食品安全重大事故报告等全方位的信息化目标管理，完成国家、省、市（地）、县（区）四级餐饮服务食品安全监管办公自动化联网。

3. 数据和视频远程监控技术

“数据远程监控”和“视频远程监控”，也是餐饮企业电子监管的重点内容。餐饮企业与食品监管部门中心机房网络连接，通过远程电子监控，把辖区内中型以上餐饮企业全部纳入电子监管。在餐饮企业安装电子监控系统，有利于餐饮企业自管自律，也有利于监管部门调查处理食物中毒突发事件，扩大监督覆盖面，对于保证食品安全，预防食物中毒事故发生，起到积极作用。“数据远程监控”和“视频远程监控”技术在餐饮安全领域的应用，目前有以下 6 种方式。

（1）电子地图 用电子监管地图对辖区的餐饮企业进行严格的动态监管，是电子监管的有一种有效形式。将辖区餐饮企业的基本情况（企业位置、门面照片、许可证有效期、经营类型、人员、规模等）、监管情况（量化评分等级、效能分级、立案情况等）和企业特色等信息全部录入电子地图系统内，以地图的形式，分别显示餐饮服务企业的各种信息。及时维护电子监管地图，实时掌握辖区餐饮服务企业的情况，既便于监管部门任务分工、责任到人和网格化监管，又利于构建企业诚信档案，接受全社会监督。

（2）日常电子监管 要求各餐饮企业的经营资质、从业人员信息，公告发布、食品及原料供应商、监督量化分级管理和组织管理等方面内容全部通过网络上传，与监管部门实行联网管理。每天的晨检记录、健康检查信息、餐饮留样、餐具消毒记录、采购进货渠道、索票索证和进货台账等信息都要登记输入系统，以备跟踪溯源，监管部门每天都可以随时跟踪监督。建立电子台账信息管理系统，提高食品和原料进货台账管理效能，简化了传统的人工抄录工作。

（3）视频电子监管 在有条件的大中型餐饮企业、学校食堂，建立餐饮在线电子监管系统，在餐饮企业厨房、加工间、消毒清洗、凉拌间等关键环节和重点部位利用旋转式摄像头和物联网技术，实施实时录像监控。监管人员通过网络在线监控餐饮企业的经营管理全过程，提高监督覆盖面和监督频次，并实现实时动态监管，积累监管信息资源。同时，便于并打造“阳光厨房”和“透明厨房”，让消费者看得清楚，吃得放心。

（三）条形码监管

条形码技术是随着计算机与信息技术的发展和应用而诞生的，它是集编码、印刷、识别、数据采集和处理于一身的新型技术。

条形码是指由一组规则排列的黑条、空白及其对应字符组成的标识，用以表示一定的商品信息的符号。其中条为深色，空为白色，用于条形码识读设备的扫描识读。其对应字符由一组阿拉伯数字组成，供人们直接识读或通过键盘向计算机输入数据使用。这一组条空和相应的字符所表示的信息是相同的。条形码可以标出物品的生产国、制造厂家、商品名称、生产日期等许多信息，因而在商品流通等许多领域都得到广泛的应用。

目前世界上商品最常使用的是 EAN 商品条形码，中国目前推行使用的也是这种商品条形码。EAN 商品条形码是国际物品编码协会制定的一种通用商品条码。EAN 商品条形码分为 EAN－13（标准版）和 EAN－8（缩短版）两种。

知识链接与拓展

EAN－13 和 EAN－8 编码原则

EAN－13 通用商品条形码一般由前缀码、制造厂商代码、商品代码和校验码组成。前缀码是用来标识国家或地区的代码，赋码权在国际物品编码协会。如 45－49 代表日本、690－695 代表中国内陆、471 代表中国台湾地区和 489 代表中国香港特区。制造厂商代码的赋码权在各个国家或地区的物品编码组织，中国由国家物品编码中心赋予制造厂商代码。商品代码是用来标识商品的代码，赋码权由产品生产企业自己行使，生产企业按照规定条件自己决定在自己的何种商品上使用哪些阿拉伯数字为商品条形码。商品条形码最后用 1 位校验码来校验商品条形码中左起第 1～12 数字代码的正确性。

EAN－8 商品条形码是指用于标识的数字代码为 8 位的商品条形码，由 7 位数字表示的商品项目代码和 1 位数字表示的校验符组成。

2. 条形码的特点

条形码是迄今为止最经济实用的一种自动识别技术。条形码技术具有以下 5 方面的优点。

（1）输入速度快　与键盘输入相比，条形码输入的速度是键盘输入的 5 倍，并且能实现“即时数据输入”。

（2）可靠性高　键盘输入数据出错率为三百分之一，利用光学字符识别技术出错率为万分之一，而采用条形码技术误码率低于百万分之一。

（3）采集信息量大　利用传统的一维条形码一次可采集几十位字符的信息，二维条形码更可以携带数千个字符的信息，并有一定的自动纠错能力。

（4）灵活实用　条形码标识既可以作为一种识别手段单独使用，也可以和有关识别设备组成一个系统实现自动化识别，还可以和其他控制设备连接起来实现自动化管理。

（5）便捷实用　条形码标签易于制作，对设备和材料没有特殊要求，识别设备操作容易，不需要特殊培训，且设备也相对便宜。

3. 条形码的应用

（1）条形码电子台账系统　由总监控室、网络和录入电子台账信息的电脑组成。可用于餐饮企业和学校、托幼机构及企业集体食堂，在促进台账登记效率、及时发布食品安全信息和实时监控餐饮企业原料购买使用情况等方面发挥了重要的作用。各餐饮企业通过登录该系统，建立起食品、食品原料、食品添加剂和食品相关产品的采购系统记录，实现了监管部门对食品及原料等进货查验以及台账登记的规范化管理。食品安全管理员或监管人员只需通过手机扫描条形码，便可快速识别食品“身份”，几千个食品种类尽在“掌”握之中。

（2）手机版电子台账系统　手机版电子台账系统可作为电脑台账信息系统的一个很好的补充，提高了机动性和灵活性，信息管理员只需在手机上加载餐饮电子台账管理系统的手机版即可运行。利用手机自身的摄像功能，对食品包装条形码进行扫描，食品的名称、生产日期、供应商、合格证明等信息可以自动在手机系统中显示和方便录入。该系统信息与监管部门的监管系统实时相通，拿起手机就可以把食品信息录入系统，政府监管部门可以实时监督餐饮企业购买的食品，一旦发现有问题可以及时地反馈过来，进一步提高了监管部门的监督管理效率。餐饮企业平时还可以利用信息系统获知监管部门发布的一些食品安全信息。

（四）物联网

1. 物联网的概念

顾名思义，物联网就是“物物相连的互联网”，是通过射频识别（RFID）、红外感应器、全球定位系统和激光扫描器等信息传感设备，按约定的协议，把任何物体与互联网相连接，进行信息交换和通信，以实现对物体的智能化识别、定位、跟踪、监控和管理的一种网络。把物联网应用于食品安全管理，为所有食品建立“电子档案”，动态收集其在整个食品供应链中的流动信息，实现信息可追溯，位置可跟踪，当我们购买到某一样食品的时候，我们可以明确得知它的真实“身份”，它的生产者、加工者以及运输者。这样一方面可以对食品生产加工者起到震慑作用，另一方面在发现问题食品的第一时间可以实现主动控制，将危害降至最低。

2. 在餐饮业应用举例

餐饮安全监管部门对监管难点，可以应用物联网技术，如对地沟油产生的源头——餐厨垃圾处理的全程进行物联网技术监控，掌握运输流向和末端处置情况，及时发现和解决问题。餐饮业用于提高经营档次，服务水平的手段和方式有限，而物联网技术的出现恰恰给餐饮业提供了机会，该技术不仅可以提高餐饮企业的经营档次和服务水平，还能给顾客全新的用餐体验，帮助企业树立品牌形象。

（1）应用目标　通过物联网技术在餐饮业管理和服务各个环节的应用，实现业务流程的精细化管理，规范企业管理制度，加快资金循环，减少库存，提高企业的管理和服务水平。给消费者带来更加便捷、多样化的服务及崭新的消费体验。最终达到提高餐厅的经营档次，增强企业竞争力的目的。①实现从配送中心入库到餐厅内消费者全过程的 RFID 标识与管理，建立配送中心管理子系统和餐厅服务管理系统。②配送中心管理系统对进入配送中心的原材料进行箱体级管理（RFID 标签标识箱体的原材料），采用固定式读写器和手持式读写器完成原材料和成品的入库、出库、盘点、加工等环节的数据采集，建立新的业务管理流程，提高配送中心的工作效率，减少原料损失率。③餐厅服务管理系统实现一般餐厅管理系统的桌位开台、订台、并台、加单、退单、采购和库存管理等功能外，还实现了菜品原料追溯、消费者自主下单、餐厅后厨智能管理和视频娱乐于一体，各类焦点数据互相关联，全过程记录餐饮业务管理的各个环节信息，实现业务全过程掌控。

（2）设计思路　该方案采用 2.45 千兆赫兹（GHz）和 900MHz 两个频段的 RFID 技术，实现原料从配送中心到消费者全过程管理和追溯。2.45GHz 标签用来标识菜品原料包装箱，900MHz 标签用来标识传菜托盘。如图 5－10，首先，在餐厅配送中心和餐厅的出入口，后厨和餐桌等监控要点，都设有射频读写器。从配送中心入库到餐厅用餐等多个环节，2.4GHz 标识的菜品原料箱体从配送中心入库到餐厅出库，实现菜品原料的快速准确出入库并录入记录；900MHz 标识的传菜托盘，从菜品配餐到消费者用餐，实现后厨的智能化管理，准确送餐；通过两个频段技术的结合应用，实现菜品原料的追溯。同样，如图 5－11、5－12 所示，后厨管理采用桌面式读写器，实现菜品信息与托盘的关联，和餐桌的确认；餐桌集成触摸屏和桌面式读卡器，通过触摸屏可自助下单，查看所点菜品信息等，上餐时桌面式读写器读取食品托盘上的信息，将所上菜品的来源信息展示给用餐者。

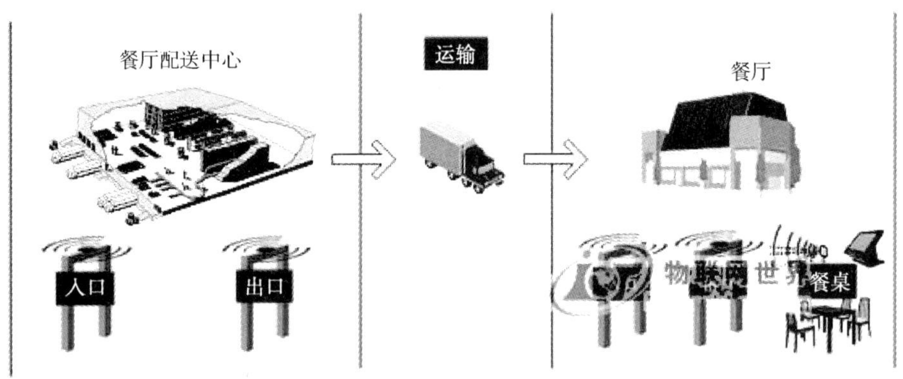

图 5－10　总体流程图

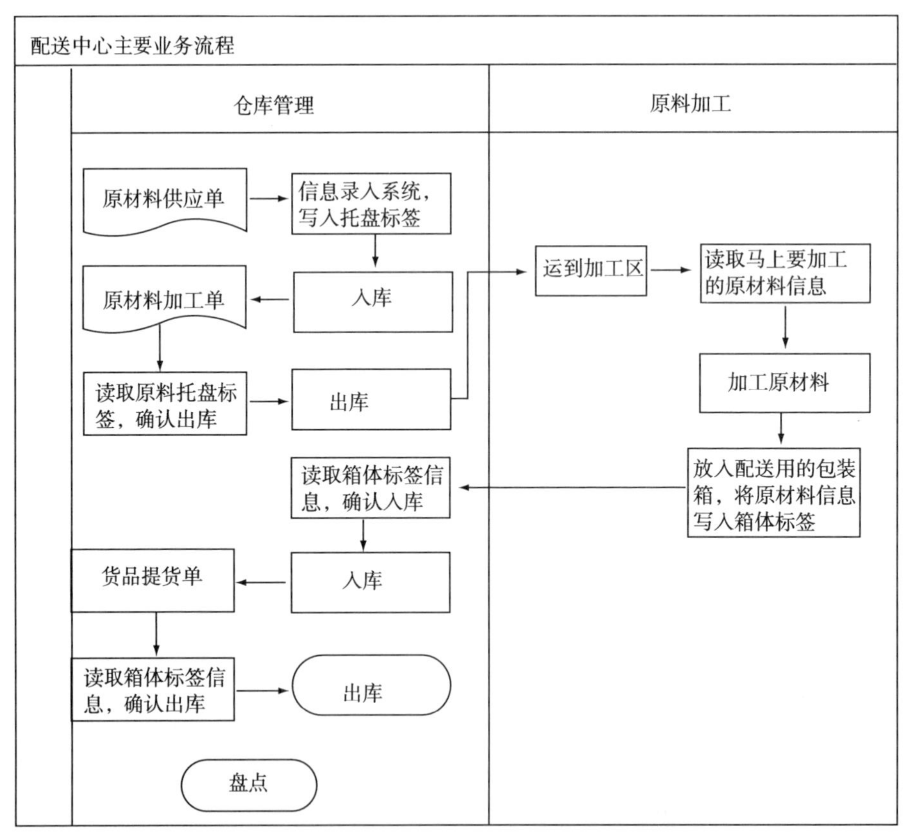

图 5－11　配送中心主要业务流程

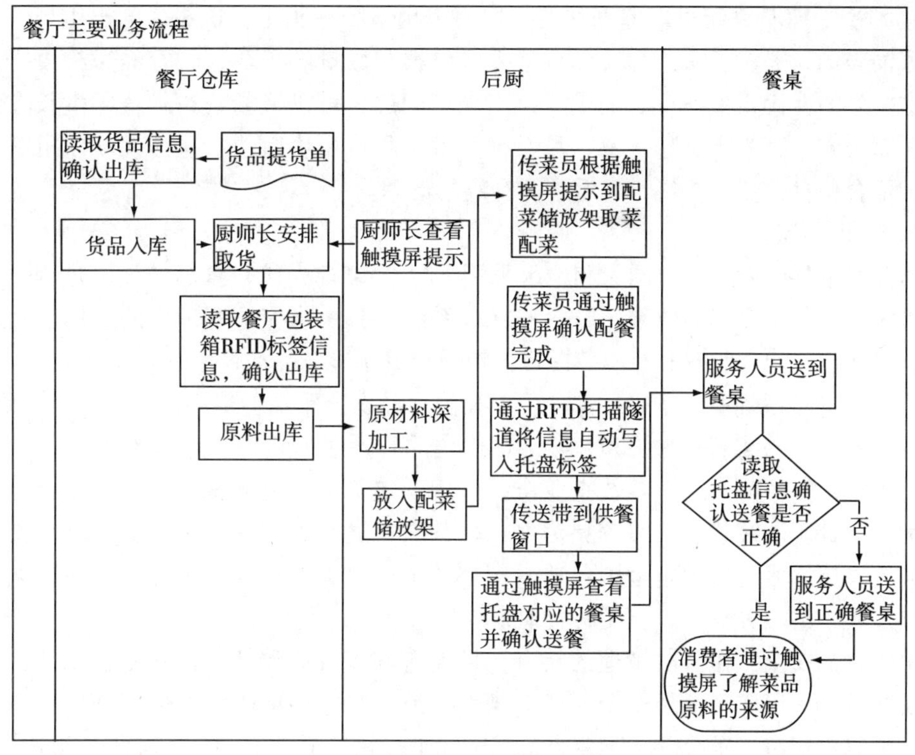

图 5－12　餐厅主要业务流程图

（3）适用范围　该系统适合应用于管理标准化程度较高的餐饮消费场所或旗舰式体验餐厅。

（五）全球统一标识系统

1. 概念

国际物品编码协会开发了全球统一标识系统，简称为 EAN · UCC 系统，我国称为 ANCC 系统。它是全球多行业供应链进行有效管理的一套开放式的国际标准。EAN · UCC 系统是在商品条形码基础上发展而来的，由标准的编码系统、应用标识符和相应的条形码符号系统组成。EAN · UCC 系统包括电子代码（EPC），利用 RFID 射频识别技术优势以及互联网的便捷，构筑了世界万事万物交流沟通的“物联网”。

2. 追溯作用

利用现有的全球统一标识系统商品条形码标签，可以有效地对食品供应链以及产品召回等各个环节的全过程进行跟踪与追溯，建立从“农田到餐桌”食物供应链全程跟踪与追溯体系。采用 EAN · UCC 系统对食品原料的种养殖、加工、储藏、运输、零售及餐桌等供应链各个环节进行标识，通过商品条码和人工可识读方式使其相互连接，输入食品安全的相关信息。社会上一旦出现食品安全问题，食品安全监管部门就可以通过查询系统很快找到问题食品的出处，通过这些标识一直追溯到食品的源头，最大限度减少食品安全事故。食品企业一旦发生质量问题，可以马上确认食品的生产过程，发生事故的原因，及时召回问题食品，将企业的经济损失和信誉损失降低到最小范围。

如通过 EAN · UCC 系统可以追溯到某一块牛肉出自哪一头牛，这头牛的出生地，来自哪一家饲养场，喂食了哪些饲料，用过哪些种类与数量的兽药，是否经过检疫，甚至包括这头牛的上代相关信息。如果蔬菜出现了问题，可以追溯到这种蔬菜生长在哪个国家、哪个省、哪个市、哪个县、哪个乡、哪个村、哪块田地。这样就可以阻断这些地方的不合格食品流入市场，然后进行有效的治理。

3. 应用概况

目前全世界已有几十个国家和地区采用 EAN · UCC 系统对食品的生产过程进行跟踪与追溯，获得了良好的效果。EAN · UCC 系统在日本供应链管理中的应用已经非常普及。在法国、澳大利亚和日本等国家上市销售的牛肉产品均采用这套追溯系统。

EAN · UCC 系统商品条码已部分用于我国食品安全跟踪与追溯，包括肉类、禽蛋、饮料、水产品、葡萄酒、水果和蔬菜。国内食品行业对 EAN · UCC 系统的应用目前还主要在零售结算环节，绝大多数企业全程可跟踪追溯供应链尚未形成。我国食品供应链追溯系统处于断续状态，以养猪为例，多数农民还是各家圈养，一头猪养成之后卖给收购方，屠宰后可能运到全国各地去销售，由于很少保存和记录猪的生命周期及运输存储过程中的相关信息，就无法实现跟踪与追溯。

由于食品安全工作分散管理的特点，目前有许多行业和部门都在各自制定自己的产品安全编码，以实现食品安全的可追溯性。但这些追溯编码没有采用全球统一标识系统，编码不规范，不统一，不兼容，与国际不接轨，形成了一个个信息“孤岛”。

三、我国现状与发展趋势

建立食品安全可跟踪与追踪系统，记录下食品从生产到销售的每一个环节的信息，并将这些信息在政府监管部门间实现共享，是解决食品安全事故责任的不明确的有效技术手段。食品安全恶性事件和重大事故不断发生的一个主要因素是食品的信息缺失，特别是从原料、加工、贮藏、流通到消费相关信息不可追溯。在这种情况下，部分生产加工经营企业产生投机心理，见利忘义，违规操作，制假售假。因此，必须建立食品安全可跟踪与追踪系统，一旦出现问题，可以及时查清问题原因所在，迅速解决，并追究其责任，从而建立合法有序的安全的食品市场。

（一）现状

可跟踪与追踪系统作为保障食品质量安全的有效手段，已在欧盟、美国、加拿大、日本等发达国家得到广泛应用，并取得了令人满意的效果。我国食品安全跟踪与追溯系统建设工作已经在各地展开，已开发出食品安全追溯系统，这套系统是在农田、食品生产、加工基地、配送中心和食品零售环节全程应用射频识别技术，为食品加贴电子标签。

1. 系统内容

食品安全跟踪与追溯信息系统主要包括以下内容：①我国食品质量安全监管法律、法规和制度贯彻落实情况的可跟踪与追溯机制；②全国互联统一的跟踪与追溯系统体系，这个体系既要体现行业、地方、监管部门的特点和食品特征，又要满足跟踪与追溯的基本流程要求，做到可以系统互联和信息共享；③跟踪与追溯过程管理的系统；

④在跟踪与追溯系统基础上，对食品加工、流通与服务企业的信用管理、市场监测与消费者服务等方面的功能拓展；⑤技术标准化。

2. 系统分类

食品安全跟踪与追溯系统可以按流通过程分类，也可以按照食品类型来分类。

（1）流通过程分类　食品安全跟踪与追溯系统按照流通过程大致可以分为以下几类：①原产地信息跟踪与追溯系统，主要指食品供应的原料源头，如生猪、牛、鸡、蔬菜、粮食等原产地的基本信息；②食品加工过程信息跟踪与追溯系统，主要指食品加工的生产流程、加工环境、加工方法、执行产品标准、产品批号和生产日期等信息③存储与运输信息，有些食品，特别是水产品、肉类、熟食、新鲜水果、蔬菜、饮料和牛奶等是有一定的保质期，并且要求一定的储存温度和湿度等，不符合要求可能导致食品腐烂、变质。

（2）食品类型分类　食品安全跟踪与追溯系统也可以根据不同的食品类型进行分类，如水产品、肉、鲜牛奶等类，蔬菜和水果类，熟食与糕点类，液体饮料与干果类等。新鲜食品对环境的要求较高，而干果等则不然，主要关注原产地等。

（3）不同食品标签技术不同　不同种类食品的 RFID 电子标签食品跟踪与追溯系统的技术区别很大。一般来说，熟食、糕点、饮料和干果等类的食品安全信息跟踪与追溯系统相对比较简单，一个 RFID 电子标签就可以实现信息承载，从源产地、厂家加贴即可，整个流通过程就可以实现信息跟踪与追溯。而肉类、水产品和鲜奶等则不同，因为对储运环境的温度、食用时间和保质期限等有较明确的要求，RFID 电子标签比较复杂，成本也相对较高，如要记录储运过程的温度等信息。肉类制品从原产地到加工厂，一头猪要被分解为许多块，因此，RFID 电子标签的加贴就相对比较麻烦。

3. 所用技术

目前，食品安全跟踪与追溯系统不仅采用了条码技术和 RFID 射频识别技术，而且还利用了数据库技术、网络技术、分布式计算等技术。食品安全跟踪与追溯系统中数据采集手段采用的主要技术为 RFID 射频识别与条码技术，根据不同食品行业的特点和需求，将采用其中一种或融合两类技术，各取所长，应用于食品安全追溯系统的不同环节。每一种正在使用的技术没有绝对的好或不好，主要看如何利用它，让它们发挥自身的优势。如在市场准入体系和流通环节监管体系建设中，采用射频 IC 卡技术也可以解决不少的问题。

（二）存在问题

目前，我国餐饮行业信息化的发展整体上还没有取得突破性进展，90% 的企业还未能真正实施信息化管理，行业的信息化水平处于最初的培育阶段，很多企业仅仅是停留在基础的点菜服务上，电脑点菜还不算是信息化系统的运用，因为它还没涉及到对数据的分析及流程的优化及完善。

当前我国食品安全自动跟踪与追溯体系还未在食品供应链全过程中得到普遍应用。因此，缺乏完整的食品跟踪与追溯体系是我国食品安全管理最重要的问题之一。食品安全信息跟踪与追溯系统是一种政府监管制度和食品企业质量安全管理的统一体。它的主要用途是对食品原料、生产、流通、消费的全过程监管以及在此基础上实现的对食品信息和经营责任的跟踪与追溯。在食品安全监管方面，食品产业链中的某些环节仍需加强管理，如果没有一个对全过程进行管理的机制，没有有效的预警、报警机制，食品安全的信息获取将受到限制，食品安全信息的真实性也无法保障，这些都成为影响食品安全的重要问题。

（三）发展趋势

选择一套适合的餐饮信息化管理软件，能解决企业的众多问题，有助于餐饮企业做大做强。量身定制仍然是目前餐饮信息化管理软件的主流趋势。因为每个餐饮企业的发展阶段也不仅相同，餐饮业态也不尽相同。

餐饮企业要实现管理的信息化、系统化，首先要做好规划，要清楚自己企业的发展阶段。可以寻找有经验，有实力的餐饮软件公司进行战略合作，逐步引入信息化的进程。其次要正确的选择餐饮管理软件，餐饮信息化的过程，也是企业管理不断完善的过程，这个过程中需要餐饮企业各级领导的高度重视，全体员工的大力配合，不断改进，不断完善，真正寻找到属于自己企业的一套信息化管理模式，所谓适合的就是最好的。餐饮信息化管理能为企业带来众多的好处，一款成熟、全面的餐饮管理系统，有助于快速做好做大餐饮业的信息化建设。

可以预见，未来的餐饮业将全面融入信息化时代，并借力信息技术、信息化时代的营销模式进而提升餐饮服务食品安全水平，提升企业核心竞争力和品牌影响力。

思考题

1. 什么是餐饮安全检验？它有哪些含义？

2. 你如何理解餐饮安全检验定义中的检验对象、食品特征、检测测定和符合性确定的内涵？

3. 餐饮安全检验承担哪些功能？

4. 餐饮安全检验有哪些效用？与风险监测和风险评估有何关系？

5. 选择检验方法的原则是什么？

6. 什么是食品安全监测？分几种模式？我国监测的内容有哪些？

7. 试述食品安全监测的目的是什么？

8. 食品安全主动与被动监测的优缺点各有哪些？

9. 关于食品安全风险监测我们应该向国外学习什么先进做法？

10. 食品安全风险分析框架中有几个模块？其中最核心和最基础的模块是什么？为什么？

11. 食品安全风险评估由谁负责和管理？由谁进行评估？由谁组织结果的运用？

12. 食品安全风险评估的原则有哪些？

13. 食品安全风险评估与餐饮安全监管有何关系？为什么？

15. 管理者对风险评估负哪些责任？

16. 如何理解实施信息化有利于提高餐饮企业的整体效益？

17. 如何理解实施信息化有助于提高餐饮服务食品安全监管水平？

18. 什么是电子政务、电子监管、条形码监管、物联网、全球统一标识系统和 EAN·

UCC？具体内容各是什么？

19. 信息化管理可以应用在餐饮监管中的哪些方面？

20. 建立食品安全跟踪与追溯系统有哪些重要意义？

21. 食品安全跟踪与追溯系统分为几大子系统？

参考文献

[1] 朱永红．积极提升检验效率进一步提高食品检验工作水平［J］．食品安全导刊，2010，(10)：63－64.

[2] 李素力．食品检验结果报告的正确填写［J］．粮油食品科技，2006，(6)：54－55.

[3] 黄达伟．检验方法的选择与验证［J］．现代测量与实验室管理，2007，(1)：47－48.

[4] 陈君石．风险评估在食品安全监管中的作用［J］．农业质量标准，2009，(3)：4－8.

[5] 樊永祥主译．食品安全风险分析－国家管理机构应用指南［M］．粮农组织食品及营养论文，87.

[6] 陈晨．农产品质量安全风险评估的发展现状及对策研究［J］．农产品质量与安全．2012，(1)，62－65.

[7] Margaret C，Eric E，Neal G，et al. Risk assessments Salmonella enteritidis in shell eggs and Salmonella spp. in egg products：technical report. FSIS，USDA，October 2005

[8] Jackson H. Temperature relationships of Vibrio parahaemolyticus［M］. In T. Fujino，G. Sakaguchi，R. Sakazaki，Y. Takeda. eds. International symposium on Vibrio parahaemolyticus. Tokyo：Saikon Publishing Company，1974，139－145.

[9] Centers for Disease Control and Prevention（CDC）. Outbreak of Vibrio parahaemolyticus infections associated with eating raw oysters－Pacific Northwest. Morb. Mortal. Wkly. Rep.，2002，47：457－462.

[10] Angelo D.，Charles A. K.，Jessica. L. N.，et al. Harvest practices and ecological factors affecting the risk of Vibrio parahaemolyticus in Pacific Northwest oysters. Draft report，2002.

[11] 餐饮连锁企业的信息化管理．www. doc88. com/p－942596001957. html，2012－2－26.

[12] 打造餐饮企业信息化管理平台．v. youku. com/v_ show/id_ XMTk5MjAxMjUy. html，2011－6－28.

[13] 餐饮业突破发展瓶颈的利器—谈中小餐饮企业信息化管理．www. xici. net/b1185232/d110790918. html，2010－2－1.

[14] 餐饮连锁企业信息化管理方案．wenku. baidu. com/view/05289b747fd5360cbala，2012－1－30.

[15] 张云龙，孟庆春，宋长虹，王朝波，李咏梅．餐饮业信息化管理系统的设计与开发［J］．陕西工学院学报（自然科学版），2003，(1)．

[16] 夏海军．信息化时代餐饮连锁企业管理的探究［J］．中国商贸，2011，(3)．

[17] 糜新箭．餐饮企业连锁信息化的四个阶段［J］信息与电脑，2008，(8)．

[18] 王圣果．信息化与当代餐饮业发展［J］．扬州大学烹饪学报，2008，(1)．

[19] 物联网技术在餐饮行业的应用．物联网世界 http：//www. iotworld. com. cn.

[20] 高娈哲：物联网在餐饮行业将广泛拓展应用．http：//www. hotel. hc360. com.

[21] 物联网技术在食品溯源管理系统中的有效应用．中国食品机械设备网 http：//www. foodjx. com/news/detail/77817. html.

[22] 物联网技术在餐饮行业的应用设计．物联网世界 http：//www. iotworld. com. cn.

[23] 张守文．餐饮服务安全监督管理与实务［M］．北京：中国劳动社会保障出版社，2010.

[24] 张守文．食品安全监督管理［M］．北京：中国医药科技出版社，2009.

第六章

餐　饮　业

学习要点

本章为餐饮业概述。学习本章要了解餐饮业的发展历程、发展现状、经营模式、规划与发展趋势；掌握餐饮业5S管理方法、五常法和6T实务等常用管理方法以及食品安全规范化管理指南；掌握ISO22000食品安全管理体系的必要性和主要内容；了解合理营养、科学的烹调方法与保障食品安全的相互关系；了解餐饮现代加工工艺的内涵以及对提升餐饮服务食品安全管理水平的重要意义。

第一节　餐饮业概况

餐饮业作为我国第三产业中的一个支柱产业，在国民经济发展中的地位日益突出。特别是近年来，我国餐饮业呈现出高速增长的发展势头，餐饮业发展的质量和内涵也发生了重大变化。餐饮业的经营领域和市场空间不断拓宽，经营档次和企业管理水平不断提高，经营业态日趋丰富，投资主体和消费需求多元化特点更加突出，网点数量和人员队伍继续扩大；消费的个性化和特色化的趋势明显，追求健康营养和连锁规模发展成为主题；集团化、品牌化、产业化和国际化的发展步伐加快，餐饮现代化的进程不断推进。

一、发展历程

随着我国经济社会发展和人民生活水平的不断提高，餐饮业呈现出蓬勃发展的良好态势，行业零售额连续20多年保持着年均20%以上的增长速度，在改善民生、扩大消费、拉动经济增长和提升城市品位方面发挥着不可替代的重要作用。我国餐饮业市场潜力巨大，前景非常广阔。我国经济近年取得的快速发展，国内生产总值快速提高，是持续带动国内消费需求增长的主要原因。居民消费能力不断增强，消费层次有所提高，外出就餐消费比重持续增长。

我国的餐饮业自改革开放以来，大致经历了四个发展阶段：改革开放起步阶段、数量型扩张阶段、规模连锁发展阶段和品牌提升战略阶段。

（一）改革开放起步阶段

20世纪70年代末至80年代，我国餐饮业在政策上率先放开，各种经济成分共同投入，使餐饮业取得了新的突破和发展。传统的计划经济模式受到冲击，社会网点迅速增加，这一时期的餐饮业经营模式主要以单店作坊式餐饮店为主。

（二）数量型扩张阶段

20 世纪 90 年代初，社会投资餐饮业资本大幅增加，餐饮网点快速涌现，餐饮业蓬勃发展。

（三）规模连锁发展阶段

20 世纪 90 年代中期，餐饮业连锁经营推进速度明显加快，在全国范围内，很多品牌企业跨地区经营，并抢占了当地餐饮业的制高点，企业向连锁规模化发展成为这一时期的显著特点。这一时期，外资餐饮公司凭借先进的经营管理制度和高效的物流配送体系，在中国大力发展连锁餐饮店。百胜餐饮集团和麦当劳餐饮集团在中国成功地开设了肯德基、必胜客和麦当劳等著名餐饮品牌连锁店，同时为国内餐饮同行带来了全新的经营理念。

（四）品牌提升战略阶段

进入 21 世纪，我国餐饮业发展更加成熟，增长势头不减，整体水平提升，一批知名的餐饮企业在外延发展的同时，更加注重文化内涵建设，企业品牌意识加强，综合水平不断提高，并开始输出品牌与经营管理，现代餐饮发展步伐加快。

二、发展现状

当前我国餐饮业发展正处于建国以来最好的时期，呈现出蓬勃发展的良好态势。无论是经营模式，还是经营理念都在与时俱进。以连锁经营、品牌培育、技术创新和管理科学化为代表的现代餐饮企业，逐步替代传统餐饮业的手工生产、单店作坊经营和主观经验管理型餐饮企业，快步向产业化、集团化、连锁化和现代化迈进。

（一）主要成就

我国餐饮业经过改革开放后 30 多年的发展与市场竞争，截至目前，初步形成了投资主体多元化、经营业态多样化、经营方式连锁化、品牌建设特色化、市场需求大众化和从传统产业向现代产业转型的发展新格局。

1. 规模化增长

截至 2010 年底，中国餐饮企业总数多达 510 万家，其中持有许可证各类餐饮企业 243 万家（集体用餐配送单位 1407 家，中央厨房 210 家），从业人员约 2500 万人，厨师约 800 万人。其中，规模以上全国餐饮企业约 40 万家，从业人员超过 2200 万人，零售总额达 17635. 5 亿元。

餐饮业在国民经济各行业中保持领先地位。2009 年，批发和零售业消费品零售额 105413 亿元，增长 15. 6%；住宿和餐饮业消费品零售额 17998 亿元，增长 16. 8%，占社会消费品零售总额比重为 14. 4%。餐饮业实现连续 19 年保持两位数高速增长。30 年来，中国餐饮业零售额从 1978 年的 54. 8 亿元到 2009 年的 17998 亿元，零售额增长 327 倍，人均餐饮消费额也从 1978 年的 5. 69 元到 2009 年的 1348. 4

元，增长了237倍。

2010年全国餐饮百强企业营业额为1395.84亿元，比2009年度餐饮百强营业额增长了11.69%，全国餐饮百强企业营业额占全社会餐饮营业额的比重为7.91%。

2011年餐饮业营业收入突破2万亿元，同比增长16%左右，继续保持着商贸服务行业领先发展的势头。

2. 品牌化与现代化

目前，连锁餐饮企业群体已成为中国餐饮业最具活力的部分，在2009年中国餐饮百强企业中，就有89家采用连锁经营方式，营业额占百家企业的92.7%。集团共有410家，2009年统计，平均拥有门店数量为41家，平均零售额为1.8亿元。

3. 促消与扩需

1991～2009年，餐饮业零售额年均增长22.1%，比同期社会消费品零售总额年均增长高7.2%，增幅位居国民经济各行业前列。

4. 改善就业与民生

目前，餐饮就业人数逾2200万，每年新增就业岗位200多万个，成为安置下岗人员和外来务工人员就业的重要领域。

5. 助推城乡建设

餐饮业年吸纳消化农副产品总值4600亿元，占农林渔牧业总产值的10%，带动了种养殖业、加工业和旅游业等相关产业的发展。在转移农村剩余劳动力、提高农民收入、建立现代化的原料种养殖基地、促进农业结构调整、带动食品加工业发展和加快城乡一体化进程中发挥了积极的作用，为解决“三农”问题和新农村建设做出了积极贡献。餐饮业的快速发展，促进了人民生活质量的提高，促进了经济的繁荣与发展，也为监管工作奠定了良好的基础。

（二）风险分类监管

近年来，随着我国餐饮业的蓬勃发展，中央厨房和甜品站等餐饮服务的新兴业态不断涌现，餐饮服务的经营模式推陈出新，国外先进的管理经验、科学的运作模式和超前的经营理念，更加广泛地被我国餐饮企业所借鉴。餐饮服务环节的新型行业类别、新型经营理念和新型管理模式等情况不断涌现，对餐饮服务食品安全监管工作提出了更高的要求。因此，有必要科学划分我国餐饮业的业态，为实施按业态分类监管和重点监管奠定基础。

1. 业态划分

餐饮市场不断细化，中餐、西餐和中西合璧餐，正餐和快餐，火锅、休闲餐饮和主题餐饮等业态快速发展。我国餐饮业划分为餐馆、快餐店、小吃店、饮品店、食堂、集体用餐配送单位和中央厨房七大业态。依据风险监测理论和餐饮企业的特点，不同业态的餐饮企业存在不同的食品安全风险。

（1）餐馆　指以饭菜（包括中餐、西餐、日餐和韩餐等）为主要经营项目的提供者，如酒家、酒楼、酒店和饭庄等，包括火锅店和烧烤店等。餐馆按照规模不同又分为：①特大型餐馆，指加工经营场所使用面积在3000m^2以上（不含3000m^2），或者就餐座位数在1000座以上（不含1000座）的餐馆；②大型餐馆，指加工经营场所使用面积在 500～3000m^2（不含 500m^2，含 3000m^2），或者就餐座位数在 250～1000 座（不含 250 座，含 1000 座）的餐馆；③中型餐馆，指加工经营场所使用面积在 150～500m^2（不含 150m^2，含 500m^2），或者就餐座位数在 75～250 座（不含 75 座，含 250 座）的餐馆；④小型餐馆，指加工经营场所使用面积在 150m^2 以下（含 150m^2），或者就餐座位数在 75 座以下（含 75 座）的餐馆。

（2）快餐店　指以集中加工配送，当场分餐食用并快速提供就餐服务为主要加工供应形式的提供者。

（3）小吃店　指以点心和小吃为主要经营项目的提供者。

（4）饮品店和甜品店　饮品店指以供应酒类、咖啡、茶水或者饮料为主的提供者。甜品站指餐饮服务提供者在其餐饮主店经营场所内或附近开设，具有固定经营场所，直接销售或经简单加工制作后销售由餐饮主店配送的以冰激凌、饮料和甜品为主的食品的附属店面。

（5）食堂　指设于机关和学校（含托幼机构）、企事业单位和工地等地点（场所），供应内部职工和学生等就餐的提供者。

（6）集体用餐配送单位　指根据集体服务对象订购要求，集中加工和分送食品但不提供就餐场所的提供者。

（7）中央厨房　指由餐饮连锁企业建立的，具有独立场所及设施设备，集中完成食品成品或半成品加工制作，并直接配送给餐饮服务单位的提供者。

2. 风险划分

一般将消费人数多、涉及面广、社会关注度高和社会各方面反映强烈的餐饮企业列为高风险对象，实施重点监管。因为，就餐人数多，加工环节多，交叉污染机会就多，而且风险集中，风险隐患大，容易发生食物中毒事故。如各类餐馆中的大型餐馆和党政机关重点接待宾馆中的餐厅；各类食堂中的学校食堂、托幼机构食堂、校园周围学生供餐点和建筑工地食堂，以及农村 50 人以上聚餐列为高风险重点监管对象。

集体用餐配送单位、中央厨房、中小型餐馆和快餐店列为中风险监管对象。

小餐馆、小吃店、饮品店和企事业内部食堂列为低风险监管对象。

小餐馆的突出特点是多、小、散、低。小餐馆和小吃店分散在城乡结合部、农村、山区、旅游景点、火车站和汽车站等部位，从业人员文化素质低，流动性强，卫生习惯差，法律意识淡漠，设施设备落后，工艺布局不合理，消毒制度落实不到位，食品安全管理制度不健全，监管难度大。

依据餐饮业的上述业态分类和风险隐患大小，对不同餐饮企业有针对性的采取各种分类监管措施。

3. 分类监管

国家食品药品监督管理局在《餐饮服务食品安全操作规范》中，从原料采购、运输、储存、烹饪，乃至餐用具清洗消毒和餐厨废弃物处置等餐饮加工经营的全过程，从机构设置及人员管理、场所与设施设备要求和过程控制等各方面，都做出了加强食品安全管理的规定。这些规定有利于促进餐饮企业进一步提高食品安全意识、诚信经营意识和企业自律意识，落实企业主体责任；有利于规范餐饮服务经营行为，强化餐饮服务食品安全过程控制，提升餐饮服务管理水平，保障消费者饮食安全。

在硬件要求方面，明确规定中型以上餐馆（含中型餐馆）、集体食堂、集体用餐配送单位和中央厨房宜安装油水隔离池和油水分离器等设施。

在强化检验设施要求方面，明确规定集体用餐配送单位和中央厨房应设置与生产品种和规模相适应的检验室，配备与产品检验项目相适应的检验设备和设施和专用留样容器和冷藏设施。

在软件要求方面，提高了关键岗位的人员配置要求。明确要求，大型以上餐馆（含大型餐馆）、学校食堂（含托幼机构食堂）和供餐人数500人以上的机关及企事业单位食堂等应配备专职食品安全管理人员。

在强化食品留样方面，将留样情形扩展为学校食堂（含托幼机构食堂）、建筑工地食堂、集体用餐配送单位、中央厨房、重大活动餐饮服务和超过100人的一次性聚餐，上述餐饮服务提供者提供的食品均应留样。

餐饮业位于从“农田到餐桌”食品链的最末端，所有食品最终都要摆到餐桌上来食用。在食品生产经营的整个链条中，餐饮服务环节是分段监管的最后一个环节，是保障公众饮食安全的最后一道关口。把好这一环节，守好这道关口，监管任务艰巨而繁重。食品链上游各环节存在的安全隐患都可能累积到餐饮服务环节。从食用农产品的种养殖到餐桌消费，中间的环节多，如饲料加工、种养殖、食品生产加工、运输、贮存、流通零售、烹调加工和配餐服务，任何一个环节都有可能受到污染，任何一个环节都存在食品安全风险。近几年来的调查资料显示，在城市地区至少有三分之一的集体性食物中毒是由于在公共餐饮业就餐引起的。加强餐饮服务环节食品安全监管非常重要。

（三）存在的突出问题

目前，我国餐饮业水平参差不齐，既有现代化的餐馆（食堂），也存在大量低水平的小型餐馆（食堂）。餐饮业发展仍旧面临着法规建设滞后、市场秩序有待规范、结构失衡、产业化程度偏低、浪费严重和食品安全有待加强等问题。

1. 安全问题

（1）食品安全第一责任人意识和企业主体责任意识不强　忽视食品安全管理，只注重效益管理，放松餐饮加工或服务的安全要求，不能形成有效的自律机制。

（2）食品安全管理制度不够健全　从业人员不进行健康体检就上岗；冰箱（柜）内食品生熟不分、不加盖和不加保鲜膜；用于原料、半成品和成品的刀、墩、板、盆、筐、抹布以及其他工具、容器混合使用；用非食品塑料袋盛装食品，区分标志不明显，造成交叉污染；从事冷拼凉菜的服务员不戴口罩，不戴手套。上述不卫生行为存在较大的食物中毒隐患。

（3）卫生设施和消毒保洁设施不到位　部分餐馆缺乏有效的“防腐、防尘、防蝇、防鼠和防虫”设施，导致经营场所害虫滋生，造成食品交叉污染；部分餐馆消毒设施不足，餐具洗消制度不健全，只清洗餐具，不消毒，或虽配备了消毒柜但不使用；操作场所没有相应的原料、半成品和成品的盛放工具；原料、半成品和熟食无冷藏设施。

在这种情况下进行食品的加工、烹调和储存，很难保证食品安全。

（4）擅自更改已经核定的加工场所面积和流程布局　有些餐饮企业，减少餐饮加工面积，而将其转变为餐厅经营面积，即小厨房大餐厅，破坏了餐厨比例。很容易造成生产流程反流，引起食品污染和食物中毒事故。

（5）后厨操作面积狭小且功能分区不全　一个水池洗菜、洗肉、洗鱼和洗碗，生熟混放，共用砧板，极易造成交叉污染，存在食品安全隐患。

（6）部分学校和建筑工地食堂亟待规范　农村、城乡结合部的学校食堂和建筑工地食堂卫生条件较差，加工操作不规范，食品安全管理制度不健全，原料采购安全性难以保证，从业人员健康管理不严格。农村学校食堂建筑布局不合理，无功能分区，消毒设施不健全。营养餐企业午餐生产时间过早，送餐半径过大，导致午餐从生产到入口的时间过长。这些问题存在群体性食物中毒的隐患。

（7）原料和食品采购索证索票意识不强　一些餐饮企业采购进货渠道复杂和混乱，不到正规定点单位进购放心原料，采购时不索证索票，原料质量难以控制。有的小餐馆为了节省开支，追求利润，甚至从黑加工点购进劣质原材料，存在重大食品安全隐患。

（8）存在无照和无证经营现象　特别是农村和城乡结合部的小餐馆无照和无证经营现象普遍，从业人员不办理“健康证”，食品安全隐患较大。有些单位食堂因不对外营业，就不办工商执照和餐饮服务许可证，成为食品安全监管空白点。

（9）超许可范围经营和超能力加工食品　一些餐饮企业在不具备相应卫生设施和条件的前提下，超范围生产加工风险性相对比较高的冷荤凉菜和裱花蛋糕等食品。另外一些餐饮企业超能力经营，也造成食品安全隐患。

2. 隐患因素

（1）从业人员素质低和食品安全意识和法律意识淡薄　从业人员受教育程度低，缺乏必要的食品安全知识和法律知识，影响餐饮业整体食品安全水平的提高。小型餐饮企业稳定性差，业主变动较大，店面短期租赁和试营业现象较为普遍；从业人员流动性较大，不容易形成良好的卫生习惯。

（2）餐饮服务准入门槛较低　准入门槛低则存在食品安全隐患。对小型餐馆经营面积的要求偏低，使大量的小型餐馆呈爆炸式增长。另外，小型餐馆生产经营面积小，功能分区不明确，容易造成生产加工环境的脏、乱、差，从而造成食品的交叉污染，带来食品安全隐患。

（3）食品安全诚信体系不健全　餐饮企业主体责任意识淡薄，企业的信用建设滞后。强化企业主体责任意识，加强餐饮企业诚信体系建设迫在眉睫。

3. 特有问题

中国许多传统菜肴世代相传，延续至今，少则数十年，多则上百年，甚至可追溯到千年。中国传统菜肴讲究“色、香、味、形、质、营和器”七大特点，闻名中外，是具有传统特色的食品。中式传统菜肴与西式菜肴各具特色，在主料、配料、调味以及烹饪方法上有很大差异。中式菜肴的烹饪技术种类繁多，如蒸、炸、烩、烧、烤、煎、爆、熏、滚、煲和炖等，各有其特点。中式传统菜肴最大的特点是复杂多变，每一道菜都是由主料和配料搭配而成，再加上厨师精湛的烹饪技术和调味技术，因此，增加了中国传统菜肴工业化生产的难度。目前，我国传统菜肴的发展主要存在以下两个问题。

（1）工业化程度低　我国传统菜肴大多为手工作坊。目前有一部分传统菜肴已经工业化生产，如红烧肉类和汤类等炖制类产品，其包装形式主要是可杀菌的铁皮罐、玻璃罐或软包装袋。这类产品主要是由肉块、马铃薯或胡萝卜等耐炖煮的材料组成。然而，仍有许多传统中式菜肴无法进行工业化生产。

（2）质量标准体系建设不完善　由于缺乏完善的产品质量标准体系，使产品稳定性较差，严重影响了中国传统菜肴的国际竞争力。同样都叫北京烤鸭，但其滋味和质量千差万别；1 万家涮羊肉，可能会有 1000 种调料；同样都叫北京炸酱面和鱼香肉丝，但其口味却不尽相同，缺少国家统一制定的标准。餐馆各自为战，这是不能形成规模化和全球化品牌的重要原因。相比之下，韩国的泡菜通过政府的力量制定了国际化标准，打开世界食品通道，使不同的泡菜统一在一个名号下，然后通过官方媒体广泛宣传，打造出一个全球化品牌。这个最初让外国人一闻就皱眉的泡菜，现在成为奥运会和足球世界杯，甚至是中国民航的必备食品。这些年已经被韩国政府推广到世界 110 多个国家和地区，每年收入超过 70 亿美元。中国传统菜肴是一种师承经验型和技艺支撑型的食品加工品，中餐的管理是模糊的，如加盐少许，加水适量，看火候等，全凭大师傅的感觉，大师傅一走，经验也都跟着走了。制作缺乏标准化的工艺技术，导致质量得不到保障，越来越不适应市场发展的需求，成为传统菜肴发展亟待解决的问题。

三、经营模式

经营模式是根据企业的经营宗旨，为实现企业所确认的价值定位所采取某一类方式方法的总称。其中包括企业为实现价值定位所规定的业务范围，企业在产业链的位置，以及在这样的定位下实现价值的方式和方法。

改革开放 30 年以来，我国餐饮业的发展、变化与创新是尤为引人注目的。无论是在经营理念、经营方式、经营规模和经营特征，还是在产业地位、产业结构、技术含量和人才积聚等方面有着突飞猛进的发展。与传统的餐饮业相比较，仅在经营方面就呈现出如下新的模式。

（一）连锁经营

连锁经营是餐饮业的一种组织形式和经营制度，是指若干个餐饮企业，以一定的形式组成一个联合体，在整体规划下进行专业化分工，并在分工基础上实施集中化管理，把独立的经营活动组合成整体的规模经营，从而实现规模效益。连锁经营具有以下特点。①把分散的餐饮企业组织起来，具有规模优势（统一店名店貌、统一广告与信息、统一进货、统一核算、统一库存和统一管理等）；②建立统一的配送中心，与食品生产企业或副食品生产基地直接挂钩，节省流通费用，减低成本；③容易产生定向消费信任或依赖；④消费者在餐饮食品质量上可以得到保证，统一管理、统一进货渠道和直接定向供应。

先进的生产方式本身就是一种巨大的生产力。肯德基和麦当劳凭借着先进的快餐文化和经营理念，在中国餐饮行业获得快速发展，也带动了国内餐饮连锁经营的发展。

连锁经营已成为餐饮业普遍应用的经营方式和组织形式，显示出强大的生命力和发展潜力。国内许多连锁餐饮企业，在连锁经营和规模经营等方面，已探索出了较为成功的经营模式，并取得了良好的社会经济效益。连锁经营不仅使餐饮行业的门槛迅速提高，让社会资源得到合理的配置，同时也使餐饮行业的人才迅速积聚。大型餐饮连锁经营尤其是直营连锁业务发展势头强劲，快餐、火锅连锁店、饺子连锁和团体供餐发展迅速。连锁经营已经成为餐饮业做大做强的主导经营模式。

连锁经营包括3种形式：直营式连锁、特许加盟（特许经营）以及餐饮超市和连锁快餐经营。

1. 直营式连锁

直营式连锁是指总公司直接经营的连锁店，即由公司总部直接经营、投资和管理各个零售点的经营形态。总部采取纵深似的管理方式，直接下令掌管所有的零售点，零售点也必须完全接受总部指挥。直接连锁的主要任务在“渠道经营”，指通过经营渠道的拓展从消费者手中获取利润。因此，直营连锁实际上是一种“管理产业”。这是大型餐饮企业通过吞并、兼并或独资和控股等途径，发展壮大自身实力和规模的一种形式。

2. 特许加盟

特许加盟是指特许经营权拥有者以合同约定的形式，允许被特许经营者有偿使用其名称、商标、专有技术、产品及运作管理经验等从事经营活动的经营模式。

特许加盟连锁经营模式的优势和带来的利益早已被众多餐饮企业的实践所证明，餐饮业特许加盟连锁经营模式也正逐步走向成熟。现在有许多餐饮企业采用特许加盟连锁经营模式开拓市场，特别是一些标准化程度高的餐饮企业更是如此。很多餐饮企业正是通过特许加盟连锁经营模式获得了快速的扩张，市场效果显著。可以预见，特许加盟连锁经营模式将会为更多企业所应用。

实行特许加盟连锁经营模式的优势就在于可以有效整合社会资源，而不是单靠企业的一己之力去单打独斗。如运作得当，特许加盟连锁经营可以迅速实现区域性品牌到全国性品牌的飞跃。对于加盟方而言，特许加盟连锁经营餐饮品牌最大的好处在于不必自创品牌，一定程度上规避了风险，也降低了创业的成本。因此，如果对特许加盟连锁经营模式成功运营，对于连锁企业及加盟者将是双赢。从长远来看，自营模式必然受到资金、人力、管理和资源等条件的限制，品牌要进一步扩大规模，迅速占领市场，特许加盟连锁经营模式无疑具备更大的优势。

3. 餐饮超市和连锁快餐

目前，我国餐饮业正处于调整市场定位，转变大众化经营的过渡时期，经营方式的多样化，借鉴西方经验发展餐饮集团，以餐饮超市和连锁快餐的经营模式占据一定的市场。

超市餐饮将补充连锁快餐构成大众化市场。目前，国内餐饮市场的需求变化明显趋于大众化发展。大众化经营，意味着廉价，但不等于低水平的经营，它是一种拥有较高服务标准和质量，而价格相对较低的经营，连锁快餐和连锁超市正好适应这种经营渠道。借鉴零售业中的超市布局原理，采用开架陈列，自我服务的超市餐饮，改变封闭式的餐饮操作和就餐方式，形成“千品汇一，廉价销售，方便快捷，批量生产”的餐饮经营新格局。餐饮超市以就餐自由，形式自由，价格适中，面向工薪阶层，使我国餐饮得到了普及和发展，同时也满足了消费者求奇、求全、求便和求廉的消费心理，成为21世纪的饮食新时尚。

（二）中央厨房加终端厨房

目前，中央厨房的运营已经不仅仅限于连锁的餐饮企业，正在植入越来越多的规模餐饮企业。建立中央厨房已经成为中型以上餐饮企业的发展趋势，将带来食品工业乃至农产品加工的新商机。中央厨房近两年在我国发展异常迅速，目前全国规模以上餐饮企业的产品全部或者部分地实现了中央厨房生产。这些餐饮企业开始自建中央厨房，采用“中央厨房+终端厨房”方式来实现产品质量的稳定性与持续性，或者委托一些大型餐饮企业的加工基地生产部分产品。中央厨房对部分产品实行统一的加工和配送。中央厨房对配料和工序等核心要素实现标准化作业，保证质量控制与批量生产，而终端厨房只需要控制“温度+时间”进行二次加工就可以向顾客提供一致的产品质量承诺。例如，将菜品大体分为四类处理：新鲜蔬菜直接配送到门店，由门店负责烹制；肉类加工全部集中在中央厨房统一腌制调味；面点类由中央厨房处理后配送门店；最核心的炒料和料汁配置都在中央厨房进行。有的餐饮企业更是通过“中央厨房”的产品质量控制模式试图将其核心产品供应到更大的流通领域里，如超市、大卖场、宾馆和酒店等。

中央厨房给餐饮行业注入了工业化生产的亮色。全聚德的鸭坯和鸭饼、眉州东坡酒楼的面点及马兰拉面的汤汁等都出自中央厨房的生产。中央厨房建立之后，就可以集中一块场地和数量有限的厨师团队，让每个餐馆共享优质的标准化产品，有效地解决了困扰餐饮企业的成本和品质问题。其最大的优点就是通过集中规模化采购和集约化生产来实现菜品的质优价廉，使成本降低和市场竞争力提高。例如，集中的加工和仓储减少了原料采购和生户消耗的支出；规模化的生产实现了餐饮产品标准化，固化了产品的质量，降低了发生食品安全问题的风险；迅速稳定安全地将优质餐饮产品实现规模化复制，提升了餐饮企业的品牌形象和市场竞争力。

中央厨房是一种科学的运营模式，引进了工业化主产要素。可以说，中央厨房实际上是为餐饮业注入了工业化生产的优势，也是发展成为对接食品工业和餐饮业的一个新型业态，是餐饮企业发展到一定规模之后的必然选择。随着这种模式的不断完善，将会出现针对中央厨房的专业化设计、建设和管理等专业细分团队，推进中央厨房项目的健康发展。中央厨房将来会发展成为专业化的服务于餐饮企业的专业工厂，这样的工厂不隶属于某个餐饮企业，而是为所有的餐饮企业提供某一种类的餐饮产品，如肉类和面点等。一方面，这样规模化和工业化的生产，最大限度地保证了餐饮产品的安全；另一方面，这样的工厂带动了相关的专业物流、机械等产业和周边农产品种植、养殖业的整体提升，带来了产业结构的变化。此外，餐饮企业和这样第三方的工厂之间实现了真正的订单化生产，可追溯的机制有效地保证了餐饮产品的安全。这样的餐饮工厂既可以受益餐饮企业，它又是食品工业的一个新的业态和新的亮点。

（三）透明厨房和明厨料理

餐馆后厨房讲究透明开放式经营，成为餐饮业的新亮点。厨房的墙壁采用透明的玻璃窗，让厨房制作实现开放式、公开化和透明化，顾客可以清楚地了解和监督食物的制作全过程。如全聚德的挂炉烤鸭就是典型的开放式厨房。有的酒店和餐馆在厨房里安装摄像头，在包房和大厅里安上监控电视，将大师傅做菜的全过程，厨房里的卫生环境、菜肴制作过程和大师傅的指挥调度一一呈现在顾客面前。顾客在包房里还可以点击选择安装在不同位置的摄像头直接看到上菜服务的全过程。在日益注重饮食安全与健康的今天，通透的厨房可以使每一个顾客成为食品安全监督员，厨师也能够随时感受到来自前后左右的目光而自觉约束，而且顾客在欣赏美食之余能够看到厨师烧菜是一种视觉上的享受。此外透明厨房还在一定程度上起到了广告的作用，有利于吸引顾客和塑造企业品牌形象。食品安全监管部门还可以通过这种视频监控技术实现食品安全信息化网络监管，对餐馆的食品生产、加工、储运和服务进行有效监控，可以起到对食品生产加工过程中的不法行为的震慑作用。

明厨料理这种经营模式汇集了营养、调味、烹饪、商务策划、文化包装和成本控制等一大批高级人才，以传承中华民族美食和发展创新餐饮市场为宗旨，研究开发了一整套科学化、标准化、规范化和程序化的明厨料理经营模式，使该模式名副其实地成为了“没有污染”、“健康养生”和“绿色环保”的中国料理餐厅。

明厨料理经营模式，文化底蕴浓厚，经营服务人性化，把厨房搬到了餐桌上，将煎、炒、焖、炖和涮等中国特色的传统烹饪过程在餐桌上一次完成，具有很强的表演性和观赏性。由于制作过程在餐桌上进行，减少了厨房面积，加大了营业面积。调味料由公司统一配送，不但保证了口味的统一性，又减少了高价聘请厨师的成本，大大降低了用工成本。在消费者眼前的明厨料理经营模式，使每款菜品的选料都要求新鲜度达到100%，主配料搭配合理，既便利，又好吃。

（四）餐饮外卖

目前，国内市场上切入外卖业务领域的餐饮品牌既包括国际快餐巨头，也包括中式快餐品牌，还包括一些传统中餐，甚至还出现了一批将传统餐饮行业与新时期电子商务相结合的专业性外卖网站。在餐饮外卖领域，顾客拥有相对充分的消费选择。如何构建一个具有竞争力的外卖销售模式是餐饮企业面临的迫在眉睫的问题。

餐饮外卖业务实际上是一种延伸，其经营模式各地都在探索之中。不论是堂食还是外卖，顾客的餐饮消费诉求都不会脱离“安全可口、快捷便利和营养配餐”三条主线。外卖业务由于在店堂物理空间氛围、餐品递送速度和人员服务时长等方面具有其特殊的要求而对餐饮企业提出了更高的要求。必须围绕“卫生可口、快捷便利和营养配餐”三大餐饮诉求，并结合外卖业务的独特属性来形成立体式的销售模式。

（五）“扎堆经营”和“农家乐”

突破地域和原料限制，大胆创新的经营方式，如“大排档式”模式“饮食一条街”等。而风靡各地的“农家乐”，适应了人们向往农村田野生活和渴望体验农家风情的消费需求，创造了一种独特的消费环境和消费新理念。

四、规划与发展趋势

按照商务部“十二五”期间促进餐饮业科学发展的指导意见，餐饮业的规划与发展趋势如下。

（一）原则、目标与格局

1. 原则

未来餐饮业的发展需坚持以下 5 个原则：①以人为本，努力提供丰富多样的餐饮产品，搞好食品安全，注重营养保健，满足人民群众不断增长的餐饮需求；②因地制宜，坚持从实际出发，突出地方特色，发挥比较优势，形成不同地域的差异化餐饮风格；③突出重点，明确发展重点，狠抓餐饮龙头企业，培育餐饮品牌，力求重点突破；④分类指导，各地针对不同餐饮业态的不同特点，制定不同的标准规范，予以分类指导，促进其科学发展；⑤传承创新，不断进行管理、服务和产品创新，改良创新菜系和菜品，满足餐饮消费需求。

2. 目标

“十二五”期间餐饮业的发展目标为：①餐饮业保持年均16%的增长速度，零售额达到 3.7 万亿元；②培育一批地方特色突出、文化氛围良好、社会影响力大和年营业额 10 亿元以上的品牌餐饮企业集团 100 家；③全国餐饮业吸纳就业人口超过 2700 万人；④在全国各大中城市全面推进早餐工程，建设 800 个主食加工配送中心和 16 万个固定门店式标准化早餐网点；⑤开展餐饮服务食品安全百千万示范工程建设，创建数百个餐饮服务食品安全示范县（含县级市和区）和数千条安全示范街和数万个安全示范单位（店和食堂）；⑥规范一批快餐品牌，初步形成以大众化餐饮为主体，各种餐饮业态均衡发展，总体发展水平基本与居民餐饮消费需求相适应的餐饮业发展格局。

3. 格局

餐饮业发展的类别格局主要有：①传统正餐，如酒楼、饭庄、宾馆和餐厅等主流餐饮店；②快餐小吃，如快餐店、小吃城、面馆和饺子馆等形式；③休闲餐饮，如茶餐厅、饮品店和咖啡馆等；④其他餐饮，如团体膳食、外卖店和主题餐厅等。

餐饮业发展的空间格局有：①区域餐饮格局，在对传统菜系改良和创新的基础上，建设五大餐饮集聚区（辣文化餐饮集聚区、北方菜集聚区、淮扬菜集聚区、粤菜集聚区和清真餐饮集聚区）；②城市餐饮格局，形成高中低档餐饮协调发展的城市餐饮格局，着力发展三大城市餐饮集聚群（商务餐饮集聚群、中低餐饮集聚群和社区餐饮集聚群）；③农村餐饮格局，提升农村餐饮的卫生水平，规范发展“农家乐”。

（二）重点任务

1. 主要任务

“十二五”期间餐饮业发展的主要任务有以下 10 个方面。

（1）提高餐饮规范化水平　建立健全餐饮业标准体系，加大餐饮业行业标准的推广实施力度，全面提升餐饮业标准化水平，建立餐饮业标准化培训、推广和示范中心。

按照餐饮业发展特点，分别从规范企业主体行为、从业人员行为和行业服务行为等环节入手，制订或修订相关标准，加快形成餐饮业的标准体系。

（2）优化餐饮业发展结构　积极实施餐饮产业聚集战略，在对传统菜系改良和创新的基础上，推动餐饮集聚化发展。结合各地餐饮消费特点，形成辣文化餐饮集聚区，北方菜餐饮集聚区，淮扬菜餐饮集聚区，粤菜餐饮集聚区和清真菜餐饮集聚区。

（3）增强餐饮便利化功能　将餐饮业统一纳入城市发展总体规划和城市商业网点规划，结合城市发展需求，具备条件的城市可集中建设餐饮美食街和餐饮特色街等大众化餐饮街区。在城市商务区，依托大型餐饮企业，建设集餐饮、娱乐和休闲于一体的餐饮服务实体。在居民社区，建设各具特色和老少皆宜的餐饮门店。

（4）推动餐饮规模化发展　加强纵向与横向的餐饮协作，鼓励资本运作，推进餐饮业集约化生产，加快餐饮企业集团化和规模化步伐。大力推广现代管理模式，加快发展连锁经营、网络营销、集中采购和统一配送等现代流通方式；加快发展加盟连锁和特许连锁，积极引进世界知名的餐饮连锁公司，促进我国传统餐饮业的改造。大力发展特色餐饮、快餐送餐和餐饮食品等多种业态的连锁经营。培育一批跨区域或全国性的餐饮连锁示范企业，扶持餐饮企业做大做强。

（5）实施早餐示范工程　在中心城市新建或改造主食加工配送中心，支持餐饮龙头企业按照《主食加工配送中心建设规范》要求，建设或改造部分主食加工配送中心，有效增强其加工配送及质量保障能力。进一步增强主食加工配送中心的研发、生产、检验和配送功能，丰富配送品种，扩大配送范围，在满足早餐配送的基础上，积极探索中式快餐和大众化餐饮的配送模式。依托主食加工配送中心，按照《早餐经营规范》和《固定门店式餐饮网点建设规范》要求，新建、改造和提升现有的室内早餐店，建设标准化固定早餐门店，在经营早餐的基础上积极向中式快餐和大众化餐饮方向拓展。

（6）大力发展节约型餐饮　开展多种形式的社会倡议活动，大力推进餐饮企业节约化经营，引导消费者合理消费。切实做好节能工作，继续抓好减少使用一次性筷子等工作。在饭店和酒店等餐饮场所倡导绿色餐饮，建立食堂和饭店等餐饮场所“绿色餐饮”文明规范；采用环保技术和进行清洁生产减少废弃物。实施绿色照明工程。建立健全餐饮操作规程和质量控制体系，提倡6S管理（整理、整顿、清扫、安全、清洁和素养）。

（7）回收利用餐厨垃圾　加强餐厨废弃物收运管理，建立餐厨垃圾排放登记制度。配合有关部门制订和完善餐厨废弃物管理办法，督促餐饮企业做到餐厨垃圾分类收集放置，日产日清，严禁乱倒乱堆餐厨废弃物；严厉打击非法收运餐厨废弃物的行为；禁止将餐厨废弃物交给不具备资质的单位或个人处理；鼓励和支持企业探索适宜的处理技术及管理模式，推进餐厨废弃物资源化利用和无害化处理。

（8）加强饮食安全工作　建立健全餐饮企业信用体系，引导企业开展规范经营和诚信经营。严格餐饮企业采购环节管理，建立食品和原材料的采购追溯制度。规范餐饮市场秩序，重点加强卫生和质量等方面的规范化管理。建立健全企业、消费者、政府部门和新闻媒体四位一体的监督管理体系，促进餐饮业健康有序发展。实施农餐对接，为发挥餐饮业在提高农业生产的组织化程度中的作用，保证餐饮原材料的安全，鼓励大型餐饮企业建立农产品生产基地和采购基地，建立餐饮企业主要原材料固定的供货渠道，探索农业种植与餐饮的合作模式。与本地区食品安全监督管理部门加强合作，共同推进餐饮服务食品安全百千万示范工程，建设一批示范单位，树立一批先进典型，推广一批先进经验。

（9）提升餐饮品牌化水平　保护和弘扬老字号餐饮品牌，积极引导老字号开拓创新。鼓励支持老字号餐饮企业开拓特许经营业务，进一步提高企业知名度。继续做好全国酒家酒店等级评定工作，将等级评定与提升餐饮服务业素质和实施品牌战略相结合，促进国家级酒家酒店的品牌化发展。培育一批拥有知识产权、知名品牌和具有国际竞争力的大型餐饮企业集团，帮助餐饮企业加大品牌形象宣传，加强知识产权保护，推动品牌经营理念和连锁经营等现代流通方式在全行业普及。将企业品牌培育与餐饮菜系、菜品创新和技术进步紧密结合，发挥名店、名菜和名师的品牌叠加效应。

（10）加快餐饮国际化进程　积极推动中华餐饮文化“走出去”。把中华餐饮文化的优良传统与世界先进的餐饮文化结合起来，吸收国外先进的经营理念和先进技术，建设有中国特色的现代化餐饮，提升中餐国际竞争力。重点引导有实力和品牌效应好的中国餐饮企业“走出去”，开拓国际餐饮市场。

2. 发展重点

“十二五”期间餐饮业的发展重点有以下 7 个方面。

（1）着力发展大众化餐饮　以规划、标准和政策支持为保障，以实施早餐工程为突破口，以餐饮龙头企业为依托，以店铺式连锁经营为主体，送餐和流动销售为补充，加快推进大众化餐饮的规模化发展。

（2）建设餐饮产业化基地　主要有 5 个基地，即长江中上游山野菜蔬基地、长江中下游河鲜基地、黄河流域牲畜基地、岭南地区家禽基地和西北清真食品原料基地。

（3）加快推进餐饮工业化　研制先进生产线，实现中式菜点成品和半成品工业化生产。积极发展中式快餐，走工厂化、标准化、连锁化、规模化和因地制宜的道路。

（4）培育一批餐饮品牌　培育一批拥有自主知识产权和知名品牌，各中心城市要加快培育 5 ~ 10 个餐饮影响力大和带动性强的餐饮品牌。

（5）鼓励企业管理创新　鼓励餐饮企业进行产品创新。强化菜肴研究和服务研究；加强成本管理，降低原材料进价，提高原材料利用率。

（6）加强人才基地建设　产学结合或校企结合，着力培养符合社会需求的高素质餐饮人才。

（7）做好中餐申遗工作　加强对“中华烹饪”文化要素和技艺的研究，加快将“中华烹饪”纳入世界非物质文化遗产的进程，弘扬中华饮食文化。

（三）发展趋势

餐饮企业的连锁化和集团化是我国餐饮业发展的主流；大众化消费越来越成为餐饮消费市场的主体；饮食文化已经成为餐饮品牌培育和餐饮企业竞争的核心。

1. 科学化

餐饮业经营管理科学化和饮食营养化成为餐饮业发展的重要指标，科学化主要包括生产方式科学化、管理科学化和产品科学化。

（1）生产方式科学化　就是将传统的手工艺与现代食品加工技术相结合，即应用食品科学原理，按照营养均衡的要求组合原料，使加工过程原料的营养素损失最少，不产生有毒有害物质，加工成本低，产品的感官状态好。

（2）管理科学化　就是要建立现代企业制度，探索出适合自身的管理模式，具有“以人为本”的经营理念。包括产品的加工、质量、卫生、安全、人员的岗位培训、服务的规范性、产品管理体系和财务管理体系等方面。

（3）产品科学化　就是加工销售健康食品，采用“合理改变菜单”或“增加健康食谱”的策略，设计出各具特色的营养餐，即能补充人体所缺乏的各种微量元素，具有增强体力和开发智力的食品；引进健康信息，搭配“互补”原料，借鉴科学理论，开发能预防肥胖以及胆固醇升高，保持人体生态平衡的食品；大力开发有机绿色食品，即安全，无害，污染少，新鲜的食品；引进先进机械，以机械生产逐步代替手工制作，制作标准化产品，尽量减少食品污染，提高我国传统餐饮食品的科技含量。

2. 标准化

我国餐饮业要得到更大的发展，必然要求解决中餐产品标准化和后厨工业化（或者称中央厨房）问题。没有标准化的产品，就无法适应中餐连锁的快速扩张势头。解决部分原料及成品的标准化生产加工是关键。

中餐产品缺乏标准，效率和效益低下。中餐企业多以手工操作、单店作坊式经营和经验管理为主要特征，经营成本高，产业化程度低，餐饮业的集中度较低。而标准化能够将最优的实践经验加以固定并推而广之，有利于优化企业经营各环节和流程，控制生产经营成本，提高企业效益。

中餐标准建设相对滞后，企业间经营水平差距大，产品制作方法缺乏标准化，品质难以持久，饭菜质量很不稳定。在中餐企业中，技术的传授以师傅带徒弟方式为主，产品质量完全依靠厨师经验把握。标准化使良好的操作方法能够被推广，并大大降低厨师个人因素对产品质量的影响，从而有效保证产品质量的一致性和稳定性。

由于缺乏科学的管理方法和标准体系，许多中餐企业难以保证各分店产品质量的一致性，严重影响企业的扩张。可见，标准的缺失已成为制约中餐企业发展的瓶颈。标准化是中餐企业迫切需要解决的问题。

中央厨房进行统一的标准产品配送，实际上就是餐饮后厨工业化。餐饮业要进一步发展，必须实现后厨工业化和标准化。

餐饮企业要解决食品安全问题，最好的办法就是将自己不能控制或者操纵起来比较麻烦的环节外包，将产品的前处理工序交给有生产能力，有生产条件，能保证食品质量安全的工厂来做。如餐饮企业不易保管或者保管成本高的，或者餐饮企业不易加工或加工成本高的产品，可以由中央厨房或外包公司工厂化集中前处理，再进行规模配送。现在很多餐饮名店的凉菜都是由中央厨房或外包公司统一进行加工，通过冷链进行统一配送，或者用循环使用的灭菌容器来进行包装，以降低产品的生产成本。餐饮企业只需要根据自己的特色调味就能端上餐桌。如中央厨房或外包公司可以把土豆加工处理成餐饮企业要求的土豆丝、土豆丁、土豆块或者其他半成品，进行区域市场的统一配送，既解决了快餐企业需要凉菜间的要求，又降低了他们的经营成本。

餐饮业需求的半成品，如对时令、节气和地域要求比较严格的产品，一些在常温下难以保存或者材料比较娇细的产品，一些加工工艺比较复杂和餐饮企业费时费力又不容易加工好的产品等，都可以利用中央厨房或外包公司来进行前处理，统一配送到各地的餐饮企业。

餐饮企业对中央厨房或外包公司的强烈需求，就是要配套解决食品来源安全的问题，帮助他们减少餐饮经营过程中不确定的食品安全风险，降低经营成本，建立标准化的产品体系。

3. 工业化

传统菜肴工业化生产过程中的关键科学问题有以下几点。

（1）热媒在工业化生产中的应用和控制　中国烹饪技术讲究烹饪手法的运用，其中炸、烩、烧、炒、煎和爆是以油为热媒来烹制食物，具有色泽诱人的特点。蒸和炖是以水及其生成的蒸汽来烹制食料。熏则是以具有特殊气味的熏材引火，使其发烟来调制食料。食物由生转熟，并且具有特定的色、香、味和形，是由一定的热媒和加热方式决定的。工业化烹饪菜肴必须首先考虑加热媒体的形态、卫生、安全、加工及温度变化的控制。

（2）菜肴风味和品质的保持　传统中式菜肴烹饪用的材料广泛，可荤可素，涉及不同种类的动、植物原料，其中最重要的是在大多数菜肴中动、植物材料兼用。在食品制造过程中，要考虑各种不同原料的理化特性和营养组成，选择相应的加工制作单元和工艺参数，以保证菜肴的传统特色。如不同的烹饪材料具有不同的热力学性质，这些性质直接关系到烹煮方式的选择和工艺参数的确定。工业化烹煮菜肴必须考虑固形蔬菜（如丝、丁、条和块等）的连续烹制问题，使其清脆可口，汁多质嫩。传统菜肴工业化还必须考虑如何将各种调味方式融合到各个特定的工艺流程中，并再现传统菜肴特色风味。传统菜肴工业化要保持稳定的品质，还必须有高品质和稳定的原料来源。

（3）产品的安全性和适当的货架期　中式菜肴工业化的目标是烹饪工业化、菜肴商品化和行销全球化，因此，必须考虑成品菜肴的保存流通性和食用安全性，研究不同的杀菌方式和杀菌条件对微生物及孢子的杀菌效果，与此同时保持菜肴特定的风味和营养；研究不同的包装方式和包装材料对保证菜肴的安全性，延长菜肴的货架期，保持菜肴特定风味的效果。

4. 多样化

在消费需求多样化的推动下，餐饮功能也朝着多样化方向发展。如很多餐厅和酒楼不仅提供人们就餐，还提供休闲和娱乐等功能。如今，人们去餐馆就餐不再仅局限于吃饭这单一需求，还可以选择在餐厅进行商务洽谈、朋友聚会和家庭聚会等。因此，餐饮企业在保持餐饮核心功能的情况下，需要进一步提高客户满意度，从卖产品扩展到卖服务，从而提高品牌附加值。

5. 特色化

在竞争日益激烈和品牌高度同质化的餐饮市场中，谁的经营特色越明显，谁的竞争力就越强。个性化、特色化和形象化经营已成为很多餐饮企业吸引消费者的一大差异化手段。有体现品位特色的，有体现时尚特色的，有体现文化特色的，有体现温馨浪漫特色的，等等，特色化经营将呈现快速发展趋势。餐饮企业要根据具体的消费场景、消费时间和消费对象，提供有针对性的服务，并据此塑造出符合顾客要求的企业形象。如情人餐厅、球迷餐厅和离婚餐厅等。

重视人们的情感生活和社交活动等方面的需求。许多餐饮企业通过各种措施活动刺激和调动人们的情感，以达到促销的目的。通过设立诸如情侣包厢、情侣茶座、情侣套餐和情侣烧烤等服务项目来促销。或以加强家人的团聚、朋友的聚会、父母子女情、兄弟姐妹情、乡亲情和同学情等来调动人们的消费欲望。在宣传上也强调情感服务的特色，尽力突出自身适合各类情感生活的消费环境。外食市场是餐饮业的基础，而外食的一个重要原因就是基于应酬的需要，如婚丧喜庆、商业会谈、情感交流和朋友聚会等，人们需要寻求一种更好的环境氛围，更周到的服务，更形式化的场所和更丰富的饮食选择。

更加强调就餐环境的情调和氛围。消费者在饮食上既注重食物的味道，也非常注重进食时的环境与氛围。要求进食的环境“场景化”和“情绪化”，从而能更好地满足他们的感性需求。因此，相当多的餐馆，在布置环境，营造氛围上下了很大的功夫，力图营造出各具特色的，吸引人的种种情调。如新奇别致，温馨浪漫，清静高雅，热闹刺激，富丽堂皇，小巧玲珑等。有的展现都市风貌，有的炫示乡村风情。因此，有着良好的环境氛围的餐馆、快餐店和酒店，受到了人们的欢迎。

6. 低碳化

餐饮业的低碳环保不但有利于节省大量资源，同时也可以让消费者吃得更放心和更安全。低碳环保必将带来餐饮业厨房的一场革命，如燃气和燃油这些耗能产品应该尽早被天然清洁的产品所代替。绿色厨房不仅仅是一套低碳环保的厨房设备，更重要的是一种把握未来趋势的环保理念。国际餐饮低碳环保经济论坛大力提倡各类厨房采用更环保、健康、高效和安全的符合绿色标准的厨房设备。餐饮企业重视绿色厨房既是对顾客负责，更是对自身负责。广大餐饮企业应不断进行研发创新，致力于为消费者打造经济效益与生态环境可持续发展的和谐共处的空间。

餐饮业还要提倡养成健康饮食和合理饮食的习惯。要想做到低碳，需餐饮企业和消费者紧密配合，形成餐饮经营和顾客消费的良性循环。消费者在外出就餐时，节约点餐，减少浪费。餐馆自觉地拒绝烹饪野生动物，保护野生动物和环境。环保餐厅还要拒绝使用木制一次性筷子，外卖服务不使用难以降解的一次性餐具和一次性湿巾。这不仅有利于保持环境卫生，减少材料浪费，还能减少垃圾对环境的破坏等，从而达到低碳的目标。

7. 信息化

我国餐饮业的整体信息化水平还处于初级阶段。在未来几年内，信息技术在我国餐饮业的应用将越来越深入。餐饮行业协会应高效整合餐饮渠道信息，打造产业链，实现市场信息的高效共享和业务链接，让全国餐饮业信息化建设进入有序化、规范化和品牌化的新时代。

目前，信息技术已经渗透到餐饮企业采购、点餐、营销、人员考核管理和客户关系管理等多个方面。从纸质手写菜单到无线 PDA 点餐，再到触摸屏自助点餐，不仅提高了效率，更方便了管理。电子菜单、电子点餐和网上营销等电子商务已成为大中型餐饮企业流行趋势。电子采购系统将在未来餐饮企业中得到广泛使用，对保证原料的质量和安全将发挥重要作用。

目前，不少餐饮企业采用先进的数码点菜无线通讯餐饮管理系统——餐饮通，取代了沿袭千年的靠一支笔、一张纸和服务员来回跑的餐厅服务方式。通过高稳定和强功能的点菜系统，消费者用手指轻轻点击手机无线点菜系统，即可将菜单传递给后厨和财务等酒店管理系统，后厨接单后立刻备菜和烹制，财务同时记下菜价。在整个过程中，消费者可以随时查阅每道菜的即时状态。采用餐饮通就可以把服务员从传统的手工递单模式中解放出来，也减少了消费者等待的时间，加快了上菜速度，同时也给传统的餐饮业带来了现代化的管理模式。

有些餐饮企业安装了触摸屏点菜系统。顾客可以自己选择喜欢的菜肴，甚至不需要服务员的单独服务，厨师就可以根据系统的提示及时烹制客人需要的食品。把付费系统与银行系统相连，顾客可以选择自动转账形式，从银行账户直接交付消费费用。

很多餐饮企业重视自身网站建设，餐饮业网站也快速增加，利用网络进行产品营销。因此，网络营销是餐饮企业可以拓宽并有效利用的市场推广手段，可以把餐馆当天电子菜单发到顾客的邮箱，利用大众点评网的宣传与推广等，每个顾客坐在家里就可以通过网络来搜索自己中意的餐馆和美食。网络团购是一种新兴的网络营销模式，团购网站是团购的组织者。

第二节 常用管理方法

在餐饮业推行优质的管理模式，如 5S 管理方法、五常法和 6T 实务等，有利于提升餐饮业的员工素质，提高餐饮业的食品安全管理水平。

一、5S 管理方法

随着餐饮业食品安全意识和品牌意识的不断增强，5S 管理方法被越来越多的餐饮企业重视和运用。五常法和 6T 实务是在 5S 管理方法的基础上发展起来的，因此，餐饮企业应首先了解和掌握 5S 管理方法的内涵。

（一）方法的产生

5S 即 SEIRI（整理）、SEITON（整顿）、SEISO（清扫）、SEIKETSU（清洁）和 SHITSUKE（修养）。因其五项内容日语的罗马拼音都以“S”开头，故称为 5S。

5S 管理方法源自日本的一种家务处置方式，在日本民间流传已有 200 多年的历史了，这与日本人的干净整洁的生活习惯和严明的纪律性有直接关系。最早提出 2 个 S：整理和整顿，主要针对“物”进行合理分类和放置。二战后丰田公司将其引进企业内部管理运作，由于企业管理需求和水准的提升，增加了另外 3 个 S，形成了今天广泛推行的 5S 管理方法。随后，5S 管理方法迅速被各行业所应用，是最简单、最基本、最重要和最见效的现场管理方法。日本企业的生产现场以整洁、有序和高效闻名于世，这一切都归功于日本企业普遍采用了这种优秀的管理方法。

（二）产生的背景

企业不良现象的危害是导致5S管理方法诞生的直接原因。常见的不良现象及其危害包括以下几方面。

（1）仪容不整或穿着不整　使工作人员有碍观瞻，影响工作场所气氛；缺乏一致性，不易塑造团队精神；员工懒散，影响工作士气；易发生危险，不易识别，妨碍沟通和协调。

（2）机器设备摆放不当　使作业流程不流畅，增加搬运距离，虚耗工时增多。

（3）机器设备保养不良和不整洁　就如同驾驶或乘坐一部脏乱的汽车，开车及坐车的人均不舒服，影响工作士气；机器设备保养不良，影响使用寿命及机器精度，从而影响产品的品质和生产效率；故障多，减少开机时间及增加修理成本。

（4）原料、半成品、成品、整修品和报废品随意摆放　这种不良现象容易混料，产品质量容易出问题；要花时间去找要用的东西，影响生产效率；管理人员看不出物品到底有多少，管理方面容易出问题；增加人员走动的时间，生产加工秩序与效率容易出问题；易造成堆积，浪费场所与资金。

（5）工具摆放零乱　会增加找寻时间，造成效率损失；增加人员走动，造成工作场所秩序混乱；工具易损坏。

（6）运料通道设计不当会使工作场所不流畅；增加搬运时间；易发生危险。

（7）员工的座位或坐姿不当　易产生疲劳，降低生产效率，增加产品品质变异；有碍观瞻，影响作业场所士气；易产生工作场所秩序问题。

综合以上种种不良现象，可以看出，企业管理上的不良现象均会造成浪费，这些浪费包括：资金的浪费、场所的浪费、人员的浪费、士气的浪费、形象的浪费、效率的浪费、品质的浪费和成本的浪费。要成为一个有效率、高品质和低成本的企业，第一步就是要重视整理、整顿和清洁的工作，并彻底地把它做好。

（三）基本内容

1. 整理（SEIRI）

区分必需品和非必需品，现场不放置非必需品。将工作场所的任何物品区分为有必要与没有必要的，除了有必要的留下来以外，其他的都清除掉。

目的：腾出空间，空间活用，防止误用和误送，塑造清爽的工作场所。

注意：要有决心，不必要的物品应断然地加以处置，这是5S的第一步。

2. 整顿（SEITON）

把留下来的必用的物品依规定位置摆放，并放置整齐，加以标示。能在30秒内找到要找的东西，将寻找必需品的时间减少为零。

目的：工作场所一目了然，需消除找寻物品的时间。整整齐齐的工作环境和消除过多的积压物品。

注意：这是提高工作效率的基础。

3. 清扫（SEISO）

将工作场所内看得见与看不见的地方清扫干净，保持工作场所干净和亮丽。将岗位保持在无垃圾、无灰尘和干净整洁的状态。

目的：稳定品质，减少伤害。

4. 清洁（SEIKETSU）

将整理、整顿和清扫制度化；管理公开化，透明化。维持上面3S的成果。

5. 修养（SHITSUKE）

督促每位员工要养成良好的习惯，并遵守规则做事，培养主动积极的精神境界。

目的：培养具有好习惯并遵守规则的员工，营造团队精神。

（四）推行的原则

1. 自我管理则

推行5S管理方法，就是要充分依靠现场每一个人员自己动手为自己创造一个整齐、清洁、方便和安全的工作环境，使他们在改造客观世界的同时，也改造自己的主观世界，产生“美”的意识，养成遵章守纪和严格要求的风气和习惯。因为是自己动手创造的成果，也就容易保持和坚持下去。而不能单靠添置设备，也不能指望别人来创造。

2. 勤俭节约

推行5S管理方法，要从生产现场清理出很多无用之物，其中，有的只是在现场无用，但可用于其他的地方；有的虽然是废物，但应本着废物利用和变废为宝的精神，该利用的应千方百计地利用，需要报废的也应按报废手续办理并收回其“残值”，千万不可只图一时处理“痛快”，不分青红皂白地当作垃圾一扔了之。对于那种大手大脚和置企业财产于不顾的“败家子”作风，应及时制止、批评和教育，情节严重的要给予适当处分。

3. 持之以恒

开展5S管理方法绝不可搞突击，刮一阵风，而是要强调贵在坚持，持之以恒。推行5S管理方法比较容易，可以搞得轰轰烈烈，在短时间内取得明显的效果。但要坚持下去，持之以恒，不断优化就不太容易。一些餐饮企业发生过一紧、二松、三垮台、四重来的现象。要将这项活动坚持下去，餐饮企业首先应将5S管理方法纳入岗位责任制，使每一部门和每一人员都有明确的岗位责任和工作标准；其次，要严格和认真地搞好检查、评比和考核工作，将考核结果同各部门和每人的经济利益挂钩；第三，要坚持PDCA循环（Plan计划，Do执行，Check检查，Action处理），不断提高现场的5S管理水平，即要通过检查，不断发现问题，不断解决问题。因此，在检查考核后，还必须针对问题，提出改进的措施和计划，使5S管理方法坚持不断地开展下去。

（五）推行的关键

1. 思想认识

为了保证5S管理制度真正开展起来，必须提高全体员工对开展这项活动的认识。要把开展5S管理方法从提高餐饮企业员工素质，使之在激烈的市场竞争中，具有活力和创新力，立于不败之地的角度来认识。开展5S管理制度要强调每个员工的自我意识。这就是说，要强调自觉性，不是要我做，而是我要做。提高了自觉性，就为开展5S管理方法打下了坚实的基础。大量实践反复证明，什么时候员工发自内心想去做了，5S管理方法的推行就有了保证。

2. 强有力的领导

领导的决心、领导的能力和领导的魄力是开展5S管理方法的关键。特别是在推行5S管理方法之初，如果领导不带头、不支持或不下决心，是很难推起来的。

3. 奖惩制度

对推行5S管理方法采取不负责任或敷衍了事的员工要严罚，并与经济利益挂钩；对态度积极和认真负责的员工要给予物质奖励。

（六）推行的效果

1. 提升企业形象

推行5S管理方法，可使餐饮企业具有整齐清洁的工作环境，使顾客消费更有信心，更易于吸引顾客，建立良好的企业形象和信誉。

2. 提升员工归属感

推行5S管理方法，可提高员工的素养，使员工有尊严，更有成就感，愿意为自己的工作付出爱心和耐心。

3. 提升工作效率

推行5S管理方法，良好的工作环境和工作气氛，有素养的员工，物品摆放有序，不用浪费时间去找寻物品，工作效率自然会提升。

4. 保障餐饮服务品质

推行5S管理方法，产品品质保障的基础在于做任何事都要“讲究”和不马虎，5S管理方法使员工工作变得更认真，产品品质变得更有保障。

5. 保障餐饮食品安全

推行5S管理方法，工作场所宽敞明亮，通道畅通，地上不会随意摆放不该放置的物品，这样可以使餐饮企业操作安全和产品安全得到保障。

6. 为相关活动打下坚实基础

5S管理方法是餐饮单位现场管理的基础，5S管理水平的高低代表着现场管理水平的高低，而现场管理的水平制约着ISO9000认证、HACCP认证（危害分析和关键控制点）和TQM（全面质量管理）等活动能否顺利地推动或推行。所以只有通过5S管理方法的推行，从现场管理着手改进餐饮企业的管理模式，才能够起到事半功倍的效果。

此外，推行5S管理方法，可减少人员、场所和时间的浪费，以及减少以上所陈述的几种浪费，减少浪费可以降低成本和增加企业利润。

（七）推行的要素

1. 整理

整理时如何区分要与不要的物品，大致有如下4种情况：①不能用和不再使用的，做废弃处理；②可能会再使用（6个月到1年左右用一次）的，放储存室里；③很少使用（1～3个月左右用一次）的，放储存室里；④经常使用（每天到每周用一次）的，放工作场所边。

需要整理的情况举例：①办公区及料仓的物品；②办公桌、文件柜和置物架等物品；③过期的表单、文件和资料；④私人物品；⑤烹调加工现场堆积的物品。

2. 整顿

整顿时把不需要用的物品清理掉，留下的有限物品再加以定点和定位放置。除了可增加工作空间以外，更可免除物品使用时的找寻时间，且对于过量的物品也可及时处理。做法为 5 个步骤：空间腾出、规划放置场所及位置、规划放置方法、放置标示和摆放整齐并明确。

整顿要做到如下效果：要用的东西随即可取得；不仅使用者知道，其他的人也能一目了然。

需要整顿的情况举例：①个人的办公桌上和抽屉里；②文件、档案分类、编号或颜色管理；③原材料、零件、半成品和成品的堆放及指示；④通道和走道畅通；⑤消耗性用品（如抹布、手套和扫把）定位摆放。

3. 清扫

清扫即将加工烹调场所彻底打扫干净，并杜绝污染源。清扫的范围和要素为：清扫从地面到墙板和天花板的所有物品；彻底清理加工机器、工用具和餐饮具；发现脏污问题；杜绝污染源。

需要清扫的情况举例：①办公桌面的粉尘和水渍；②未处理的餐厨垃圾和废品；③不干净的玻璃门窗；④漏水的水管和噪声污染处理；⑤破损的物品修理时等。

4. 清洁

清洁是对经过整理、整顿和清扫以后的加工烹调现场的状态进行保持，这是第四项 S 活动，这里的保持是指良好状态的持之以恒、不变化和不倒退。常运用的手法包括：红色标签、查检表和目视管理等。清洁应达到的要求主要如下。

（1）烹调加工现场环境整齐、清洁和美观，保证员工健康，增进员工工作热情、劳动积极性和自觉性。

（2）现场加工设备、工具和物品干净整齐，加工烹调场所无烟尘、粉尘、噪声和有害气体，劳动条件好。

（3）不仅环境美，而且烹调加工现场各类人员着装、仪表和仪容要清洁、整齐和大方，使人一看上去就感觉训练有素。

（4）不仅要做到仪表和仪容美，还要做到精神美、语言美和行为美，形成一种团结向上、朝气蓬勃、相互尊重、互助友爱和催人奋进的气氛。

（5）做到清洁不靠突击，而是始终如一。

5. 修养

这是在开展整理、整顿、清扫和清洁活动以后要达到的一种思想境界。5S 管理方法的核心是员工素养的不断提高。素养是一种操作习惯和行为规范。提高素养就是逐步形成良好的操作习惯、行为规范以及高尚的道德品质，自觉执行各项规章制度和标准，改善人际关系，加强团队意识和自身修养。5S 管理方法始于员工的素养，一切活动都靠人去完成，假如人缺乏良好的习惯，缺乏主动进取的精神，推行 5S 管理制度就容易流于形式，不易持续。提高员工素养主要靠平时经常的教育培训和严格的制度约束。素养要求做到以下几点。

（1）在加工烹调现场工作中，不需要别人督促和提醒，能够主动地按5S方法工作。

（2）不需要领导检查监督，员工就能主动完成工作，保持积极性和自觉性。

（3）不用专门思考，主动形成条件反射。对一线员工，在工作前，按时到岗，做好一系列精神和物质准备，做好交接班，形成一种模式，认真地一步一步地去做，不需要领导在一旁指挥和说教着去做，这就是一种良好的素养。如员工应确实遵守作息时间，按时出勤；操作时应保持良好状况，如不可随意谈天说笑、离开工作岗位、呆坐、看小说、打瞌睡或吃零食等；服装整齐，戴好识别卡；待人接物诚恳有礼貌；爱护公物，用后归位；不乱扔纸屑果皮；乐于助人。

（八）实施的措施

具体实施5S管理方法后，要严格按整理、整顿、清扫、清洁和修养的顺序进行。具体实施有以下几种措施。

1. 强化组织领导

建立5S管理制度推行委员会或5S管理方法领导小组。5S管理方法推行委员会或领导小组要做到有职、有权和有责地去开展工作。这个组织必须强调权力，如果无权则形同虚设，而权力的体现是制定目标、明确责任和实施奖罚，让员工能切实感到它的作用和力量，感到它的压力和动力。明确每个员工在5S管理方法推行中的位置、工作内容、检查标准和奖惩办法，总之要有明确的岗位责任（表6－1）。

表6－1 5S管理方法的组织保障

责任人	职 责
5S领导小组	制定5S推进的目标和方针 任命推进工作小组负责人 批准5S推进计划书和推进工作小组的决议事项 评价活动成果
推进工作小组	制定5S推进计划，并监督计划的实施 组织对员工的培训 负责对活动的宣传 制定推进办法和奖惩措施 主导整个餐饮单位5S活动的开展
各部门负责人	负责本部门5S活动的开展，制定5S活动规范 负责本部门的人员教育和对活动的宣传 设定部门内的改善主题，并组织改善活动的实施 指定本部门的5S代表
部门5S代表	协助部门负责人对本部门5S活动进行推进 作为联络员，在推进事务和所在部门之间进行信息沟通

2. 明确目标责任

（1）要明确5S管理方法的总体目标和具体目标，有长期和中短期目标等。

（2）要针对目标去详细制定实施步骤。实施步骤要定得切实可行，并能落实到人，明确每个岗位、每个人干什么和怎么干，达到什么标准。

（3）在明确工作步骤的基础上，狠抓教育和培训，在培训中让每个员工不断加深对5S管理方法的认识，明确每个员工在5S管理制度推行活动中的位置、工作内容、检查标准和奖惩办法，要有明确的岗位责任。

3. 记红牌

在5S管理方法推行的过程中，记红牌是很重要的活动工具之一。记红牌的主要目的是：运用醒目的“红色”标志标明问题的所在。具体实施方法如下。

（1）整理　清楚地区分开要与不要的东西。找出需要改善的事、地和物。

（2）整顿　将不要的东西贴上“红牌”。将需要改善的事、地和物以“红牌”标示。

（3）清扫　有油污和不清洁的设备贴上“红牌”；藏污纳垢的办公室死角贴上“红牌”；办公室和加工烹调现场不该出现的东西贴上“红牌”。

（4）清洁　减少“红牌”数量。

（5）修养　有人继续增加“红牌”；有人努力减少“红牌”。

挂红牌的对象可以是材料、产品、机器、设备、空间、办公桌、文件和档案，但不要给人挂上“红牌”。

4. 结合目视管理

目视管理是一种很简单又很有效果的管理方法。目视管理配合5S管理方法来进行，能达到更好的效果。

5. 实施检查表制度

推行任何活动，除了要有一个详尽的计划表作为行动计划外，在推行的过程中，每一个要项均要定期检查，加以控制。通过检查表的定期查核，能得到进展情况，若有偏差，则可随时采取修正措施。5S管理方法能否有效，严格检查环节非常重要。一些餐饮企业在每天下班前，对加工烹调等场所进行5S管理方法实施情况检查，集体评议，分出等级。一般等级的划分为：“良好”记4分给绿色牌子；“中等”记3分给蓝色牌子；“及格”记2分给黄色牌子，黄牌是警告；“差”记1分给红色牌子，红牌就要停工整顿。

将每日检查评出结果，显示在5S管理方法竞赛评比栏内，这个评比栏挂在加工烹调等场所的显著位置。到月底对每个班组和员工按预先规定的标准进行奖惩。平时也针对得牌情况采取相应的对策。

实施5S管理方法应坚持不断地进行检查、评比、总结和制定改进措施，按新的目标，实行新一层次的运作，以推动餐饮企业各项工作不断进步，加工烹调等场所的现场管理不断上新台阶。

（九）需注意的问题

餐饮单位要推行5S管理方法，必须真正做到：深入宣传，使5S管理理念深入人心；成立推进组织机构，设置推行委员会或领导小组；开展5S管理方法活动周；加强教育和培训；严格组织实施；定期考察评分。

1. 认识问题

推行5S管理方法首先要解决认识问题，目前国内已经有不少餐饮单位意识到实施5S管理制度的显著效能，并且开始在餐饮加工现场推行5S管理方法。但是，由于企业内部员工对5S管理方法认识不足或存在误解，在5S管理方法的推行过程中还存在很多现实的障碍。任何餐饮企业在推行5S管理制度之前都要有如下认识。

（1）5S管理方法必须以潜移默化的方式运作，才能成功，才能长久，否则就会半途而废。

（2）5S管理方法的推行与任何一个管理制度一样，必须符合本企业的实际，不能完全照搬他人的模式，必须根据餐饮企业的实际情况随时修正，找出最适合本企业的方法。

2. 消极因素

推行5S管理方法的主要障碍包括：领导重视不够，5S管理方法常常自生自灭；员工参与程度不高，认为活动与己无关，甚至认为是额外负担；员工有抵触情绪；搞运动，一阵风，缺乏持之以恒。

餐饮企业进行不断改善是为了实现精益求精的目标。但是，如果餐饮企业领导和普通员工认识不到位，就会严重影响5S管理方法的成功推行。因此，消除消极因素的关键是餐饮企业必须在内部广泛深入的宣传发动和学习讨论，才能更好地推行5S管理方法。消除思想认识上的障碍应该从以下两个方面考虑。

（1）消除领导者的顾虑　餐饮企业的主要负责人是否确定要推行5S管理方法，是决定5S管理方法能否成功的最关键因素。如果餐饮企业主要负责人对5S管理方法的认识并不充分，仅仅凭一时兴起而推行5S管理方法，那么5S管理方法很可能会陷入自生自灭的境地，很难长久地推行下去。因此，推行5S管理方法首先需要餐饮单位的主要领导者下定决心，充分做好长期推进的思想准备。

（2）强调全员参与5S管理活动　需要全员参与，热情参与的员工越多，对5S管理方法的推行越有利。员工对5S管理方法热情的长期维持很大程度上取决于餐饮企业主要领导者的意志力，这就要求主要领导者在决定发起推行5S管理方法时消除顾虑。另外，餐饮企业还可以通过全员动员会、内部刊物宣传和鼓励员工提出改善方案等措施使5S管理方法推行更加丰富多彩，吸引更多的员工积极参与。

3. 宣传和培训

（1）宣传教育　为了配合5S管理方法的推进，餐饮企业还应该进行一些有针对性的宣传和教育。鼓励员工提出5S管理方法的标语与口号，经典的5S管理方法宣传标语如：“人人做整理，场地有条理；整顿做得好，效率节节高；时时做清扫，品质才会高；保持素养心，天天好心情。”

另外，餐饮企业还可以借助内部刊物和板报来进行5S管理方法推行技巧和推行要点的宣传，动员所有的员工参与到5S管理方法的建设中去，并可以经常刊登一些员工参与5S管理方法的文章，从而保证5S管理方法的气氛长久持续。

（2）员工培训　要对员工进行专门的培训，是5S管理方法推行过程中不可缺少的重要环节。由于员工在认识等方面存在差异，餐饮企业在内部推行5S管理方法的时候必须给所有的员工换脑筋和换思想，消除落后的思想障碍，保证5S管理方法的顺利推动。①骨干人员培训。5S管理方法的实施需要有足够数量的员工进行推动，因此，餐饮企业在准备推行5S管理方法的时候，应该有意识地从各级主管和优秀员工中挑选出骨干员工，由这部分员工组织和推行5S管理方法的具体实施。通过对骨干员工的培训，使得他们对5S管理方法的基本知识和认识有较好的理解和提高。一般来说，骨干员工的培训可以通过委外培训、参观先进餐饮单位和购买培训教材等方式进行。②普通员工培训。除了需要培养一批骨干人员外，餐饮企业还应加强对普通员工的培训。通常的做法是：由已接受培训的骨干人员将所学到的知识传授给普通员工，使普通员工了解5S管理方法的基本知识、意义以及实现的目标。在培训的过程中应该注意互动，鼓励员工进行充分的讨论和发言，这样才能加深员工对5S管理方法重要性的认识，从而让员工有更高的热情参与5S管理方法的推行。

4. 递进推行

5S管理方法的五项活动一般不要同时推进，除非是具有一定的规模或有一定基础的餐饮企业，否则都是从整理和整顿开始，之后再进行部分清扫。清扫到一定程度后，设备的检查、检点和保养和维修须具备了加工烹调的条件后，才可以导入清洁这一最高的形式。强调清洁就是让整理、整顿和清扫达到一种标准化或制度化，使餐饮企业内的每个员工都从上到下地严格遵守这种标准，形成良好风气，这样修养才能大功告成。一个风气良好并秩序井然的餐饮企业，才能形成优秀的企业文化。推行5S管理方法一般分为如下3个阶段。

（1）秩序化阶段　由餐饮企业统一制订标准，使员工养成遵守这个标准的习惯，逐步地使企业超越手工作坊水平。要点是：①上下班前5分钟实行领班和清扫等值日制；②清扫区域落实到具体部门以及该部门的每一个人；③减少寻找物品所用的时间；④环境的绿化和美化，无噪声；⑤标识的使用；⑥安全保护用具的使用，消防设备的完善。

（2）活力化阶段　通过推进各种改善活动，使每个员工都能主动地参与，使得企业上下都充满着生机和活力，形成一种改善的氛围。要点是：①清理呆料和废品；②全面地清扫地面，清扫灰尘污垢，打蜡；③所有的设备全都仔细地检查、保养和防尘；④清扫用具的管理（数量管理、摆放的方法规定和清扫用具的设计与改造）。

（3）透明化阶段　将各种管理手段和措施公开化和透明化，形成一种公平竞争的局面，使每位员工都能通过努力而获得自尊和成就感。方法包括：①员工提出合理化的建议或合理化的提案；②导入看板管理；③导入识别管理；④导入目视管理；⑤建立改善的档案；⑥数据库和网络的运用。

目前，国内有不少餐饮企业意识到了5S管理方法的重要作用，并且已经开始推行5S管理方法。

5. 示范作用

在一些规模较大的餐饮企业，或者内部员工对5S管理方法认识比较薄弱的企业，可以先试点，以点带面，发挥5S管理方法示范区的作用，通过5S管理方法示范区的方法来逐步推行5S管理方法。选取硬件差、问题多且有代表性的部位或环节试验推行

5S管理方法，以此作为实施5S管理方法的样板区域。这样，就可以让其他环节的员工参观5S管理方法示范区，从而将5S管理方法推广到餐饮企业的各个环节。

对于规模较大和组织复杂的餐饮企业，5S管理方法示范区的作用是非常明显和有效的。示范区的建立可以统一员工对5S管理方法的认识，更好地发挥示范和引导的作用；可以鼓励先进，鞭策后进；另外，5S管理方法示范区还可以改变员工迟疑和观望的态度，增强他们的信心，从而激发员工参与推行5S管理方法的热情。

建立5S管理方法示范区的主要步骤包括：指定示范区、制定活动总计划、培训与动员示范区人员、记录并分类整理示范区问题、决定5S管理方法活动的具体计划、集中对策和进行5S管理方法活动成果的总结与展示。每个步骤都有其特定的工作内容，具体如表6－2所示。

表6－2　建立5S管理方法示范区的主要步骤

步骤和活动内容
1. 指定示范区　根据具体情况（现状和负责人对活动的认识）指定示范区
2. 制定活动总体计划　制定一个1～3个月的短期活动计划
3. 示范区人员培训和动员　①对主要推进人员进行培训；②对示范区全员进行活动动员和相关知识培训
4. 示范区问题记录和分类整理　①记录所有5S问题（以照片等形式）；②分类整理：整理对象清单，整顿对象清单，清扫、修理和修复对象清单
5. 决定5S活动具体计划　决定整理、整顿、清扫、修理和修复的具体计划（时间、地点、人员、材料和工具等）
6. 集中对策　根据日程计划进行集中对策
7. 5S成果总结和展示　①以照片等形式记录改善后的状况（定点拍照），将改善前后的照片等进行整理对照；②对活动进行总结和报告，把有典型意义的事例展示出来

值得注意的是，5S管理方法示范区的活动必须是快速而有效的。因此，应该在短期内快速进行整理，痛下决心对无用物品进行处理，进行快速的整顿和彻底的清扫。另外，5S管理方法示范区的活动成果应该用报告、组织展览和参观的方式向全体员工进行展示，从而获得主要领导的肯定和关注，赢得全体员工的支持。

二、五常法

在我国的香港和台湾地区，将5S管理方法本地化为“五常法”，广泛应用在大型餐饮、连锁快餐店和酒店等，以加强本企业在安全、卫生、品质和效率及形象方面的管理。“五常法”是一种基础或基本的管理技能，非常适合餐饮业的食品安全管理，尤其是中小型餐饮企业的日常食品安全管理。

（一）来源及概念

五常法的概念是由何广明教授于1994年始创的。五常法源于日本5S管理方法。

1987年至1988年，何广明教授受聘于日本的亚洲生产力中心，在日本调查研究5S管理法，并在日本20多家企业成功地推广应用。1993年至1994年，何广明教授又受聘于亚洲发展银行，成为马来西亚政府的首位品质专家，再次成功地推行了5S管理方法。基于这些成就，何广明教授将5S管理法引入中国香港地区，命名五常法。1994

年，香港政府工业署委任何广明教授在香港推行五常法；1995 年，香港五常法协会成立，并在中国内陆和香港地区注册商标。

五常法是优质管理的第一步，以实现快速提升本企业的“安全、卫生、品质、效率和形象及竞争力”为目标。在各个餐饮企业，五常法是用来维持产品品质、控制开支、节省成本和工作环境的一种有效管理方式。

五常法管理的核心理念是创造五常共识，对每位员工的日常行为提出要求，围绕管理现场和环境，动员全体员工自觉参与，通过定置管理、目视管理和责任分担，倡导从小事做起，从小处着眼，从细节着手，力求使每位员工养成“事事讲究”的良好习惯，提高服务效率，实现现场管理的规范化、标准化和经常化。

五常法是结合中国文化与企业特点创造的一套浅显易懂的管理系统。以简单明了的方法，实施有系统的管理及工序，使每位员工都参与其中，是企业实施 ISO 管理模式及最终达到 TQM 全面优质管理的第一步。五常法看似简单，却蕴含着深刻的管理思想和企业文化。从以下传统的管理观念与五常法创新观念抵达各自企业文化截然相反的“路线图”中，可以看出两者差异的焦点所在。

传统的管理观念：使命/目标/习惯/行动/文化。

五常法创新观念：行动/习惯/目标/使命/文化。

传统的管理观念是先由企业高层“自上而下”制订管理制度，然后一层层下达指令，员工遵照执行，这种管理的通病是难以使员工心甘情愿地贯彻，很难长期坚持；五常法创新观念则是建立在实行全员管理基础上的，先让员工从简单的小事做起，一旦形成习惯后便能自觉地执行操作规范，而在执行五常法后员工能切身体会到工作环境的改善和工作压力的减轻，因而愿意长期坚持下去。

目前，国际上虽然出现不少种类不同的企业管理系统，但并不十分适合中国企业家使用，原因是那些系统太复杂和太抽象。中国人喜欢具体性、形象性和条理性，企业管理也一样。企业家们需要的不是长达数百页的目标与理论，而是需要具体化的怎么去做。五常法恰恰就是具体教人怎么做，它是一个工具而不是一个目标。这个工具又十分简单，只有 15 个字，易懂易记易做。

（二）基本内容

1. 常组织

这里常组织的对象不是人而是物品，即判定完成工作任务的必需物品，并将其与非必需物品相分离；进而，将必需物品的数量降低到最低程度，并把它放在一个方便的地方。常组织的核心功能是减少消耗，降低成本，扩展空间。

高层领导要重视，在人、财和物上给予大力支持，建立完善的组织推广机构，制定完善的实施计划及时间日程，反复强调实行五常法对人生的成长以及餐饮企业管理带来的好处，取得员工的认同和承诺，使其积极主动参与实践五常法。定期抽空进行五常法理论知识的培训，观看 VCD 案例，增强员工对五常法的理解和认识，减少工作上的误区，并举行有奖比赛，提高员工参与积极性。

2. 常整顿

常整顿是在常组织的基础上，把需要的人、事和物加以定量和定位。对完成工作任务必需的和对生产加工现场需要留下的物品实行分类标识和科学合理的布置和存放，使其存取方便，保证工作时能在最短的时间内（30秒）取出和放回原处。

整顿活动的要点是：①物品摆放要有固定的地点和区域，以便于寻找，消除因混放而造成的差错；②物品摆放地点要科学合理。例如，根据物品使用的频率，经常使用的东西应放得近些（如放在作业区内），偶尔使用或不常使用的东西则应放得远些（如集中放在库房某处）；③物品摆放目视化，使定量装载的物品做到过日知数，摆放不同物品的区域采用不同的色彩和标记加以区别。

常整顿的核心功能是提高效率，生产加工现场物品的合理摆放有利于提高工作效率和产品质量，在最有效的规章、制度和最简捷的流程下完成作业。

3. 常清洁

常清洁是指要定期进行清扫活动，保持个人卫生和环境卫生的整洁。常清洁的核心功能是维持一个洁净舒心的工作环境。

通过常清扫，把工作场所打扫干净，各种设备出现异常时马上修理，使之恢复正常。作业现场在生产加工过程中会产生灰尘、油污和各种垃圾等，从而使作业现场变脏，影响人们的工作情绪和产品的卫生。因此，必须通过清扫活动来清除那些脏物，创建一个明快和舒畅的工作环境。

清扫活动的要点是：①自己使用的物品，如设备和工（器）具等，要自己清扫，而不要依赖他人，不增加专门的清扫工；②对设备的清扫，着眼于对设备安全使用的维护保养。清扫设备要同设备的点检结合起来，清扫即点检；清扫设备要同时做好设备的润滑工作，清扫也是保养；③清扫也是为了改善环境。当清扫地面发现有杂物和油水泄漏时，要查明原因，并采取措施加以改进。

4. 常规范

常规范是指连续地和反复不断地坚持常组织、常整顿和常清洁的活动，并做好考核验收评估。常规范的核心功能是保持良好的品质和形象。

常规范就是将一些优良的工作方法或理念标准化，制定出一套行之有效的工作标准和规章制度，经常组织员工学习。向每一个人灌输按照制度的规定做事，按照标准的要求来达标，创造一个具有良好习惯的工作场所。教导每个人做事的行为规范并让他们付诸实践，抛弃坏的习惯而养成良好的习惯。此过程有助于人们养成制定和遵守规章制度的习惯。

5. 常自律

常自律就是每个人应具备按规章制度规定和正常程序做事/（办事）的能力。常自律是主动性自律行为而不是被动性的纪律约束。因而，自律能保持日常工作的连续性和自觉性。常自律的核心功能是创造一个具有良好习惯的工作场所。

通过常自律，使员工加强自身的约束，自觉克服不良习惯，摈弃工作中的随意性，把日常工作落实到一个“常”字上。同时还要加强员工自身素养的提高，养成严格遵守规章制度的习惯和作风，这是五常法的核心。没有人员素质的提高，各项活动就不能顺利开展，开展了也坚持不下去。所以，推行五常法，要始终着眼于提高人的素质的提高。

（三）方法应用

五常法的特点是比较简单。这种特点很适合餐饮业的食品安全管理，尤其是中小型餐饮企业的食品安全管理。因为，五常法容易被中小型餐饮业主接受和掌握；中小型餐饮企业的加工经营场所较小，必需的物品不多，实施五常法管理，可操作性较强；中小型餐饮企业或多或少存在“脏、乱和差”的现象，实施五常法管理，可以有效地改变这种现状，提高食品卫生管理水平和效益。餐饮企业实施五常法管理，可从以下几方面着手，逐步建立起完善并适合本企业情况的五常法管理机制。

1. 常组织

（1）目的　清除潜在危害的物品，腾出“空间”，防止食品交叉污染或误用。

（2）要求　按岗位确定餐饮加工或服务的必需物品以及最低使用量，清除非必需的物品。

（3）做法　①制定必需物品的清单、标准及最低用量；②对所在单位或所在场所进行全面检查，清除不需要的物品；③在工作中核准必需物品的使用频率和日常用量；④按照物品的使用频次，将必需物品实行分类分层存放及管理。

2. 常整顿

（1）目的　物品存放整齐且有标识，易于存取；保证工作中必需物品能在30秒内随取随用。

（2）要求　必需物品应依规定定位和定量，明确标识，整齐摆放。

（3）做法　①对所在单位或所在场所的物品，统一规划存放地点，定位存放；②制定物品摆放要求或规定，将必需物品按划定位置整齐摆放；③按视觉管理的要求，标识所有物品。

（4）步骤　①分析所在单位或所在场所物品管理情况；②区别必需物品和非必需物品，按类别分别存放；③规定物品存放位置及方法；④按标准或原则，将物品摆放或存放到位。

3. 常清洁

（1）目的　保持工作场所的环境整洁及明亮，保养仪器设备或用具。

（2）要求　定期清除工作场所，保持环境、物品、仪器、设备和用具处于清洁状态，防止发生污染。

（3）做法　①建立清洁责任区；②明确清洁的要求或要领；③履行个人清洁责任。

4. 常规范

（1）目的　实行制度化管理，规范常组织、常整顿和常清洁，保持其成果。

（2）要求　建立健全制度，将制度变为自觉行为，养成习惯，并且反复连续地坚持常组织、常整顿和常清洁。

（3）做法　①认真落实常组织、常整顿和常清洁的目的、要求及做法；②建立责任制，落实责任到人；③强化视觉管理，增加透明度；④制定检查标准，实施稽查；⑤坚持上班“五常”1分钟及下班“五常”5分钟制度，树立“五常法”管理意识。

5. 常自律

（1）目的　提高个人品质，养成工作认真和规范有序的习惯。

（2）要求 人人按照行为规范或标准做事，长期保持，形成良好习惯。

（3）做法 ①坚持常组织、常整顿、常清洁及常规范，以身作则；②制定遵守“五常法”管理守则；③每日“五常法”，持之以恒；④加强检查，实行责任追究。

（四）应用条件及要求

1. 条件

五常法简单易行，但就目前的实际情况，在餐饮业推行五常法管理应具备两个基本条件。

（1）餐饮企业应当对实行五常法管理作出承诺 实行五常法管理，应是餐饮企业自己作出的选择和采取的自愿行动。这是取得五常法管理实效的基础。

（2）食品药品监督管理部门应提倡和推行五常法 尽管五常法并非强制性的食品安全管理制度，但五常法有利于加强餐饮业自身的食品安全管理，其基本内容与《食品安全法》第四章规定的食品生产经营过程的要求相一致。因此，食品药品监督管理部门可以提倡餐饮业实行五常法管理，并采取适当方法予以推行。

2. 要求

（1）做好培训工作 五常法虽然简单，但同样需要培训。培训可以提高员工的认识，统一员工的思想。“五常法”的培训可由专门的公司培训，也可由餐饮行业协会自行组织。

（2）制定五常法管理制度 餐饮企业应组织制定五常法管理制度，由餐饮企业主要负责人或业主签发并组织实施，确保每个员工能严格遵守各项规定，并养成良好习惯。

（3）注重检查及考核 餐饮企业应按不同工作场所或不同的岗位制定五常法执行情况检查及考核项目表，指定人员对每个工作场所或岗位人员遵守或执行五常法管理制度的情况进行检查和考核，帮助员工有效地履行岗位职责，规范行为，做出成绩。

（五）实施成效

五常法对餐饮企业管理的每一个细节都有明确的规定，例如，以前冰箱里生的、熟的、没用过的和用过的食物都杂乱地放在一起，这样很容易交叉感染，存在较大的食品安全隐患。而按照五常法的标准，冰箱里的熟肉、生肉和蔬菜要按不同颜色标识分开放置，保证食品安全。

根据五常法“货品先进先出”的管理原则，餐饮企业能直接降低成本，每月货品占用资金下降30%，库存物品减少40%，营业收入迅速递增20%。有的大型餐饮企业推行五常法之后，有效控制了食物进货量与存货程序，大大减少浪费。

三、6T实务

上海市餐饮行业协会2007年在全市餐饮单位积极推行餐饮业卓越现场管理规范（简称6T实务），提高了全市餐饮单位食品安全管理水平，对全国餐饮业的食品安全管理很有借鉴意义。

（一）产生的背景

2003年前后，上海餐饮业的食品安全管理总体上是好的，是在不断改进提高的。

但是，少数餐饮单位管理方式落后，管理水平不平衡，与国际大都市的要求仍有不少差距。员工文化程度较低和流动性很大，培训难以收效，存在着各种食品安全隐患。

中餐烹调技法多种多样，操作环节十分繁琐，是由许许多多的细节和物品（食品原料、调味品、工具、器具、设备和能源等）组成的复杂过程。任何一个细节发生了问题都可能产生严重的食品安全隐患。

餐饮单位如何天天达到并保持食品安全管理规范要求，如何寻找一种科学常效的现场管理的系统方法，使现场做到干干净净和井井有条，而且天天如此，经常保持；员工都有文明的职业习惯，有良好的团队精神，人人有责和相互合作，使所有操作细节都有一套简单易行并一目了然的方法去落实。如何使餐馆彻底摆脱平时脏乱差，达到安全、品质、效率、形象和综合竞争力得到全面提升。如何确保饭菜质量安全，降低成本费用，节能降耗，充分利用营业场地，提高工作效率，也是经营者亟待解决的问题。

2003 年，上海餐饮行业协会在政府主管部门的指导和支持下，在引进日本的 5S 管理方法和我国香港地区“五常法”的基础上，按照国家对餐饮业的管理规范要求，结合餐饮业的实际，经过上海香港天天渔港餐饮集团在沪餐馆 2 年多的实施，于 2006 年创建了“上海餐饮业卓越现场管理规范标准”，即 6 个天天要做到：天天处理、天天整合、天天清扫、天天规范、天天检查和天天改进，简称 6T 实务。

（二）核心理念

6T 实务是在创新管理理念基础上诞生的适合于餐饮业现场长效管理的系统管理方法。推广实施 6T 实务更重要的是要树立一种创新的管理理念，这种理念的核心即：一般人都是勤奋的，人们对自己参与的工作目标，能实现自我控制；自我的满足与组织目标是一致的；大多数人能发挥想像力和创造性；要采取自觉执行的方式，实行员工的自我控制、自我管理、参与决策和分享权力。

餐饮行业需要创建适合行业特点的现场管理模式，就是要让管理层和第一线员工都行动起来，一起找出问题，制订办法，坚持执行，使许多细小的事情都天天有人管；要找到简单易行的现场管理操作方法，例如视觉管理法，使文化程度低和流动性大的第一线员工一看就明白自己应该做什么和怎么去做。

6T 实务是一整套科学的、系统的和常效的管理方法。既是 6 个方面，又是一个系统，而且必须顺序实施，不能颠倒，不能取消，也不能停顿，必须按顺序天天做，螺旋向上，不断提升，而没有终止。

6T 实务的核心是科学处理餐饮单位现场的人、物品和场地三要素之间的关系，实现“零距离”无缝结合。其中最重要的要素是员工，尤其是大量第一线的操作工。

在推广实施 6T 实务的实践中，最重要的就是要转变管理观念，这是成功实施 6T 实务的关键。大多数餐饮单位领导者和管理骨干参加培训班后，不是关起门来制订各种规章制度和操作规程，而且要充分发动员工，依靠员工，找差距，想办法，提建议，经过 3 个月到半年的实施后餐饮单位面貌发生显著改变，许多措施都能经常保持下去。

（三）具体实施

学习日本5S管理方法和我国香港地区五常法要结合中国餐饮业的实际，6T实务是科学处理餐饮单位现场的人、物品和场地三者的关系，非常适合餐饮行业的食品安全管理。

首先是组织各餐饮单位负责人和管理人员进行培训，然后在各餐饮单位推广实施。其次是对已经实施的餐饮单位进行评审，逐步推广发挥示范和引导作用。

在全员培训发动的基础上首先做前3T（天天处理、天天整合和天天清扫），做到区分必需和非必需品，现场不放置非必需品；将必需品放置在任何人都能立即取得的状况，能在30秒内找到要找的东西；国家对餐饮业食品安全的法规已经落实到每个岗位和每个细节，人人做清扫，天天保清洁。在实施前3T取得成果后，就不停顿地实施后2T（天天规范和天天检查），采用管理透明化和公开化等一目了然的现场管理方法，将前3T的成果规范化制度化，并且推广到餐饮单位现场管理的各方面；通过检查养成持续的和自律的遵守规章制度的良好习惯。

在完成前5T的目标后，要及时提出第二轮（6T实务）的新目标，螺旋向上不断改进。为了在餐饮行业中全面推广，上海市餐饮行业协会还制定了一整套实施办法，包括检查评分的55项规范标准和评分方法；将55项评定项目分解到17个部门。总分达到一定标准后企业可向上海市餐饮行业协会申请达标店和示范店，截止到2007年，已有113家餐馆被认证为达标店和示范店，为全面推广起到了样板作用。

实践证明，在餐饮行业中全面推广6T实务后能够做到政府省心、企业开心和市民放心。

（四）与国家法规相衔接

1. 实施分区管理

国家食品药品监督管理局非常重视餐饮业的食品安全管理，《餐饮服务食品安全操作规范》作出了明确而具体的要求，餐饮业现场管理必须符合上述规范的要求。《餐饮服务食品安全操作规范》将餐饮业加工经营场所分为：食品处理区、非食品处理区和就餐场所三部分。食品处理区又分为：清洁操作区（制作直接入口食品的专间和备餐场所等）；准清洁操作区（烹饪场所和餐用具保洁场所等）；一般操作区（粗加工、切配、餐用具清洗消毒和食品库房等）。非食品处理区指办公室、厕所、更衣场所、门厅、大堂休息厅、歌舞台和非食品库房等。就餐场所指消费者就餐的场所。

2. 合理布局

食品处理区应按原料进入、原料处理、半成品加工和成品供应的流程合理布局，食品加工处理流程宜为生进熟出的单一流向，并应防止在存放和操作中产生交叉污染。成品通道和出口与使用后的餐饮具回收通道和入口均应分开放置。

新建餐饮单位应严格按上述要求设计，现有餐饮单位应尽可能按上述要求进行调整。

3. 重要环节

（1）粗加工部分　分设动物性食品和植物性食品清洗水池；水产品的清洗水池独立设置。

（2）专间部分　凉菜设置、现榨果蔬汁、水果拼盘和刺生等制作直接入口食品要设置专间。专间为独立隔间，符合温控要求，有预进间，有空气消毒装置，有专用冷藏设施，有纯净水设施等。

（3）餐用具清洗消毒和保洁部分　清洗流程合理（一刮、二洗、三冲和四消毒），不同专门水池标识明显。有专供存放消毒后餐用具的保洁设施，其结构应密闭并易于清洗。

4. 卫生要求

包括：食品采购、运输、贮存、粗加工、切配、烹调、容器和餐饮具清洗等各加工操作工序。

（五）主要内容

6T 实务是针对餐饮行业提出的管理方法。其目的是改善卫生、安全、质量、效益、形象和综合竞争力。

1. 天天处理

（1）天天处理的含义　判断出完成工作必需用的物品并把它与非必需物品分开；将必需品的数量降低到最低程度并把它放在一个方便的地方，进行分层管理。

天天处理的要点是天天都要将工作现场的必需品与非必需品区分开，在岗位上只放必需物品。此处理并不是一劳永逸，因为物品是会不断补充流入工作现场得，即使原来是必需品，由于工作任务变化也会成为非必需品。

（2）天天处理的要领　①马上要用的，暂时不用的，先把它区别开。一时用不着的，甚至长期不用的要区分对待。②将必需品按高、中和低用量分层存放与管理。高用量指每天或每周都要使用的物品，放在工作台上或随身携带。中用量指 6 个月以内需要使用的物品，放在工作场所较远的地方。低用量指 6 个月至 1 年内需要使用的物品，放在离工作场所更远的地方。③对可有可无的物品，应坚决处理掉。清理非必需品时必须把握物品现在的使用价值，应注意使用价值而不是原来的购买价值。④许多人往往混淆了客观上的需要与主观想要的概念，在保存物品方面总是采取一种保守的态度，也就是以防万一的心态，最后把工作场所几乎变成了杂物馆，所以对管理者而言准确地区分需要还是想要是非常关键的问题。⑤天天处理时对私人物品应减至最低并集中存放，例如：喝水茶杯不能放在工作台上，要集中存放在茶水站。⑥天天处理时要贯彻精简效能的原则，采用最简单的方法。例如：一张纸的公告，一小时会议，一套工具（文具），文件存放在一个地点、一分钟电话和一站式顾客服务等。

（3）天天处理的步骤　①现场检查；②区分必需品和非必需品；③清理非必需品；④非必需品的处理：抛掉或回仓；⑤每天循环整理。

要养成天天循环整理的习惯。处理物品是一个永无止境的过程，工作现场每天都在变化，昨天的必需品，今天就有可能是多余的，今天的需要与明天的需求必然有所不同，物品处理要时时做和天天做，只靠突击大扫除是不行的。天天处理是一个循环的工作，根据需要随时进行，需要的文件物品留下，不需要的马上放在另外一边，及时区分。

2. 天天整合

（1）天天整合的含义　就是将必需的物品放置于任何人都能立即取得的状态，即寻找的时间为零，工作场所一目了然，消除找寻物品的时间，这是研究如何提高效率的科学，任意决定物品的摆放必然不会使你工作速度加快，它只会让你寻找时间加倍。研究提高效率的物品贮存和取用管理办法，先要决定物品的“名”和“家”，目的是用最短时间可以取得和放好物品。即在30秒内可取出及放回文件和物品。实施步骤是：分析现状，物品分类，储存方法，切实执行。

（2）天天整合的要领　①物品存放要做到有“名”和有“家”。所有东西都有一个清楚的卷标“名”和位置“家”。在每样物品（瓶和盒子）上都贴上物品的品名，而在存放该物品货架位置上同样也贴有该物品的品名，做到“名”和“家”对应一致便于寻找。每样物品位置标签上要注明存放数量的标准（包括高/低数量和日期），并按先进先出和左入右出的路线摆放。②每个分区位置“家”都要有布置总表（或总平面图），都要有负责人标签，包括负责人照片、姓名和休假日代理人。将经常使用的物品放在工作地点的最近处，特殊物品及危险品必须设置专门场所并由专人来进行保管。重的物品放在下面货架上，轻的物品放在货架的上层处。③文件、物料和工具等要用合适容器或方式存放。④天天整合的目的是30秒内可取出及放回文件和物品。

（3）天天整合的推进步骤　①分析现状。要分析人们取放物品时会花很长时间的原因。主要是：不知道物品存放在哪里；不知道要取的物品叫什么；存放地点太远；存放的地点太分散，物品太多，难以找到；不知是否已用完，或者别人正在使用而找不到。因此，要对必需物品的名称、分类和放置等情况进行规范化的调查分析。②物品分类。按物品各自的特征进行分类，把具有相同特点或具有相同性质的物品划分到同一个类别，并制订标准和规范，确定物品的名称，标识物品的名称。③决定贮存方法。根据物流运动的规律性，按照人的生理、心理、效率及安全的需求来科学地确定物品的场所和位置，实现人与物的最佳结合的管理方法。④切实实施。按照决定的存放方式，把物品放在该放的地方，始终坚持有“名”有“家”。

3. 天天清扫

（1）天天清扫的含义　整个组织所有成员一起来完成。每个人都有自己应该清洁的地方和范围。就是将工作现场变得没有垃圾和灰尘，干净整洁，地面和整体环境保持光洁和明亮照人。并且达到《餐饮服务食品安全操作规范》的要求。

（2）天天清扫的要领　①各级领导以身作则。餐饮单位所有高层领导（董事长和总经理）和各部门领导（尤其是厨房总厨也要有个人清洁责任区）都要有个人清洁的责任区。而不是只靠行政命令要求下属员工去执行。②制定清洁责任区划分总表。将企业整体现场划分责任区到各个部门，各部门再将责任区分配给每个员工，分配区域时必须绝对清楚地划分界限，不能留下无人负责的区域，即死角。制定清洁和维修的标准和检查表。③清扫那些较少注意到的隐蔽地方，杜绝污染源。要调查工作现场产生不清洁的污染源，予以杜绝。④使清洁和检查更容易。天天清扫要求人人做清洁和天天做清洁，而不是依靠突击大扫除，这就必须使清扫和检查容易，一个人随手就可以清扫，就能够天天坚持去做。

针对餐饮业的实际还要求达到，厨房地面无水无油污；动物性食品原料与植物性食品原料清洗池分开，水产品的清洗水池独立放置，专设拖把等清洁工具的清洗水池；生进熟出路线不交叉，生熟分开，食品贮藏和加工温度达到卫生规范标准；仓库有防鼠防潮和通风及温度计设备；洗碗洗手消毒流程合理，洗碗池有一刮、二洗、三冲和四消毒，设有专供存放消毒后餐用具的保洁设施，其结构应密闭并易于清扫；餐厅有良好的通风系统，无油烟味；专间有空气消毒、温控、预进间和纯净水设备，不设排水明沟。

4. 天天规范

(1) 天天规范的含义　重点是采用透明度、视觉管理和看板管理等公开直觉一目了然的现场管理方法，使企业的各项现场管理要求实现规范化、持续化，提高办事效率。

一个企业要推行6T实务，必须先实行前3项：即天天处理、天天整合和天天清扫。当企业面貌有初步改变，全体员工都已行动起来并且明确了自己的管理责任予以坚持的时候，企业就要因势利导，一方面要实施标准化和规范化把前3T进行到底，另一方面将前3T的成果逐步扩大到企业管理的各个领域。天天规范就是将前3T的做法制度化和规范化，坚持执行以巩固成果并将其成果扩大到各个管理项目。

(2) 天天规范的要领　①将前3T实施的成果制度化、规范化。要建立经常性的培训制度；要建立经常性的激励制度；要设置6T实务墙报栏，登载改善前后对比的照片，表彰先进，报道各部门成功推进的各种信息；要建立经常性的奖惩制度；要对实施6T实务的情况进行经常性的考核，企业考核部门，部门考核班组和个人；对优秀的部门和员工要进行奖励，对存在的问题要及时解决，屡教不改者要进行惩处。②要全面推行颜色和视觉管理。颜色和视觉管理就是利用形象直观而又色彩适宜的各种视觉感知信息来组织现场生产活动，颜色和视觉管理是一种以公开化和视觉显示为特征的管理方式，也可称为看得见的管理，或一目了然的管理。这种管理的方式可以贯穿于各种管理的领域当中。③要增加管理的透明度。清除不必要的门、盖和锁及增加透明度；设置现场工作指引的标识。④要把安全的目标纳入天天规范的重点之一。现场直线直角式布置，安全通道畅通；消防安全要求要规范化；灭火器、警告灯、紧急出口灯箱和走火逃生指引要清楚设置；用电安全要求要规范化；电掣开关和功能要有明显的标识，电线要按用电管理标准敷设，不准乱接乱拉电线；个人操作安全要规范化；托运重物要有重量限制，超过25千克的物品要有两个人来搬；弯腰托运和举高时重量还要低一些；各项安全政策要规范化；安全政策要有承诺并进行风险评估，要处理噪声、振动及危险情况及其预防措施。⑤要扩大到企业管理各项目标的规范化；节约资源既是节约型社会和低碳生活的需要，也是企业降低成本的重要措施。品质管理是企业管理的重中之重，要从原材料采购环节抓起，将企业制作产品所需的各种原材料的品质标准规范化，让每一个与之相关的员工都清楚明白。环境美化也是企业形象的重要表现，绿化环境造就园林式的环境，要使每个员工都注意爱护。

5. 天天检查

（1）天天检查的含义 创造一个具有良好习惯的工作场所，持续地、自律地执行上述4T要求，养成制订和遵守规章制度的习惯。

（2）天天检查的要领 ①要有保证能持久推动前4T的组织架构。餐饮单位法人要担当持续推行6T实务的第一负责人。②企业中每一位员工都要有个人应该履行的职责。履行个人职责，包括保持优良工作环境和履行职责；达到企业要求的着装和仪容标准；良好服务态度的标准和沟通训练；每天下班前5分钟按6T（自己定6点内容表）要求处理，当天的事当天做。③编写和遵守员工6T实务手册。④要定期进行6T实务的审核。

6. 天天改进

（1）天天改进的含义 6T实务是一个螺旋向上不断改进不断上升的过程。企业的内外环境在变化，原材料在变化，消费者口味在变化，烹制工艺在变化，经营方式也在变化。因此，必须天天改进。就是要在完成前5T之后企业领导要及时提出新一轮的目标。

（2）天天改进的要领 企业领导者只有一轮一轮提出新目标，使6T实务不断追求卓越，才能既巩固前一轮的成果，又能使企业现场管理不断提升。

（六）推行成效

实施6T实务能够全面提升餐饮单位的食品安全、品质、效率、形象和综合竞争力，企业的各项管理要求变成了员工的创造性成果和良好的习惯，特别是员工的精神面貌振奋，聪明才智得以发挥，不断丰富6T实务的内容。实施6T实务后餐饮单位的显著变化有以下5个方面。

1. 强化意识保持清洁

通过对餐馆内所有范围，包括厨房天花板、风口、隔油槽和油烟罩等死角的彻底清扫，使各处看起来井井有条和光洁明亮，给顾客以信任感和安全感。例如，所有货架底板均离地15厘米，使清洁和检查更容易，员工可以不费力地天天打扫，不产生垃圾死角；厨房灶台和地面取消用水龙头冲洗，由各岗位的负责人（包括上灶厨师）用抹布和拖把擦干净，食用油用油罐盛油龙头放油，下设垫盆，实现了厨房地面无油无水，干燥不粘鞋底，保证地面不滑和员工安全；冷菜、刺生和水果均设有专间。冰箱食品生熟分开，用有盖食品盒盛放食品防止虫蚁。仓库食品原料（包括调味和酱料）只保存1.5~3天的用量，做到先进先出和左进右出，杜绝了食品过期隐患。购进蔬菜要检查农药残留合格证明文件。洗碗间流程合理，不洁的餐具和干净餐具的路线不交叉。《餐饮服务食品安全操作规范》已经落实到每个员工和每个细节。

2. 提高效率减少浪费

实施6T实务后，将长期无用的物品清除或回仓，将必需的物品按高、中和低用量分别存放，所有物品都有清楚的标签；散装和袋装物品均用透明有盖的食品盒存放；

有“名”有“家”，“名”与“家”相符，保证任何员工取放任何物品都可以在30秒钟内完成，寻找物品浪费的工时可以大大减少，清洁工作由操作人员随手完成，可以取消专门打扫的员工。在设备上表明操作规程，维持透明度、视觉及颜色管理，即使该岗位员工离开，临时换一个来也能准确操作，管理者与员工的效率大为提高。

3. 降低成本节约资源

节能减排和低碳生活是国家经济可持续发展的大事，也是餐饮单位降低成本费用的重要措施。实施6T实务可以将节能减排的目标落实到每个员工和每个细节。能源总费用降低10%以上是完全可以实现的。例如：餐厅设专用工作灯开关，客人未到和客人已走只开工作灯，节电效果立竿见影。所有物品有最高量和最低量管理，通过执行物料先进先出，设置物料库存标准和控制量表的方法，使库存保证不超过1.5～3天的量，大大减少由于一时找不到物品而重复采购的成本浪费，减少了流动资金，提高资金周转率，减少了仓库场地面积。

4. 改善关系增强合作

所有场地的物品管理、清扫清洁都划分了责任区，每个区域和岗位都有责任人，并将责任人的姓名和照片贴在责任区的墙上。每个人都希望自己的工作做好，就希望同事们在他管理的范围内尊重他的管理，同样他也会自觉地支持其他人管理的要求。每个岗位除负责人外，还规定了休班替代人，比较大的区域分成几块由几个人负责，因此，就需要互相支持，形成了良好的团队精神。

5. 提高素质养成习惯

通过实施6T实务，所有工作的细节都有简单明了的规范操作要求，而且这些要求都是经过员工发挥想像力和创造性自己制定出来的。每一个岗位和区域都有专门的负责人，并将负责人的名字及照片贴在相应处，避免了责任不清和互相推诿的情况发生，且通过不断鼓励与进步，增强员工荣誉感与上进心，即使主管与经理不在，员工也知道该怎么做及自己要负的责任。员工在反复执行过程中就会形成良好的行为规范，使员工养成讲规矩、爱清洁和负责任的文明素质和职业习惯，回到家中和日常生活中也变得更加文明了。如果所有餐饮企业都这样做，餐饮业将会是各行业中最讲文明的行业之一。

四、食品安全规范化管理指南

为帮助餐饮单位更好地开展食品安全自身管理，指导其达到食品安全法规的要求，确保所供应食品的安全，上海市食品药品监督管理局推行了食品安全规范化管理指南。指南融合了6T和5S管理的精髓及HACCP食品安全管理体系的理念，包括管理基础和6个关键环节，共7部分内容。

（一）管理基础

参照指南“管理基础”部分，可以建立餐饮单位食品安全管理体系的框架，并制定各项食品安全管理制度（表6－3）。

表 6－3 食品安全规范化管理指南—管理基础部分

	内容	要点
建立网络	建立上自单位负责人，下至普通员工的食品安全管理网络	明确网络中各成员的职责 单位负责人：总体管理，政策制定，资金投入，提供设施和培训 部门负责人和检查人员：本部门内部管理和检查 普通员工：规范加工操作，包干区域卫生，自我检查 管理机构（组织）和管理人员：培训、检查和督促遵守规范
	单位设食品安全管理部门，配备食品安全管理人员	设置食品安全管理机构（或小组） 配备专职或兼职食品安全管理人员 大型单位、食堂及连锁公司总部：专职 其他单位：兼职 赋予食品安全管理人员相应的管理权限
订立制度	制定各项食品安全制度（包括操作规程）	主要的制度（以下各项制度后的条目为制度的要点，对应关键环节的相关内容） 场所环境卫生管理 设施设备卫生管理 人员卫生管理 人员培训管理 食品采购查验管理 食品贮存管理 加工操作管理 清洗消毒管理 投诉管理（接待部门、原因调查及整改、责任追究和制订事故处置方案等）
		主要的操作规程（以下各项规程后的条目为规程中的食品安全要点，对应关键环节的相关内容） 食品验收操作规程 食品贮存操作规程 不符要求食品处理规程 食品加工操作规程 食品添加剂贮存和使用操作规程 专间及特殊食品操作规程
		制度制订的原则 根据本单位特点制定，确保制度能够操作和执行 制度中的每项具体工作都有明确的责任人员（执行人和检查人） 定期检查制度适用性，必要时进行修订
员工培训	单位应组织员工参加食品安全知识培训，并建立培训档案	培训重点 食品安全法规 食品安全基本知识 制度和操作规程 新员工上岗前和老员工定期都要进行培训 单位内部培训按不同岗位有针对性进行 每次培训情况进行记录

续表

	内容	要点
	培训方式应使员工易于理解和接受	培训方法 口头讲授 操作演示 视频或图片 岗边 培训要点 短时多次 简单易懂 小型分组 结合实际
	开展培训效果的考核	考核方式 考核培训内容是否掌握 检查日常操作是否规范
内部检查	制定本单位管理目标	管理目标 单位制定总体管理目标，以及年度、季度中期目标 各部门制定短期具体管理目标，工作可分解到月度和星期 员工自定每月、每周和每天的工作计划和安排 设置展示管理成果的墙报，张贴规范化管理前后的照片进行对比
	检查各项制度落实和目标完成情况	制订各类场所的内部检查计划（大型单位、食堂和连锁公司总部） 要求每名员工下班前检查安排的工作是否完成，部门检查人员和单位管理人员进行抽查 单位根据每次检查结果 评出优秀示范部门和岗位，并在单位内进行公示 发现的问题及时寻找原因，制定和实施改进措施并进行复查

（二）关键环节

参照指南“关键环节”部分，可以确定各关键环节的具体管理目标，以及可以采取的管理措施（表6－4）。

表6－4　食品安全规范化管理指南—关键环节部分

关键环节	具体管理目标	为什么	管理措施
场所物品管理	工作场所没有与工作无关或者私人物品	与工作无关的或私人物品，既不易使工作场所保持整洁，又容易积灰，成为细菌和害虫的滋生地	每日对破损或与工作无关的物品进行清理，或入库或直接处理掉； 所有物品都有固定存放位置（该位置应清晰标出规定的存放物品），工作现场张贴物品分区平面图； 设立私人物品统一放置场所
	各种物品拆去外箱，分类贮存	可避免害虫的滋生，分类可使物品堆放整齐，取用方便	各类物品拆去外箱后，分类整齐地存放在货架上，存放处张贴相应品名； 食品贮存还应符合“采购贮存”部分的要求

续表

关键环节	具体管理目标	为什么	管理措施
场所卫生管理	工作场所和设施设备保持清洁	清洁的环境有利于减少细菌滋生	制订各部门清洁责任区，定人定岗； 制订工作场所、设施、设备及工具清洁计划； 配备合适的清洁物品，包括清洁工具和清洁剂； 消毒剂； 按照清洁计划开展清洁工作
	不同用途的操作区域和设备设施分开	避免因不同用途的操作场所和设备设施混用，引起交叉污染	张贴标识以区分不同用途区域，如原料加工、烹调、备餐、生食果蔬加工、生鱼片加工、清洁工具存放和餐具清洗消毒等 张贴标识以区分不同用途设备设施，如冰箱冰室（原料、半成品和成品）、餐具洗消水池（清洗池、过洗池和消毒池）、素菜池、荤菜池、清洁工具清洗水池和添加剂贮存专柜等
场所维护管理	工作场所地面、墙壁和天花板等围护结构无损坏	围护结构损坏使虫害易于进入，并增加场所清洁的难度	对各场所、设施和设备定期检查； 鼓励员工报告工用具发生的问题； 发现问题立即进行维修，不能维修的进行更换； 设施和设备在得到修缮或更换前应停止使用
	炉灶、蒸箱、加热柜、冰箱和冷库等设施运转正常	加热和冷藏设施不符合要求可直接影响食品安全	
	接触食品的工用具无松脱或损坏	工用具损坏可增加清洁的难度，松脱部件可能会落入食品中	
	油烟机运转正常，无明显油垢	油烟机运转不正常，可使整个工作场所受油烟污染；油垢可影响油烟机的运转	
清洁工具和垃圾管理	拖把、地刷、扫帚和簸箕等清洁工具的存放和清洗场所与食品处理场所分开	避免清洁工具污染食品和食品工用具	设置清洁工具专用清洗水池和专用存放场所； 清洁工具集中悬挂放置
	清洁不同表面的抹布不混用	避免因不同表面的抹布混用，引起交叉污染	配备清洁不同表面使用的抹布（可用不同颜色区分），包括擦拭即食食品操作台面或工具的抹布，应与清洁工具分池清洗并消毒； 选择合适的抹布洗涤剂和消毒剂； 厨房设专用容器放置脏抹布； 规定抹布使用时间，定期进行更换
	垃圾每天清除，不污染工作场所	垃圾中含有大量细菌和易变质的食物残渣，可污染工作场所和食品	配备加盖密闭垃圾桶； 套垃圾袋后使用，垃圾不超过桶高的3/4，满后及时清除； 垃圾桶每天清洗，定期消毒（可用喷洒方式），晾干后使用

续表

关键环节	具体管理目标	为什么	管理措施
虫害控制管理	采取有效措施，防止虫害侵入工作场所	虫害携带大量有害细菌，有可能传播疾病	防止虫害进入（排水沟出口和排气口安装金属隔栅或网罩；工作场所围护结构如有损坏应及时修补；木质门下边缘安装金属挡板和安装纱门纱窗）； 杜绝虫害的食物来源（食品及调味品尽量存放在封闭容器内、地上不留食物残渣过夜和排水沟内无食物残渣）；
	采取有效措施，杀灭侵入工作场所的虫害		定期检查虫害的迹象； 正确安装捕鼠器械和灭蝇灯等，并保持器械和设施的清洁； 如使用药物防治虫害，应尽可能由专业人员操作；使用中避免污染食品，使用后彻底清洁场所和设施

五、ISO22000 食品安全管理体系

餐饮业导入和实施 ISO22000 标准，构建符合餐饮业特点的食品安全管理体系，为广大消费者提供安全优质的饮食服务，全力构建健康安全高效优质的现代餐饮服务体系。这一标准体系的广泛推行及有效实施，能够促进提高餐饮业的管理水平和饮食服务能力。

（一）必要性

中餐标准化一直是其发展壮大的瓶颈。企业实行标准化管理，需要以技术标准为主体核心，以管理标准为支持，以工作标准为保障。通过设立企业标准化管理部门，由它统一负责管理本企业的标准化工作，编制适应本企业的标准化管理体系，组织标准的实施和对标准的实施进行监督检查和考核。只有这样才能够使最优的实践经验得到推广，优化企业经营各个环节和流程，提高效率和经营成本，降低厨师或个人对产品质量的影响，有利于实现企业的产业化经营。因此，为了实现长远经营与竞争力提升，餐饮业要实行运营标准化管理，必须要推行营运标准化管理与 ISO22000 食品安全管理体系。

餐饮业全面进入“微利时代”，传统的管理和经营模式遭遇严峻挑战，需要向精细化、流程化和连锁规模化经营转型。未来的竞争局面将更加激烈，由单纯的价格竞争和产品质量的竞争，发展到产品与企业品牌的竞争，文化品位的竞争。中外餐饮企业竞争加剧，与国外餐饮相比，国内餐饮企业在硬件和软件，尤其是在管理和服务方面的差距较大，洋快餐主导中国餐饮竞争格局，融资扩张成了国内餐饮业的发展新模式，将有更多的规模餐饮企业谋求上市。餐饮人才供应不足，餐饮教育科研滞后，全国没有本科烹饪院校，餐饮职业经理人队伍培养和专业培训工作滞后，人员素质不高，缺乏高层管理人才和烹饪技术人才。劳动力价格上升，中餐业的劳动力流动大，使得中

餐业比较难获得和留住比较优秀的人才。全国厨师资格认证混乱，名师大师认证失范。外资餐饮企业以各种优惠条件吸引中餐技术、管理、服务和文化等方面人才，导致中餐企业人才大量流失。餐饮企业经营成功的关键因素：①要有卓越的职业化餐饮管理团队，中国餐饮的快速发展仅仅有10余年的时间，职业化餐饮管理团队可谓凤毛麟角。优秀的餐饮企业是个精细化管理的企业，对中高层人才要求具有很强的战略规划能力和管理能力以及执行力。②要有多样化菜品研发能力，菜品研发能力是满足消费者需求的产品及服务的能力，正是餐饮业的本质所在。如果要满足消费者多样化需求，必然要求餐饮企业具有很强的菜品研发能力。③要有超群的品牌化运营能力，餐饮属于消费服务业，品牌化运营能力在此同样适用。因此，餐饮业必须要建立ISO22000/HACCP体系。

餐饮企业要坚持改革、探索、实践和发展，要注重管理理念创新、管理机制创新、服务手段创新和发展思路创新。要紧紧围绕企业的长远规划和改革与发展的整体战略，构建健康安全和高效优质的现代餐饮服务体系的工作目标，积极导入ISO9001:2000质量管理体系、5S管理机制和HACCP食品安全管理体系等，形成良好的操作规范和食品安全管理体系，创建餐饮服务食品安全监督量化A级单位和食品安全示范单位。

（二）目的

ISO22000食品安全管理体系标准，主要通过对餐饮生产加工过程中可能出现的危害（指产品）进行分析，确定关键控制点，采用有效的预防措施和监控手段，将危害降低到消费者可以接受的水平，并采取必要的验证措施，使餐饮食品达到预期的安全要求。这一国际标准的颁布和实施，是加强食品安全管理的一项重要举措。

ISO22000作为管理体系标准，要求餐饮企业一方面通过事先对生产经营全过程的分析，运用风险评估方式，对确认的关键控制点进行有效的管理；另一方面将“应急预案及响应”和“产品召回程序”作为系统失效的后续补救手段，以减少食品安全事件对消费者遭受的不良影响。餐饮企业对可能影响其产品安全的上下游企业进行有效沟通，将保证食品安全的概念传递到食品链中的各个环节，通过食品安全管理体系的不断改进，系统性地降低整个食品链的安全风险。

食品安全管理体系（ISO22000:2005）可以单独用于认证，也可与其他管理体系，如ISO9001:2000组合实施。

（三）意义

餐饮服务环节高风险食品较多，加工制作过程存在着许多安全隐患，稍有不慎，就有发生食物中毒的可能。导入和实施ISO22000标准，构建符合餐饮业的特点的食品安全管理体系，为广大消费者提供安全优质的饮食服务，全力构建健康安全高效优质的现代餐饮服务体系。这一标准体系的广泛推行及有效实施，能够促进提高餐饮业的管理水平和饮食服务能力。餐饮业实施ISO22000食品安全管理体系的意义在于：①有效地识别和控制危害。识别餐饮环节食品加工过程中可能发生的危害并采取适当的控制措施防止危害。通过对加工过程的每一步进行监控，从而降低危害发生的概率。②有效地降低成本。传统的质量安全控制往往注重于最终产品的检验，而这不能达到消除食源性危害的目的，HACCP 是一种控制危害的预防性体系，是一种用于保护食品防止生物、化学和物理危害的管理工具。③有效提高消费者的信任度，提高餐饮企业的竞争力。④能促使餐饮企业通过过程防控，动态地构建 HACCP，因为 HACCP 是 ISO22000 的核心，清晰地定义了危害分析、风险评估、关键限值的定义、前提方案的实施、HACCP 计划的实施和食品安全操作装置相关的要素管理等步骤，有利于餐饮企业履行食品安全方面的责任，竭尽所能去保证食品安全。

（四）主要内容

ISO22000 标准关注持续改进和食品风险的预防，强调满足食品安全有关的法律法规和其他要求，食品安全管理体系是建立在 HACCP 计划和操作性前提方案基础上。《餐饮业 HACCP 体系评价准则》是针对餐饮业的专项要求，结合“危害分析和关键控制点”（HACCP）原理及国际食品法典委员会《大众餐饮烹制食品的卫生操作规范》（CAC/RCP39－19），与必要的前提方案动态结合，规定了餐饮业应具备的基础条件、关键过程及其检测验证的要求，旨在帮助餐饮企业控制餐饮加工和服务过程中影响食品安全的危害，并系统地识别和管理关键控制点，将确定的危害控制和降低到可接受的水平。

1. 基础条件要求

对人力资源（食品安全小组、人员能力和意识与培训、人员健康和卫生要求）、基础设施和维护（环境、布局及设施设备和设施的维护保养）、操作性前提方案、产品追溯和撤回和前提方案进行了具体规定。

2. 关键过程控制要求

对餐饮食品加工的原辅料（原辅料的要求、原辅料采购、原辅料储存和食品的粗加工）、烹制加工（热菜加工、凉菜加工和冷加工糕点制作）、餐饮食品的配送、餐饮前台服务和餐饮具的清洗消毒（清洗消毒方法和消毒效果的评价）提出了明确的要求。

3. 产品检测

规定了检验制度、检测依据、安全性通用检测项目和各类菜肴专项检测项目。

4. 记录保存

详细内容可参见最新餐饮业国际化管理标准（ISO9000～ISO22000 全集）和食品安全管理体系餐饮业要求 HACCP－EC－10。

第三节　烹饪工艺

合理营养是通过科学烹调来实现的。每个厨师在选择烹饪原料、调配膳食和烹调加工时，都要考虑合理营养和科学的烹调方法，充分发挥食品内各种营养素的效能。

一、烹调的原则

烹调过程中必须坚持平衡膳食、合理配菜、有害物质与控制、营养素损失与控制，以及美味、适口的原则。

（一）平衡膳食

人体需要的各种营养成分，对于每个人来说是各不相同的。青年人和体力劳动者，活动量大，能量和营养成分消耗多。因此，应适当增加含热量高的脂肪性食物，如肉类和豆制品等菜肴。儿童因处在发育时期，应注意增加含维生素和无机盐丰富的食品，如豆腐、水产品和蛋类菜肴。脑力劳动者，则不宜过多地食用脂肪含量高的食品，因脂肪过多消耗不了而造成皮下积累，使人发胖。人到中年以后，由于活动量减少，若不相应改变食物构成，也会发胖，应多食用一些含蛋白质、维生素、无机盐较多的蛋类、豆制品、蔬菜和水果等。

追求平衡膳食应遵循合理的膳食制度。坚持每日三餐（糖尿病等特殊人群除外），并制定用餐时间和具体食物种类。要根据不同的个体情况合理安排食谱。食谱要讲究用料广而杂，做到每日食物多样化。各种营养成分摄入的数量可以根据实际需求进行设计。比如热能分配，正常人早餐占全天总热能的25%～30%；午餐占全天总热能的40%；晚餐占全天总热能的30%～35%比较合理。

随着我国经济和社会的发展，人们在追求丰富物质生活的同时，都希望自己拥有健康的体魄。因此，人们对科学合理的膳食结构的要求也越来越高。在日本，每300人就拥有1名营养师。日本法律规定，100人以上的食堂必须配备1名营养师，这项举措是日本成为世界上人均寿命最长国家的主要原因之一。近年来，我国开始重视这一关系到人民身体健康的问题，已将营养立法提到了议事日程。据统计，我国现有营养专业人员还不到4000人，每30万人才拥有1名营养师，与发达国家相比差距很大，与我国社会发展和人民生活水平不相适应。目前，我国餐饮业几乎没有专门设置的营养师岗位，餐馆和食堂的食谱设计具有很大的随意性，基本上没有考虑营养平衡问题，这是我国餐饮业今后需要努力的方向。

（二）合理配菜

要科学合理恰当地搭配各类菜肴的营养成分。一般情况下，各类常用菜肴的原料中，其所含的营养成分是不全面的，各有侧重。如猪肉含蛋白质、脂肪和无机盐较为丰富，但缺少糖与维生素；豆制品中含蛋白质和无机盐较为丰富，但缺少维生素C；某些蔬菜无机盐和维生素C含量十分丰富，但缺乏维生素B_2。合理配菜，能使各种原料的营养成分互为补充，提高菜肴的营养成分。具体要做到少配“单料菜”。在主料中搭配辅料，特别是搭配蔬菜和瓜果类，这样能增补主料所含营养成分的不足和缺陷。如红烧肉加土豆和萝卜，炒鸡蛋加番茄等。同时要适当改变“主辅料”菜的比例。主要是酌情增大蔬菜在整个菜肴中所占的比例，以充分发挥蔬菜的营养特点。

二、有害物质与控制

烹调过程中必须控制聚合物、丙烯醛、多环芳烃、*N*－亚硝基化合物等有毒有害物质，切实保障饮食安全。

（一）聚合物

油脂在煎炸过程中，随着温度升高黏度越来越大，过氧化反应越来越强。当温度达到250~300℃时，同一分子的甘油酯中的脂肪酸之间，或者不同分子的甘油酯之间，就会发生聚合作用，使油脂的稠度及黏度增高，过氧化脂质含量升高。

在一般烹调时，如果加热油温不高（200℃以下），且时间较短（几分钟），油脂的色泽和透明度等都不会有太大的变化。但如果油脂过高或反复加热使用，油脂的变化逐渐明显起来。通常，新鲜和精炼的植物油初次加热使用时，随着油加热，油面由平静状态慢慢转入到微微冒泡状，泡沫大而数量少，稍后，泡沫消失，再转入微微冒泡烟状，油面始终呈透明状，清亮见底，用其加热过的原料，颜色亦透明，呈浅黄或金黄色。经高温反复多次用过的油则随所用次数的增多，颜色逐渐变暗和变浊，油的黏度亦增大。加热时，油面很快产生大量的细密而浓厚的泡沫，并难以消散且迅速产生油烟，投入需被加热的原料，表面颜色马上加深变暗，这种现象称之为油脂的热变性。它是油脂在高温下发生聚合、水解、缩合和分解等各种复杂的物理化学变化的结果。

油脂在高温下反复使用，经上述各种复杂的反应后，生成的物质对人和动物有相当的毒害。高温反复加热油脂所形成的有害物质是不饱和脂肪酸经加热而产生的各种聚合物。其中，三聚体因分子量大而不易被机体吸收，毒性较小；而分子量较小并易被机体吸收的环状单聚体和二聚体的毒性较强，可使动物生长停滞和肝脏肿大，甚至可能有致癌作用。

为防止油脂经高温加热带来的毒害，烹调时油的加热应做到：①食用油脂中，大豆油、芝麻油和菜籽油都含有较高的亚麻酸。因此，在用这些油脂煎炸食品时，应尽量避免油温过高，最好控制在170~200℃之间，就不会出现对机体有害的热聚合物和过氧化产物。②煎炸用油应不断加入新油，不要陈油反复使用，并随时沥尽浮物杂质。③根据原材料品种和成品的要求正确选用不同分解温度的油脂。如：松鼠鱼和菠萝鱼等要求230℃以上温度成形时，应选用分解温度较高的棉籽油和高级精炼油。

（二）丙烯醛

在高温下煎炸食品的油脂，会部分水解而生成甘油和脂肪酸，甘油在高温下失水生成丙烯醛。油在达到发烟点的温度时会冒出油烟，油烟中主要的成分是丙烯醛。长时间用质量较差和烟点较低的油来煎炸食物，较多的丙烯醛就会随同油烟一起冒出。丙烯醛具有强烈的辛辣气味，对鼻和眼黏膜有强烈的刺激作用，使操作人员流泪、干呛难忍、咳嗽、头晕、恶心和头疼等。因此，油锅表面应加罩，锅灶上方应安装排油烟设备。

当烹饪人员看到加热的油面冒着青烟时，表示此时油温达到该油脂的发烟点，有一定的丙烯醛产生了。油脂的发烟点亦随油脂的精炼程度、种类和使用情况的不同而稍有区别。如：未精炼好的植物油，含低分子物质较多，发烟点多为160~180℃；精炼较好的植物油发烟点则约为240℃左右。再如：大豆油发烟点为181~256℃，菜籽油为186~227℃，棉籽油为216~229℃。另外，随着油脂烹调时间的延长，油脂发烟点亦呈下降趋势，这是反复使用过的油脂加热后迅速冒烟的主要原因。

（三）多环芳烃

烹饪过程中，产生有害化学物质中危害性最大的是多环芳烃。多环芳烃指由两个以上的苯环连接起来的一系列芳烃化合物及其衍生物。它们对人有致癌作用，特别是5个苯环稠合起来的3，4－苯并芘更具有强烈的致癌性。烹饪过程中，产生多环芳烃的途径一是油脂经高温聚合而产生3，4－苯并芘；二是烟熏和明火烘烤食品时直接与火和烟接触产生多环芳烃。烟熏和烧烤食品所含多环芳烃具有强致癌作用，特别容易导致胃癌。

为防止多环芳烃对食品的污染，烹调过程中可采用以下控制措施：熏烤食品时，避免食物与炭火直接接触，温度不宜高于300℃，不让熏制食品油脂滴入炉内，因为烟熏时流出的油含3，4－苯并芘多，致癌性强，且勿使用此油。改进烟熏和烘烤的烹饪过程，改用电炉，改良食品烟熏剂或使用冷熏液等。

（四）*N*－亚硝基化合物

在烹调加工中，比较容易使原料产生致癌物质的加工方法为煎、腌和炸等。如将鱼和肉煎或炸焦，或腌肉时盐放得不当，都可能会产生可疑的致癌物质，腌制的鱼、肉制品和腌菜及发酵食品中含量较高。一些食品中含有合成*N*－亚硝基化合物的前体物质仲胺及亚硝酸盐，烹调不当或在微生物作用下，可形成亚硝胺或亚硝酰胺。影响*N*－亚硝基化合物合成的因素，主要有pH值、反应物浓度、胺的种类及催化物的存在等。香肠、腊肉和水晶蹄等制作过程中，加入亚硝酸盐作护色剂，盐腌干鱼，也会含有*N*－亚硝基化合物；腌制腊肠用佐料事先将黑胡椒和辣椒粉等香料与粗制盐和亚硝酸盐等混合，腊肠中就会有亚硝酸基吡咯烷和亚硝基哌啶检出。因此，应禁用事先混合的盐腌佐料来腌制腊肠，盐和香料要分别包装。烟熏肉和鱼、煎炸咸肉片或暴露于空气中的直接烤制也会形成一部分亚硝胺。

三、营养素损失与控制

合理烹调是保证膳食质量和营养水平的重要环节之一。在烹调时，应尽量设法保存食物中原有的营养素，避免被破坏损失。要做到这一点，就要了解各种烹调方法对营养素损失的影响。

（一）对营养素的影响

1. 煮

对碳水化合物及蛋白质起部分水解作用，对脂肪影响不大，但会使水溶性维生素（如维生素B和维生素C）及矿物质（钙和磷等）溶于水中而损失。

2. 蒸

温度比烧烤低，所以对营养素损失的影响最小，菜肴比较鲜美，可较完整地保持原料的原汁原味和大部分营养素。应用微火和沸水上笼的方法维生素损失最小，矿物质不会因蒸而遭到损失。

3. 煨

可使水溶性维生素和矿物质溶于汤内，只有一部分维生素遭到破坏。

4. 炖

可使水溶性维生素和矿物质溶于汤中，部分维生素被破坏。肌肉中的蛋白质部分水解，其中的肌凝蛋白和部分被水解的氨基酸等溶于汤中，使汤呈鲜味。胶原蛋白中的一部分水解成白明胶，溶于汤中，使汤汁有黏稠性。

5. 焖

时间长短与营养素损失成正比，焖的时间越长，维生素 B 和维生素 C 损失越大，反之则小。焖的时间长，焖熟菜肴的消化率有所提高。

6. 熘

熘菜时原料外面裹上了一层糊状物，糊状物受热而变成焦脆的外壳，减少了营养素的损失。

7. 腌制

时间越长，维生素 B 和维生素 C 损失越大，反之则小。

8. 卤

能使食品中的维生素和部分矿物质溶子卤汁中，只有部分遭到损失。

9. 炸

由于温度高，对一切营养素都有不同程度的破坏。蛋白质因高温而严重变性，脂肪也因炸而失去其功用。滑炒因食物外面裹有蛋清或湿淀粉，形成保护薄膜，故对营养素损失不大。

10. 烤

不但使维生素 A、维生素 B 和维生素 C 受到相当大的损失，而且也使脂肪受到损失。如用明火直接烤，还会产生 3，4－苯并芘致癌物质。

11. 熏

会使维生素（特别是维生素 C）受到破坏，并损失部分脂肪，同时也会产生 3，4－苯并芘致癌物质。但熏会使食物具有特殊风味。

12. 煎

对维生素损失有一定的影响，对其他营养素的损失影响不大。

（二）减少损失的措施

食物在烹调时遭到损失是不能完全避免的，但如果采取一些保护性措施，则能使菜肴保存更多的营养素。

1. 上浆挂糊

原料先用面粉、淀粉和鸡蛋清上浆挂糊，不但可使原料中的水分和营养素不致大量溢出，减少营养素损失，而且还会防止因高温使蛋白质变性和维生素被大量分解破坏。勾芡可减少维生素的氧化损失，淀粉中所含谷胱甘肽具有保护维生素 C 等使其少受氧化损失的作用，可减少水溶性营养素的流失。

2. 适当加醋

由于维生素具有怕碱不怕酸的特性，因此，蔬菜炒好即将出锅时，适当放一些醋，即可保色增味，又能较好地保存食物原料中的维生素 C。如醋溜白菜、糖醋藕片、醋烹豆芽、甘蓝和凉拌菜等。烹调动物性原料，醋还能使原料中的钙被溶解得多一些，促进人体钙的吸收，如烹调“红烧鱼”或“糖醋排骨”等。炖汤的时候滴几滴醋，能更好地溶解骨头里的钙质，从而使汤品的含钙量增加 64%。加醋还有利于菜肴感官性状，可去除异味，增加美味，还可以使某些菜肴口感脆嫩，但有些绿色蔬菜类不宜加入。

3. 先洗后切

各种蔬菜，应先清洗，再切配，这样能减少水溶性原料的损失。而且应该现切现烹，这样能使营养素少受氧化损失。如果将蔬菜先切了再去冲洗，大量营养素就会流失到水中。为了保存尽可能多的营养素，应该养成先洗菜再切菜的好习惯。

4. 旺火急炒

研究发现，加热都可以破坏维生素 C 和维生素 B。烹调蔬菜加热时间要短，烹调时尽量采用旺火急炒的方法。因原料通过旺火急炒，能缩短菜肴成熟时间，降低营养素的损失率。旺火急炒的蔬菜，其维生素 C 仅损失 17%，倘若炒后再焖，蔬菜里的维生素 C 将损失 59%；猪肉中含有丰富的维生素 B_1，猪肉切成丝用旺火急炒，其维生素 B_1 的损失率只有 13%，而切成块用慢火炖，维生素损失率则达 65%。炒菜要用旺火，不仅营养物质损失较少，这样炒出来的菜色美味好。

5. 淀粉勾芡

用淀粉勾芡能使汤汁浓稠，汤料混为一体，菜肴充分融合，使浸出的一些营养成分连同菜肴一同摄入人体内。既可以避免营养素（如水溶性维生素）的流失，又可使菜肴味道可口，特别是淀粉中谷胱甘肽所含的硫氢基，它具有保护维生素 C 的作用。有些动物性原料如肉类等也含有谷胱甘肽，若与蔬菜一起烹调有同样的作用。

6. 多蒸少炸

蒸制食物可以比较完整的保持原料的原汁原味和大部分营养素。用微火和沸水上笼蒸的方法维生素损失最少。炸制食物要求油温较高，而高温油对一切营养素均有不同程度的破坏，故要少用炸制食物的方法。

7. 慎用食用碱

碱能破坏食物中的蛋白质和维生素等多种营养素，特别是维生素 B_1 几乎全部损失，维生素 B_2 也会损失一半。因此、在炖菜、制面食和煮粥，欲致原料酥松时，最好避免用纯碱（碳酸钠）。

8. 忌油温过高

食用油烧到冒烟，不仅所含的脂溶性维生素被破坏殆尽，人体必需的各种脂肪酸也被大量氧化，降低了营养价值。同时，蔬菜与高温油接触时，维生素特别是维生素 C 遭到大量破坏。油温过高，还会使脂肪氧化，产生过氧脂质。过氧脂质对人体吸收蛋白质和氨基酸起阻碍和干扰作用。如果长期在饮食中摄入过氧脂质，并在体内积聚，会损伤人体内某些代谢系统，使人未老先衰。

9. 煎炸要点

在煎和炸食品时，以油温达到油面波动加剧时为宜。这时下料，可使炸的过程始终处于旺火状态，使原料迅速受热且表面脱水，腥杂味也随之气化掉。炸上了浆的食物时，以油温在油面波动，还没油沫时为宜，油温过高，原料的淀粉外衣遇高温会相互粘结，太低则容易脱落，失去上浆意义。炸制菜的原料要挂糊，要在保证原料成熟的同时，还要使糊壳脱水变脆，因此，油温要高些，可在油烟大量上升时为宜。

大部分溜菜是在油炸后再包裹或浇上味汁，入油锅时油温与炸制工艺大致相同。爆菜强调脆嫩爽滑，下料时油温应在油烟大量上升时为好，加热时间较短。由于家庭烹制菜肴火力小，油量少，油温升高速度慢。因此，如按菜谱做菜，下料时，油温应升高 1 ~2 成为好。

10. 低脂肪食物的烹调

低脂肪食物有：瘦猪肉、牛肉、鸡肉、鸭肉、鸽肉、兔肉、羊肉、鱼、虾、鲜豆类、干豆类及各种蔬菜。这些食物适宜于腹泻、胆囊炎、胆石症、胰腺炎、肝硬化、肥胖症、高血压、动脉硬化、高脂症、高胆固醇和冠心病者食用。在烹制时，要避免煎、炒，宜用蒸、煮、炖和烩等方法。

四、各类食物的烹调方法

食物真正的营养价值，既取决于食物原料的营养成分，还取决于加工过程中营养成分的保存率。因此，烹饪加工的方法是否科学和合理，将直接影响食品的质量。

食物经过烹调处理，可以杀菌并增进食品的色、香和味，使之味美且容易消化吸收，提高其所含营养素在人体的利用率。但在加工烹调过程中食物也会发生一系列的物理化学变化，使某些营养素遭到破坏。因此，不但要认真选择食物，还要科学合理地加工和烹调食物，以最大限度地保留食物中的营养素。在烹调过程中要尽量利用其有利因素保存营养素，促进消化吸收，另一方面要控制不利因素，尽量减少营养素的损失。

（一）面食的加工

面粉常用的加工方法有蒸、煮、炸、烙和烤等，制作方法不同，营养素损失程度也不同。一般蒸馒头、包子和烙饼时营养素损失较少；煮面条和饺子会损失大量的营养素，如维生素 B_1 可损失 49%，维生素 B_2 可损失 57%，尼克酸可损失 22%。制作面食时，最好采用蒸或烙的方法，面条尽量做成汤面全部食用。特别是玉米粉中的维生素本身就较低，又不容易被吸收，最好不要煮和炸。制作蔬菜饺子馅时正确的方法是，不要把菜汁挤掉，否则维生素就会损失 70% 以上，切好菜后先用油拌好，再加食盐和各种调料，这样就会先形成油包菜，蔬菜饺子馅就不会出汤了。煮面条和饺子的汤要尽量食用；炸制的面食如油条，可使一些维生素几乎全部被破坏，所以要少吃油炸食物。高温烘烤也会破坏绝大部分维生素成分。

（二）米类的加工

在制作米饭前，都要把米进行淘洗。米类的淘洗可损失较多营养素，特别是水溶性维生素，因为新米中维生素和矿物质大部分含于米粒外层的糊粉层和胚芽中。根据实验，大米经一般淘洗维生素 B_1 的损失率可达 40% ~60%，维生素 B_2 和尼克酸可损失 23% ~25%，淘洗次数越多，水温越高，浸泡时间越长，营养素的损失越多。实验证实米被淘洗 2 次，维生素要损失 40%，矿物质要损失 15%，蛋白质要损失 10%。所以要尽量减少淘米次数，一般不超过 3 次。因此，淘米时要根据米的清洁程度适当洗，不要用流水冲洗，不要用热水烫，更不要用力搓洗。但如果米很陈，那就要反复搓洗，以减少黄曲霉毒素的含量。

米类烹饪加工方法以煮和蒸为主，营养素损失较少。吃捞饭丢弃米汤的方法营养素损失最多，很不合理，除维生素 B_1、维生素 B_2 和尼克酸可分别损失 50%、67% 和 76% 外，还可失掉部分矿物质。煮制大米粥加碱，虽说口感好，但大部分维生素却已经被破坏。但制作玉米粥、蒸窝头和贴玉米饼时，要在玉米面中加点小苏打，不但色、香和味俱佳，而且易被人体吸收和利用。

（三）肉、鱼和蛋的烹调

一般来说，肉类所含的蛋白质、脂肪、碳水化合物和无机盐因性质比较稳定，在烹调过程中损失较少。烹调动物性食品宜用炒、蒸和煮的方法。加热时间过长是破坏食物中营养素的重要原因。因此，应尽量采用旺火急炒。用急火爆炒肉食，其中的营养素丢失得最少。烹调时以红烧和清炖，维生素 B_1 的损失最多，高达 60% ~65%；蒸和油炸损失为 45%；快炒亦损失 13%。肉类中所含的维生素 B_2，清蒸丸子损失为 87%，红烧和清炖肉块损失 40%，快炒肉丝仅损失 20%。

虽然鱼和肉红烧或清炖维生素损失最多，但可使糖类及蛋白质发生水解反应，使水溶性维生素和矿物质溶于汤内；蒸或煮对糖类和蛋白质起部分水解作用，也可使水溶性维生素及矿物质溶于水中。因此，在食用肉类或鱼类食物时要连汁带汤一起食用。炒肉及其他动物性食物营养素损失较少。越来越多的人认识到，科学健康的饮食应少吃“红肉”而多吃“白肉”，因为鸡、鸭和鱼这类“白肉”比猪、牛和羊这类“红肉”中饱和脂肪酸含量更少。进食白肉时，最好采用清蒸或是清炖，少用油煎或油炸，尽可能使用植物油，特别是使用菜籽油和橄榄油。

油炸食物香味浓郁，但直接用油炸肉类食物，由于油温很高，食物中的蛋白质、脂肪、碳水化合物以及怕热和易氧化的维生素都会遭到破坏，使营养价值降低。但若在食品表面挂糊油炸，避免与油直接接触则可以减少维生素的损失。如先用面粉、淀粉或鸡蛋清在食物表面挂糊，形成隔绝高温的保护层，使原料不与热油直接接触，既可以减少营养素损失，还使油不会浸入食物内部，鲜味也不易外溢，口感也会更加滑嫩鲜美。鸡蛋蒸、煮和炒营养素损失较少，炸鸡蛋维生素损失较多。

利用蛋白质遇热变性原理，将肉切成需要的形状，采用水焯、过油、速炸和爆炒等方法，可使蛋白质迅速变热凝固，细胞孔闭合，保持瘦肉中的营养成分。在制作炖汤时，应将原料冷水下锅，慢慢加热，使肉中的脂肪、有机氮和矿物质等充分浸出，这样制作的高汤味美、浓郁和香醇。

在烹饪菜肴时不要连续炒几个菜都不洗锅，使沾在锅底的肉渣（沉淀的杂质和污浊）等烧焦变糊，混入到烹制好的菜肴中食用，对人体有极大的危害作用。

熏烤不仅能使食品熟透，增强防腐能力，还能使食物表面烤成适度的焦皮，增加独特的风味。但肉和鱼等原料经熏烤后可产生对人体有害的物质，其中还含有致癌物质。所以在熏烤肉、鱼和肉肠类时不能用明火直接熏烤，也不要用糖来熏烤。如果一定要加糖时，温度也应控制在 200℃以下。

烹调过程中加大蒜可使肉肥而不腻，还可使食肉者胆固醇下降 10% ~15%。炒和炖肉类时加生姜，不但可增强菜味，还可大大降低胆固醇。美国研究发现，生姜中的类水杨酸成分有防止血液凝固的作用而预防心脑血管疾病。德国科学家发现新鲜姜汁还可抑制癌细胞生长，是一种强抗癌食品。

（四）蔬菜的烹调

1. 科学烹调

根据对蔬菜农药残留的常年监测，豇豆、刀豆、四季豆和豆角等豆类蔬菜农药残留含量最高。因此，豆类蔬菜最好焯烫消除农药残留之后再烹调，煮熟炖烂，防止食物中毒。叶菜的农药残留含量也较高，如白菜、小白菜和青菜；绿叶蔬菜中芹菜、莴苣、油麦菜、菠菜、香菜；黄瓜、辣椒和茄子农药残留也较高。几乎不含农药残留的蔬菜有水生蔬菜、多年生蔬菜、野生蔬菜和苗芽菜。上述污染高的蔬菜要提前用清水浸泡 20 ~ 30 分钟，或加入少许食用碱、食用洗洁剂或淘米水清洗干净去除农药残留，或焯烫去除农药残留。黄瓜可去皮。

蔬菜是膳食中维生素 C、胡萝卜素和矿物质的主要来源。蔬菜浸泡可使维生素 B 和维生素 C 损失，在切菜过程中也可损失部分维生素 C。所以洗菜时要用流水冲洗，不可在水中长时间浸泡，要先洗后切，菜不要切的太碎。蔬菜切后应即刻烹调，不能久放甚至隔夜，如果不能及时烹调，不仅使菜肴的色香味受到影响，而且还会增大营养素的氧化损失。不需要水焯的蔬菜，尽量不焯，以减少维生素的损失。

对于某些含草酸较多的蔬菜，如菠菜、苋菜、空心菜、竹笋和茭白等，在肠道内会与钙结合成难溶的草酸钙，干扰人体对钙的吸收，增加形成结石的几率。因此，这些蔬菜在凉拌前一定要用开水焯一下，除去其中大部分的草酸，有利于钙和铁在体内的吸收。做汤、炖菜或焯菜时要等水烧开了再把菜放入，这样既可缩短菜的受热时间，减少维生素的损失，又能较好地保持蔬菜色泽。焯菜不要煮得过久，在开水中稍烫一下即可。焯好的菜不要过分挤去水分，否则会使水溶性维生素大量流失，如白菜焯后挤去汁水，水溶性维生素可损失约为 77%。

如将蔬菜与荤菜同烹，或将几种蔬菜混合炒，营养价值会更高。例如：维生素 C 在深绿色蔬菜中最为丰富，而豆芽富含维生素 B_2，若将豆芽和韭菜混炒，则两种维生素均可获得。肉类食品所含的脂肪有利于提高胡萝卜素的吸收率，而且其丰富的优质蛋白，还可以有效地促进胡萝卜素转化为维生素 A，从而大大提高胡萝卜素在人体内的利用率。

新鲜蔬菜能生吃尽量生吃，不能生吃时最好采用凉拌的方法。蔬菜凉拌时营养素损失最小，并能调制出多种口味。蔬菜洗净切好后用橄榄油或色拉油拌好，再加食盐和调料拌成凉菜，或蘸酱、作料吃。像黄瓜和西红柿这类蔬菜，最好凉拌吃。凉拌时加入食醋，有利于维生素 C 的保存，加入植物油有利于胡萝卜素的吸收，加入葱、姜和蒜能提高维生素 B_1 和维生素 B_2 的利用率，并有杀菌作用。

蔬菜含有丰富的水溶性 B 族维生素、维生素 C 和无机盐，如烹调加工方式不当，很容易被氧化破坏而损失。比如，把嫩黄瓜切成薄片凉拌，放置 2 小时，维生素损失 33% ~35%；放置 3 小时，损失 41% ~49%。

2. 马上食用

蔬菜要现做现吃，烧好的菜应马上吃，切忌反复加热。如果提前把菜做好，然后在锅里温热着再吃或者下顿加热再吃，蔬菜中的维生素 B_1 就会损失 25%。如烧好的白菜倘若温热 15 分钟可损失 20% 左右的维生素 C，保温 30 分钟就会再损失 10%，保温 1 小时就会再损失 20%。假如蔬菜中的维生素在烹调过程中损失 20%，溶解在菜汤中损失 25%，再在火上温热 15 分钟就会再损失 20%，这样共计就损失 65%，从蔬菜中得到的维生素就所剩不多了。

3. 吃菜要喝汤

事实上，烧菜时大部分营养都溶解在菜汤里了。以维生素 C 为例，小白菜炒好后，维生素 C 会有 70% 溶解在菜汤里。新鲜的豌豆放在水里煮沸 3 分钟，维生素 C 就有 50% 溶解在汤里。因此，吃菜也要喝汤。

（五）食物的烧烤

烧烤食物有诱人的香味和可口的滋味，但食物经过烧烤维生素被大量破坏，脂肪和蛋白质也会受到损失。肉类在烧烤过程中可产生某种致基因突变的物质，可以诱发某些癌症，还会产生某些致癌作用较强的 3，4 – 苯并芘。此外，烧烤时还会产生二氧化碳、二氧化硫等有害气体和灰尘，污染空气。因此，还是少吃烧烤食物为宜。

五、餐饮现代加工工艺

随着国内餐饮需求的日益旺盛，食品加工技术的日益完善和现代餐饮企业的不断发展，连锁经营和集团化已经成为餐饮企业发展壮大的主要潮流。运用餐饮现代工艺进行产品的前期加工随之成为必然。

（一）需求与基础

餐饮现代加工工艺，就是运用工业化理念，通过工业化加工工艺和标准化的加工操作流程，制作餐饮食品的方法。餐饮现代加工工艺主要源于三方面因素：餐饮需求增长的大环境、餐饮现代加工工艺的基础和餐饮企业发展的强烈需求。

1. 需求背景

随着经济发展和生括节奏加快，人们原有的生活和就餐方式发生了改变。以前是有事到外面去吃饭，现在是没事也要出去吃饭。越来越多的人已不愿将太多时间花费在家庭厨房里，而是选择在外就餐，特别是年轻人。因此，人们对于餐饮的需求越来越大，要求也越来越高，原有的餐饮模式已经不能满足消费者的需求。在外就餐已经成为人们生活当中不可或缺的社会交流方式。运用现代加工工艺理念和现代加工工艺流程，提供社会需求的稳定的服务体系，是餐饮业发展非常重要的内容。

2. 工艺基础

现代食品加工技术使得原来不易运输和储藏的食物变得更为方便保存、食用和运送，为人们提供了更加丰富的产品选择，同时也使餐饮食品在餐厅的后期加工更为简单，品质更有保障。加工环节非常重要。传统餐饮的前期加工和繁琐工艺使得餐厅场地的利用率非常低，三分之一场地用于储物，三分之一场地用于加工，三分之一用于消费者就餐。随着房地产价格的飙升，企业运营成本加大，发展难度增加。目前，中央厨房的兴起，为餐饮现代加工工艺的推行，为餐饮产业做强和做大奠定了不可或缺的基础支持。

3. 行业基础

餐饮企业的发展壮大，必须要走连锁发展之路。因此，选择好的供应商或者设立中央厨房，运用现代加工工艺进行产品的前期加工已经成为必然的选择。连锁经营在中国的历史较短，只有20多年，但是连锁经营在餐饮业的魅力和作用是不容置疑的。百胜集团的发展道路恰恰证明了这一点，中国的餐饮企业也认同这一点。在全国百强餐饮企业中，90%是连锁经营的。

有关部门正在筹建的中央厨房集聚区，就是多家餐饮企业在一个区域里共同搭建中央厨房，这样便于食品安全检测、物流和仓储实现公共化的服务。中央厨房现在的主要功能是完成加工环节，如北京眉州东坡是一家经营川菜的餐厅，它在未来的5年发展中将有“无厨房餐厅”的模式出现，其产品都是由中央厨房工业化形成，在餐厅里只完成蒸煮、微波和煮热工艺。

（二）发展现状

餐饮现代加工工艺促进了产业健康化和规模化发展。餐饮现代加工工艺具备加工速度快和效率高，能够适应大规模的市场需求。食品安全由于有了技术规范和标准，不再以个人经验为判断和主导，原料采购、加工和物流配送等都有统一的标准和流程，具有很强的可追溯性，安全更为可控，品质的高度一致性和稳定性也得到了保证，而且营养价值得以保存。

1. 加工速度和效率提高

由于各个操作环节的分工协作，餐饮现代工艺还具备加工速度快和操作便利的特点，能够适应大规模的市场需求，并有效降低成本，包括对于食材的广泛应用，如在餐厅用全蛋制品较多，作为中央厨房可以开发广泛运用，如蛋清与蛋黄可以分开加工，鸡蛋当中加鹌鹑蛋、鸭蛋和松花蛋等加工。普通的一个鸡蛋通过工业化理念分解和流程，就会展现出更多的产品魅力，这在普通的餐厅里使用手工加工是不可想象的。

效能的提高还包括对于高技能人才的需求。厨师的技艺水平与厨师自身的文化素质、内涵和理解以及熟练程度关系密切。如果是一个工业化的流程，我们可以把高级厨师的技术分解，通过工人熟练的劳动得以掌握。现代加工工艺还可以改善操作者的劳动强度，例如：国家非物质文化遗产的洛阳水席，其中用萝卜做的牡丹花，以前手工雕刻，劳动强度大，现在机器制作就变得非常简单。

2. 食品安全更为可控

随着生活水平的提高，现阶段消费者对食品的要求已经从最初“求温饱”上升到“求安全”。就传统餐饮模式而言，大多数以单店作坊模式经营，缺乏技术规范和标准，往往以个人经验为判断和主导，食品安全不易掌控。现代餐饮从原料采购、加工到物流配送都有统一的标准和流程，从原料到成品具有很强的可追溯性，可以有效地控制食品的安全性，现在的包装和储运（如冷链运输与销售）技术则带来更为安全的食品保藏形式。

3. 食品品质一致性和稳定性提升

由于原料的加工环节得到保证，减少了原料的不确定性和个体加工的随意性，现代餐饮加工的食品从口味到品质具备高度的一致性和稳定性。从目前消费者的就餐体验来看，大型餐饮连锁企业能够保证口味和品质的高度一致性和稳定性，而单店经营餐饮的口味和品质千差万别。相对而言，餐饮现代加工工艺就品质的一致性和稳定性而言是较为科学的保障体系。

4. 食品营养成分流失降低

餐饮现代加工工艺通过技术手段，能够有效减少和避免食物中营养成分的流失，甚至可适当增添一些身体必需的营养素，如含碘盐和铁强化酱油等，都是为了最大限度地保留食品的营养成分。

人们在营养的理解方面，价值观正在发生变化。在餐饮业，以前经常把传统文化作为广大消费者乐于接受的卖点进行宣传，比如说使用的汤是用骨头熬制的。传统的吊汤是中餐特有工艺，有句话叫“厨子的汤，士兵的枪”。但汤煮多久，也是要有科学数据支持的，有的汤到底有没有必要煮制几个小时，甚至十几个小时，并不是煮制时间长，它的营养成分就会得到充分释放，煮制这么长时间是否存在食品安全性问题，需要科学数据来解释。此外，传统吊汤会产生大量的餐厨垃圾。但是，用现代加工工艺生产的汤料，用于火锅和大量可复制食品的基础产品，应该逐渐得到消费者的支持和认同。它的工艺在营养方面与传统饮食文化是没有什么矛盾的。

餐饮现代加工工艺对于我国餐饮业未来的发展将起着重要的支持作用。改革开放30多年来，我国餐饮业得到快速发展，快餐、火锅和休闲餐饮这三个业态的增长速度高于平均增长速度。所以，推动餐饮现代化加工工艺的发展，要加强纵向和横向的餐饮协作，推进餐饮集约化的生产，加快企业集团化和规模化的步伐，大力推广现代管理模式；加快发展连锁经营、网络营销、集中采购和统一配送等现代流通方式，加快发展加盟连锁和特许连锁，积极引进世界知名的餐饮连锁公司，促进我国传统餐饮业的改造；大力发展特色餐饮、快餐送餐和餐饮食品等多种业态的连锁经营；培育一批跨区域和全国性的餐饮连锁示范企业，扶持餐饮业做强做大。

（三）与传统工艺的关系

目前，在中国餐饮业内对采用现代工艺和传统工艺孰优孰劣正展开热议，这种讨论有助于餐饮现代化和烹调工艺的提档升级。

1. 社会发达的标志

现代食品加工是社会发达的标志。随着经济的发展和生活节奏的加快，人们原有的生活和就餐方式发生了改变，越来越多的人不愿将太多的时间花费在厨房里，而是选择在外就餐。因此，人们对于餐饮的需求越来越大，要求也越来越高，原有的餐饮模式已经不能满足消费者的需求，食品现代加工成为大势所趋。食品加工程度是一个社会发达的标志，在发达国家的农产品加工率一般在90%以上，而我国还比较低。

2. 口味各有所长

加工手法和食品口味各有所长。传统餐饮工艺是中国千百年饮食习惯和文化的积淀，每种产品都是几代人甚至几十代人的经验积累和智慧结晶，有着独特的加工手法和食品风味。但是由于其操作复杂、费工费时、无法批量生产和长时间存储，难以满足大规模的市场需求。再加上产品品质无法保持一致，常常是同一个品牌的不同餐厅，甚至同一家餐厅不同厨师做的同一产品口味都无法一致，这极大地制约了传统工艺的进一步发展。

餐饮现代工艺采用了工业化的加工工艺和标准化的加工操作流程，不仅生产效率更高和产品口味的一致性也更好，而统一的原料采购、加工和物流配送也更好地保障了食品安全，被更多的餐饮企业，特别是连锁餐饮企业大量运用。同时，新工艺和新技术的使用，使食物原料的利用率更高。有的人认为食品的传统加工工艺更能保持食品的营养成分，而现代食品加工工艺可能造成某些营养素的损失。事实上，现代加工工艺通过技术手段，反而能够有效的减少和避免食物中营养成分的流失，甚至可以适当添加营养素。例如，现代加工工艺生产的豆浆粉和传统工艺生产的现磨豆浆，在营养、口感、风味和安全性上各有所长，现代加工技术的发展，为人们提供了更加丰富的食物选择。

3. 二者缺一不可

传统和现代工艺缺一不可。随着国内现代餐饮企业的发展壮大，要适应连锁化和集团化的发展趋势，就必须运用餐饮现代工艺进行产品的前期加工。餐饮业既要继承中国饮食文化的千年习俗和传统习惯，尊重传统的老字号、私房菜和传统工艺的优势和特点、特殊的技巧和技艺，又要与时俱进，开拓创新，积极采用餐饮现代加工工艺。更不能否定传统餐饮工艺在餐饮多样性和个性化方面的优势和特色。餐饮传统工艺与现代工艺各具特点，满足了消费者的不同需求，现代餐饮工艺和传统餐饮工艺对于中国餐饮业发展来说两者缺一不可。因此，利用两种工艺的优势和特点，综合运用，将成为餐饮业未来的发展方向之一。

4. 综合考量灵活运用

餐饮现代工艺有其优势，但不能抛弃传统工艺，大多数产品还是使用传统工艺的烹制方法以保证其风味，也要配合专门设备来保障时间和温度等条件的一致性，应根据不同产品的特性来综合考量运用。餐饮企业应该更深入地了解和掌握两种工艺的特点，在产品制作中更好地综合运用。

思考题

1. 我国餐饮业自改革开放以来经历了几个发展阶段？
2. 我国餐饮业发展新格局的主要特点是什么？快步向“四化”迈进的内容是什么？
3. 我国餐饮服务按什么分类？共有多少业态？
4. 我国餐饮服务的监管重点和监管难点各是什么？为什么？
5. 举例说出餐饮业存在的食品安全突出问题。
6. 我国餐饮业有几种经营模式？
7. 什么是5S管理方法？什么是五常法？什么是6T实务？上述管理方法在食品安全管理中发挥哪些重要作用？
8. 餐饮业实施ISO22000食品安全管理体系的目的是什么？
9. 在高温下反复煎炸食品的油脂中产生哪些有害物质？

10. 哪些加工方法最容易产生致癌物质？
11. 哪种加工方法食物中的矿物质不会损失？
12. 烟熏和明火烘烤食品时最容易产生哪种致癌物质？
13. 菠菜应该怎样科学烹调？原理是什么？
14. 举例说明如何减少食物在烹调时的营养素损失？
15. 举例说明采用哪些方法可以除去蔬菜中残留的农药？
16. 餐饮传统工艺和现代工艺各有什么特点？如何全面正确地认识和采用餐饮传统工艺和现代工艺？

参考文献

［1］张守文．餐饮服务安全监督管理与实务［M］．北京：中国劳动社会保障出版社，2010.

［2］张磊．食品安全就在您的手中［M］．上海：上海科学技术出版社，2008.

［3］曲径，徐仲．食品卫生与安全控制学［M］．北京：化学工业出版社，2007.

［4］彭景．烹饪营养学［M］．北京：中国轻工业出版社，2007.

［5］蒋云升．烹饪卫生与安全学［M］．北京：中国轻工业出版社，2006.

［6］黄刚平．烹饪基础化学［M］．北京：旅游教育出版社，2005.

［7］吴坤．营养与食品卫生学［M］．第5版．北京：人民卫生出版社，2003.

［8］季鸿．烹调工艺学［M］．北京：高等教育出版社，2002.

［9］杨昌举．合理膳食与科学烹饪［M］．北京：科学技术文献出版社，1999.

［10］陈炳卿，刘志诚，王茂起等．现代食品卫生学［M］．北京，人民卫生出版社，2001：1012 - 1024.

［11］王静，孙宝国．中国主要传统食品和菜肴的工业化生产及其关键科学问题［J］．中国食品学报，2011（9）.

［12］烹饪过程中控制食物的安全性问题的探讨 www. xuehai. net/ article/ 6431. html.

［13］烹调过程中保留食物最佳营养的方法 wenku. baidu. com/view/0883c9 cd050876323112.

［14］怎样烹调才能保留食物的最佳营养？http：//www. sznews. com.

［15］什么烹饪方式是最能保留食物营养的？http：//wenwen. soso. com/z/q 149337339. html.

［16］浅析保留食物最佳营养的烹饪方法 www. qikan. com. cn/Article/jitj /jitj201004.

［17］食物烹调过程中哪里丢失营养 www. yaoxie. net/baojianpin/news/ show - 10217.

［18］烹饪过程中食物营养成分的保护 www. ebud. net/veg/health/health_ story. asp？.

［19］科学的食物保存与烹调方法．http：//www. 1168. tv/news_ 71468. html.

［20］刘健．试论不同烹调加工方法对食物营养素的影响［J］．黑龙江科技信息，2011，（9）.